高麗 對蒙抗爭과 築城
고려 대몽항쟁과 축성

• 김호준_金虎俊

　1972년 제주도에서 태어났다. 단국대학교 사학과를 졸업하였고, 같은 대학원 고고미술사학과에서 석사를 마쳤다. 충북대학교 사학과에서 박사학위를 마쳤다. 역사고고학 전공으로 한국성곽사에 관심을 가지면서 포천 반월산성으로 삼국시대부터 통일신라까지의 활용 연구로 석사학위를 취득하였고, 고려 대몽항쟁기 축성(築城)과 입보(入保)라는 주제로 박사학위를 받았다. 현재 충청북도문화재연구원 책임연구원으로 재직 중이다.

　연구 논저로는『성곽 조사방법론』(공저),「對蒙抗爭期 3次 戰爭과 竹州山城 築城의 變化」,「남한지역 高麗時代 城郭 築城과 年號銘 기와의 聯關性」,「高麗 對蒙抗爭期 險山大城의 入保用山城 出現」,「高麗城郭의 考古學 硏究方向」,「고려 대몽항쟁기 인제 한계산성의 위상」,「高麗 開京城의 羅閣에 대한 試考」,「인천 계양산성 축성 및 활용에 대한 시고」,「江都 江華中城의 築成과 三別抄」,「漢城百濟 土築城郭 門址에 對한 檢討」,「증평 추성산성 토축성벽 축조공정 검토」,「京畿道 平澤地域의 土城 築造方式 硏究」 등이 있다.

高麗 對蒙抗爭과 築城

초판인쇄일	2017년 6월 2일
초판발행일	2017년 6월 5일
지 은 이	김호준
발 행 인	김선경
책 임 편 집	김소라
발 행 처	도서출판 서경문화사
	주소 : 서울시 종로구 이화장길 70-14 105호
	전화 : 743-8203, 8205 / 팩스 : 743-8210
	메일 : sk8203@chol.com
등 록 번 호	제 300-1994-41호
ISBN	978-89-6062-196-1　93490

ⓒ 김호준, 2017

高麗 對蒙抗爭 築城

고려 대몽항쟁과 축성

김호준 지음

서경문화사

　필자가 처음으로 발굴현장을 찾은 곳은 경기도 포천의 반월산성이었다. 군복무를 마치고 1996
년에 복학을 한 뒤, 서울 한남동의 일명 개골목의 한 대포집에서 박경식 교수님을 우연하게 만났
다. 교수님과의 그 첫 만남이 강렬했는지 몰라도 단국대 사학과에서 발굴조사하고 있는 반월산성
을 찾아 갔다. 당시 교수님은 반월산성 남문지를 조사하고 있었는데, 발굴현장을 처음 찾은 필자에
게 남문지 바닥석을 그리도록 하였다. 그러자 여러 대학원 선배님들은 발굴현장에서 도면은 고고학
조사를 여러 해 참여했던 학부생이나, 대학원생이 담당하는 것이라 하며 많은 반발이 있었다. 필자
는 그러한 현장 분위기를 느끼며, 찢기면 어떡하나 하는 걱정으로 하루 종일 그린 도면을 저녁에 검
사를 받았다. 다행히도 몇 가지 수정사항을 지적받고, 다음 날도 도판을 소중하게 안고서 도면을
그리게 되었다.

　필자는 이러한 피를 말리는 통과의례를 통해 성곽 조사에 입문하게 되었다. 여러 선후배들보다
조사경력이 부족하였기에 항상 노력하고 낮은 자세로 임한다는 생각으로 열심히 하였고, 많은 지
도와 도움을 받았다. 한편으로 군 복무 이후 준비해왔던 건축기사 1·2급 자격증과 토목기사 1급
자격증도 여러 성곽을 조사하면서 취득했고, 이러한 이공계 자격증은 조사현장에서 성벽과 건물지
등의 구조를 이해하는데 많은 도움을 주었다.

　석사학위는 「포천 반월산성의 시대별 활용연구 −삼국시대부터 통일신라까지−」 주제로 취득하였
다. 이후 한국성곽학회에서 조사한 성곽을 주제로 여러 발표를 하게 되면서 성곽을 전공하는 연구
자로 인식되게 되었다.

　이후 박사학위는 충북대학교 차용걸 교수님이 한국 성곽사에서 부족한 통일신라와 고려 대몽항

쟁기에 관련한 성곽 연구 주제를 노병식 박사님과 필자에게 제의하셨다. 필자의 고향이 제주도인 점과 노병식 박사님의 격려로 고려시대 성곽에 대한 연구를 진행하게 되었다.

사실 고려시대 성곽은 문헌을 중심으로 대외관계사 연구를 검토한 성과와 역사고고학 관점에서 고려성곽을 접근한 연구가 진행되었다. 그러나 고려 관방체계의 근간인 성곽에 대한 연구 또한 문헌을 위주로 하였기에 고고학 조사를 인용한 종합적 연구는 미진한 상태이다. 왜냐하면 고려 전기에 축성된 북계와 동계의 성곽은 대부분 북한에 위치하기 때문으로 남북간의 분단현실에 의해서 실제로 조사를 수행하거나 북한 측 연구자료를 활용하기에는 어려움이 있었다. 또한 남한 내 성곽이라 할지라도 유적의 성격상 축조된 이후에 끊임없이 보수와 개축을 반복하며 사용되었기에, 고려시대라는 특정시대의 상황을 밝히는 것이 결코 쉽지 않았다.

특히 대몽항쟁기에는 『高麗史』 兵志의 기록보다 『高麗史』 世家 및 『高麗史節要』에 몽골과 고려의 공성과 수성기록이 잘 남아 있다. 그 대표적 기록으로는 박서의 귀주성 전투와 송문주의 죽주산성 전투를 들 수 있다. 이 기록들을 통해 대몽항쟁기 공성(攻城) 및 수성(守城) 전술, 군의 편제 변화, 무기체계 등을 엿볼 수 있다. 그러나 고려 대몽항쟁사에 대한 문헌을 통한 역사적 논의에 비할 때, 당시 전쟁의 현장에 대한 연구, 출토 유물에 대한 연구는 지극히 한산한 상태였다.

필자는 한국성곽사가 체계적으로 정리되지 못한 상황을 고려할 때, 대몽항쟁기 고려성곽의 특성에 대한 체계적인 정리가 필요하다고 판단하였고, 그간의 고려시대 군사제도가 문헌 위주의 연구로 진행되었기 때문에 역사고고학 입장에서 빈약한 문헌의 부족함을 보완할 필요가 있다고 판단하였다. 이러한 문제의식을 바탕으로 『고려 대몽항쟁기 축성과 입보(高麗 對蒙抗爭期 築城과 入保)』라는 제목의 박사학위논문을 작성하였다.

주요 논지를 살펴보면, 대몽항쟁기 이전의 관방시설의 변화 과정과 공성전(攻城戰) 양상을 살펴보는 한편, 대몽항쟁기 몽골과 고려의 공성전을 통한 고려의 대응책의 일환으로 입보성곽의 설치 및 운영을 고찰하여 대몽항쟁기 성곽의 특성을 도출해 내고자 하였다. 나아가 이를 바탕으로 대몽항쟁기 성곽이 고려 말 조선 초의 국방체계에 끼친 영향을 살펴보고자 하였다. 이를 통해 필자는 대몽항쟁기 입보성곽의 축성과 변화과정을 고찰하여 우리나라 성곽사를 체계화하는 데 밑거름이 되기를 조그마한 바람도 있었다.

이 책은 필자의 박사학위논문에서 고려 대몽항쟁기에 활용되거나 입보용 성곽으로 축성된 성곽을 위주로 성곽의 입지와 축성양상의 특징과 공성전 양상을 살펴보았다. 책을 내면서 다소 성급한 논지 전개로 조심스러운 마음이 앞서지만 지난 20여 년간 경기도와 충청도 등의 50여 개소 성곽을 답사하고 조사하면서 많은 선생님들의 지도와 도움으로 용기를 내었다.

그 동안 필자가 성곽을 조사하면서 많은 가르침을 주신 故 정영호 선생님, 김동현 선생님, 조유전 선생님, 심정보 선생님, 장준식 선생님, 양기석 선생님, 최인선 선생님, 고용규 선생님, 강창화 선생님, 서영일 선생님, 박성상 선생님, 정의도 선생님, 나동욱 선생님, 심광주 선생님, 노병식 선생님, 서정석 선생님, 김병희 선생님 등에게 감사의 말씀을 전한다. 석사학위 지도교수이신 박경식 선생님과 박사학위 지도교수이신 차용걸 선생님, 학위논문 심사를 맡아주신 신호철 선생님, 윤용혁 선생님, 박걸순 선생님, 백종오 선생님은 논지의 전개와 자료의 해석에 대해 많은 가르침과 조언을 주셨기에 고개 숙여 감사드린다. 이외에 논문을 준비하는 과정에서 선배이자 동학으로 힘들 때마다 격려와 성원을 아끼지 않았던 정제규 선생님, 라경준 선생님, 조영임 선생님, 박중균 선생님, 석원우 선생님과 몽골의 양혜숙 선생님에게 감사드린다. 또 필자의 글이 말끔한 책이 되도록 고생 해 주신 서경문화사의 여러분께도 감사의 마음을 전한다.

   끝으로 한여름의 뜨거운 태양과 눈보라가 치는 겨울에도 성곽조사를 하고 있는 아들을 묵묵하게 응원해 주신 부모님과 남몰래 마음고생을 많이 한 아내 구경진과 도건, 도진, 도원에게도 이 글을 빌어 고맙다는 말을 전하고 싶다.

2017년 4월 충청북도문화재연구원에서

김 호 준

I. 서론

1. 연구목적

고려는 건국을 전후한 시기에 대내적으로는 격심한 전쟁에서 승리함으로써 삼국의 통합을 이루었다. 대외적으로는 당·송교체기 변화와 발해를 멸망시킨 거란 등의 북방세력에 대한 대비를 진행하였다. 고려는 나말려초의 혼란 속에서도 국가의 기틀을 바로 세우고 북방세력의 위협에 대비하기 위해 지속적인 축성을 진행하였다. 이를 바탕으로 거란과의 3차례 전쟁을 승리로 이끌었다. 또한 女眞이 국경지역을 넘나들며 군사적 분쟁을 일으키자 別武班을 창설하여 그들을 정벌하고 동북면 일대에 9城을 쌓고 이후의 무력도발에 대응하였다.

그 후 세계 최강의 몽골군의 침입을 받아 수도를 개경에서 강화도로 옮기며 40여 년간 항전을 지속하였다. 원의 간섭을 물리친 이후에도 고려는 홍건적과 왜구의 침입으로 많은 어려움을 겪었다. 그러나 이에 굴하지 않고, 수많은 전투와 화포 등의 새로운 무기를 개발하여 북방민족(遼·金·元·紅巾賊), 倭寇의 侵掠을 극복하였다. 그 원동력은 고려가 갖고 있는 군사조직, 방위체제, 군사전력을 아우르는 관방체계가 그 밑받침이 되었기 때문이라고 할 수 있다.

『高麗史』兵志는 고려시대의 군사제도 일반에 대하여 서술하고 있다.[1] 『高麗史』兵志는 서문을 제외하면 모두 13개 항목으로 중국사서와 비교해 볼 때 적어도 항목 수에서는 가장 많다.[2] 이러한 사실은 편찬자들이 고려시대 군사제도의 우수성을 인정하고 비중을 두어 서술하기 위함이었을 것이다. 이는 兵志의 서문에서 잘 드러난다.

> 국가의 대사는 軍事에 있으니, 그 제도가 진실로 마땅히 갖추어졌을 것이다. 그러나 종전의 史籍이 자세하지 못한 것을 애석해하며, 지금 특히 상고할 수 있는 것으로 기록한다(『高麗史』卷81 兵志1 서문).[3]

이는 종전의 군사제도에 대한 기록이 소략함으로써 그 사실이 제대로 전해지지 않음을 아쉬워 한 것이다. 이기백 또한 『高麗史』의 소략함을 지적한 바 있다. 즉 『高麗史』兵志 城堡에 대해서 고려의 영토 확장이나 국방문제를 살펴보는 데에 큰 도움을 주지만, 鎭戍 조 등 다른 기록과 비교해 볼 때 빠진 것이 많으므로 그 자체로 완벽한 것은 아니고 다른 기록으로 보충되어야 할 필요가 있다고 지적한 것이다.[4] 이를 극복하기 위한 노력으로 김용선은 『高麗史』兵志와 연관된 증국측 사서와 군사제도에 대한 연구를 통해 고려 자체의 독자적인 군사제도의 구명과 비교사적 검토의 필요성, 병지 자체에 대한 연대기적 사항의 심층분석, 원문에 대한 직역과 항목에 맞는 주해의 필요성 등을 강조하였다.[5]

---

1) 『高麗史』兵志는 3권에 걸쳐 13개의 항목으로 1卷에는 兵制, 2卷에는 宿衛, 鎭戍, 站驛, 馬政, 城堡, 屯田(附 兵糧), 3卷은 看守軍, 圍宿軍, 檢點軍, 州縣軍, 船軍, 工役軍으로 구성되어 있다.
2) 김용선은 『高麗史』兵志에 영향을 준 중국 사서를 兵志를 처음 기록한 『新唐書』와 『宋史』, 『元史』를 들고 있다. 각 사서의 병지 항목구성은 『新唐書』는 3개 항목, 『宋史』는 10개 항목, 『元史』는 9개 항목으로 이뤄져 있다(이기백 · 김용선, 2011, 「『고려사』 병지의 특성과 역주의 방향」, 『고려사』 병지 역주, 일조각, p.36).
3) 『高麗史』卷81 兵志 1 "…, 國之大事在戎其制固宜詳備惜前史之不悉也, …"
4) 이기백, 1996, 「『고려사』 병지의 검토」, 『고려병제사연구』, 일조각.
5) 김용선, 2011, 위의 책, pp.57~58.

고려시대의 군사제도에 대한 연구는 문헌을 중심으로 심층적으로 진행되어 왔다.[6] 이 같은 고려의 군사와 관련된 사료의 빈곤을 보완할 수 있는 대표적인 것이 현장의 자료 즉 성곽이다. 성곽은 고려·몽골 전쟁의 실제를 보완할 수 있는 생생한 자료의 출처가 될 수 있다.[7] 성곽은 삼국시대 이후 고려·조선시대까지 계속 수축되어 활용된 곳이 많다. 따라서 성곽은 우리나라의 대외관계나 전쟁에 관한 풍부한 자료를 포함한 최상의 고고학적 자료라고 할 수 있으며, 한국의 역사를 고스란히 담고 있는 타임캡슐과도 같

---

6) 성곽에 대한 연구는 역사학으로 종합되지만, 그 실체에 대해서는 전략과 전술적 측면에서 지리학과 군사학적 활용문제, 축성과 관련하여 토목학·건축학 등의 기술적 속성 문제, 유물의 편년과 변화의 속성을 파악할 수 있는 고고학적 방법론 등 다양한 방향에서 진행되어야 한다. 그러나 기존의 연구는 대부분 문헌 자료를 위주로 한 역사학적 접근이었고, 고고학적 발굴 성과 등을 종합적으로 포함시키지 못했다. 고려 전기 성곽 축조에 대한 연구논문으로는 다음을 참고할 수 있다.

尹武炳, 1953, 「高麗北界地理考(上)」, 『歷史學報』 4.
尹武炳, 1953, 「高麗北界地理考(下)」, 『歷史學報』 5.
李基白, 1977, 「高麗의 北進政策과 鎭城」, 『東洋學』 7.
姜性文, 1983, 「高麗初期의 北界開拓에 대한 硏究」, 『白山學報』 27.
이근화, 1987, 「高麗前期의 北方築城」, 『湖西史學』 15.
김명철, 1992, 「고려시기 성의 위치와 년대에 대한 고증」, 『조선고고연구』, 과학백과사전출판사.
李在範, 1999, 「麗遼戰爭과 高麗의 防禦體系」, 『韓國軍事史硏究』 3, 국방군사연구소.
윤경진, 2000, 「고려 군현제의 구조와 운영」, 서울대학교 박사학위논문.
安周燮, 2001, 「高麗-契丹 戰爭史 硏究」, 명지대학교 박사학위논문.
金昌賢, 2001, 「고려 서경의 성곽과 궁궐」, 『역사와 현실』 41.
金昌賢, 2011, 「고려 개경의 편제와 궁궐」, 경인문화사.
송용덕, 2003, 「高麗前期 國境地帶의 州鎭城編制」, 서울대 석사학위논문.
申安湜, 2004, 「高麗前期의 北方政策과 城郭體制」, 『歷史敎育』 89.
신안식, 2005, 「高麗前期의 兩界制와 '邊境'」, 『한국중세사연구』 18.
신안식, 2008, 「고려시대 兩界의 성곽과 그 특징」, 『軍事』 66.
최종석, 2007, 「고려시기 치소성 연구」, 서울대학교 박사학위논문.
최종석, 2008, 「대몽항쟁 원간섭기 山城海島入保策의 시행과 治所城 위상의 변화」, 『震檀學報』 105.
許仁旭, 2012, 「高麗·契丹의 압록강 지역 영토분쟁 연구」, 고려대학교 박사학위논문.
7) 尹龍爀, 1997, 「한국의 여몽관계 사적」, 『김현길교수 정년기념 향토사학 논총』, pp.17~42.

은 존재이다.[8]

그러나 고려 관방체계의 근간인 성곽에 대한 연구 또한 문헌을 위주로 하였기에 고고학 조사에 대한 종합적 연구는 미진한 상태이다. 왜냐하면 고려 전기에 축성된 북계와 동계의 성곽은 대부분 북한에 위치하기 때문이다. 남북간의 분단현실에 의해서 실제로 조사를 수행하거나 북한 측 연구자료를 활용하기에는 어려움이 있었다. 또한 남한 내 성곽[9]이라 할지라도 유적의 성격상 축조된 이후에 끊임없이 보수와 개축을 반복하며 사용되었기에, 고려시대라는 특정시대의 상황을 밝히는 것이 쉬운 일은 아니다. 고대 석축산성의 성벽시설을 조사한다는 것은 시·공간적 복합성과 다양성을 지닌 유적을 조사하는 어려움에다가 동시에 축조 당시의 대규모 토목공사를 해체하는 지극히 어려운 작업이 수반된다. 왜냐하면 대부분의 산성은 축조 후 점유국가별로 활용한 지역이 다르고, 목적에 따라 여러 번에 걸쳐 증·개축이 이루어졌기 때문이다.[10] 우리나라 역사상 성곽 건설이 가장 활발하게 이루어진 시기는 삼국시대였다. 따라서 주요 연구대상 주제도 주로 그 시대에 대한 것이 많았고, 고려성곽에 대해서는 상대적으로 관심을 덜 가져왔다. 따라서 일부 연구가 진행되었음에도 불구하고 미진한 부분이 있는 것이 사실이다.

고려는 대몽항쟁 중에 수도를 개성에서 강도로 옮기면서 入保用 山城[11]을 전국으로

---

8) 김호준, 2010, 「관방유적 조사방법론 ─산성 성벽 중심으로─」, 중부고고학회 워크샵 발표자료집.

9) 현재 남한에만 성 터가 약 2,137개 확인되어 있다(이춘근, 2006, 「중부내륙 옛 산성군의 세계문화유산 등재 방법」, 『한반도 중부내륙 옛 산성군 UNESCO 세계문화유산 등재 추진 세미나 발표집』, pp.6~7).

10) 김호준, 2002, 「抱川 半月山城의 時代別 活用 硏究 ─三國 및 統一新羅時代를 中心으로─」, 단국대학교 석사학위논문.

11) 入保란 용어는 『三國史記』에서는 보이지 않는다. 『高麗史節要』에서 고려 예종 2년(1107) 윤관이 여진족을 공격하자 여진족이 冬音城으로 入保한 기사가 처음으로 나온다. 그 이후로는 지속적으로 入保한 기사가 『高麗史』 세가 및 열전, 『高麗史節要』에서 사용되고 있음을 알 수 있다. 고종 6년(1219)에 거란의 유민이 강동성으로 입보한 기사와 대몽항쟁기 고종 18년(1231) 蒙兵이 黃州와 鳳州에 이르니 수령이 백성들을 이끌고 철도로 입보하였다는 기사를 보면, 입보라는 용어는 군관민이 적의 공격을 피하기 위해 城郭이나 안전한 지역인 海島와 동굴 등으로 들어가는 행위를 뜻한다고 하겠다. 入保와 비슷한 용어로는 入堡를 들 수 있다. 이 入堡는 우왕 4년 대사헌 조준이 건의한 내용 중에 고려 말 왜구의 침입을 대비하기 위해 의주에서 합포에 이르기까지 해안 일대에

확대 축조하여 항전의 의지를 다졌다. 고려의 입보용 산성은 古代 산성에 비해 훨씬 대형화 되고 있으며, 교통로에서 멀리 떨어진 산세가 험한 지형으로 옮겨 가고 있었다. 그리고 입보산성의 축조와 변화는 여러 군현을 통합하여 입보하는 정책의 변화와 직접 관련이 있으며, 몽골과 공성전을 겪으면서 그에 대응책의 변화와도 관련이 있었다. 특히 암석이 많은 산악지대를 선택한 것도 화살과 투석에 필요한 석재 이용이 용이한 점과 몽골 기마병들의 진입이 어렵고, 투석기 등의 공성용무기를 운반하기 어려운 자연적 이점을 선택했을 것이다. 이 같은 변화는 이전의 북방 유목민족과의 전쟁에서 습득한 대응책이었다.

이 시기에는 『高麗史』 兵志의 기록보다 『高麗史』 世家 및 『高麗史節要』에 몽골과 고려의 공성과 수성기록이 잘 남아 있다. 그 대표적 기록으로는 박서의 귀주성 전투와 송문주의 죽주산성 전투를 들 수 있다. 이 기록들을 통해 대몽항쟁기 공성 및 수성 전술, 군의 편제 변화, 무기체계 등을 엿볼 수 있다. 그러나 고려 대몽항쟁사에 대한 문헌을 통한 역사적 논의에 비할 때, 당시 전쟁의 현장에 대한 연구, 출토 유물에 대한 연구는 지극히 한산한 상태이다.[12] 한국성곽사가 체계적으로 정리되지 못한 상황을 고려할 때, 대몽항쟁기 고려성곽의 특성에 대한 체계적인 정리가 필요하다. 그간의 고려시대 군사제도가 문헌 위주의 연구로 진행되었기 때문에 역사고고학 입장에서 빈약한 문헌의 부

군함과 성곽을 축조하여 적이 침입 시에 백성들을 성곽으로 入堡하게 하자는 내용에서 처음으로 나타난다(『高麗史節要』 卷33 우왕 4년(1378), 『高麗史』 卷118 列傳31 趙浚). 1375년 5월 이후 왜구는 연해지역 뿐만 아니라, 내륙지역까지 기병을 동원하여 침입하였다. 이를 대비하기 위해 왜구의 침입을 받는 지역에 대하여 山城修築과 入保가 진행되었다(車勇杰, 1988, 『高麗末·朝鮮前期 對倭 關防史 硏究』, 충남대학교 박사학위논문, pp.4~17). 그러나 조준이 건의한 내용은 왜구의 침입을 근본적으로 방어하기 위해서는 해안가에 鎭堡의 축성과 水軍 전함을 건조하여야 하며, 왜구의 침입 시에는 백성을 鎭堡로 入堡하자는 내용이 담겨 있다. 즉 고려 말 왜구를 대비하기 위한 入堡라는 용어는 해안가 鎭堡로 들어간다는 내용을 담고 있다. 따라서 문헌의 기록을 분석해 보면 入保는 入堡보다 광의적인 용어라고 할 수 있다. 필자는 入保라는 용어가 대몽항쟁기에 많이 사용되었고, 몽골군을 피해 안전한 곳(治所성곽과 海島, 동굴, 험악한 산악지대의 성곽 등)으로 피신했다는 내용을 담고 있기에 이를 표현하기에 적합한 용어라고 판단하여 본고에서는 이를 사용하기로 한다.

12) 尹龍爀, 2011, 『여몽전쟁과 강화도성 연구』, 혜안, pp.47~50.

족함을 보완할 필요가 있는 것이다.

따라서 本 研究는 대몽항쟁기 이전의 관방시설의 변화 과정을 살펴보는 한편, 대몽항쟁기 몽골과 고려의 공성전을 통한 고려의 대응책의 일환으로 입보성곽의 설치 및 운영을 고찰하여 대몽항쟁기 성곽의 특성을 도출해 내고자 한다. 나아가 이를 바탕으로 대몽항쟁기 성곽이 고려 말 조선 초의 국방체계에 끼친 영향을 살펴보고자 한다. 이 연구가 대몽항쟁기 입보성곽의 축성과 변화과정을 고찰하여 우리나라 성곽사를 체계화하는 데 밑거름이 되기를 바란다.

2. 연구사 검토

13세기의 고려는 몽골제국이 동아시아를 넘어 유럽까지 영향을 미친 전쟁에 휩싸였다. 당시 고려는 내부적으로는 무인정권의 독재체제가 확립되었고, 여진족이 세운 金에 대한 사대관계와 거란 유민에 의한 침공을 경험한 뒤였다. 고려는 1219년 강동성에서 거란유민을 추격해온 몽골제국과의 첫 접촉 이후, 몽골제국의 강압적인 요구를 수용할 수밖에 없었다. 하지만 몽골제국의 고려 침공은 고려의 무인정권에 의해 항전이 결정되었고, 그것은 이에 따라 1231년부터 1273년에 이르는 장기간에 걸친 항쟁이 전개되었다.

대몽항쟁기 고려성곽과 관련한 연구 경향과 성과는 두 가지로 구분된다. 첫째는 문헌을 중심으로 대외관계사 연구를 검토한 성과이고, 둘째는 역사고고학 관점에서 고려성곽을 접근한 성과이다.

일제강점기 식민사관 하에서 진행된 연구는 고려가 주체가 되는 대외항쟁사의 관점에서 다루어지지 못하고, 東洋史 혹은 滿鮮史라는 테두리에서 다루어졌다.[13] 일본의 동양

---

13) 金容燮은 동북아시아 대륙사에 한국사를 부속시켜 그 타율성을 주장한 학자로 稻葉岩吉와 三品彰榮를 들었고(金容燮, 1963, 「日帝 官學者들의 한국사관」, 『思想界』), 滿鮮史가 타율성 이론을 강화하는 것으로 보고 일제의 대륙침략 및 한반도에 대한 식민지 경영의 합리화를 위해서는 편리한 사관이라고 평하였다(金容燮, 1966, 「日本·韓國에 있어서의 韓國史敍述」, 『歷史學報』 31).

사연구와 식민주의사학의 핵심인 소위 他律性論의 한 축을 구성하는 滿鮮史觀을 만든 白鳥庫吉는 箭內亘(1875~1926), 松井等(1877~1937), 稲葉岩吉(1876~1940),[14] 池內宏(1878~1952), 津田左右吉(1873~1937)을 동양사학계에서 활약하게 하는 길을 열어주었다.[15] 白鳥庫吉는 1908년 1월부터 남만주 철도주식회사 산하 만선역사지리조사부(1908~1914)를 조직하여 만주 및 조선지역의 지리와 역사에 관해 연구하였다. 그는 연구자들에게 주제를 할당하였는데, 松井等는 타타르 왕조들인 遼와 金을, 箭內亘는 元代와 明初까지의 시기, 池內宏은 숙신, 선비, 오환과 같은 조선시대의 만주와 한반도의 부족들을 담당, 稲葉岩吉는 漢代의 '만주', 明代 및 清朝의 '만주', 津田左右吉는 고려시대까지 중국의 북방 국경선에 등장했던 거란, 흉노, 돌궐 등의 기타 부족들에 대한 연구를 담당하여 수행하게 하였다.[16] 특히 箭內亘, 池內宏은 동양사학과 교수가 되어 白鳥庫吉의 학풍을 이어 받았는데, 箭內亘은 1918년에 「蒙古の高麗經略」을 발표하였고,[17] 池內宏은 6년 뒤인 1924년에 「蒙古の高麗征伐」을 제출하였다.[18]

타키자와 노리오키는 타다 타카시(雄田鍵, 1908~1994)의 滿鮮史에 대한 설명을 옮겨 놓았다. "滿鮮史에서는 조선은 하나의 독자적인 역사적 세계가 될 수 없고, 조선사라는 것을 부정한 것으로써 만주와 한데 묶었을 때 비로소 조선의 역사가 성립될 수 있다는 사고라고 하였다. 그리고 조선 반도 상에서 역사적인 현상이 발생한 것은 조선인이 만든 역사가 아니라 만주 혹은 몽고라는 대륙에서 온 역사의 물결이 조선에 밀려온 결과에 지나지 않으며, 물결의 움직임에 불과하다는 발상이라고 설명하였다(타키자와 노리오키, 2003, 「稲葉岩吉와 '滿鮮史'」, 『한일관계사연구』 19, p.112)."

14) 稲葉岩吉는 당시 조선사연구를 주도했던 조선사편수회의 중심에 위치하였고, 식민사관 중 하나인 '만선사관'을 체계화시키기도 했던 1920~30년대 조선사 연구를 주도한 핵심인물 중 한 명이었다(金容燮, 1963, 「日帝 官學者들의 한국사관」, 『思想界』).

15) 李島相, 2001, 『日本의 韓國 侵略論理와 植民主義史學』, 단국대학교 박사학위논문, pp.156~157.

16) 스테판 다나카, 2004, 『일본 동양학의 구조』, 문학과 지성사, p.338.

17) 箭內亘은 고려의 대몽항쟁을 몽골 황제를 기준으로 정리하면서 고려를 몽골의 정벌대상으로 파악하고 있다. 그는 蒙古 太祖~憲宗의 高麗經略이라는 시각 하에서 蒙軍의 공략 내용을 시대별로 다뤘다(箭內亘, 1918, 「蒙古の高麗經略」, 『滿鮮地理歷史研究報告』 4).

18) 池內宏은 몽고군 元帥의 고려정벌을 사실 자체를 蒙軍元帥 撒里台, 唐古, 阿母侃, 也古, 札剌兒帶 등 5인의 6차에 걸친 高麗侵攻을 자세하게 기술하였으나, 기술의 중심은 몽골이었다(池內宏, 1924, 「蒙古の高麗征伐」, 『滿鮮地理歷史研究報告』 10).

이들의 연구는 고려가 주체가 아닌 滿鮮史觀을 고수한 채 일본의 식민지 조선지배, 만주침략 의도 하에서 진행된 것이었다. 箭內亘의「蒙古의 高麗經略」과 池內宏의「蒙古의 高麗征伐」이란 논문은 일제의 대륙침략 전초 기관이었던 南滿洲鐵道株式會社에서 발행한『滿鮮地理歷史硏究報告』에 게재되어 있는 것을 통해서 그 저술동기가 분명히 드러난다. 箭內亘과 池內宏은 몽골 황제나 몽군 원수의 고려정벌을 일제의 조선지배와 동등하게 바라보고 있으며,『元史』본기와 홍복원전의 내용을 많이 취함으로써 고려인에 의해 펼쳐진 대몽항쟁의 본질을 의도적으로 간과하고 있다.[19]

일본인에 의한 동양사연구 이외에 1963년 歐美史學界에서 William E. Henthorn의『Korea, the Mongol Invasions: 몽골 침략하의 고려』[20]가 출간되었다. 본 서는 제1편 몽골침략, 제2편 고려에 대한 몽골 측의 요구로 구성되어 있다. 그러나 대외항쟁사로서의 대몽항쟁을 일본학자가 아닌 외국인 학자가 저술한 성과는 있으나, 한계가 적지 않다. 즉 이 연구는 몽골이 고려를 침입한 의도와 목적에 대한 인식부족과 江華遷都抗爭에서 최씨 정권의 항전과 외교적 상황에 대한 고찰이 부족한 점, 평면적으로 사료를 번역하여 서술하고 있는 점 등으로 미뤄 볼 때 종합적인 대몽항쟁사 저서라고 하기에는 곤란하다.

광복 이후 대몽항쟁과 관련한 개별적 연구는 1970년대에 들어서면서 활발해졌다. 북한에서는 이른 시기인 1940년대 말에 연구가 진행되어 1963년도에『원 침략자를 반대한 고려 인민의 투쟁』이란 저서가 발간되었다. 여기에서는 한국사를 주체적 시각에서 보고자 한 의도와 제국주의에 대한 대응의 논리로서 혹은 체제유지의 배후적 기초로서 비중을 두는 정치적 목적성을 두고 일찍이 목적론적 역사 인식을 표방하였다. 그러나 초기 작업에서의 일정한 진전에도 불구하고, 1960년대 이후로는 답보 상태에 머물고 있다.[21]

---

19) 尹龍爀, 1991,『高麗對蒙抗爭史硏究』, 一志社, pp.11~16.
   강재광, 2007,『蒙古侵入에 대한 崔氏政權의 外交的 對應』, 서강대학교 박사학위논문, pp.2~3.
20) William E. Henthorn(1963), Korea, the Mongol Invasions, E. J. Brill, Leiden.
21) 尹龍爀, 1991,『高麗對蒙抗爭史硏究』, 一志社, p.30. 주30) 참조하였음.

남한에서는 1988년에는 국방부전사편찬위원회에서 柳在城이 집필한『對蒙抗爭史』를 발간하였다.[22] 이 책은 고려의 대몽항쟁사를 撒禮塔에 의한 제1차 전쟁과 唐古·阿母侃·也古·車羅大에 의한 제2차 전쟁으로 구분하여 정리하였다. 본서는 편집 특성상 군사작전 개념을 강조하였으나, 여·몽간의 외교문제나 강화론 등 다양한 측면을 전반적으로 그려내지 못한 한계가 있다. 그러나 대몽항쟁사를 국내에서 처음으로 정리한 저서라는 점에서 그 의의가 있다.

일제강점기 식민사관 하에서 진행된 연구의 한계와 사료의 소략성과 대외관계사가 역사학 연구의 관심 주제에서 탈락되었던 분위기를 극복하고 對蒙抗爭史를 종합적 논저로써 대몽항쟁사를 집대성한 이는 尹龍爀이다.

尹龍爀은『高麗對蒙抗爭史研究』를 통해 6차에 걸친 대몽전쟁의 추이, 대몽항쟁과 江都武人政權의 생활상, 州縣民·別抄軍의 대몽전투 26사례를 면밀히 고증하였다. 그는 고려의 대몽항쟁이 주목되는 요소로서, 첫째 40여 년에 이르는 항쟁의 장기성, 둘째 병란의 광범위한 공간성, 셋째 저항대상이 몽골제국이라는 점, 넷째 대몽항쟁이 고려 내부에 미친 영향과 後期史와의 역사적 관련성을 들었다.[23]

근래의 연구성과로는 국방부 군사편찬연구소에서 2006년도에 발간한『고려시대 군사전략』을 들 수 있다. 이 연구는 고려시대 북방민족과 왜구와의 항전을 구분하여 전쟁의 진행과정 및 그에 따른 군사전략을 군사학적 관점에서 정리하였다. 그리고 강재광은 박사학위 논문[24]에서 崔氏政權期 崔氏家 대몽정책의 기조는 和·戰兩面政策의 균형 있는 추진이었으며, 최씨정권의 붕괴는 講和論者들의 정치·외교적 역할이 점차로 증대되는 것으로 보았다. 그리고 대몽항쟁기 전쟁기사의 분석을 통해 대몽전쟁의 양상을 5차로 재구분 하였고,[25] 해도와 산성 입보의 과정 및 전개과정을 정리하였다. 또한 문헌과

22) 柳在城, 1988,『對蒙抗爭史』, 國防部戰史編纂委員會.
23) 尹龍爀, 1991,『高麗對蒙抗爭史研究』, 一志社.
24) 강재광, 2007,『蒙古侵入에 대한 崔氏政權의 外交的 對應』, 서강대학교 박사학위논문.
25) 대몽항쟁기 전쟁의 구분은 먼저 戰爭의 主體와 性格을 놓고, 箭內亘은 蒙古 皇帝의 征伐이라는 시각 하에서 크게 太宗의 정벌과 定宗·憲宗의 정벌로 나눠 3時期로 구분했고, 池內宏은 遠征을 감행한 蒙古 元帥의 征伐이라는 시각 하에서 전체를 6時期로 나누었다. 尹龍爀은 몽골 元帥의 침

최근까지의 고고학 성과를 바탕으로 성곽 및 해도의 위치를 비정하기도 하였다. 그리고 윤용혁의 연구에서 논의되었던 최씨 정권의 외교적 대응이나 講和派의 구성과 동향을 더욱 심도 있게 분석하였다.

역사고고학에서의 대몽항쟁기 고려성곽의 연구는 최근에 이뤄졌다고 할 수 있다. 우리나라에서 성곽에 대한 연구는 1960년대 말부터, 洪思俊·成周鐸·鄭永鎬 등에 의하여 문헌자료가 적은 백제사의 공백을 보충하기 위해 시도되었다. 그 후 1970년대와 80년대에는 광역조사의 일환이든가 혹은 학술탐사단이 사비를 모아서 성곽의 현황조사를 하는 지표조사가 진행되었다. 초기 산성 연구자들은 문헌을 검토하고 현지를 답사하면서 많은 수의 산성을 찾아내고 그 현황을 기록하였다. 그들의 노력으로 한국의 대부분의 산성에 대한 기초 자료가 확보되었다.

1990년대 이후 산성 조사는 새로운 전기를 맞이하게 되었다. 경기도를 중심으로 장기간에 걸쳐 꾸준한 발굴조사가 이루어지기 시작하였다. 장기적인 계획 속에서 조사가 연차적으로 이루어지면서 다양한 자료가 축적되게 되었다. 아울러 유적의 특징에 적합한 발굴 방법도 개발되었다. 성내부의 시설들에 대한 조사도 이루어져 발굴조사 자료가 축적되면서 출토 유구와 유물에 대한 연구는 물론이고 축조시기와 축조세력, 세력관계, 시기별 변화 양상, 주변 교통로, 지방통치 문제 등 여러 분야의 파생 연구도 가능하게 되었다.

그러나 우리나라 역사상 성곽 건설이 가장 활발하게 이루어진 시기가 삼국시대이기 때문에 주요 연구대상 주제도 그 시대에 대한 것이 많았고, 중세 이후의 城郭에 대해서

공과 고려의 항전이라는 시각 하에서 전체의 戰爭시기를 6차 침입, 11期로 정리하였다. 그러나 강재광은 윤용혁의 1차와 2차 침입기를 1차 2期로 통합하여 보는 것이 몽골 元帥와 전쟁의 목표 설정에 따라 부합한다고 보고 있다(강재광, 2007, 『蒙古侵入에 대한 崔氏政權의 外交的 對應』, 서강대학교 박사학위논문, pp.36~37). 이외에 최항의 집권, 몽골 헌종의 즉위라는 정세 변화를 감안하여 윤용혁의 1~4차를 전기, 5~6차를 후기로 구분하고, 전기는 최우가 정권을 주도하여 강경한 항전책을 견지하던 시기, 후기는 최항 집권 이후의 강화론의 대두와 항전을 위한 기반이 약화되었기 때문이라는 이익주의 견해도 있다(이익주, 1996, 「고려 대몽항쟁기 강화론의 연구」, 『역사학보』 151, pp.5~11).

는 상대적으로 관심을 덜 갖게 되었다고 할 수 있다.

고려시대 성곽에 대한 조사와 연구는 차용걸이 1975년 「韓國城郭의 史的 考察」이라는 논문에서 우리나라의 성곽을 3시기로 구분하면서 본격화 하였다.[26] 차용걸은 이어 1984년과 1988년에 고려 말 왜구 대책으로 축성된 鎭戍에 대한 문헌 자료와 실제 성곽의 현황에 대해서 연구하였다.[27] 그는 이 연구를 통해 왜구의 침입이 빈번하였던 남해안, 서해안, 동해안 일대의 군사대비 및 鎭堡의 축성과 연해읍성의 입지조건 및 축조배경을 밝혔다. 이러한 연구는 도시화되는 연해읍성의 사적지정 및 정비 복원과 함께 고고학조사가 활성화 되는데 이바지하였다. 그 후 고고학 조사를 통한 읍성의 성과를 집성한 저서가 심봉근,[28] 심정보[29]에 의해 출간되었다. 그러나 읍성이 조선 초기에 관방정책의 변화로 확대되거나, 토축된 성벽을 석축화 하는 과정과 문지 시설물 등이 증축되는 등의 변화가 최근 조사성과에서 밝혀지고 있어 고려시대 성곽의 원형을 밝히지 못한 아쉬움이 있었다.

북한의 1980년대에서 1990년대에 실시된 고려성곽에 대한 고고학조사와 이에 따른 연구성과는 남한 학계에 고려 개경에 대한 이해와 관심을 불러 일으켰다. 전룡철은 1980년대 개성 성곽에 대한 조사를 통해 개성성곽의 변화 및 규모, 문의 위치에 대한 연구 성과를 밝힌 바 있다.[30] 이러한 성과는 개성성곽에 대한 남한 측 연구에 인용되어

26) 이 연구는 1장에서 고대(한국성곽의 발생기, 고대국가 도성, 삼국의 산성과 축성술, 통일신라 및 발해), 2장에서 고려(도성, 고려 전기의 북방축성, 후기의 축성), 3장에서 조선시대의 축성(선초의 읍성축조, 도성의 축조, 산성과 행성의 축조, 甕築성곽의 발생, 임진왜란 이후 축성술의 발전, 실학과 조선 후기의 성곽, 城制의 완비와 華城)을 통해 한국축성사의 축성 기술상의 변천상을 중시하였다. 이러한 구분과 서술은 우리나라 성곽사를 일목요연하게 이해하는데 도움을 주었다(車勇杰, 1975, 「韓國城郭의 史的 考察」, 「忠南大學校 大學院 論文集」 5, 忠南大 大學院).
27) 차용걸, 1984, 「高麗末 倭寇對策으로서의 鎭戍와 築城」, 「史學研究」 38, 한국사학회.
   차용걸, 1988, 「高麗末・朝鮮前期 對倭 關防史 研究」, 충남대학교 박사학위논문.
28) 沈奉謹, 1995, 「韓國南海沿岸城址의 考古學的 研究」, 學研文化社.
29) 沈正輔, 1995, 「韓國 邑城의 研究 −忠南地方을 中心으로−」, 學研文化社.
30) 전룡철, 1980, 「고려의 수도 개성성에 대한 연구(1)」, 「력사과학」 2.
   전룡철, 1980, 「고려의 수도 개성성에 대한 연구(2)」, 「력사과학」 3.

개성성곽에 대한 연구가 진일보하게 되었다. 그 후 정찬영에 의해 고려 궁성 내부 건물에 대한 고고학 조사에 따른 연구가 있었다.[31] 최희림은 1986년에 고려 천리장성에 대한 문헌과 현지조사를 통해 축성 배경과 鎭堡城에 대한 현황을 정리하였다.[32] 김명철은 1989년과 1991년에 고려석축성과 토성의 축조형식에 대한 연구를 발표하였다.[33] 그는 고려성곽에 대하여 성벽의 재료에 따른 축조 방식의 차이를 구분하였으나, 고려 석축성곽으로 예를 든 함경남도의 애수산성, 강원도의 운림산성 등에 대한 문헌적 검토 및 전체적인 발굴조사와 관련된 사진과 도면 등의 자료가 충분치 않아 축조시기를(고구려~고려성곽) 검증할 방법이 묘연한 상태이다.

　1990년대 후반부터 유재춘의 일련의 연구는 고려 말 조선 초 문헌기록과 고고학 자료를 보완해 강원도 지역에 한정되지만 중세성곽사 연구의 기반을 마련하였다.[34] 그는

---

31) 정찬영, 1989, 「만월대유적에 대하여(1)」, 『조선고고연구』.

32) 최희림, 1986, 「천리장성의 축성상 특징과 그 군사적 거점인 진성에 대하여(1)」, 『력사과학』 1986 -3, 사회과학원 력사연구소.
　　최희림, 1986, 「천리장성의 축성상 특징과 그 군사적 거점인 진성에 대하여(2)」, 『력사과학』 1986 -4, 사회과학원 력사연구소.

33) 김명철, 1989, 「고려성의 돌성벽 축조 형식」, 『조선고고연구』.
　　김명철, 1991, 「고려토성의 축조 형식과 방법」, 『조선고고연구』.

34) 柳在春, 1995, 「『世宗實錄』 地理志 城郭記錄에 대한 檢討」, 『史學研究』 제50집, 韓國史學會.
　　柳在春, 1996, 「朝鮮前期 城郭 研究 -『新增東國輿地勝覽』의 기록을 중심으로-」, 『軍史』 33호, 國防軍史研究所.
　　柳在春, 1998, 「朝鮮前期 江原地域의 城郭 研究」, 강원대학교 박사학위논문.
　　柳在春, 1999, 「4~17世紀初 韓日兩國 平地治所城 發達에 관한 比較研究」-城郭의 治所 · 軍事 機能의 分離와 統合을 中心으로-」, 『史學研究』 제57집, 韓國史學會.
　　柳在春, 1999, 「韓日 兩國의 山城에 대한 比較研究 -14~17세기경을 중심으로-」, 『韓日關係 史研究』 第11輯, 韓日關係史學會.
　　柳在春, 2000, 「麗末鮮初 東界地域의 變化와 治所城의 移轉 · 改築에 대하여」, 『朝鮮時代史學報』 15.
　　柳在春, 2002, 「중세산성의 특징적 유형과 변천」, 『江原史學』 17 · 18합집.
　　柳在春, 2003, 『韓國 中世築城史 研究』, 경인문화사.
　　柳在春, 2007, 「중부내륙지역 중세 산성의 현황과 특징」, 『강원문화사연구』 제12집.
　　柳在春, 2009, 「강원지역의 고려시대 지역 거점 산성에 대한 연구」, 『한국성곽학회연구총서』 16.

2003년도에는 『韓國 中世築城史 研究』라는 저서를 통해 차용걸 이후 중세성곽의 시기구분에 대한 경과와 문제점을 제시하였다. 이 연구는 문헌과 고고학자료를 통해 강원도 지역의 삼국시대 이후 고대성곽이 중세성곽으로의 변화과정, 고려시대에 사용된 거점성과 조선 전기 鎭堡 및 읍성에 대한 변화과정을 관방론에 입각하여 논리적으로 정리하였다. 또한 거점성 석축성벽에서 보이는 기둥 홈에 대한 그간의 조사 자료를 종합하여 중세성곽(13~14세기)의 특징으로 정의하기도 하였다. 이러한 유재춘의 성과는 비록 지역이 한정되었지만, 한국축성사의 불모지였던 고려에서 조선시대 전기의 산성과 진보, 읍성의 변천과정을 논리적으로 풀어냈다는데 높은 평가를 받고 있다. 그러나 강원도지역 성곽의 고고학조사가 미진하여, 연구 대상의 폭이 한정될 수 밖에 없는 한계가 아쉬움으로 남는다.

그 후로 고려성곽에 대한 지표조사 및 발굴조사 성과를 바탕으로 성벽의 축성방식 검토와 강원 및 충북지역의 입보용 성곽의 특징, 관방체계를 통해 본 지역별 성곽의 특성에 대한 개별 논문이 발표되고 있다.[35] 특히 문헌기록에 남아 있는 강화 중성, 진도 용장성, 제주 항파두리성, 강원도 인제 한계산성, 강원도 양양읍성, 충북 괴산 미륵산성 등의 발굴조사가 이뤄지고 있어 향후 고려성곽에 대한 연구가 심도 깊게 진행될 예정이다.

---

35) 다음의 연구업적을 들 수 있다.
  高龍圭, 2001, 「南韓地域 版築土城의 研究」, 목포대학교 석사학위논문.
  백종오, 2002, 「京畿地域 高麗城郭 研究」, 『史學志』 35.
  현남주, 2003, 「京畿 中西部地域 中世地域 研究」, 아주대학교 석사학위논문.
  金虎俊, 2007, 「京畿道 平澤地域의 土城 築造方式 研究」, 『文化史學』 27호.
  오강석, 2007, 「강원지역 입보용 산성의 현황과 특징」, 『강원지역의 역사고고학』, 강원고고학회 추계학술대회.
  이일갑, 2007, 『경남지역 연해읍성에 대한 연구』, 동아대학교 박사학위논문.
  조순흠, 2007, 「한국 중세의 기둥 홈을 가진 석축산성 성벽에 대한 연구」, 충북대학교 석사학위논문.
  심종훈 · 이나경, 2007, 「金海 古邑城 築城과 時期」, 『한국성곽학회연구총서』 11.
  노병식, 2009, 「고려 괴산 미륵산성의 구조와 성격」, 『한국성곽학회연구총서』 16.
  김진형, 2010, 『嶺東地方 高麗 城郭 研究』, 단국대학교 석사학위논문.
  김진형, 2011, 「영동지방 고려시대 방어체계」, 『年報』 창간호, 강원고고문화연구원.
  김정현, 2011, 「高麗時代 嶺東地域의 海防遺蹟 研究」, 『江原文化史研究』 제15집.

3. 연구방법

한국의 성곽은 고대를 거쳐 중세와 근대로 이어지면서 축조 기법과 형식의 변화를 이루었다. 성곽은 초기의 다양한 형태에서 역사적 경험을 통해 보다 완전한 형태로 보완되어왔을 뿐만 아니라, 이웃한 여러 종족들의 침략을 물리치는 과정에서 보다 높은 방어 능력을 가지는 방향으로 변화 발전되어 왔다. 흔히 인류의 발전에 가장 큰 공헌을 한 것이 과학이었고, 그런 과학의 발전에 박차를 가한 것이 바로 전쟁이라고 말한다.[36] 고려와 몽골의 전쟁은 화약무기가 나오기 이전의 고전적인 전쟁양상을 보이고 있다.

고려는 11~12세기에 동북아시아의 거란, 여진과의 전쟁을 삼국시대부터 이어온 전통적인 淸野[37]入保에 입각한 守城戰術을 이용하여 승리로 이끌었다. 그 후 1135년 묘청의 난 당시 서경성 공방전 이후로 100여 년 간 새로운 외부세력과의 전쟁은 없었다.

---

36) 어니스트 볼크먼, 석기용 옮김, 2003, 『전쟁과 과학, 그 야합의 역사』, 이마고, p.29.

37) 淸野는 『三國史記』 고구려본기 4, 신대왕 8년과 열전 5 명림답부전에서 처음으로 확인된다. 청야는 한나라 군대가 고구려를 침공하자 이에 대한 대응책을 논의하는 과정에서 답부가 청야전술에 대해서 말하고 있다. 그 내용을 요약해 보면 "성 밖에 해자를 파고 성벽을 높게 쌓아, 성 밖의 들판에 곡식과 사람 하나 없이 비워 놓고 기다리면, 대군은 얼마 지나지 않아, 굶주림과 피곤으로 인하여 되돌아갈 것입니다. 이 때에 되돌아가는 적군을 강한 군사로써 육박하면 물리칠 수 있다." 이 청야전술은 고구려가 중국 및 북방 민족의 공격에 대한 전술로써 고려 전기 및 대몽항쟁기까지도 사용되었고, 그 후 임진왜란과 병자호란 때에도 청야전술에 대해서 논의되었다. 고려시대에 淸野의 용어가 사용된 사례를 살펴보면 다음과 같다.

『高麗史』, 『高麗史節要』에서의 淸野에 대한 기록

순번	출처	내용
1	『高麗史』卷4 世家4 顯宗 10년(1019)	十年春正月辛酉蕭遜寧至新恩縣去京城百里. 王命收城外民戶入內淸野以待.
2	『高麗史節要』卷3 현종 10년(1019)	…辛酉, 蕭遜寧至新恩縣, 去京城百里, 王, 命收城外民戶入內, 淸野以待, 遜寧, 遣耶律好德, 賣書, 至通德門, 告以回軍, 潛遣候騎三百餘, 至金郊驛, 我, 遣兵一百, 乘夜掩殺之…
3	『高麗史節要』卷17 고종 43년(1256)	…郎將尹椿, 自蒙古軍來, 椿叛入蒙古有年, 至是逃還, …, 爲今計, 宜屯田島內, 且耕且守, 淸野以待, 策之上也, 崔沆然之, 給椿家一區米豆三百斛, 超授親從將軍

1216년에 시작된 거란유민과의 전쟁 과정 속에서도 치열한 성곽 공방전은 없었다. 고려는 1219년 강동성전투 당시 몽골과 동진 연합군과 함께 공성전에 임하면서 몽골군의 공성전술을 접하게 되었다. 당시 고려는 몽골·동진과 함께 강동성 주위 300보 거리에 참호를 파서 거란유민이 도망쳐 빠져 나오는 것을 방비하였고, 거란유민의 항복을 받아냈다. 이 공성전술은 요새를 포위해 그 안의 적군을 고사시키는 오래된 전술이기에, 고려의 입장에서는 그 경험을 바탕으로 몽골에 대한 대비책을 강구했던 것으로 이해된다.

그러나 "전쟁은 단순한 군사력 대결이 아니며, 당대의 정치, 사회, 경제적 배경이 전쟁의 결과에 영향을 미친다"[38]라고 정의 되듯이, 고려와 몽골과의 전쟁은 단순한 군사력의 대결만은 아니었다. 몽골은 서하, 금, 송의 도시성곽을 공격하는 과정에서 공성전술과 공성기구를 운용하는 방식을 體得해 나가고 있었다. 몽골이 고려를 계속적으로 공격하는 과정에서 수양제와 당태종이 고구려 요동성을 공격했을 때 사용한 砲車와 雲梯, 衝車 등의 공성기구보다 개량화 된 무기를 적절하게 사용하게 되자 고려는 수세에 몰릴

순번	출처	내용
4	『高麗史節要』卷26 공민왕 5년(1356)	…一夜, 馳二百里, 詣仁雨營曰, 二豎, 勢窮將北走, 雙城人, 皆竄伏山谷, 今大軍遽至, 必駭不下, 清野無食, 爲公計, 莫若先遣吾長子仁璧, 往彼招集, 仁雨然之, 乃使仁璧, 徇雙城, 雙城人, 聞其來, 皆喜相告曰, 趙別將, 來吾屬更生矣…
5	『高麗史』卷111 列傳24 趙暾	…黎明詣仁雨營謂仁雨曰 "二豎勢窮將北走雙城人皆竄山谷. 今大軍遽至必駭不下清野無食. 爲公計莫若先遣吾子仁璧招諭之."…
6	『高麗史』卷112 列傳25 偰遜	…故民無得息之時兵無可用之勢. 至若清野之策其弊尤深.…
7	『高麗史』卷118 列傳31 趙浚	…願用漢氏募民實塞下防凶奴故事許於亡邑荒地開墾者限二十年不稅其田不役其民專屬水軍萬戶府修立城堡屯聚老弱遠斥候謹烽火居無事時耕耘魚鹽鑄冶而食以時造船寇至清野入堡而水軍擊之.…
8	『高麗史』卷130 列傳43 叛逆4 韓洪甫	…今莫若屯田島內且耕且守清野以待此策之上也." 崔沆然之給椿家一區米二百斛豆一百斛超受親從將軍…
9	『高麗史』卷82 志36 兵2 屯田	…願用漢氏募民實塞下防凶奴故事許於亡邑荒地開墾者限二十年不稅其田不使國役專仰水軍萬戶府修立城堡屯其老弱遠斥候謹烽燧居無事時耕耘漁塩鑄冶而食以時造船寇至則清野入保水軍出船擊之.…

38) 카를 폰 클라우제비츠, 류제승 옮김, 2002, 『전쟁론』, 책세상.

수 밖에 없었다.

고려는 몽골이 水戰에 약하다는 점을 파악하여 江都로 천도하고, 海島로 백성들을 입보하였다. 대몽전쟁 초기 함공된 북계지역을 제외한 지역의 治所城 대신 험지의 산악에 수원이 풍부한 지역을 선택하여 대규모의 입보용 산성을 구축하였다. 이러한 고려의 대응은 이전의 성곽과는 차별화된 성곽을 축조하게 되었다. 대몽항쟁기에 축조된 성곽은 1290년 합단족의 침입[39]과 홍건적의 침입[40]에도 재사용되었다. 고려 말을 거쳐 조선 초기에 이르기까지 외부세력과 전쟁 및 대응책에 따라 중요시되거나 퇴락하였다.[41] 그리고 임진왜란과 병자호란을 겪으면서 조선의 관방론에 따라 명맥을 유지하기도 하였다.[42]

본 논문은 대몽항쟁기 입보용 성곽의 축성배경과 변화의 흐름을 밝히고자 하는 것이다. 한편 고려와 몽골의 전쟁기사를 통해 몽골군의 공성전술과 이에 대항한 고려군의 대응책이 어떻게 변화되어갔는지 심층적으로 분석하는 것이 부차적 목표이다. 이러한 작업을 통해서 필자는 입보용 성곽이 몽골군의 공성전술에 대항하여 그 당시 입보한 고려 군관민들이 선택한 최상의 방어시설이었음을 밝혀내고자 한다.

성곽에 대한 연구는 역사학으로 종합되지만, 그 실체에 대해서는 군사 전략과 전술적 측면에서 지리학과 군사학적 활용문제, 축성과 관련하여 토목학·건축학 등의 기술적 속성 문제, 유물의 편년과 변화의 속성을 파악할 수 있는 고고학적 방법론 등 다양한 방향에서 진행되어야 한다. 따라서 논문의 研究範圍는 고려 대몽항쟁기[고려 고종 18년

---

39) 합단적의 침입과 대몽항쟁기 입보용 산성의 공방전을 확인할 수 있는 대표적인 산성은 원주의 치악성을 들 수 있다. 이와 같은 연구로는 신호철, 1998, 「哈丹賊의 侵入과 元冲甲의 鴿原城(雉岳城) 勝捷」, 『原州 鴿原山城·海美山城』, 충북대학교 중원문화연구소; 李仁在, 2000, 「1291년 카단(哈丹)의 치악성 침입과 원충갑의 항전」, 『韓國思想과 文化』7 참조.

40) 홍건족의 침입과 고려 공민왕의 安東 몽진과 관련하여 봉화 청량산성이 입보용 성곽으로 주목받고 있으나, 이에 대한 구체적인 연구는 진행된 바 없다.

41) 車勇杰, 1988, 위의 글, pp.4~17.

42) 라경준, 2012, 『조선 숙종대 관방시설 연구』, 단국대학교 박사학위논문.

(1231)~원종 14년(1273)]를 중심으로 하고,[43] 연구대상은 대몽항쟁기 성곽 공방전의 변화에 따른 입보용 성곽 설치 및 변화에 중점을 두었다.

이를 위하여 『高麗史』, 『高麗史節要』를 기본사료로 하고, 『元高麗紀事』, 『元史』, 『新元史』, 『三國史記』, 『三國遺事』, 『東文選』, 『東國李相國集』, 『高麗圖經』, 『朝鮮王朝實錄』, 『輿地圖書』, 『新增東國輿地勝覽』, 『蒙韃備錄』, 『黑韃事略』, 『武經總要』, 『武備志』 등을 활용하여 대몽항쟁기 전쟁양상과 성곽 공방전술과 무기체계에 대해서 살펴보고자 한다. 또한 선학들의 제 연구 및 최근의 연구 성과, 그리고 고고학 조사(지표조사 및 발굴조사)를 통하여 입보용 성곽으로 비정된 성곽의 현황과 출토유물을 연구대상으로 삼고자 한다.

제2장에서는 1절에서 대몽항쟁기 이전 고려의 북진정책에 따른 축성양상에 대해 살펴보고자 한다. 2절에서 고려 도성인 개경성과 고려의 양계(北界·東界)의 州鎭城, 양계 이외의 州縣城을 통해 이 당시 성곽의 특징을 살펴보려 한다. 3절에서 묘청의 난 당시 서경성 공방전의 양상을 검토하여 대몽항쟁기 이전 고려의 성곽 공방전 전술양상과 수성무기(弩와 砲)에 대해서는 北宋의 11세기에 발간된 兵書인 『武經總要』를 통해 분석하고자 한다.

제3장에서는 1절에서 대몽항쟁기의 전황을 먼저 살펴보겠다. 그리고 2절에서 몽골군 공성전술의 운용방식을 서하와 금, 송나라의 전쟁과정을 기록한 『蒙韃備錄』, 『黑韃事略』을 통해 검토하겠다. 이를 바탕으로 대몽항쟁기 전쟁의 진행과정 별로 고려와 몽골의 성곽 공방전 양상을 분석하고자 한다. 3절에서 몽골의 계속되는 침공과정 속에서 江都政府의 해도 및 산성 입보책 시행과 방호별감의 파견, 주현성에서 험지고산의 대형 입보용 산성이 축조되는 배경에 대해서 살펴보고자 한다.

---

43) 尹龍爀은 對蒙抗戰期間을 高宗 18년 8월(1231)~元宗 14년(1273) 5월 제주 삼별초군의 패망에 이르는 대략 40여 년 抗爭으로 인식하였다(윤용혁, 1991, 위의 책, p.9). 이와는 달리 周采赫은 江東城戰役이 있었던 高宗 5년(1218)부터 三別抄抗爭이 종식되는 元宗 14년(1273)까지를 對蒙抗戰期間으로 파악하였다(周采赫, 1974, 「高麗內地의 達魯花赤 置廢에 관한 小考」, 『淸大史林』 1, p.89). 필자는 고려정부가 몽골의 침투에 항전의 의지를 표명한 것에 주목하여 윤용혁의 대몽항쟁기간을 따르도록 하겠다.

제4장에서는 1절과 2절에서 고려가 몽골과의 전쟁을 40여 년간 지속할 수 있게 하였던 입보성곽을 海島에 축성된 江都 및 도성계열의 성곽(진도 용장성, 제주 항파두리성)과 내륙지역에 축성된 입보용 성곽으로 나누어 성곽의 현황과 출토유물, 입지적 특징에 대해서 살펴보겠다. 3절에서 대몽항쟁기 입보용 성곽의 성격을 먼저 해도 및 내륙의 입보용성곽으로 구분하여 입지조건의 특징에 대하여 고찰하고자 한다. 다음으로 입보용 성곽의 축성방식을 해도와 내륙으로 나누어 검토해 보겠다. 이러한 입지조건과 축성방식을 통하여 대몽항쟁기 입보용 성곽이 고려 후기와 조선 전기에 어떻게 변화되어 갔는지를 살펴보겠다. 마지막으로 대몽항쟁기 성곽 공방전 양상에 대해서 몽골의 공성술과 고려의 수성술을 『武經總要』의 兵書 내용과 비교하여, 5차 전쟁 이후로 입보용 성곽이 州縣城에서 險山大城의 入保用 山城으로 변화되는 과정도 검토해 보겠다.

이 연구는 대몽항쟁기 입보용 성곽의 축성과 입보에 대해서 문헌기록 뿐만 아니라 고고학 조사결과 및 축성방식 등의 기술적 속성 문제, 병서를 통한 군사학적인 접근으로 성곽의 변화를 종합적으로 분석하고자 한다.

Ⅱ. 對蒙抗爭期 以前의 築城

고대 산성은 대부분 평야를 배후에 두고, 사방이 조망되어 방어와 역습에 유리한 지역에 축조되었다. 이러한 지역은 인구가 밀집되어 있고, 교통이 발달한 곳이기도 했다. 三國抗爭期에 변방지역의 경우, 순수한 군사적 목적을 달성하기 위한 산성이 체계적으로 축조되기도 하였지만 대부분의 산성은 군사적 목적과 행정적 목적을 동시에 수행하기 위한 것으로 볼 수 있다.[44] 고려 전기 북방진출은 州鎭城[45]을 축조하고, 군사적으로 안정된 지역에는 사민정책을 실시하는 과정을 통해 이루어졌다. 州鎭城은 북방유목민족의 침입로인 주요 교통로에 축성된 점으로 미루어 개경 및 서경으로의 남하를 방어하기 위한 군사목적을 중요시하게 여겼던 것으로 보여진다.[46]

---

44) 徐榮一, 1999, 『신라육상교통로연구』, 학연문화사, p.45.

45) 이기백은 兩界(北界·東界)의 성곽체제가 무장 도시로 이루어졌고, 전술은 '堅壁固守' 혹은 '引兵出擊'과 같은 전술을 사용하였다고 하였다. 양계의 지방행정단위를 州鎭이라고 부르고, 남쪽(5도)의 지방 행정단위를 州縣이라고 부른 예에 따라서 양계와 5도에 소속된 군인을 州鎭軍과 州縣軍으로 구분하여 파악할 것을 주장하였다(李基白, 1960, 「高麗軍人考」, 『震檀學報』 21). 필자는 양계 지역의 성곽을 州鎭城, 5도 지역의 성곽을 州縣城으로 구분하여 기술하겠다.

46) 대몽항쟁기 이전의 성곽 축성 사례로는 태조대 30건(서경성 수축 포함), 정종대 7건, 광종대 13건, 경종대 1건, 성종대 11건, 목종대 17건(수축 4건 포함), 현종대 23건(수축 5건 포함) 등이 북계·동계 지역에 위치하여 새롭게 축조 혹은 수축되었다(『高麗史』 卷82, 兵志, 城堡).

여기에서는 고려 전기 북방진출과 관련하여 州鎭城의 축성배경 및 과정에 대해서 살펴보겠다. 그리고 고려 전기에 축성 및 수·개축된 開京城, 州鎭城, 州縣城[47]의 구조도 검토해 보겠다. 마지막으로 대몽항쟁기 이전의 서경성 공방전 양상을 통해 당시의 공성 및 수성무기인 투석기와 强弩에 대해서 北宋의 兵書인 『武經總要』를 통해 고증해 보고자 한다.

1. 高麗前期 北方進出과 築城

고려는 건국 이후 동북아 정세의 변화에 촉각을 세우고, 내부 사정을 고려하여 민감하게 대처하였다. 그래서 건국 초기에 불안정한 국내 사정과 군사력의 열세로 거란·여진과의 직접적인 충돌을 최소화하고자 하였다. 고려는 태조 19년(936) 후삼국을 통일하고 전략적 관심을 북방에 집중시켜 북진정책을 공세적으로 추진하였다. 북진정책은 고려의 정체성과 관련하여 고토 회복과 변방의 안정을 위한 군사적 필요성도 있었다. 이는 양계 지역을 선과 선으로 연결하는 의미 뿐만 아니라 고려왕조의 邊境, 즉 영토의식을 구현해 나가는 중요한 상징성을 담고 있었다.[48]

고려 전기의 영토확장은 신라의 북방경영과 비슷한 방식으로 진행하였을 것으로 보인다.[49] 신라는 당과의 양국 대결장이었던 한강 북부지역인 예성강과 임진강 하구의 중간

---

47) 최종석은 양계의 주진성과 5도의 주현성을 모두 포함한 광의적인 용어로 治所城을 사용하였다. 그리고 치소성의 입지조건과 유형을 산성 형태로 비정하였다(崔鍾奭, 2007, 『고려시대 治所城 연구』, 서울대학교 박사학위논문). 그러나 최근 고고학 조사에서 州縣城은 통일신라까지 사용된 산성에서 점차 평지에 축성된 초기 읍성 형태의 성곽이 확인되고 있다. 이에 대해서는 2절에서 기술하겠다. 따라서 필자는 고려시대 치소성에 대한 고고학 성과와 대몽항쟁기의 전투기사를 고증하기 위해서는 주진성과 주현성 용어를 구분하여 사용하는 것이 타당하다고 판단된다.

48) 신안식, 2005, 「高麗前期의 兩界制와 '邊境'」, 『한국중세사연구』 18.

49) 鎭이 처음 설치된 것은 삼국시대부터의 일이며, 처음에는 柵을 국경의 주요 고갯길과 요새지에 설치하였다. 통일신라 하대에 이르러 해안 거점에 큰 규모의 北鎭, 唐城鎭, 穴口鎭, 淸海鎭, 浿江鎭 등을 설치하였다. 진에는 頭上大監 혹은 대사가 鎭將으로 파견되어 郡 단위의 관할구역에 여러 城

지대와 임진강 하류의 남부지역 일대에 고구려 유민을 정착시켜, 이들을 통일전쟁과 武烈王系의 지지세력으로 이끌어 갔다. 통일 전쟁이 일단락되면서 한강유역의 확보와 개발은 새로운 정치기반의 확립을 위해서도 필요하였다. 군사적 진출 이후 방어기지를 조성하는 것은 신라가 6세기 중반 한강유역에서 행해졌던 영토확장의 단계적 방법론이라고 할 수 있다.[50] 신라 성덕왕 17년(718)에 한산주도독 관내에 성을 쌓은 기사[51]는 군사적으로 영유하고 있던 지역에 대한 축성을 통해 행정적 지배를 강화해 나가는 것으로 볼 수 있다. 통일신라의 변경이 북쪽으로 이동됨으로써 한강이북 지역에는 북방민족에 대한 위협이 줄어들게 되었고, 행정구역의 정비가 진행되었다. 통일신라는 북방경영을 실행하는데 앞서 군사적 거점을 확보한 이후에 행정 지배를 위한 준비를 진행하였던 것이다.[52]

고려 전기의 북방개척은 통일신라의 정책과 맥을 같이 하고 있다. 변경 지역의 요새지에 군사 방어거점인 鎭城을 설치한 이후에 州城을 설치하는 방식으로 전개되었다. 고려 태조는 州鎭城 축성과 함께 鎭頭를 파견하였다. 진두는 開定軍 700여 명을 거느리는 군사적인 수장으로 보여진다.[53] 신개척지의 축성은 영토 확보를 위한 기초 작업이면서 대규모 인력이 동원되는 국가적 군사 및 토목사업을 필요로 하는 작업이다. 태조 8년(925)에 유금필에게 명하여 개정군 3천 명을 거느리고 골암에 가서 東山에 큰 성을 쌓고 머무르게 했다는 내용을 통해 보듯이 알 수 있다.[54] 그러한 지역에 대규모 인구의 이동과 이주를 동반하는 행정적 지배 역시 중앙정부의 정책에 의해서 시행되었을 것이다. 이

과 작은 堡壘 들을 거느리고 있었던 것으로 추정하고 있다(국립문화재연구소, 2011, 『韓國考古學專門事典 −성곽·봉수편』, pp.1136~1138).

50) 申瀅植, 1992, 「新羅의 發展과 漢江」, 『韓國史研究』 77, p.47.

51) 『三國史記』 卷8 聖德王 17년(718) "10월에 漢山州都督 管內에 여러 성을 쌓았다."

52) 김호준, 2002, 「抱川 半月山城의 時代別 活用 硏究 −三國 및 統一新羅時代를 中心으로−」, 단국대학교 석사학위논문, pp.66~72.

53) 『高麗史』 卷82 兵志 城堡 태조 11년(928) "2월 안북부에 축성하고 元尹 朴權을 鎭頭로 삼아 개정군 700명을 거느리고 주둔케 함."

54) 『高麗史』 卷82 兵志 城堡 태조 8년(925).

러한 북계와 양계 지역의 사민정책의 변화는 성종대에 이르러 본격적으로 外官의 파견 및 현지민을 중심으로 하는 방수정책을 시행하면서 대외적으로 州鎭城 編制를 서북지역의 여진 등의 내투인을 송환하는 동시에 先住 여진족을 공격하였다. 여진족의 반발을 받으면서 州鎭城을 축조하였으나, 거란과의 전쟁과정에서 성종대의 정책은 목종, 현종대를 거치면서 여진의 내투인을 수용하는 종래의 정책으로 전환되었다.[55]

고려 전기의 주진성 축성을 통한 영토 확장정책을 살펴보았다. 일반적으로 고려 전기 兩界制의 편성은 북방민족의 침략에 대비하기 위한 것으로 알려져 있다.[56] 북방민족의 침략 예상경로는 고려의 성곽 구축과 밀접하게 연관된 것으로 파악하여, 북계·동계에 구축된 성곽들을 興郊道·興化道·雲中道·朔方道의 驛道를 중심으로 배치하여 양계 성곽체제를 거란과 여진의 침입 예상도에 따른 축성 양상을 설명하는 견해도 있다.[57] 이러한 견해는 고려의 북방 지역 진출과정을 교통로를 중심으로 고찰 한 것으로써 주목할 만하다.

고려 전기 驛制는 開京 남쪽은 통일신라 역제를 이용했고, 개경 북쪽은 서경을 포함한 그 이북 지역은 고려의 북방진출 과정에서 새롭게 편제되고 정비되었을 것이다. 고려 전기 이후의 驛路網을 대규모 군대의 이동이나 외관의 파견경로 등 개경과 해당 방면을 잇는 교통로의 실제 이용 상황을 검토하여, 고려의 북방진출 지역과 양계의 驛制는 군사 및 외교적 목적을 갖고 있음을 주목한 연구도 있다.[58] 고려 전기 북계 지역의 축성

---

55) 송용덕, 2003, 「高麗前期 國境地帶의 州鎭城編制」, 서울대학교 석사학위논문, pp.7~33.

56) 申安湜, 2008, 「고려시대 兩界의 성곽과 그 특징」, 『軍事』 66, pp.1~26.

57) 태조대, 즉 고려 성립기에는 청천강을 중심으로 興郊道와 雲中道 지역, 광종대의 성곽은 興化道·雲中道·朔方道 등 거란과 여진의 경계 지역, 성종대 이후 거란과의 3차례에 걸친 전쟁을 치르면서 양계 지역의 성곽들이 좀 더 공고하게 구축되었다고 할 수 있다. 이러한 고려 전기의 성곽 구축이 덕종 2년(1033) '고려 장성' 축조의 바탕이 되었다. 고려 장성의 구축은 변경획정을 위한 국경선을 의미하며, 곧 예종 2년(1107) 여진을 정벌한 지역에 9성을 구축하여 동북면의 영토를 확장할 수 있었던 토대였던 것이다(申安湜, 2008, 「고려시대 兩界의 성곽과 그 특징」, 『軍事』 66).

58) 정요근의 연구에 따르면 狻豫道는 개경으로부터 서해도 해안에 걸쳐있어 개경으로 이어지는 해안지대의 방비와 밀접한 관련을 맺고 있으며, 북계의 興化道는 북계의 군사적 거점인 안북도호부로

과 역제 연구에 의하면 북계는 興郊道·興化道·雲中道 등의 驛道를 끼고 있었다. 興郊道 지역은 서경을 주축으로 이루어졌으며, 興化道 지역은 압록강을 넘어온 외적을 1차로 저지할 수 있는 지역이었고, 雲中道 지역 또한 興化道 지역과 마찬가지로 서경 지역으로 내려가려는 외적을 저지할 수 있는 전선이었다.[59] 동계는 朔方道 등의 역도를 끼고 있었다. 朔方道 지역은 함경도 일대의 동여진과 접경 지역으로 '고려 장성'이 통과하거나 북방 민족과의 접경에 위치한 곳이라는 특징이 있었고 북방 민족의 잦은 침략을 받기도 하였다. 이를 표로 정리하면 다음과 같다.

〈표 II-1〉 양계 지역과 개경 인근의 도로망

	도로명	주요 간선로	驛數	대표 驛	비고
1	興化道	寧州-博州-宣州-靈州(興化鎭)-義州(大寧江 以西, 鴨綠江 以東, 千里長城 이남에 위치)	29	長寧驛	북계
2	興郊道	西京-肅州-寧州(安北府)	11	寧州 興郊驛	북계
3	雲中道	西京-자주-殷州-土無州-連州(남쪽은 西京, 동쪽은 동계, 북쪽은 천리장성, 서쪽은 대령강을 경계)	43	서경 長壽驛	북계
4	朔方道	鐵嶺-登州-和州-定州(登州를 중심으로 북쪽은 和州·定州 남쪽은 高城縣·杆城縣까지 동계의 동해안을 따라 위치한 역들로 편성)	42	철령 북쪽 孤山驛	동계
5	溟州道	원주-대관령-명주(溟州를 중심으로 동해안을 따라 북쪽은 朔方道, 남쪽은 慶州道, 서쪽은 대관령을 넘어 原州와 연결)	28	명주 大昌驛	동계
6	岊嶺道	서경-절령(해주-안주-봉주-황주)	11	岊嶺驛	

부터 거란 방면으로 연결되는 간선도를 중심으로, 雲中道는 서경에서 連州를 거쳐 서여진 방면으로 연결되는 간선로를 중심으로 편성되었다. 동계는 남북으로 가늘고 긴 영역으로 역도상으로 朔方道와 溟州道가 남북으로 분리되는 형태를 취하였다. 북쪽의 朔方道는 동여진과 직접적으로 국경을 마주하고 있는 최전방이며, 溟州道는 명주를 중심으로 동해안의 주진을 따라 역로망이 길게 편성되어 동해안으로부터 동여진의 침입에 대비하기 위하여 편제되었다. 양계지역 역도의 편성은 대외적으로 거란과 여진이라는 2개의 주적을 가지고 있었던 고려조정으로 하여금 변방지역에서 보다 효율적인 국방대책을 마련하고 하는 그 근거가 있었다고 한다(정요근, 2001, 「高麗前期 驛制의 整備와 22驛道」, 『韓國史論』 45).

59) 정요근, 2001, 위의 글, pp.46~51.
  정요근, 2008, 『高麗~朝鮮初의 驛路網과 驛制 研究』, 서울대학교 박사학위논문, pp.41~55.

	도로명	주요 간선로	驛數	대표 驛	비고
7	金郊道	開京-平州-岊嶺(봉주-황주) (開京-西京간 역로 중에서)	16	개경 북쪽 金郊驛	
8	狻猁道	開京-海州-豊州 (開京과 海州를 중심으로 서해도 해안 일대의 역로망에 편성)	10	개경 狻猁驛	
9	桃源道	개경-長湍-東州-交州-鐵嶺을 거쳐 동계 방면(登州)	21	개경 동쪽 桃源驛	
10	靑郊道	① 開京-臨律-南京 ② 開京-長端-積城-見州-南京(개경과 南京사이의 역로)	15	개경 靑郊驛	
11	春州道	南京-嘉平-春州(春州 및 그 界內 역들과 개경-춘주 길목의 南京 및 그 속현의 역 일부)	24	춘주 保安驛	

　　고려 전기 서경 일대 및 북방 진출 과정에서 州鎭城이 어떻게 축조되었는지를 시간의 추이별로 살펴보겠다. 성곽의 축조배경은 4시기로 구분된다. 첫째 고려 성립기의 太祖代의 청천강을 중심으로 興郊道와 雲中道 지역의 축성시기, 둘째 定宗과 光宗代의 興化道·雲中道·朔方道 확보를 통한 북방진출과 관련한 축성시기, 셋째 景宗, 成宗, 穆宗, 顯宗代 거란과의 3차례 전쟁과 거란과의 관계 속에서 양계 지역 일대의 방어시설 재배치와 관련한 축성시기, 넷째 앞선 3시기의 축성을 바탕으로 고려장성의 축성과 변경획정 및 예종 2년(1107)의 여진 정벌을 통한 동북면의 영토 확장과 관련한 축성시기로 나뉜다.

　　첫째, 태조대의 축성과정에 대해서 살펴보겠다.

　　태조 2년(919) 이후부터 평양 그 북쪽 지역인 청천강 이남의 방어태세를 강화하기 위해 군사거점지역인 鎭을 설치하고, 성곽 등의 군사요새를 구축하였다.[60] 고려 태조부터 광종대의 북방 개척과 州鎭 설치를 시간적 추이로 5단계로 구분한 연구에 의하면 태조는 먼저 평양을 복구하였고, 평양을 중심으로 그 주변에 군사 거점성을 축성하여 북방의 적을 방어하고자 한 것으로 보인다.[61] 이와 더불어 개경을 보호하기 위한 조치도 병

---

60) 『高麗史』 卷82 兵志 城堡.

61) 윤경진은 발해 멸망(926년, 태조 9)으로 고려 태조가 발해 유민을 적극적으로 수용하였기에 거란에 대한 경계를 더욱 강화할 목적으로 서경 인근 동서 방면에 대한 축성이 있던 것으로 보았다(윤경진, 2010, 「고려 태조-광종대 북방 개척과 州鎭 설치 : 『高麗史』 地理志 北界 州鎭 연혁의 분석

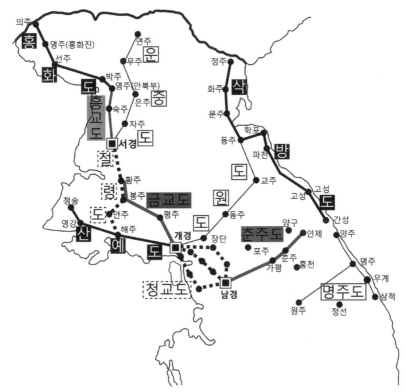

〈도면Ⅱ-1〉 고려시대 중·북부지역 11역도의 분포도

행된 것을 알 수 있다.

　태조 8년(925)에 유금필에게 골암에 성을 쌓게 하였는데, 이는 함경도 일대 여진이 개경으로 침투하는 것을 대비한 목적으로 보여진다.[62) 이후 태조 11년부터 후삼국과 전

과 補正」,『奎章閣』37, pp.251~288).

62) 김정현에 의하면 고려 전기 동북방 경영은 태조 즉위 원년 8월 골암성(안변 부근)에 웅거하던 윤관을 투항시킴으로서 시작되었다고 보고 있다. 본래 尹瑄은 후삼국시대부터 골암성에서 웅거하여 흑수 여진인들을 지배하였고, 고려의 북쪽 변경을 자주 침입하였는데, 태조는 윤관을 투항시킨 이후 동여진으로부터 자주 침입을 받자, 골암성 일대를 확보하기 위하여 유금필과 3천 개정군으로 하여금 방어하게 하면서 시작되었다(김정현, 2011,「高麗時代 嶺東地域의 海防遺蹟 硏究」, 강

쟁을 하는 중에도 서경 서북쪽과 청천강 이남에 鎭을 설치하여 점차적으로 북방개척의 의지를 실현해 나가고 있다.

태조 22년(939) 肅州에 축성된 성곽의 규모는 1,225간, 문 10, 수구 1, 성두 70이다. 규모는 태조 2년에 축성된 용강현(1,807간) 보다 작지만 성두가 70개로 다른 성곽보다 많았다. 이는 서경의 북쪽을 방어하기 위한 성곽으로 군사적 기능이 매우 중요했을 것으로 이해되는 것이다. 肅州 등 서경 서북쪽의 축성은 압록강을 넘어오는 북방민족의 침입을 막기 위한 것으로 생각할 수 있다. 이러한 대비는 성곽의 규모와 시설, 방어군의 편성 등에서 체계적인 조직을 갖추었다고 할 수 있다.

다음의 〈표Ⅱ-2〉를 보면 태조대의 흥교도와 운중도 일대의 축성과정을 보여주고 있다.

〈표Ⅱ-2〉 太祖代의 축성기사[63]

시대	주요 내용	축성 목적 및 위치
태조 2년 (919)	- 정월, 고려, 철원에서 송악으로 도읍을 옮김 - 10월. 평양에 축성 - 龍岡縣에 축성, 길이 1,807간, 문 6, 水口 1	용강현 축성은 서경 서해안 방어용 : 興郊道
3년 (920)	- 3월, 유금필에게 명하여 개정군 3천명을 거느리고, 북계 골암성 동산에 큰 성을 쌓음 - 咸從縣에 축성, 길이 236간, 문 4, 水口 3, 城頭 4, 遮城 2	골암성 축성은 동여진 방어 함종현 축성은 서경 서해안 방어용 : 興郊道
4년(921)	- 雲南縣(撫州)에 축성	雲中道
5년(922)	- 서경의 在成을 6년 만에 완공	서경 재성 완공
8년 (925)	- 成州에 축성, 길이 691간, 문 7, 水口 5, 성두 7, 차성 1, 첩원 87간(여장) - 運州 옥산에 축성 - 유금필에게 탕정군에 축성하도록 하였으나 국왕이 북계 순시중 鎭國城에 옮겨 축조하도록 함(『高麗史』 병지 鎭戌, 유금필에게 명하여 개정군 3천명을 거느리고 골암에 가서 東山에 큰 성을 쌓고 머무르게 함) - 진국성을 통덕진이라 고치고, 원윤 충인을 진두로 삼았다(태조 11년 기사와 중복됨) - 견훤 신라의 20여 성을 점령함	成州와 連州 : 雲中道 鎭國城 : 興郊道

원대학교 석사학위논문, pp.6~9).

63) 『高麗史』 卷82 城堡條와 『高麗史』 卷83 州縣軍, 北界 · 東界條, 『高麗史節要』, 신안식의 연구성과 (申安湜, 2008, 위의 글)를 참조하여 필자가 재정리하였다.

시대	주요 내용	축성 목적 및 위치
10년 (927)	- 拜山成을 수리하고 2隊의 군사를 주둔케 함 - 견훤, 경주에 침입하여 경애왕을 자살케하고 경순왕을 옹립함. 또 공산동수에서 왕건군을 대파함	경상도 문경일대의 축성
11년 (928)	- 2월 安北府에 축성하고 元尹 朴權을 鎭頭로 삼아 개정군 700명을 거느리고 주둔케 함 - 4월, 雲州 옥산에 축성하고 주둔군을 둠 - 7월, 태조가 친히 三年山城을 공격하였으나 이기지 못하고 靑州로 감 - 8월, 견훤이 장군 관흔을 시켜 陽山에 축성하자 태조가 왕충을 시켜 공격하여 패주케하고 퇴각하여 大良城을 확보함 - 11월, 견훤이 정병을 선발하여 烏於谷城을 함락시키고 거기 주둔하였던 고려 병졸 1천명을 죽임 - 고려 국왕 북계 순시 중 鎭國城을 이전하고 通德鎭이라 함	安北府, 鎭國城(通德鎭) : 興郊道 雲州 : 雲中道
12년 (929)	- 3월, 安定鎭에 축성하고 元尹 彦守考로 하여금 수비케 함 - 9월, 安水鎭에 축성하고 원윤 昕平으로 진두를 삼음 - 永淸鎭에 축성함 - 興德鎭에 축성하고 원윤 阿次城으로 진두를 삼음	安定鎭, 永淸鎭 : 興郊道 安水鎭(連州), 興德鎭 : 雲中道
13년 (930)	- 2월, 昵於鎭에 축성하고 이름을 神光鎭이라 하고 백성들을 성안으로 옮겨 채움 - 朝陽鎭에 축성, 길이 821간, 문 4, 水口 1, 성두 2, 차성 2 - 8월, 大相 廉相을 보내 馬山에 축성하고 安水鎭이라 칭함(「高麗史」병지 鎭戍, 정조 흔평을 鎭頭로 삼음) - 淸州에 羅城을 축조함 - 連州에 축성함 - 고려, 고창군에서 견훤군을 대파함 - 安北府에 축성, 길이 910간, 문 12, 성두 20, 水口 7, 차성 5	安北府 : 興郊道 朝陽鎭(連州), 馬山 安水鎭 : 雲中道
14년 (931)	元尹 平奐을 剛德鎭 진두로 삼음(「고려사」병지 수진)	剛德鎭(成州) : 雲中道
15년 (932)	- 7월, 태조가 친히 一傘山城을 정벌 - 11월, 일모산성을 다시 공격하고 격파	태조의 통일전쟁 중
17년 (934)	- 通海縣에 축성, 길이 513간, 문 5, 水口 1, 성두 4(「高麗史」병지 鎭戍, 元甫 재원을 진두로 삼음) - 7월, 발해의 세자 大光顯 수만 군중을 이끌고 고려에 투항. 이 해에 후백제의 웅진 등 30여 성이 고려에 투항함	通海縣 : 興郊道
18년 (935)	- 6월, 견훤, 고려에 투항함 - 11월, 신라 경순왕 고려에 투항하자 경주를 식읍으로 내려줌 - 伊物, 肅州에 축성	肅州 : 興郊道

시대	주요 내용	축성 목적 및 위치
19년 (936)	- 고려 후백제 신검군을 대파. 고려 후삼국 통일	
20년 (937)	- 順州에 축성, 길이 610간, 문 5, 水口 9, 성두 15, 차성 6	順州 : 雲中道
21년 (938)	- 7월, 서경에 나성을 축조 - 陽嵒鎭에 축성, 길이 252간, 문 3, 水口 2, 성두 2, 차성 2 - 永淸鎭에 축성 - 龍岡, 平原에 축성	永淸鎭, 龍岡, 平原 : 興郊道 陽嵒鎭 : 雲中道
22년 (939)	- 肅州에 축성, 길이 1,225간, 문 10, 水口 1, 성두 70 - 大安州에 축성	肅州 : 興郊道 大安州(慈州) : 雲中道
23년 (940)	- 殷州에 축성, 길이 793간, 문 8, 水口 4, 성두 2, 차성 4	殷州 : 雲中道

둘째, 定宗과 光宗代의 축성과정을 살펴보겠다.

定宗 2년(947)에 축성된 博州는 길이 1,001간, 문 9, 水口 1, 성두 16, 차성 9로 다른 성곽과 달리 성두와 차성이 많이 설치되었다. 주진군의 배치는 규모에 비해 다른 성곽들에 비해 많은 편이다.[64] 특히 左軍의 기마병과 노병의 배치는 각각 5隊로 양계를 통틀어 가장 많았다. 이러한 성곽의 시설과 방어군의 배치상태를 보더라도, 청천강 이북에 최초로 쌓여진 성곽으로 북방진출의 교두보로 활용되었다는 점을 알 수 있다. 그리고 이러한 博州의 축성은 광종대의 북방진출과 연계된다 할 수 있다.

광종 24년(973)에 축성된 嘉州城은 길이 1,519간으로 태조 2년(919)에 축성된 용강현의 1807간 규모보다 작지만, 청천강 이북에 축성된 성곽 중에서 가장 크다. 嘉州는 博州의 서쪽 대령강(박천강) 너머에 위치하며, 가주의 축성은 청천강을 넘은데 이어 현재의 평안북도 서부 연안 지역으로 개척이 진행됨을 의미한다. 정종과 광종년간의 서북쪽 축성은 지리적으로 청천강 이북에 위치하였고, 압록강 남쪽의 인주-용주-철주-선주-곽주-가주를 연결하는 해안과 접한 교통로와 창주-태주-의주로 연결되는 교통로

---

64) 주진군의 인원은 이기백의 연구에 의한 계산 방식을 따랐다(이기백 · 김용선, 2011, 앞의 글, pp.438~439).

가 만나는 군사적으로 중요한 지역에 축성되었음을 알려주고 있다.

光宗代 동계에 축성된 화주와 고주의 성은 후에 축조된 성곽보다 규모면에서 크다. 특히 화주는 성종 14년(995)에 화주안변도호부로 고쳤다가, 현종 9년(1018)에 낮추어서 화주방어사로 만들어 本營으로 삼았을 정도[65]로 군사적 중요성이 부각된 곳이다. 和州에 축성된 성곽은 길이 1,014간, 문 6, 水口 3, 重城 180간으로 성두와 차성이 확인되지 않는다. 이는 여진족을 대비하기 위한 축성으로 여겨지기 때문에 방어적 측면이 북계의 다른 성곽과는 차이를 보이고 있다.

定宗과 光宗은 태조 대에 설치한 방어태세를 바탕으로 청천강을 넘었고, 광종 후반 대에는 청천강 이북에 방어시설이 갖추게 되었다. 광종대의 성곽은 거란과 여진의 경계 지역에서 구축되고 있었다. 이는 압록강 유역으로의 진출과 동시에 거란과 여진에 대한 방비를 통한 변경구축의 의도가 적극적으로 반영된 결과라고 할 수 있다.

이러한 태조~광종 대의 북방개척으로 획득한 영토는 거란과의 전쟁까지 유지되었다. 당시의 북방의 방어태세를 살펴보면 다음과 같다. 청천강을 연하여 개주성과 安戎鎭城이 버티고 있었으며, 청천강 이북지역에는 대령강을 연해 태주성과 博州城이, 구룡강을 연하여 영변성과 운산성이 포진해 있었다. 또 서부 해안의 교통로에는 博州城과 가주성이 안북부에 이르는 흥교도를 개척하였다.[66]

⟨표 Ⅱ-3⟩ 定宗과 光宗代의 축성기사

시대	주요내용	축성 목적 및 위치
定宗 2년 (947)	- 3월, 서경에 王城을 축성 - 鐵甕, 三陟, 通德에 축성 - 德昌鎭, 德城鎭에 축성 - 博州에 축성, 길이 1,001간, 문 9, 水口 1, 성두 16, 차성 9 - 光軍司를 설치하고 光軍 30만을 모아 거란에 대비	鐵甕, 德城鎭 : 운중도 通德, 博州 : 흥교도 三陟 : 명주도
光宗 원년 (950)	- 長青鎭, 威化鎭에 축성	長青鎭 : ? 威化鎭(雲州) : 운중도

---

65) 『高麗史』 卷58 志12 地理3 東界 和州條.

66) 安周燮, 2003, 『고려 거란 전쟁』, 경인문화사, p.91.

시대	주요내용	축성 목적 및 위치
2년(951)	– 撫州에 축성, 603간, 문 5, 水口 2, 성두 8, 차성 3	撫州 : 운중도
3년(952)	– 安朔鎭에 축성	安朔鎭(延州) : 운중도
11년(960)	– 濕忽, 松城에 축성	濕忽(嘉州) : 흥화도 松城 : ?
18년(967)	– 樂陵郡에 축성	樂陵郡 : 운중도
19년(968)	– 威化鎭에 축성	威化鎭(雲州) : 운중도
20년(969)	– 長平鎭에 축성, 길이 535간, 문 4 – 寧朔鎭에 축성 – 泰州에 축성, 길이 885간, 문 6, 水口 1, 성두 37, 차성 4	長平鎭 : 삭방도 寧朔鎭, 泰州 : 흥화도
21년(970)	– 安朔鎭에 축성	安朔鎭(延州) : 운중도
23년(972)	– 雲州에 축성	雲州 : 운중도
24년(973)	– 和州에 축성, 길이 1,014간, 문 6, 水口 3, 重城 180간 – 高州에 축성, 길이 1,016간, 문 6 – 長平鎭, 博平鎭, 信都(고구려 신도군)에 축성 – 嘉州에 축성, 길이 1,519간 – 安戎鎭에 축성	和州, 高州, 長平鎭, 博平鎭 : 삭방도 信都, 嘉州 : 흥화도

셋째, 景宗, 成宗, 穆宗, 顯宗代의 축성과정에 대해서 살펴보겠다.

10세기 말 요동지역에서 군사 긴장이 높아져 가자, 성종 9년(990) 9월에 고려 전역에 군사 대비 태세를 강화하고, "서도 유수관 및 주요 요충지의 주현과 여러 진의 장수들은 함부로 그 임소를 떠나지 말라"고 명하였다. 또 같은 해 10월에 성종은 좌·우군영을 설치해 군사력을 강화하고, 991년에는 압록강 연안의 여진을 백두산 밖으로 몰아내는 데에 성공하였다.

고려의 북계 방어체제는 요새화된 산성을 중심으로 편성되었고, 방어전술 역시 성을 근거로 하였다. 그 근간은 淸野入保였다. 이것은 내침하는 적의 군세가 아군보다 우위에 있을 경우, 나가서 싸우는 것을 피하고 험한 지형을 이용하여 성을 굳게 지키며[67] 지

---

67) 堅壁固守는 『高麗史節要』卷4 덕종 원년(1032) 2월 기사 및 『高麗史節要』卷15 고종 6년(1219) 10월 기사에서 나온다. 堅壁固守라는 용어는 고려의 전술로 사용되기도 하는데, 이는 앞 선 두 기사가 적에게 항복하지 않고, 성을 지켜냈던 내용을 표현한 것이다. 청야입보라는 용어가 고려의 전술로 이해하는데 적합하기에 堅壁固守는 해석 그대로 받아들이는 것이 바람직하다고 생각된다.

구전을 펴는 것이다.

즉 고려군의 기본 방어전술은 북방 양계에 주둔한 州鎮軍[68]과 충분한 시간적 여유를 갖고 올라온 중앙군의 유기적 결합을 통해 이루어졌다. 서북계 중요 鎮에서 수성전을 펼쳐 적의 남진을 지연시키는 동안, 중앙에서는 대규모 중앙군을 파견해 본격적으로 반격을 가하는 형태였다.

고려의 전술은 거란과의 전쟁에서 증명된 바 있다. 고려는 고려 내륙으로 침입한 거란군을 전후방에서 협공을 가하여 타격을 입혔다. 거란과의 전쟁에서 고려군이 최후 순간에 승리할 수 있던 요인은 성 요새를 근거지로 한 농성전을 들 수 있지만, 『遼史』에는 "항복한 고려의 여러 성들이 다시 배반을 하였다"고 기록하였다.[69] 즉 수성전에 실패하여 항복한 고려 성들도 중앙군에게 패배하여 후퇴하는 적에게 타격을 가한 것으로 여겨진다.

고려는 거란군이 회군할 때마다 공세적으로 거란의 기동을 방해하면서 집요한 타격을 가했다. 고려군은 익숙한 지형의 이점을 적극 이용해 거란군의 움직임에 따라 기동성 있게 전투력을 운용했고, 거란군의 후미에서 반복되는 집중 공격을 통해 적에게 연속적인 패배를 안겨 주었다. 집요한 추적을 펼치면서 지친 적에게 공격을 가하여 손실을 입힘으로써 상대적으로 고려의 전력은 강화되었다. 마지막으로 적이 비록 고려 정부의 항복을 받았더라도 독자적으로 籠城戰을 하고 있던 양계의 주진군의 습격을 받고 피해를 입어야만 했다. 고려의 이러한 북방 이민족 침입에 대한 전술에는 고려 내륙에 들어온 적에 대해서는 인적, 물적, 심리적 피해를 줌으로써 재차 침입에 대한 대비도 있었던 것으로 판단된다.

---

68) 『高麗史』 편찬자들은 중앙군이 아닌 지방군이라는 입장에서 병지에 주현군조를 설정하고, 이를 북계, 동계, 교주도, 양광도, 경상도, 전라도, 서해도, 경기라는 8개의 소항목으로 나누어 서술하였다. 그러나 이들 소항목을 보더라도 병지 주현군조는 크게 양계 지방의 군대와 5도 및 경기 지방의 군대로 나뉜다. 즉 고려의 지방군의 편성은 실제로는 북쪽의 국경에 배치된 군대와 남쪽의 지방행정구역에 배치된 군대로 나눠지는 것이다(이기백·김용선, 2011, 앞의 글, p.416, 주 288).

69) 『遼史』 卷15 本紀 15 聖宗6 統和 29年 正月 乙丑朔.

고려는 거란과의 제1차 전쟁 이후 994년에서 996년까지 청천강에서 압록강 사이에 잔존하던 여진인들을 몰아내고 압록강까지 영역을 확장하게 된다. 서희의 담판 이후 興化·龍州·通州·鐵州·龜州·郭州 등의 강동 6주 일대에 축성을 하여 영유권을 확정지었다. 강동 6주는 고려와 거란의 접경지역에 위치한 요충지였다. 이들 지역은 해안과도 근접거리에 위치하여 물자수송에도 유리하였다.[70] 그러나 거란은 압록강을 건너는 요충인 의주 지역을 계속 장악함으로써 고려에 위협이 되었다. 그것은 언제든지 압록강을 건너 고려를 침공할 수 있다는 의미로 받아 들여 질 수 있었다.

거란은 고려 현종 6년(1015) 정월에 압록강 하류에 다리를 놓고 동쪽과 서쪽에 성을 쌓으면서 외교적 갈등이 발생하였다. 1029년에 고려에서 거란성을 공격하였으나, 실패하였다. 거란이 군사시설을 설치한 목적은 압록강 동안에 항구적인 군사 근거지 확보와 거란군이 압록강 도강시 고려 방어군의 공격으로부터 피해를 방지하기 위함이었다. 이로 인해 고려와 거란은 외교적 마찰을 불러일으킨다. 고려 덕종 원년(1032) 정월에는 來遠城에 이른 거란사신 입국을 거부하였다. 그리고 고려는 삭주, 영인진, 파천 등에 성을 쌓아 거란의 침입을 방비하면서 압록강 성교 철훼를 요구하였다. 그러나 거란은 고려 문종 8년(1054) 7월 抱州城 동쪽에 弓口門欄을 설치하였고, 1055년 7월 이전에 郵亭을 축조하였다. 또 1074년에는 定戍城 북쪽에 探守庵(郵亭, 候亭과 같은 용도) 설치하였다.[71] 그러나 거란이 압록강변에 축조한 군사시설의 성격과 구조에 대한 문헌과 고고학 연구성과는 없는 상태이다. 따라서 거란의 군사시설이 고려 성곽 축성술과 구조에 어떠한 영향을 끼쳤는지는 정확히 알 수 없다.

강동 6주 주변은 성곽의 규모와 시설들이 잘 갖추어졌을 뿐만 아니라 주진군의 배치도 다른 지역의 성곽들에 비해 많이 배치되었음을 알 수 있다. 이는 이들 지역이 그만큼 군사적인 성격이 중요했음을 알려주고 있다. 예컨대 顯宗 1년(1010) 거란의 침입에 대

---

70) 『高麗史』 卷82 志36 兵, 屯田 文宗 18년 2월. "命有司以禮成江船一百七艘 一年六次 漕轉龍門倉 米于麟·龍·鐵·宣·郭等州及威遠鎮 以充軍糧".

71) 거란의 군사시설 설치에 관련해서는 허인욱이 거란과 고려의 압록강변 영토문제에 대한 연구를 정리하였다(허인욱, 2010, 「高題 德宗~精宗代 契丹과의 鴨綠江城橋城堡問題」, 『역사학 연구』38집).

비하기 위해 고려는 거란에 사신을 보내 화친을 도모하는 한편 30만의 군사를 배치하기도 하였다. 이 때 고려 군사의 주둔지가 通州였다. 통주는 압록강을 건넌 거란군이 청천강 이남으로 내려가려면 반드시 거쳐야 하는 곳이었다. 또한 거란의 성종은 40만의 군사를 거느리고 압록강을 건너 興化鎭(靈州)를 포위하였다. 이 과정에서 고려군의 楊規와 李守和 등이 굳게 지켜 항복하지 않았지만, 강조가 거란과 통주에서 싸워 패전하여 사로잡혔다. 이런 여세를 몰아 거란군이 淸水江(청천강)에 이르자 安北都護府 使工部侍郎 朴暹은 성을 버리고 도망쳐 주민들이 모두 흩어졌고, 마침내 서경의 근접 거리인 肅州가 함락되었다. 그 결과 현종이 개경을 버리고 남쪽으로 피신할 수밖에 없었고, 급기야 顯宗 2년(1011) 1월 거란군에 의해 개경이 초토화당하는 수모를 겪게 되었던 것이다. 이와 같은 침략 양상은 고종 3년(1216) 契丹 유민의 침입 때에도 그대로 나타났으며, 고종 18년(1231) 몽골의 1차 침략 때 귀주성에서 치열한 전투가 벌어졌을 뿐만 아니라 이를 물리치는 결과를 낳기도 하였다. 귀주·인주·정주진의 성에는 다른 성곽들과 달리 重城이 딸려 있었다. 이는 그만큼 전투가 치열하게 벌어질 수 있는 경우가 많았음을 보여주는 것으로 생각된다. 정주진과 인주는 압록강 어귀의 접경 지역이라는 점을 염두에 둘 필요가 있을 것이다. 또한 곽주는 성곽의 규모와 시설에 비해 주진군이 많이 배치되었다. 이는 현종 원년 거란의 2차 침입과 현종 7년(1016) 3차 침입에서 치열한 전투를 치렀음을 통해서도 알 수 있다.

성주·조양진(연주)·순주·양암진·은주·무주(운남현)·樹德鎭·맹주는 청천강을 넘어온 외적들이 서경 지역으로 나아가거나 혹은 서경 지역을 우회하여 개경으로 직접 내려가기 위해 거쳐야 했으며, 또한 외적을 토벌하기 위한 군사가 興化道 지역으로 나아가는 길이기도 하였다.

동여진에 의한 최초의 해상침입은 현종 2년(1011) 8월 100여 척의 선박으로 慶州를 침입한 사건이었다.[72] 이후 肅宗 2년(1097)까지 약 70여 년에 걸쳐 침입을 하였고 동계의 여러 지역이 피해를 입었다. 피해지역은 북으로부터 문천, 덕원, 안변, 통천, 고성,

---

72) 『高麗史』 卷3 顯宗 21年 8月.

간성, 양양, 강릉, 삼척, 평해를 거쳐 남으로 흥해, 청하, 영일, 울주, 장기, 경주 등 동해안 일대였다. 이렇듯 동계 지역에 침투한 동여진 해적들의 침입을 대비하기 위해 穆宗代부터 축성에 중점을 둔 것을 알 수 있다.[73] 동해안 지대의 방어는 고려 초 동여진을 막기 위해 兵船을 배치하였고, 해안지역에 축성을 시작하면서 이후에도 지속적으로 축성과 수·개축을 통해 진행되었다. 이는 "문종이 임금이 되자 병부낭중 金瓊을 파견하여 동해로부터 남해에 이르기까지 그 연해에 城堡와 農場을 만들어 해적 침공의 요충을 장악케 하였다"는 기록을 통해서 확인할 수 있다.[74] 이러한 고려 전기 동해안 일대의 동여진족의 대비는 고려 말 조선 초 왜구를 방어하는 海岸防禦의 체계의 근간이 되었다고 할수 있다.

〈표 II-4〉 景宗·成宗·穆宗·顯宗代의 축성기사

시대	주요내용	축성 목적 및 위치
景宗 4년 (979)	- 淸塞鎭에 축성	淸塞鎭 : 운중도
成宗 원년 (982)	- 6월 최승로 요해지를 골라 국경을 정하고 射御에 능한 자로 방어하게 할 것을 건의	
2년(983)	- 樹德鎭에 축성, 길이 235간, 문 4, 水口 1, 성두 9, 차성 9	樹德鎭 : 운중도
3년(984)	- 文州에 축성, 길이 578간, 문 6	문주 : 삭방도
13년(994)	- 2월, 거란으로부터 양국 왕래로의 요충지에 축성하는 작업에 협조하라는 서신이 옴 - 평장사 서희가 여진을 격퇴한 후 長興鎭, 歸化鎭, 郭州, 龜州에 축성	6진 : 흥화도
14년(995)	- 서희가 군사를 거느리고 여진이 살던 지역에 깊숙이 들어가 安義鎭, 興化鎭 등에 축성 - 靈州에 축성, 길이 699간, 문 7, 水口 2, 성두 12, 차성 2 - 猛州에 축성, 길이 655간, 문 6, 水口 4, 성두 19, 차성 2	安義鎭, 興化鎭, 靈州 : 흥화도 맹주 : 운중도
15년(996)	- 宣州에 축성, 길이 1,158간, 문 6, 水口 1, 성두 36, 차성 3	선주 : 흥화도
穆宗 3년 (1000)	- 德州에 축성, 길이 784간, 문 6, 水口 9, 성두 24, 차성 3	덕주 : 흥화도

73) 김정현, 2011, 앞의 글, pp.7~14.
74) 『高麗史』 卷11 肅宗 원년 6월 甲戌. "鎭溟都部署 使文州防禦判官李順踉等 與海賊戰敗之斬首十七級".

시대	주요내용	축성 목적 및 위치
4년(1001)	– 永豊, 平虜鎭에 축성	永豊 : 삭방도 平虜鎭 : 운중도
6년(1003)	– 德州, 嘉州, 威化, 光化의 성곽을 수리함	덕주, 가주, 광화진 : 흥화도 위화진 : 운중도
8년(1005)	– 鎭溟縣에 축성, 길이 510간, 문 5 – 金壤縣에 축성, 길이 768간, 문 6 – 郭州에 축성, 길이 787간, 문 8, 水口 1, 성두 5, 차성 2	鎭溟縣, 金壤縣, 곽주 : 흥화도
9년(1006)	– 龍津鎭에 축성, 길이 501간, 문 6 – 龜州에 축성, 길이 1,507간, 문 9, 水口 1, 성두 41, 차성 5, 重城 168간	용진진 : 삭방도 귀주 : 흥화도
10년(1007)	– 興化鎭, 蔚珍에 축성 – 翼嶺縣에 축성, 길이 348간, 문 4	興化鎭 : 흥화도 익령현 : 삭방도
11년(1008)	– 通州에 축성 – 登州에 축성, 길이 602간, 문 14, 水口 2	통주 : 흥화도 등주 : 삭방도
顯宗 즉위 (1009)	– 3월, 개경에 나성을 쌓는 문제를 논의함 – 5월, 동북 변방진에 이주시킨 南道의 民戶를 다시 고향으로 돌아가도록 함 – 배를 건조하여 溟口鎭에 두고 동북의 해적을 막도록 함	동해안 여진 해적
원년(1010)	– 德州에 축성	德州 : 흥화도
2년(1011)	– 송악성을 增修함 – 서경에 皇城을 축성함 – 淸河, 興海, 迎日, 蔚州, 長鬐에 축성	동해안 여진 해적
3년(1012)	– 8월에 慶州, 長州, 金壤, 弓兀山에 축성	동해안 여진 해적 長州, 金壤 : 삭방도
5년(1014)	– 龍州에 축성, 길이 1,573간, 문 10, 水口 1, 성두 12, 차성 4	용주 : 흥화도
6년(1015)	– 雲林鎭에 축성	雲林鎭 : 삭방도
7년(1016)	– 宜州에 축성, 길이 652간, 문 5 – 鐵州에 축성, 길이 789간, 문 7, 水口 1, 성두 18, 차성 4	宜州 : 삭방도 鐵州 : 흥화도
8년(1017)	– 安義鎭에 축성, 길이 834간, 문 5, 水口 1, 성두 2, 차성 4	安義鎭 : 흥화도
10년(1019)	– 永平鎭에 축성	永平鎭 : 흥화도
12년(1021)	– 東萊郡의 성곽을 수리함	
14년(1023)	– 耀德鎭에 축성, 길이 634간, 문6	耀德鎭 : 삭방도
16년(1025)	– 霜陰縣에 축성	霜陰縣 : 삭방도
17년(1026)	– 順德에 축성	
18년(1027)	– 동북계 顯德鎭에 축성 – 淸塞鎭에 축성, 길이 821간, 문 7, 水口 4, 성두 15, 차성 4	顯德鎭 : 삭방도 淸塞鎭 : 운중도

시대	주요내용	축성 목적 및 위치
19년(1028)	– 龍津鎭城을 수리함 – 봉화산 남쪽에 축성하고 高州를 옮김	龍津鎭城, 高州 : 삭방도
20년(1029)	– 威遠鎭에 축성, 길이 825간, 문 7, 水口 1, 성두 12, 차성 12(평장사 柳韶 등을 보내 옛 석성을 수리하여 威遠鎭 설치) – 定戎鎭에 축성, 길이 835간, 문 7, 水口 3, 성두 12, 차성 5	威遠鎭, 定戎鎭 : 흥화도
21년(1030)	– 麟州에 축성, 길이 1,349간, 문 9, 水口 2, 성두 23, 차성 6, 重城 55간 – 寧德에 축성, 길이 852간, 문 7, 水口 1, 성두 14, 차성 7 – 6월 麟州, 威遠, 定戎鎭의 축성 공사에 동원된 자들에게 상을 줌	흥화도
德宗 원년 (1032)	– 朔州에 축성, 길이 865간, 문 8, 水口 2, 성두 17, 차성 5	흥화도

넷째 德宗, 靖宗, 文宗, 宣宗, 仁宗, 毅宗代의 축성과정에 대해서 살펴보겠다.

고려는 德宗 2년(1033) 8월에 平章事 柳韶에게 명하여 北境關城을 새로 설치하도록 하였다.[75] 이 관성은 서해의 옛 국내성(義州)의 압록강이 바다와 만나는 곳에서 출발하여 동으로 威遠鎭·興化鎭·靜州·寧海鎭·寧德鎭·寧朔鎭·定戎鎭·寧遠鎭 및 그 부근의 平虜鎭·孟州, 그리고 朔州·雲州·安水鎭·淸塞鎭 등의 13개 성[76]을 거쳐 耀德鎭·靜邊鎭·和州 등의 3성에 연결되어 동쪽으로 바다에 이어진다. 성의 길이가 천여 리나 되며 돌로 쌓되 높이와 폭이 25척[77]이 되도록 하였다.[78]

장성의 축조는 덕종 대에 완료된 것은 아니며, 靖宗대에도 이어졌다. 1035년(靖宗 1)에는 북계 松嶺 동쪽에 장성을 축조하여 변경의 침략을 막도록 하였다. 이로 미루어 덕종 대의 공사는 일단 서해안에서 송령 일대에 이르는 구간에 우선적으로 실시된 것으로

---

75) 『高麗史』 卷5 덕종 2년 8월.

76) 『高麗史』 兵志 기록에는 13개성으로 되어 있으나, 실제 지명은 14개소이다. 최희림은 현지답사 결과 安水鎭은 현재 개천으로 지명되고, 천리장성과 85km 이격된 점으로 기록의 오기로 보았다(최희림, 1986, 「천리장성의 축성상 특징과 그 군사적 거점인 진성에 대하여(1)」, 『력사과학』 1986-3, 사회과학원 력사연구소).

77) 睿宗 14년(1119)에 3尺 증축되었기 때문에 약 28尺(약 10m)으로 높아졌다. 『高麗史』 卷82 志36 兵2 城堡 德宗 2년. "以石爲城 高厚 各二十五尺"

78) 『高麗史』 卷82 志36 兵2 城堡 덕종 2년.

판단된다. 고려장성의 축조는 이미 현종 때 쌓은 북변의 城鎭에 대해 1033년에 비로소 관방을 설치하는 연결 작업이었다고 하겠다. 그러므로 서북방면의 13개성과 동북방면의 3개성은 고려 변계의 요새지로서 군사상의 기능 뿐 아니라, 관문으로서의 기능을 수행하게 되었다. 長平鎭·鎭溟縣·龍津鎭·金壤縣·元興鎭의 성곽은 해안과 인접한 거리에 설치되었던 것으로 동여진 해적의 침공을 대비하였던 것으로 이해된다.

위의 내용은 고려장성에 대한 문헌을 정리한 내용이다. 현재 고려장성은 축성된 구간이 천리라 하여 북한에서는 일반적으로 천리장성으로 부른다. 고려장성은 북한에 위치하고 있어 북한측 자료를 인용하여 정리하면 다음과 같다.[79]

고려장성(이하 천리장성)에는 약 20여 개의 진성과 100여 개의 초소가 설치되었다. 이 20여 개의 진성 중에는 천리장성의 성벽이 직접 통과하고 있는 진성[80]과 장성벽에서 좀 떨어져있는 진성이 있다. 그 거리는 대체로 1~8km로서 일정하지 않으나 남북으로 통하는 교통의 요충지에 축조되었다. 편의상 축성 단계별 순서로 천리장성의 축성 형식을 논하면 다음과 같다.

제 1단계 구간은 신의주시 토성리에서부터 동쪽으로 의주군 금광리 금관산(송산)까지 약 35km이다. 6개의 진성과 4개의 關門, 12개의 망대[81]를 설치하였다. 이 구간의 천리장성은 압록강 남안의 벼랑과 언덕을 이용하여 토축하였고, 성벽의 높이는 4~6m에 달

---

79) 고려장성의 현황에 대해서 최희림의 연구성과를 요약 정리하였다. 현재까지 남한 학계는 남북한의 분단현실로 천리장성 현황에 대한 조사를 진행할 수 없고, 최희림의 연구성과를 접할 수 없었던 그간의 상황으로 이를 분석한 경우가 드물었다. 최근에 그의 논문을 읽은 학자들도 천리장성에 대한 연구사례로 소개할 뿐이었다. 따라서 필자는 그의 연구성과에 대한 주된 내용을 정리하여 천리장성에 대한 현황을 다소나마 소개하고자 한다. 정리방법은 용어와 문투를 현재 성곽사전에서 통용되는 내용으로 변환하였고, 오해의 소지가 있는 부분은 주를 통해 명확하게 밝혔다(최희림, 1986, 「천리장성의 축성상 특징과 그 군사적 거점인 진성에 대하여(1)」, 『력사과학』 1986-3, 사회과학원 력사연구소; 1986, 「천리장성의 축성상 특징과 그 군사적 거점인 진성에 대하여(2)」, 『력사과학』 1986-4, 사회과학원 력사연구소).

80) 신의주시의 寧海鎭城(토정리토성), 麟州鎭城, 靜州鎭城, 의주군의 威遠鎭城, 동신군의 平虜鎭城, 정평군의 長州鎭城, 定州鎭城, 요덕군의 耀德鎭城 등 9개 성이 장성에 붙어 있다.

81) 망대는 적을 감시하는 초소로서 장성벽이 지나간 봉우리 위에 주로 설치하는 시설이다. 그 가장자리에는 담장을 돌렸다(최희림, 1986, 위의 글, 1986-4).

한다. 제 1단계의 성문 배치 상태를 보면 천리장성 벽에 달려있는 진성들인 寧海鎭城, 麟州鎭城, 靜州鎭城, 威遠鎭城 등에 진성 안에서 북쪽 장성 밖으로 통하는 문을 각각 하나씩 배치하였다.

제 2단계 구간은 의주군 금광산(송산)에서부터 동쪽으로 강남산 줄기를 따라 삭주, 창성, 동창군 등을 거쳐 평안북도 운산군과 자강도 희천시 경계까지 약 235km이다. 그리고 2단계 구간에는 6개의 진성과 10개의 關門, 약 58개의 망대가 설치되었다. 제 2단계의 축성구간에는 6개의 진성을 축조하고 그 관하에는 약 58개의 초소를 설치하여 하나의 위력한 방어체계를 이루어 놓았다. 진성에서는 북으로 통하는 고갯길과 성벽의 교차점(성목)에는 문을 냄으로써 군사 활동상 기동성과 동시에 교통의 편의를 도모하였다. 성벽은 압록강 남안을 따라 동서방향으로 이어진 강남산과 피난덕산의 영마루(해발 평균 높이 830~930m)를 따라 석축하였다. 성벽은 영마루 바깥쪽을 수직으로 파내고, 기저부에는 자갈과 진흙으로 다진 후에 기초석을 설치하였다. 기초석의 크기는 대체로 길이 50~90cm, 두께 30~50cm이다. 그 위의 면석은 기초석보다 작은 자연석을 그대로 이용하여 벽면을 잘 맞추어 쌓았다. 여장은 창성군 금야리 자작령에 쌓은 성벽에서 확인되며, 평여장으로서 타의 길이는 2~4m이며, 높이는 1m 정도이다. 타에는 길이 24~30cm의 사혈구가 1개씩 존재한다.

제 3단계 구간은 희천시 우현령 부근에서부터 동쪽으로 요덕군 배산까지 약 190km이다. 이 구간은 적유령산과 묘향산에서 흘러내리는 청천강의 지류와 묘향산과 북대봉산 사이를 흘러내리는 대동강의 지류로 수많은 골짜기와 강하천이 많은 것이 특징이다. 그리고 3단계 구간에는 3개의 진성과 6개의 關門, 14개의 戍가 설치되었다. 제 3단계 구간의 성문 배치의 특징은 청천강과 대동강 상류의 물골을 따라 통하는 길을 넘어서는 장성벽에 문을 낸 것이다. 성문자리는 지금의 동신군 동신읍에서 희천강을 따라 남북으로 통하는 길을 장성벽이 넘은 성목, 동흥리에서 백산천을 넘는 성목, 시양리에서 청천강원줄기를 넘는 성목, 영원군 창산리에서 성천강을 넘는 성목, 대흥군 덕흥리에서 대동강을 넘는 성목 등 6개소이다. 이 구간은 1단계와 같이 강물을 해자로 삼고 그 강의 남쪽언덕을 이용하여 석축성벽을 쌓았다. 성벽은 골짜기를 따라 뻗은 평평한 지면에서 겹축성벽을, 그리고 산 능선이나 급경사 지형에는 편축성벽을 2단계 방식으로 축조하였다.

제 4단계 구간은 오늘의 요덕군 백산에서부터 동해 바닷가까지 총연장 약 170km에 이른다. 이 구간에서는 북쪽과 남쪽에 2개의 장성을 쌓았다.[82]

북쪽 장성은 백산에서부터 요덕군 북부를 거쳐 정평군을 통과하고, 남쪽 장성은 요덕군의 남쪽을 거쳐 금야군을 통과하였다. 북쪽 장성은 서쪽의 산악지대에서는 높은 산 능선을 이용하여 쌓고, 동쪽의 정평 평야지대에서는 야산과 언덕을 이용하여 쌓았다. 4단계 북쪽 장성 구간에는 3개의 진성과 3개의 關門,[83] 11개의 戍가 설치되었다. 서쪽 산지에서는 제 3단계의 성벽 축조방법을 사용하여 편축성벽을 축조하였다. 정평 평야지대에서는 겹축성벽으로 기초를 약 1m 깊이로 파고, 막돌과 진흙을 다져서 기저부를 조성하였다. 그 위에 기초석을 장대석으로 열을 지어 배치한 후에 자연석을 열을 맞추어 쌓아 올렸다. 여기서는 다른 어느 구간보다도 큰 성돌(120×80×65cm)을 이용한 구간도 있다. 이외에 산등성이를 통과한 성벽과 그 동쪽 해안에 접근한 부분에서는 토축성벽을 쌓았다. 토축성벽 밖에는 3열의 외황[84]과 호수를 이용하여 방어력을 극대화 하였다. 호수에는 말뚝을 박아 배들의 접근을 막은 경우도 있었다.

남쪽 장성은 백산에서 갈라져 요덕군과 맹산군 경계를 타고 耀德鎭城과 화주진성을 안쪽에 끼고 영림산 능선을 따라 광선곶 바닷가 절벽 위에 쌓았다. 4단계 남쪽 장성 구

---

82) 최희림은 안 쪽 성벽과 바깥 쪽 성벽으로 구분하였다. 필자는 편의상 북쪽(바깥 쪽)과 남쪽(안 쪽) 장성으로 구분하여 기술하겠다.

83) 『新增東國輿地勝覽』卷48 咸鏡道 定平都護府 고적조 古長城 "고려 때 쌓은 것으로 서쪽으로는 큰 고개를 넘고, 동쪽으로는 都連浦와 연접해 있는데, 세 겹으로 塹壕를 둘러서 여진을 막았으니, 이 곳이 바로 三關門 땅이다. 義州에 자세히 나와 있다."

84) 최희림은 3주기황이라 하여 성벽 바깥 경사면에 아래 위 두 줄기의 도랑을 성벽과 평행으로 굴설하여 경사면이 3단이 되게 만든 "황"시설을 말한다고 해석하였다. 그 근거로 『新增東國輿地勝覽』卷48 함경도 정평도호부의 내용을 근거로 삼았다. 이 내용은 『世宗實錄』地理志 咸吉道 咸興府 定平都護府에서도 확인된다. 그리고 "三周其隍"은 김취려가 고려 고종 4년(1217) 9월에 합단적이 침공했을 시에 定州(함경남도 정평)에 조성한 것으로 볼 여지도 있다(『高麗史節要』卷15 고종 4년. "前軍兵馬使, 金就礪, 承中軍牒, 移兵定州, 使覘賊, 返日, 賊在咸州, 與我比境, 雞犬之聲相聞, 就礪, 築鹿角垣, 三周其隍, 留李克仁, 盧純祐申德威, 朴蕤等, 四將, 守之, 移據興元鎭"). 따라서 최희림이 기록한 3주기황은 성벽 외부에 설치된 3열의 외황으로 보는 것이 타당하다고 판단된다.

간에는 4개의 진성과 3개의 關門, 11개의 戍가 설치되었다. 성벽은 서쪽의 산지대에서는 편축성벽, 동쪽의 평야지대에서는 겹축성벽을 축조하였고, 지형에 따라 석축과 토축성벽을 축조하였다.

제 4단계의 축성형식의 특징은 산지대와 평지대의 성벽을 북쪽이 가파롭고 남쪽이 평평한 고지와 언덕의 지형에 축성하였다. 그리고 성벽은 해안가와 호수에 접하여 쌓았고, 성벽 밖에는 3중의 隍을 설치하였다.

고려는 천리장성을 축조한 이후 여진의 침구에도 불구하고 대체적으로 평온하였다. 그러나 고려와 여진의 관계는 북만주의 송화강 지류인 아르추카河 유역에서 完顔部가 일어나 그 후손들이 세력을 동남쪽 두만강 지역까지 뻗어오면서 긴박한 대치 상태로 변하게 되었다. 그들은 고려에 복속된 여진부락을 경략하고, 고려에 의부하고자 투항해 오는 여진족을 추격하여 定州의 長城 부근까지 다다르게 되었다. 드디어 肅宗 9년(1104) 고려와 여진 간에 무력충돌이 일어났고 林幹과 尹瓘을 차례대로 보냈으나 패하고 말았다. 이에 고려는 패전의 원인이 보병만으로는 여진 기병을 대적할 수 없음을 파악하고, 別武班이라는 새로운 군사조직을 편성하였다. 고려의 역공은 睿宗 2년(1107)에 개시되었다. 윤관은 17만 대군을 거느리고 기습작전을 펴서 여진족을 소탕하고, 雄州, 英州, 福州, 吉州의 4성을 축성하였다. 그 다음해에 咸州를 大都督府로 삼고, 公嶮鎮, 宜州, 通泰鎮, 平戎鎮에 성을 쌓아 이른바 윤관의 9성을 축성하였다.[85] 그리고 남

---

85) 윤관의 이른바 9성의 명칭과 위치비정에 대해 3가지 견해가 있다.
　① 公嶮鎮의 위치를 豆滿江 北으로 잡아 그 이남으로부터 定平까지의 함경도 일대에 걸쳐 있다는 설, ② 吉州 내지 磨雲嶺 이남부터 定平까지 주로 함경남도 일대에 비정하는 설, ③ 咸關嶺 이남 定平 이북의 광의적인 함흥평야 일대로 보는 설이 있다.
　윤관의 9성에 대한 최근의 연구성과를 소개하면 다음과 같다.
　朴文烈, 2004, 「〈尹瓘 誌石〉에 관한 研究」, 『한국도서관정보학회지』 4.
　전호원, 2010, 「동사강목(東史綱目) 윤관 9성고(九城考)의 비판적 고찰」, 『군사논단』 63.
　南仁國, 2012, 「尹瓘의 生涯와 活動 尹瓘의 生涯와 活動」, 『한국중세사연구』 32.
　宋容德, 2012, 「고려의 一字名 羈縻州 편제와 尹瓘 축성」, 『한국중세사연구』 32.
　尹汝德, 2012, 「尹瓘 九城研究의 綜合的 整理」, 『白山學報』 92.
　이정신, 2012, 「고려 · 조선시대 윤관 9성 인식의 변화」, 『한국중세사연구』 32.

쪽지방의 兵民의 사민이 실시되었다. 그러나 윤관의 노력에도 불구하고 睿宗 4년(1109)에 9성을 여진에게 되돌려 주었다.

〈표II-5〉德宗·靖宗·文宗·宣宗·仁宗·毅宗代의 축성기사

시대	주요내용	축성 목적 및 위치
德宗 2년 (1033)	- 평장사 유소에게 명하여 천 여리에 달하는 北境關防을 처음으로 설치함. 압록강이 바다로 흘러 들어가는 곳으로부터 시작하여 동쪽으로 威遠, 興化, 靜州, 寧海, 寧德, 寧朔, 雲州, 安水, 淸塞, 平塞, 寧遠, 定戎, 孟州, 朔州 등 13성을 거쳐서 耀德, 靜邊, 和州 등 3성에 이르러 동쪽으로 바다에 닿게 함. 돌로 성을 쌓되 높이와 두께가 각각 25척 - 安戎鎭에 축성 - 杆城縣에 축성 - 靜州鎭에 축성, 길이 1,553간, 문 10, 水口 1, 성두 45, 차성 9, 重城 263간	威遠鎭 興化鎭 靜州 寧海鎭 寧德鎭 寧朔鎭 定戎鎭 朔州 : 흥화도 雲州 安水鎭 淸塞鎭 平虜鎭 寧遠鎭 孟州 : 운중도 耀德鎭 靜邊鎭 和州 : 삭방도
3년(1034)	- 명주성을 수리함	명주도
靖宗 원년 (1035)	- 서북로 松嶺 동쪽에 장성을 축조하여 변방 외적의 요충지를 제압하도록 함 - 梓田에 축성한 후 백성들을 옮기고 昌州라고 함	?
5년(1039)	- 都兵馬副使 박성걸의 건의에 따라 東路에 있는 靜邊鎭에 축성 - 肅州에 축성	숙주 : 흥교도
6년(1040)	- 김해부에 축성	해적 대비
7년(1041)	- 최충이 영원, 평로 2진에 축성 - 寧遠鎭에 축성, 길이 759간, 堡子 8: 金剛戍 42간, 宣威戍 61간, 宣德戍 50간, 長平戍 53간, 鼎岑戍 38간, 鎭河戍 42간, 鐵塘戍 61간, 定安戍 32간, 關城 11,700간 - 平虜鎭에 축성, 길이 582간, 堡子 6: 擣戍戍 36간, 鎭戍戍 30간, 直岑戍 41간, 降魔戍 50간, 折衝戍 30간, 靜戍戍 30간, 관성 14,495간 - 12월 東路의 환가현에 축성, 168간	寧遠鎭 平虜鎭 : 운중도
9년(1043)	- 寧朔鎭, 樹德鎭에 축성	寧朔鎭 : 흥화도 樹德鎭 : 운중도
10년(1044)	- 김영기와 왕충지에게 명하여 長州, 定州, 元興鎭에 축성 - 長州에 축성, 길이 575간, 戍 6: 靜北, 高嶺, 掃兜, 掃蕃, 厭川, 定遠 - 定州에 축성, 길이 809간, 戍 5: 放戍, 押胡, 弘化, 大化, 安陸 - 元興鎭에 축성, 길이 683간, 戍 4: 來降, 厭虜, 海門, 道安 - 11월에 선덕진에 축성	長州 定州 元興鎭 : 석방도
12년(1046)	영흥진에 축성, 길이 424간, 문 4	영흥진 : 삭방도
文宗 즉위 (1046)	- 병부낭중 金瓊을 파견하여 동해로부터 남해에 이르기까지 그 연해에 성보와 농장을 만들어 해적 침공의 요충을 장악하게 함	동여진 해적 방비

시대	주요내용	축성 목적 및 위치
원년(1047)	상음, 학포 두 고을 연해에 군사를 배치	동여진 해적 방비
3년(1049)	– 3월, 동북로 監倉使의 건의에 따라 성과 참호를 수선하고 병기들을 정비하고 권농에 업적이 있는 문주 방호판관 이유백을 유임하는 문제를 상서 이부에 회부함	동여진 해적 방비
4년(1050)	– 渭州성을 수리함. 길이 675간 – 安義鎭의 榛子 농장에 축성하여 寧朔鎭을 설치, 길이 668간, 문 6, 水口 3, 성두 14, 차성 5	寧朔鎭 : 흥화도
21년(1067)	– 德州에 축성, 길이 642간, 문 4	德州 : 흥화도
28년(1074)	– 元興鎭, 용주, 渭州의 성곽을 수리함. 총 1,930간	원흥진 : 삭방도
선종 8년 (1091)	– 병마사 건의에 따라 안변도호부 관할 내 상음현에 축성을 승인함	
睿宗 2년 (1107)	– 英州에 축성, 길이 950간, 윤관이 몽라골 고개 밑에 축성하고, 영주라 칭함. 安嶺軍이라 하여 남도민호 徙民함 – 雄州에 축성, 길이 992간, 火串山 밑에 축성하고 웅주라고 칭함 – 福州에 축성, 길이 774간, 吳林金村에 축성하고, 복주라 칭함. 남도민호 7천호 사민함 – 吉州에 축성, 길이 670간, 弓漢伊村에 축성하고 길주라 칭함. 남도민호 7천호 사민함	윤관 여진개척 이하 9성 : 삭방도
3년(1108)	– 함주에 鎭東軍이라 하여 남도민호 13,000호를 사민함 – 공험진에 남도민호 5천호 사민함. 宜州에 남도민호 7천호 사민함 – 通泰鎭에 남도민호 5천호 사민함. 平戎鎭에 남도민호 5천호 사민함	상동
4년(1109)	– 숭령진, 통태진, 영주, 복주, 함주, 웅주, 진양진, 선화진을 철폐함	상동
6년(1111)	– 공험진에 산성을 축조	상동
10년(1115)	– 영청현에 축성, 길이 671간, 재수축함 : 문 4, 水口 1, 성두 4, 차성 2 – 동계 預州에 축성	상동
12년(1117)	– 義州에 축성, 길이 865간, 문 5, 성두 17, 차성 7	상동
14년(1119)	– 북경의 장성을 3척쯤 증축하자 금나라 변방 관리들이 출동하여 저지시키려 하였으나, 응하지 않음	義州 : 흥화도
仁宗 15년 (1137)	– 安戎鎭에 축성, 길이 39간, 문 4, 水口 1, 성두 1, 차성 1	安戎鎭 : 흥화도
毅宗 3년 (1149)	– 가주에 성곽을 재수축함. 문 5, 水口 1, 성두 26	嘉州 : 흥화도
4년(1150)	– 연주에 축성함. 문 10, 水口 4, 성두 19, 차성 8 – 정월 대장군 오수기를 보내 보병 수천을 거느리고 동계를 방위하고 겸하여 동계의 여러 부대를 거느리게 함	延州 : 흥화도

위의 내용을 정리해 보면 고려 성립기에는 태조대에 청천강을 중심으로 興郊道와 雲中道 지역, 광종대의 성곽은 興化道·雲中道·朔方道 등 거란과 여진의 경계 지역에 대한 진성을 축성하면서 북방진출을 실천해 나갔다. 성종대 이후는 거란과의 3차례에 걸친 전쟁을 치르면서 양계 지역의 성곽들이 좀 더 공고하게 구축되었다고 할 수 있다. 이러한 앞선 3시기의 축성은 덕종 2년(1033) '고려장성' 축조의 바탕이 되었다. 고려 장성의 구축은 변경획정을 위한 국경선을 의미하였다. 이외에도 예종 2년(1107) 여진을 정벌한 지역에 9성을 구축하여 동북면의 영토를 확장할 수 있었던 토대가 되었다.

2. 城郭의 構造

1) 都城(開京城)

개경의 성곽은 개경을 둘러싸고 있는 북쪽의 송악산(489m)에서부터 남쪽의 용수산(177m)으로 연결되는 구릉들을 그대로 이용하여 쌓았으며, 조선 건국 직후에 완성된 내성과 겹치는 부분을 제외한 나머지 대부분은 토성으로 이루어진 것으로 알려져 있다. 고려시대의 開京은 宮城-皇城-羅城의 성곽체제로 이루어진 것으로 알려져 있다. 이는 물론 성문의 명칭 정도만 소개된 자료의 한계성과 현재 남북한의 교류의 차원으로 한시적으로 발굴조사가 진행되고 있으나, 서울 성곽과 같이 직접 발굴해 볼 수 있는 기회가 열려있지 않기 때문이기도 하다. 그럼에도 불구하고 개경과 관련된 古地圖, 일제시기의 개경관련 지도와 고유섭의 답사기 그리고 1980년대 북한의 연구성과 등이 그나마 개경의 윤곽을 이해하는데 도움을 주고 있다.[86]

---

86) 高裕燮, 1945, 『松都古蹟』, 悅話堂.

　　前間恭作, 1963, 「開京宮殿簿」, 『朝鮮學報』 26.

　　전룡철, 1980, 「고려의 수도 개성성에 대한 연구(1)」, 『력사과학』 2.

　　전룡철, 1980, 「고려의 수도 개성성에 대한 연구(2)」, 『력사과학』 3.

　　정찬영, 1989, 「만월대유적에 대하여(1)」, 『조선고고연구』.

　　이강근, 1991, 「고려 궁궐」, 『한국의 궁궐』(빛깔있는 책들 107), 대원사.

궁성은 본 대궐을 둘러싼 것이었다. 이는 태조 2년(919) 철원에서 개경으로 천도했을 때 궁궐을 창건하면서 쌓았던 것으로 이해된다. 그 성문으로는 東華門(麗景門으로 고침), 西華門(=向成門), 昇平門(=玄武門)이 있었다. 궁성의 규모는 둘레 2,170m, 동서길이 375m, 남북길이 725m, 넓이 250,000㎡로 실측되었다.

궁성을 둘러싸고 있었던 것이 황성이다. 이는 그 쌓은 시기와 유래가 불명확하지만, 勃禦槧城[87]의 동서남쪽 성벽을 이용하여 태조 2년 궁성과 궁궐을 만들 때 쌓았을 것으로 이해되고 있다. 『고려사』 지리지에 의하면, 황성은 2,600간의 규모로서 광화문을 비롯하여 20개의 문 이름을 확인할 수 있다. 반면에 『고려도경』에서는 황성을 내성이라고 했고 13개의 성문이 있었다고는 하지만 동쪽 성문인 광화문 이외의 이름은 밝히지 않았다. 현재 남아 있는 성문의 위치는 동쪽 벽에 3개, 서쪽 벽에 1개, 남쪽 벽에 2개, 북쪽 벽에 5개를 확인할 수 있다고 한다. 황성의 규모는 둘레 4,700m, 동서길이 1,125m, 남북길이 1,150m, 넓이 1,250,000㎡로 실측되었다.

황성을 둘러싼 것이 나성(외성)이었다. 나성은 현종 즉위년(1009)에 축성 논의가 있은 이후 현종 11년(1020) 강감찬의 건의에 따라 축성이 추진되다가 현종 20년(1029)에 완성되었다.[88] 나성에 대해서는 비교적 구체적인 기록이 있지만, 크게 두 가지의 서로 다른 내용이 전하기 때문에 그 실체를 제대로 파악하기는 역시 쉽지 않다. 『고려사』 지리지에서는 나성의 둘레를 29,700보로 기록한 후, 10,660보로 보는 다른 기록도 아울러 소개하고 있다. 반면에 『고려사절요』에서는 나성의 둘레를 10,660보로 기록하고 있다. 실측 결과 나성의 둘레는 약 23km로 확인되었는데, 『고려도경』의 60리는 이와 근접

朴龍雲, 1996, 「開京 定都와 시설」, 『고려시대 開京 연구』, 一志社.
細野涉, 1988, 「高麗時代の開城 −羅城城門の比定を中心とする復元試案−」, 『朝鮮學報』 166.
홍영의, 1998, 「고려 수도 개경의 위상」, 『역사비평』 45.
張志連, 1999, 「麗末鮮初 遷都論議와 漢陽 및 開京의 都城計劃」, 서울대학교 석사학위논문.
金昌賢, 1999, 「고려 開京의 궁궐」, 『史學研究』 57.
87) 『高麗史節要』 卷1, 태조 원년 6월 "世祖因說裔曰, 大王, 若欲王朝鮮肅慎卞韓之地, 莫如先城松嶽, 以吾長子, 爲其主, 裔從之, 使太祖, 築勃禦槧城, 仍爲城主"
88) 『高麗史』 卷5, 현종 20년 8월.

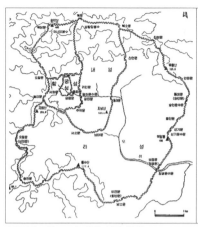

●궁성
919년, 2.1km, 나성 북서편 황성 내부에 위치, 발어참성 활용, 승평문 등 4개 성문
●황성
919년, 4.7km 동문인 광화문이 주 출입문, 광화문 등 20개 성문
●나성
1019~1029년, 23km, 궁성과 황성 및 5부 방리를 포괄하는 성, 거란 격퇴 후 강감찬 건의로 축성, 회빈문 등 25개 성문
●내성
1391~1394년 축성, 11.2km, 나성을 축소, 남대문 등 다수의 성문

〈도면Ⅱ-2〉 고려 개경 성곽 현황도

하여 주목된다. 따라서 나성의 둘레에 대한 기록의 차이는 현재의 실측치를 가지고 거꾸로 추산하여 볼 여지는 있다. 성문에 대해서는『고려사』지리지에서 25개의 성문 이름을 확인할 수 있으며(대문 4개, 중문 8개, 소문 13개),『고려도경』에는 12개의 성문 이름이 기록되어 있다. 『신증동국여지승람』에도 22개의 성문 이름이 기록되어 있는데, 4개 성문 이름은『고려사』와 다르다. 전룡철은 현재 북쪽 벽(송악산 서쪽 벽)에 4개, 동쪽 벽에 7개, 서쪽 벽에 8개, 남쪽 벽에 6개의 성문 자리를 확인할 수 있다고 하였다. 최근에는 이를 토대로 나성의 성문 위치를 비정하여 나성의 복원을 시도하였다.[89] 따라서 나성에 대해서는 개경의 다른 성곽에 비해 연구가 구체적으로 진전되었다고 할 수 있으며, 특히 성문의 위치는 부분적인 의견 차이가 있기는 하지만 대체로『고려사』지리지의 성문을

---

89) 朴龍雲은 개경의 시설·구조·행정·기능 등 종합적인 이해를 시도했고, 細野涉은 나성 성문의 명칭과 위치 등을 연구하는 가운데 그 윤곽을 복원해 보려고 하였다. 또한 건축사 분야에서도 개경 성곽에 대한 언급은 있었지만 위의 성과를 뛰어넘는 것은 아니었다. 이들 연구 성과는 개경 성곽의 윤곽과 성문의 명칭에 대한 차별 혹은 그 위치에 대한 관심을 주로 보여준 것이었다. 그러나 이는 개경 성곽에 대한 도식적인 이해를 시도한 것이고, 그 기능적이고 국가 중심의 상징적 측면에 대한 이해는 미진하다고 생각한다(박종진, 1999,「고려시기 개경사 연구동향」,『역사와 현실』34호).

인정하는 편이다.[90]

<표 II-6> 고려 개성 규모 현황[91]

구분	규모	근거
宮城	둘레 2,170m, 동서 373m, 남북 725m, 마름모, 넓이 25만㎡(약 75,000평)	전룡철
皇城	2,600間(추정 4,700m)	『高麗史』 지리지
	둘레 4,700m, 동서 1,125m, 남북 1,150m, 사각형, 넓이 125만㎡(약 378,000평)	전룡철
羅城	城周 29,700步(추정 63,200m), 羅閣 13,000間(추정 23,600m) 城周 10,660步(추정 22,700m), 高 27尺(추정 9.5m), 厚 12尺(추정 4.2m)	『高麗史』 지리지
	周 10,660步, 高 27尺, 廊屋 4,910間(추정 8,900m)	『高麗史節要』
	城周圍 60里(*1里 = 1,296尺, 약 27,600m)	『高麗圖經』
	周圍 16,060步(추정 34,200m), 高 27尺	『世宗實錄』 地理志
	둘레 23km, 동서 5,200m, 남북 6,000m, 넓이 2,470만㎡(약 7,471,000평)	전룡철
조선 內城	6도의 백성을 동원하고 옛 터의 반을 줄여 경성을 쌓게 하다	『太祖實錄』 8월 1일
	1393년에 벽돌로 내성을 축조, 주위가 20리 40보, 東大門 등 5개소의 문	『新增東國輿地勝覽』

2) 州鎭城

고려시기 북계의 주요 성곽은 요새화 되어 있었던 것으로 파악된다.[92] 과거 고구려

---

90) 신안식, 2000, 「고려 전기의 축성(築城)과 개경의 황성」, 『역사와 현실』 38.

91) 신안식, 2000, 위의 글, p.17의 주 20)을 필자가 조선시대 내성에 대해서 보완하였다.

92) 최종석은 고려 전기 북계 및 동계에 축성된 성곽은 신개척 지역의 해당 군현에 처음으로 확인되는 치소성은 '置邑築城'으로 보았다. 그의 주장에 의하면 이 지역에 설정된 州와 鎭은 군사 · 방어상의 이유로 군사 · 행정 · 民居 역할을 함께 수행할 城을 필요로 하기 때문이며, 여진족의 침입으로부터 안전치 못한 이들 州鎭에서 치소성의 축조와 치읍을 병행하기 때문으로 보았다(崔鍾奭, 2006, 「고려 전기 築城의 특징과 治所城의 형성」, 『震檀學報』 102). 그러나 고려시대 기록이 간략하여 鎭과 州의 변화과정을 면밀히 살피기 어렵고, 鎭城과 州城의 구분과 각각의 성곽의 입지조건과 현황(규모 및 내부시설물) 또한 조사되지 않은 상태이다. 최종석의 주장대로 성 내에 民居가 가능 했을 지에 대해서는 일부 동감하지만, 그 시점이 축성할 때였는지에 대해서는 아직 확신하기가 어렵다. 그리고 중국과 조선시대의 치소성을 기준으로 그의 근거를 뒷받침하였는데, 이는 고려 전기 양계 지역의 鎭과 州의 입지조건과 성격이 명확하게 밝혀진 이후에 가능하다고 생각된다.

의 영토였던 점을 감안했을 때 고구려 성곽의 입지조건과 축성방식을 적용했을 것으로 보인다.[93] 규모는 983년에 축성된 가덕진성이 235간으로 가장 작으며, 919년에 축성된 용강현성이 1,807간으로 규모면에서 가장 크다. 1간을 1.8m로 환산했을 때,[94] 423~3,252m 규모를 보이고 있다. 그러나 최희림이 천리장성의 진성 규모에 대해서 기록한 내용으로 보면 1간의 길이가 3.5~3.6m 정도로 볼 수도 있다.[95]

(1) 입지조건 및 구조

먼저 천리장성의 진성에 대해서 살펴보겠다.[96]

제 1단계의 장성구간은 6개의 진성과 4개의 關門, 12개의 망대[97]를 설치하였다. 6개의 진성은 신의주시 토성리의 寧海鎭城, 송한리의 麟州鎭城, 선상리의 靜州鎭城, 의주군 대산리의 威遠鎭城, 피현군 하단리의 寧德鎭城, 당후리의 興化鎭城 등이 6개의 진성이 있다. 그 중 영해·연주·정주·威遠鎭城 등 4개의 진성은 장성벽에 붙어있고, 영덕·흥화 두 진성은 떨어져있다.

영해진성은 덕종 2년(1033) 천리장성과 동시에 쌓은 것으로 장성의 제일 서쪽 끝 시작점에 위치한다. 성은 두 개의 작은 골짜기와 주위의 언덕을 이용하여 쌓은 둘레 4.16km의 토성이다. 그 중 2.36km 구간은 천리장성벽을 대신하였다. 동·북·남 3면에 문터가 있다. 북문은 북으로 천리장성 밖으로 통과하는 관문으로 되었다. 입지조건이 압록강에 면한 부분이 모두 벼랑과 언덕으로 되어 있어, 성벽은 자연적 조건과 더불어 강력한 방어력을 가지고 있다. 영해진성은 압록강 하구 천리장성의 시작점 일대를 방

---

93) 전룡철, 1980, 「고려의 수도 개성성에 대한 연구(1)」, 『력사과학』 2.

94) 고려시대의 度量衡을 고구려의 箕田尺을 기준으로 할 때 1間=1.818m라는(朴興秀, 1994, 「도량형제도」, 『한국사』 24, 국사편찬위원회, pp.599~615) 연구 결과를 참조할 수 있다.

95) 고려 현종 20년에 축성한 定戎鎭城은 길이 835간이다. 최희림은 둘레 약 3km로 측량하였다. 이를 통해 보면 한 간의 길이를 대략 3.5~3.6m로 볼 여지도 있다(최희림, 1986, 앞의 글, 1986-4).

96) 천리장성 鎭城의 현황은 최희림의 연구성과를 바탕으로 하였다.

97) 망대는 적을 감시하는 초소로서 장성벽이 지나간 봉우리 위에 주로 설치하는 시설이다. 그 가장자리에는 담장을 돌렸다(최희림, 1986, 앞의 글, 1986-4).

어하는 군사적 요충지로 축조되었음을 알 수 있다.

麟州鎭城은 현종 21년(1030)에 야산에서 평지에 걸쳐 쌓은 평산성으로 대략 5km의 토성이다. 성벽의 서북벽이 천리장성 성벽과 연결되었다. 동서남북 4면에 큰 문터가 있고 그 사이마다 암문이 있다. 성 안은 수원이 풍부하고, 수용인원이 생활하기에 편리한 지형으로 되어 있다.

靜州鎭城은 덕종 2년(1033) 천리장성과 동시에 쌓은 것으로 4개의 골짜기 포함하며 능선을 따라 쌓은 둘레 5.7km의 토성이다. 그중 서쪽성벽이 천리장성벽 1.96km 구간을 대신하였다. 본래 10개의 문이 있었다고 전하는데 지금은 북쪽 장성 밖으로 통하는 문터와 기타 5개의 문자리가 확인된다. 정주진성은 의주에서 남으로 곧바로 통하는 길목에 위치하여 당시 군사적요충지로 축조되었음을 알 수 있다.

威遠鎭城은 현종 20년(1029) 유소를 파견하여 이미 있던 성을 보수하고 설치한 진성이다. 성은 의주군 대산리 북쪽에 솟은 산마루와 그 남쪽 경사면 두 개의 골짜기 주위의 능선을 따라 쌓은 석축성으로 그 둘레는 5.24km이다. 성의 북벽 880m 구간은 천리장성벽을 대신하였다. 성벽은 동쪽과 북쪽의 일부는 석축성벽이고 그 밖의 구간은 토축성벽으로 되어있다. 성안 중심에 성벽을 동시로 가로질러 내성과 외성으로 구분하였다. 성문은 내성과 외성에 다 같이 동서남북에 각각 하나씩 내였다. 그중 내성의 북문은 천리장성 밖으로 통하는 관문으로서 여기에는 꺽음식 옹성을 설치하였다. 성의 동북모서리의 봉우리 위에는 평상시에는 적을 감시하는 초소로, 유사시에는 장대로 이용하였을 것이다. 성안은 넓고 평평하며 물 원천이 풍부하여 유사시에는 많은 전투인원을 수용할 수 있게 되어있다. 이 성은 예로부터 의주지방에서 남으로 해안길을 통하는 길목을 지키는 중요한 요새로 알려졌다.

영덕진성은 현종 21년(1030)에 평지에 쌓은 둘레 약 2km의 토성이다. 본래 7개의 문과 14개의 치, 옹성 등이 있었다고 전하나 흔적만 남아 있다. 영덕진성은 국경방비의 지휘부까지 있던 곳인데 천리장성을 쌓은 후에는 장성을 방비하는 진성으로 되었다.

흥화진성은 고구려 때에 쌓은 성을 고려가 성종 14년(995)에 보수하고, 興化鎭을 설치하였다.

제 2단계의 장성 구간에는 6개의 진성과 10개의 關門, 약 58개의 망대가 설치되었다.

진성은 의주군 춘산리 定戎鎭城(림천성), 천마군 서고리 寧朔鎭城(安義鎭城), 대관군 대관읍 大朔州鎭城, 창성군 금야리 昌州鎭城, 동창군 학성리 학성진성, 운산군 상원리 雲州鎭城 등이다. 이 6개의 진성은 천리장성에서 남쪽으로 대체로 1~8km 떨어져 있으며, 천리장성 이전에 축조되었다.[98]

정융진성은 현종 19년(1028)에 축조하였고, 삼교천을 낀 산벼랑의 지형에 둘레 약 3km의 석축성이다. 성에는 본래 7개의 문과 12개의 치, 5개의 옹성이 설치되어있었으나 지금은 많이 퇴락되어 자리만 남아있다.

寧朔鎭城은 고려 광종 20년(969)에 쌓았다.[99] 오늘의 천마군 서고리에 있는 토성으로서 둘레는 약 4km이다. 성은 동, 서, 남 3면에 문자리가 있다.

대삭주진성은 고려 덕종 원년(1032)에 쌓았다. 이 성은 오늘의 대관군 대관읍에 있는 석축성으로 내성과 외성으로 구분되며 둘레는 약 3km이다. 성은 청수방면에서 온정령을 넘어 남으로 통하는 요충지에 위치하고 있으며, 치와 옹성은 지금은 많이 허물어졌다.

창주진성은 고려 정종 원년(1035)에 쌓았다. 이 성은 창성군 금야리 천리장성 안쪽 평지에 있는 석축성으로 평면이 방형이며, 둘레는 약 0.8km이다. 이 성은 자작령길과 연주천길을 따라 들어오는 적을 방어하기 위해 축성된 것으로 볼 수 있다.

학성진성은 고려 덕종 원년(1032)에 쌓았다. 이 성은 동창군 학성리에 위치하며, 창성강 지류를 끼고 고로봉 지형을 이용하여 토축성벽을 쌓았고, 둘레는 약 4km이다. 동서남북 4면에 성문이 있고 그밖에 몇 개의 암문이 있다. 북에서 창성강을 따라 침입하는 적과 피난덕산 능선을 넘어오는 적을 방어하기 위해 축성된 것으로 볼 수 있다.

운주진성은 광종 23년(972)에 쌓았고, 토성으로서 둘레는 3.6km이다. 이 성은 초산, 위원, 송원 방면에서 우헌령을 접근하는 적을 방비하는데 매우 편리한 요충지에 자리 잡았다.

---

98) 최희림은 2단계의 장성이 위치한 지형은 평균 해발 930m나 되는 강남산 줄기의 높은 영마루이다. 장성 성벽에 상비군이 주둔할 진성을 쌓을 만한 성터가 없는 지형적 여건과 산기슭에 이미 쌓은 성들을 진성으로 이용하는 것이 편리하기 때문일 것이라는 의견을 제시하였다.

99) 최희림의 글에서는 寧朔鎭을 광종 20년 967년의 축성을 말하고 있지만, 967년은 969년을 오기한 것으로 생각된다.

제 2단계의 구간에는 약 58개의 망대가 위치한다. 망대들은 모두 장성벽이 밟고 넘어간 고지 또는 봉우리 위에 배치하였다. 망대들에는 주위에 담장을 쌓아 돌렸는데 그 형태는 둥근 것과 네모 난 것이 많고 부정형인 것도 더러 있다. 둘레는 작은 것이 50m 정도이고 큰 것은 80m에 달하는 것도 있다.

망대의 배치는 의주군 금광리 금광산 동쪽에서부터 춘산리 定戎鎭城 부근까지 3개, 定戎鎭城에서 寧朔鎭城 부근까지 8개, 寧朔鎭城에서 대삭주진성 부근까지 10개, 대삭주진성에서 창주진성 부근까지 12개, 창주진성에서 운주진성 부근까지 9개, 운주진성에서 우헌령까지 4개가 위치한다.

제 3단계의 장성 구간은 3개의 진성과 6개소의 關門, 14개의 堡子(戍)가 설치되었다. 진성은 자강도 희천시 清塞鎭城, 동신군 平虜鎭城, 평안남도 영원군 寧遠鎭城이 있었다. 平虜鎭城은 천리장성벽에 붙었으나, 清塞鎭城과 寧遠鎭城은 천리장성 벽에서 떨어져있다. 이 3개의 진성은 천리장성을 쌓기 전에 쌓여졌다.

清塞鎭城은 고려 경종 4년(979)에 쌓았다. 성은 희천시의 산과 평지에 쌓은 평산성으로서 둘레는 2.4km이다. 성문은 동서남북과 몇 개의 암문이 배치되었다. 이 성은 희천강을 끼고 남북으로 통하는 중요한 요충지에 자리 잡고 있다.

平虜鎭城은 고려 목종 4년(1001)에 처음 쌓았다. 이 성은 덕종 7년(1041)에 제 3단계 구간의 천리장성을 쌓으면서 平虜鎭城 북벽 500m 구간을 장성으로 사용하였다. 성은 서양리에서 청천강의 본줄기와 온천강이 합수되는 삼각점에 쌓은 돌성으로서 둘레는 약 2km이다. 平虜鎭城에는 6개의 堡子가 위치한다(攝戎戍 36간, 鎭戎戍 30간, 直峯戍 41간, 降魔戍 50간, 折衝戍 30간, 靜戎戍 30간). 3개는 희천시에, 3개는 동신군에 있으며, 청천강 상류의 물줄기를 따라 통하는 중요한 길이 장성벽을 넘어서는 성목마다 배치하였다.

寧遠鎭城은 정종 7년(1041) 최충이 寧遠鎭城을 보수하여 장성 남쪽의 진성으로 삼았다.[100] 이 성은 대동강 상류를 따라 영원에서 대흥 쪽으로 통하는 도삼리 대동강변 남안

---

100) 최희림은 寧遠鎭城의 축성시기를 고려 태조 년간(918~943)에 축성한 것으로 보고 있는데,『增補文獻備考』평안도 영원군을 근거로 보고 있다. 그러나『新增東國輿地勝覽』卷55 平安道 寧

의 구릉에 산에서 평지에 걸쳐 쌓은 평산성으로 둘레 약 1.2km의 석축성이다. 성의 형태는 방형이고, 동, 서, 남 3면에 문지가 있다. 동북과 서북 모서리에 각각 장대터가 있다. 寧遠鎭城의 관할 하에 있는 8개의 堡子(金剛戌 42간, 宣威戌 61간, 宣德戌 50간, 長平戌 53간, 鼎岑戌 38간, 鎭河戌 42간, 鐵塘戌 61간, 定安戌 32간)는 영원군과 대흥군에 있다. 이 역시 平虜鎭城과 같이 물줄기를 따라 남북으로 통하는 길과 천리장성벽이 교차되는 성목에 배치하는 것을 원칙으로 삼았다. 寧遠鎭城 관하의 8개의 보자는 대동강 수계를 방비하는 임무를 담당 수행하였던 것으로 보여진다.

제 4단계 구간에는 7개의 진이 설치되었다. 북쪽 장성에 함경남도 정평군 구창리 長州鎭城, 구읍 定州鎭城, 복흥리 元興鎭城 등 3개소가 있다. 그중 長州鎭城과 定州鎭城은 천리장성과 붙었고, 元興鎭城은 바닷가에 좀 떨어져있다. 이들 성곽은 정종 10년(1044)에 김령기와 왕총지의 지휘 하에 쌓았다.[101] 長州鎭城은 산에서 평지에 걸쳐 쌓

遠郡의 건치연혁을 보면 "본래는 고려 寧遠鎭이다. 太祖 5년에 永淸縣에 속했고, 靖宗 7년에 崔冲에게 명하여 성을 쌓게 했다.…" 위의 기록을 통해 보더라도 寧遠鎭이 축성된 시점이 고려 태조 연간으로 볼 수 없다.

101) 최희림은 長州鎭城을 정평군 관평리에 있는 성으로 비정하는 견해도 있다고 한다. 그는 관평리 성은 장성에서 16km 떨어져 있고, 둘레가 500m로 진성으로 볼 수 없다고 한다. 또한 그는『新增東國輿地勝覽』정평도호부조에 의하면 고려 때 쌓은 長州鎭城을 조선 세종 4년(1422)에 장곡이라고 고쳐 불렀고,『大東輿地圖』에 의하면 장곡의 위치는 오늘의 정평군 구창리 풍양부락으로 비정되기에 정주진성의 위치는 더욱 명백히 밝혀졌다고 한다. 그러나 필자는 고려 현종 3년(1012)에 축성된 長州城과 정종 10년(1044)에 축성된 長州城이 같다는 증거가 분명치 않아 이에 대한 고증도 필요하다고 생각된다. 왜냐하면 최희림의 근거로 삼은 내용을 검토해 보아도 위의 근거와 일치하지 않은 부분이 많기 때문이다. 따라서 長州鎭城은 고려 태조 연간에 축성된 성곽과 정종 7년에 쌓은 성곽을 분리하여 정리할 필요가 있다고 생각된다(『新增東國輿地勝覽』卷48 咸鏡道 定平都護府의 건치연혁 "옛날에는 巴只 宣威라고도 불렀다.라고 일컬었는데, 고려 성종 2년에 千丁萬戶府를 두었다. 정종 7년에 비로소 城堡를 쌓고 關門을 설치하고는 定州防禦使로 하였는데, …", 성곽조 "邑城 돌로 쌓았으며, 둘레가 5천 9백 28척, 높이가 8척이며, 그 안에 10개의 우물과 3개의 못이 있는데, 북쪽은 옛 長城에 의지해 쌓았다", 고적조 "長谷廢縣 본부 남쪽 55리에 있다. 본래는 고려 長州로, 椵林 혹은 端谷이라고도 하였는데, 현종 3년에 성을 쌓고, 9년에는 長州防禦使로 일컫다가, 뒤에 顯으로 강등시키고, 본부의 속현으로 하였는데, 본조 세종 4년에 현을 혁파하고 長谷社로 삼았다.… 옛 長州 본부 서남쪽 55리에 있다. 석축으로 그 주위가 2천 2백 3척인데, 지금은 폐해 버렸다"와『大東地志』의 방면조 "…, 長

은 평산성으로서 둘레는 2.9km이고, 석축과 토축이 혼재되어 축조되었다. 성의 북벽이 천리장성과 붙었다. 정평군 도성산 서쪽 長州鎭城을 중심으로 6개의 戍(靜北, 高嶺, 掃兒, 掃蕃, 厭川, 定遠)가 배치되었다. 長州鎭城은 입지조건과 戍의 배치로 보아 요덕군 백산에서부터 동쪽으로 정평군 도성산까지 산지대와 그 사이를 동서방향으로 흐르는 단속천 금진강을 따라 침입하는 적을 방비하기 위해 축조된 것으로 보여진다.

定州鎭城은 정평군 구읍리에 있으며, 구읍리 뒷 산의 두 골짜기를 포함하며 그 주위를 돌려막은 석축성으로 둘레는 약 2.5km이다. 내성과 외성으로 구분되며, 동북벽이 천리장성과 붙었다. 정평군 도성산에서부터 동쪽으로 광포 사이에 5개의 戍가(放戍, 押胡, 弘化, 大化, 安陸) 배치되었다.

元興鎭城은 정평군 복흥리 해안에 생긴 언덕 대지를 이용하여 평면이 둥근 토축성곽으로 둘레는 약 1.8km이다. 元興鎭城에는 來降, 厭虜, 海門, 道安 등 4개소의 戍가 있다고 하였다. 현지 조사자료에 의하면 정평군 호중리, 동호리, 삼도리 복흥리 등지에 戍로 인정되는 것이 있으며, 복흥리의 戍는 금진강 하류 해안에 있다. 元興鎭城은 입지조건과 수의 배치상태로 보아 해안선과 바다를 방비하기 위해 축성된 것으로 보여진다.

남쪽 장성의 진성은 맹산군 猛州鎭城, 요덕군 耀德鎭城, 성리 和州鎭城, 금야군 연동리 靜邊鎭城 등 4개소이다. 耀德鎭城은 장성성벽에 붙었고, 맹주진성, 화주진성, 靜邊鎭城은 좀 떨어져있다. 남쪽 장성의 진성은 모두 천리장성을 쌓기 전에 축성되었다.

맹주진성은 고려 성종 14년(995)에 쌓았다. 맹산군 중흥리에 위치하며 4면이 절벽으로 이루어진 유리한 자연지세를 잘 이용하여 쌓은 석축성으로 둘레는 약 2.2km이다.

耀德鎭城은 고려 현종 14년(1023)에 쌓았다. 요덕군 용평리에 있는 석축성으로 둘레는 약 2.5km이다. 耀德鎭城은 금야강 상류의 물줄기를 따라 침입하는 적을 방비하기 위해 축성된 것으로 보인다.

화주진성은 고려 광종 24년(973)에 쌓았다. 요덕군 성리의 야산과 평지를 이용하여 쌓은 석축성으로 둘레는 약 3km이다. 성은 북에서 금야강의 상류인 단속천을 따라 기

谷 서쪽으로 처음이 20리, 끝이 50리이다").

여드는 적을 막는데 매우 편리한 위치에 놓여있다.

靜邊鎭城은 정종 5년(1039)에 쌓았다. 이 성은 금야군 연동리 해안 평지에 있는 토성으로서 둘레는 약 2km이다.

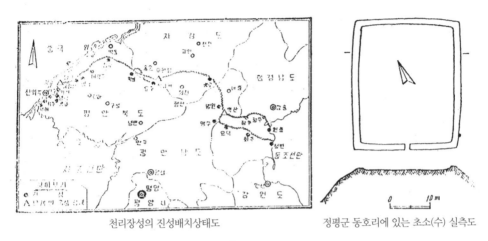

천리장성의 진성배치상태도   정평군 동호리에 있는 초소(수) 실측도

〈도면Ⅱ-3〉 천리장성 배치도 및 戌 현황 측량도[102]

이상 살펴본 바와 같이 천리장성의 20여 개의 진성들은 모두 남북으로 통하는 길목에 위치하며, 각 진성은 망대와 戌의 중심부에 위치하였다. 진성들의 입지조건은 모두 평지성 또는 평산으로서 평상시에는 군사들의 생활조건이 편리하고, 유사시에는 망대와 수의 보고체계를 통한 정보의 수집이 용이하다.

현재까지 남한의 성곽 중 천리장성의 鎭城과 같은 구조를 갖고 있는 성곽은 충청북도 음성 망이산성을 들 수 있다.[103]

---

102) 최희림, 1986, 앞의 글, 1986-4.
103) 단국대학교 중앙박물관, 1996, 『망이산성 발굴 보고서(1)』.
   단국대학교 중앙박물관, 1999, 『망이산성 2차 발굴조사보고서』.
   충북대학교 중원문화연구소, 2002, 『望夷山城 -충북구간 지표조사 보고서』.
   단국대학교 매장문화재연구소, 2006, 『안성 망이산성 3차 발굴조사 보고서』.

망이산성은 해발 472.5m의 망이산에 위치하고 있다. 망이산(일명 마이산)은 중부지방을 가로지르는 차령산맥의 중간지점으로 서쪽 안성시 일대, 동쪽 이천·음성·충주 방향, 남쪽 진천 방향으로 사방의 시야 확보가 매우 좋은 지역이다. 이러한 지형적 요건으로 정상부의 망이산 봉수대는 직봉인 음성 가섭산과 간봉인 진천 소을산(봉화산)의 봉수를 받아 죽산 건지산을 거쳐 한양에 이르도록 하는 길목에 자리하고 있다.

망이산성은 봉수대가 위치하고 있는 정상부 산마루(해발 472.5m)를 중심으로 축조된 테뫼식 형태의 토성(내성 : 현존길이 250m)과 정상부 봉우리에서 북쪽으로 산줄기가 이어지다 다시 솟은 2개의 봉우리(해발 458m와 해발 452m)의 8~9부 능선부, 그리고 북동쪽 방향으로 형성된 주계곡부를 연결하여 축조된 석축산성(외성)으로 이루어져 있다. 석축산성의 규모는 전체 2,080m이며, 평면모습은 북서-남동 방향으로 장축으로 하는 부정 타원형이다. 문지는 지표조사와 발굴조사를 통하여 내성 추정 문지 1개소, 외성 문지 2개소, 추정문지 3~4개소가 확인되었다. 외성의 치성은 3개소와 추정 3개소 이상이 존재하는 것으로 보여진다.

치성은 주능선 상단에 조성되었고, 동남문지를 제외하고는 문지와 치성 1개소가 배치되었다. 이러한 배치는 앞서 양계의 州鎭城의 현황에서 파악된 치성과 문지의 개수를 비교해 보면 치성이 문지 개수와 비슷하거나 많은 것을 통해 보면 알 수 있을 것이다. 치성의 축성방식은 기초석을 설치한 후에 장대석을 들여쌓기 형태로 축조하였다. 치성의 높이는 성벽과 같은 높이로 추정된다. 다음은 망이산성 치성의 현황이다.

〈표Ⅱ-7〉 음성 망이산성 치성 현황

명칭	규모(m)			비고
	정면 폭	측면 길이	잔존 높이	
1호 치성	4	4.5	3.5	서북문지 서쪽으로 95m 이격됨
2호 치성	8	8	6.7	서문지 서쪽으로 50m 이격됨
3호 치성	4.4	7	3.1	북동문지 동쪽으로 180m 이격됨
4호 치성	?	?	4~5(추정)	외성의 남쪽 최남단 끝 지점
5호 치성	6	8	5	서남문터 동쪽으로 32m 이격됨

외성 문지는 동·서·남·북 4방향에 각각 위치하고 있다. 모든 문지는 등산로로 사용되고 있어 원래 있었던 통로와 관계가 있는 것으로 여겨진다. 1998년에 조사된 서문지는 조사결과 초축시 규모는 통로부 길이 5.6m, 너비 4.8m, 이후 너비를 1m 줄인 너비 3.8m의 1차 개축이 진행되었고, 2차 개축은 길이 3.5m, 너비 1.8~2.4m의 규모로 축소되었고, 출토 유물로 보아 고려 광종 14년(963)에 개축된 것으로 보았다. 또한 문지 밖으로 5m 떨어져서 성벽 방향대로 높이 2m, 길이 12m의 석축벽이 축조되었다. 이 석축벽에 대해서는 기존의 연구성과가 없어 주목받지 못했지만, 앞서 양계지역의 鎭城 遮城(혹 옹성)일 가능성에 대해서 좀 더 연구가 필요한 상태이다.

망이산성 외성의 석축성벽은 기초석을 설치하고, 그 위에 기초석보다 작은 면석을 들여쌓기를 하여 '品'형 형태로 정연하게 축조하였다. 기초석과 1단 면석 외부에는 토사를 다져서 보강하였다. 사용된 면석은 전면을 치석하고, 뒷부분을 얇게 치석하였다. 이러한 축조방식은 천리장성의 2단계 산악지대의 석축성벽 축성방식과 4단계 북쪽 성곽의 석축성벽의 축성방식에서 보이는 기저부에는 자갈과 진흙으로 다진 후에 기초석을 설치, 기초석 위에는 기초석보다 작은 석재를 올려놓는 방식과 크게 다르지 않다.[104]

성 내부에서는 고려 전기에 의식이나 제사를 목적으로 건립되었을 것으로 추정되는 특수한 구조로 조성된 팔각 건물지 등이 확인되었다.

유물은 토기편과 기와편으로 통일신라시대부터 고려시대에 이르는 편년을 보이고 있다. '峻豊4年'銘(고려 광종 14년, 963), '太平興國7年'銘(982)의 절대연대를 가지고 있는 명문기와 등이 출토되어, 산성의 주된 경영시기가 고려 전기임을 보여준다.

망이산성이 어떠한 목적에 의해 고려 전기에 축조되었는가에 대해서는 아직까지 연구된 바가 없다. 왜냐하면 망이산성 북쪽에 안성 봉업사지와 죽주산성이 인접해 있지만, 조선시대 문헌에도 산성의 현황에 대해서 기록된 것이 매우 소략했기 때문이다.

위의 내용을 정리해 보면 망이산성은 치성과 문지의 배치와 현황, 석축성벽의 축조방식이 당시 鎭城의 현황과 매우 닮아 있는 점과 출토된 유물로 주된 활용시기가 고려 전

---

104) 최희림, 1986, 앞의 글, 1986-3.

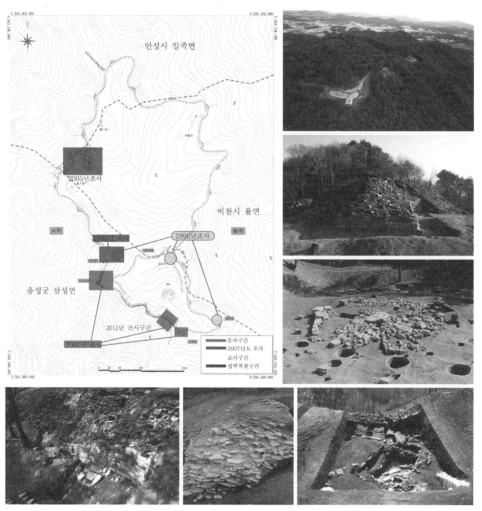

〈사진Ⅱ-1〉 음성 망이산성 현황(치성 및 8각 건물지, 성벽, 집수시설)

기 임이 밝혀졌다. 따라서 망이산성은 고려시대 및 조선시대의 기록에 남아 있지는 않지만, 행정적인 기능보다 군사적 기능을 염두에 두고 고려 전기에 활용 되었을 것으로 판단된다.

(2) 內部 施設物

고려 영내로 진격한 적군은 대개 대군을 이끌고 오지만, 장거리 이동에 따른 피로와 보급의 어려움을 겪게 마련이었다. 이에 대해 고려는 각 성을 단위로 적군과 맞서야 하므로 항상 수적 열세에 놓이게 마련이었다. 이 때 직접 충돌을 피하고 지구전을 구사함으로써 적의 피로와 병참로를 길게 하여 스스로 어려움에 처하게 하였다. 성 주위의 民戶들을 성내로 들어오게 하고 청야, 곧 들의 곡식과 물자를 모두 불태워 없애는 청야입보 전술도 수반되었다. 그러나 수성하는 고려 입장에서는 장기전에 대응할 수 있는 식량과 물자 등이 마련되어 있어야 했다. 따라서 주진성은 요새화된 지역이기에 성안에는 군량을 비축할 수 있는 창고와 식수를 공급하는 개울과 우물이 설치되었을 것이다. 먼저 변경지역의 군량을 해결하기 위한 조치로 고려는 1044년(정종 10)에는 예성강의 병선 180척을 동원하여 軍資를 수송하여 북계 州鎭의 창고를 충실히 하였고, 문종 대에도 여러 차례에 걸쳐 북계지역으로 군자곡을 수송하였다.[105] 고려시대 창고건물지와 관련하여서는 2011년 (재)강원고고문화재연구원에서 조사된 영월 정양산성에서 출토된 바가 있다(사진 Ⅱ-2 참조).

고려시대 성곽의 우물시설 혹은 집수시설에 대한 자세한 기록은 찾아보기 어렵다.

〈사진 Ⅱ-2〉 영월 정양산성 고려시대 창고시설

---

105)『高麗史』卷82 兵志 屯田 靖宗 10년 2월, 文宗 18년 6월 및 22년 6월.

기록에는 없지만 성곽의 입지조건이 계곡을 끼고 있어서 장기간 농성할 수 있는 음료시설로써 우물과 연못 등이 풍부했던 것으로 생각된다. 음료시설에 대해서는 주진성에 대한 문헌과 고고학조사를 통해 위치비정이 된다면, 조선시대 지리지 및 『新增東國輿地勝覽』등의 조선시대 기록을 통해 확인할 수 있을 거라 생각된다.

고려 전기 주진성 축성기사에서 취수와 관련된 시설물로써 水口를 들 수 있다. 특히 안북부의 성은 7개소, 德州성에는 9개소로 다른 성곽에 비교하면 많은 수의 수구시설이 설치되었다. 水口시설은 성안의 우수 및 지하수를 성벽 밖으로 배출하는 시설물로써 일종의 성벽을 보호하는 기능을 가지고 있으며, 삼국시대 산성에서는 우수가 집결되는 계곡부와 문지에서 설치된 것으로 확인된다. 고려시대 수구로는 광주 남한산성의 수구지와 망이산성 서벽에서 출토된 수구지를 들 수 있다. 망이산성 서벽에서는 200m 구간 내에서 4개의 수구가 출토되었다. 그 중 우물과 접한 계곡에 설치된 지역에서는 집수시설과 연결된 도수로에서 성벽의 수구와 연결된 유구가 있다. 따라서 고려시대 기록에서 水口의 개수는 집수시설과 연결된 수구를 기록했을 가능성이 매우 높다.

방어시설로는 성벽에 설치된 城頭와 遮城 등을 들 수 있다. 성두는 성머리라는 의미로 보아 성벽에서 돌출한 부분으로 성벽을 측면에서 보고 성벽에 오르는 적을 공격하기 용이하도록 성벽보다 튀어나오게 만든 시설인 雉城으로 판단된다. 이러한 치성은 성을 방어하기 위한 시설로써 고구려 성곽에서부터 확인된다. 州鎭城의 현황에서 치성과 문지의 개수를 비교해 보면 치성이 문지 개수와 비슷하거나 많다. 문의 개수와 비슷한 경우에는 표 Ⅱ-7의 음성 망이산성의 치성과 같이 문지 주변에 1개소 혹은 주능선 상면에 축조되었을 가능성도 있다. 문의 개수보다 성두의 개수가 2배 이상 많은 성곽은 鐵州(문 7, 성두 18, 차성 4), 龜州(문 9, 성두 41, 차성 5), 德州(문 6, 성두 24, 차성 3), 猛州(문 6, 성두 19, 차성 2) 靜州鎭(문 10, 성두 45, 차성 9), 淸塞鎭(문 7, 성두 15, 차성 4), 樹德鎭(문 4, 성두 9, 차성 9) 등이 있다. 문지의 양 옆에 축조된 치성을 敵臺라고 하며, 문지 방어를 극대화 하기 위해 설치된다. 이들 성곽의 성두는 敵臺의 기능을 하기 위해 축조되었고, 적이 침입하기 쉬운 지역에 축조되었을 것으로 판단된다.

한편 遮城[106]은 대부분 10개 미만이 축조되었고, 문의 개수보다 같거나 적다. 의미상
으로 성을 가로막는다는 의미를 갖고 있어 甕城의 기능으로 볼 여지도 있다. 옹성은 문
밖에 반원형 혹은 'ㄱ'자 형태로 구부려 설치하여 성벽의 적을 협격하는 시설이라는 점에
서 성두와 상통하지만 성벽을 추가로 덧쌓은 것이기에 치성보다는 복합적인 기능을 고
려해 보아야 할 것이다. 威遠鎭城의 내성 북문지에 설치된 'ㄱ'자형 옹성일 가능성도 배
제할 수는 없다. 고려 말 조선 초에 축성된 읍성의 경우 성문을 보호하기 위해 옹성을
설치하였는데, 이와 같이 차성도 성문을 보호하기 위한 시설로 볼 수 있는 여지가 있다.

重城은 외곽과 내곽의 겹성으로 해석한다면 내성과 같은 의미로 볼 수 있다. 重城은
귀주·인주·정주진의 성에서 설치되었다. 중성이 설치된 정주진과 인주는 압록강 어귀
의 접경 지역이라는 점, 또한 귀주는 성곽의 규모와 시설에 비해 주진군이 많이 배치된
점을 미루어 본다면 중성의 기능을 달리 해석할 여지가 있다. 또한 이들 성은 성종 대에
여진 부족을 공격하여 그 들의 땅을 공취한 지역과 천리장성을 쌓으면서 여진 부족과 접
경하는 중요한 길목에 축성되었다. 이 점은 중성이 여진족과의 전투에서 방어를 증대시
키는 시설물임을 짐작할 수 있다. 그러나 重城에 대해서 정확한 기록이 없어 그 기능과
현황에 대해서 알 길은 없다. 그렇다면 성곽에 중성이 축조 이후에 여진과의 공성전 양
상에서 확인해 볼 필요가 있다.

> 2월에 호부 상서로 치사한 許載가 졸하였다. 허재는 刀筆吏(文簿 만을 처리하는 아전) 출
> 신으로서 청백으로 이름이 있었고, 九城의 난 때에 중군 녹사로 吉州를 지키고 있었는데, 여
> 진이 와서 공격하여 성을 굳게 방비하였는데, 수개월 동안 공격하여 성이 거의 함락하게 되어
> 다시 겹성[重城]을 쌓고 항거하니, 여진이 비로소 물러갔다[『高麗史節要』卷10, 인종 22년
> (1144)].

---

106) 최희림은 차성을 甕城으로 보고 있다. 그는 천리장성의 진성에 대한 연구에서 威遠鎭城의 내성
　　북문 밖에 'ㄱ'자 형태의 옹성이 존재한다고 한다. "威遠鎭 성은 내성의 북문이 천리장성 밖으로
　　통하는 관문으로서 여기에는 꺾음식 옹성을 설치하였다(최희림, 1986, 위의 글, 1986-4)."

위의 기사는 고려가 동북면 일대에 9성을 쌓고 난 다음에 여진이 길주를 공격했던 내용이다. 고려군은 길주성이 여진의 수 개월간 공격을 받고 함락 직전에 중성을 쌓고 항거함으로써 여진을 물리쳤다. 길주성은 기록이 상세하지 않지만, 여진족이 길주성을 포위하여 공성전에 임했을 것이다. 고려군이 길주성 함락 전에 중성을 쌓았다고 한다면 아마도 성 내부에 성을 쌓아 방어시설을 구축하고 결사항전에 들어간 것으로 추정할 수 있다. 이 기사를 통해 본다면 중성은 성 안에 쌓은 내성으로 볼 수 있다.

김부식은 묘청의 난 당시 서경성을 공격 중에 토산 위에 砲機를 설치하여 석재와 火球를 성 안에 날려 성벽을 부수고, 성 안의 시설물을 불 태웠다. 그리고 토산을 통해 성 안으로 진입하고자 하였으나 적의 저항에 실패하였다.[107] 이를 대비하기 위해 반란군은 성 내에 重城을 축조하고자 하였다. 이러한 점으로 미루어 重城은 수성군 입장에서 성벽을 넘어온 적군을 다시 성벽으로 차단하는 기능의 성벽으로 볼 여지도 있다. 혹은 토산에 투석기 등을 설치하였던 점으로 미루어 투석기의 공격범위 밖에 설치한 성벽일 가능성도 배제할 수 없다.

이와 반대로 조선시대 기록이지만, 重城의 위치를 파악할 수 있는 사례가 있다.

> 성 밖에 重城을 쌓고 중성 밖에 또 구덩이를 파고 성 위에는 성곽을 많이 만들어 굳게 지키면서 불을 지른다면 적이 감히 가까이 오지 못할 것입니다. 성이 크기는 하지만 지킬 사람이 충분하고 부모 처자가 모두 그 안에 있으므로 비록 소홀히 하려는 마음이 있다 하더라도 누군들 처자를 버리고 부모를 떠나면서 그 부모와 처자가 오랑캐에게 劫掠당하지 않으리라고 생각하겠습니까. 이것이 이른바 목숨을 바쳐 물러나지 않는 경우입니다『承政院日記』인조 7년 (1629), 3월 8일(갑자)].

인조 7년에 한양도성을 방어하기 위한 조치로 重城을 쌓는 논의가 있었다. 이 논의에 의하면 중성은 성 밖에 위치하며, 외부에 해자를 둘렀던 것으로 보여진다. 이 기사를 통해 보면 중성의 기능이 고려시대 동계 일대에 축성된 戌 혹은 남한산성의 옹성과 같은

---

107) 『高麗史節要』卷10 인종 11년(1135) 12월.

역할을 했던 것으로 보여진다. 기록에서 보이는 重城의 개념이 고려와 조선시대가 다른 점으로 보아, 조선시대에 이르러서는 고려시대 重城과 戌에 대한 성격과 기능에 대한 이해가 부족했을 것으로 볼 수도 있다. 다른 한편으로 조선시대에는 고려시대 戌의 기능이 남한산성의 옹성과 같이 본성과 연결된 구조로 변화되었을 가능성도 열어 둘 필요가 있다.

(3) 外部 施設物 - 戌의 構造

천리장성 3~4구간 鎭城의 堡子로 戌의 개수와 명칭이 기록되었다. 북한 측 연구에 의하면 4구간 남쪽장성에는 기록에는 없지만 戌와 망대의 흔적이 확인된다고 하였다. 각 진성은 망대와 戌의 중심부에 위치하였다. 戌의 배치와 기능은 작은 소로길을 관측할 수 있는 위치에 축조되며, 소규모 적을 일차적으로 제지하는 것으로 보여진다.

고려 전기 鎭城의 戌와 관련된 유적으로는 부산 구랑동 유적을 들 수 있다.[108] 이 유적은 낙동강 하류 서안의 해발 100여 m의 고갯길에 위치하고 있으며 남해안과는 불과 2~3km 가량 떨어져 있다. 성곽의 평면형태는 방형에 가까운 사다리꼴이며, 체성부의 둘레는 약 176m 가량이고 석축으로 축조된 구간이 약 100m, 토축으로 축조된 구간이 약 76m 정도이다. 성벽은 동쪽은 석축으로, 서쪽은 토축으로 체성을 축조한 형태가 확인되었다. 최초에는 전체 체성을 토축으로 축조하였고, 일부 붕괴된 지역에 석축을 덧댄 것으로 판단된다.

출토된 유물은 기와편 및 자기편이며 기와편이 다수를 차지하고 있다. 유물의 편년은 기와편에서 확인되는 양상으로 통일신라시대에서 고려시대이며, 많은 양을 차지하는 것이 고려시대 기와이다.

구랑동 유적은 입지조건으로 보아 해안을 관측하거나 상륙하는 적을 방어하기 위한 관방유적 보다는 낙동강 서안에서 김해로 넘어가는 고갯길을 통제하기 위한 기능을 갖는 것으로 보여진다. 규모가 170여 m 되는 점으로 미루어 鎭城으로 보기에는 앞서 기술

---

108) 2009년 9월부터 (재)동양문물연구원에서 발굴조사를 실시하였고, 조사결과 토축 및 석축 체성부를 비롯한 문지 · 배수시설 · 구상유구 등이 확인되었다.

〈사진Ⅱ-3〉 부산 구랑동 유적 戍의 원경   〈사진Ⅱ-4〉 부산 구랑동 유적 戍의 전경

한 양계 지역의 진성 규모보다 매주 작다. 유물의 편년을 통해 보면 고려시대에 사용된 것으로 보여진다.

이를 종합해 보면 구랑동 유적은 고려시대 兩界의 州鎭城과 함께 군사적 주요 거점에 설치된 감시초소의 역할을 하였던 戍의 성격을 띠는 유적으로 판단된다. 또한 해당유적이 입지한 곳이 당시의 주진성이 위치하는 김해까지 직선거리로 채 10km가 되지 않은 점을 고려해 볼만 하다. 고려 성종 14년(995)에 단행된 지방체제 개편에 의해 지금의 김해인 金州를 安東都護府로 삼았다는 기사에 비추어 볼 때 금주에 속한 戍로의 기능을 생각해 볼 여지가 있다.

구랑동 유적은 고려 전기에 동, 남해안을 약탈하여 막대한 피해를 주었던 동여진 해적109)에 대한 대비 목적과 더불어 점차 동여진의 침입이 줄어들고 일본과의 교섭이 진행되면서 점차 내왕이 잦아지자 이에 대한 경계의 목적도 있었던 것으로 생각된다.

3) 州縣城

고려 전기 신라의 郡縣城을 활용하여 치소성으로 사용한 것을 연구한 사례가 있

---

109) 『高麗史』券4 世家 顯宗 3年 5月 己巳. "五月 己巳 東女眞寇淸河迎日長鬐縣遣都部署文演姜民瞻李仁澤曹子奇督州郡兵擊走之."

다.[110] 고려 전기 양계 이외 지역은 극히 일부에서 주현성을 축조하였고, 그 현황을 고고학 조사를 통해 밝힌 경우가 매우 드물기 때문이다. 통일신라에서 고려 전기의 지방제도 연구와 관련하여 인용되는 성곽은 대표적으로 평택의 비파산성을 들 수 있다.[111]

비파산성이 위치한 평택지역은 1998년과 2002년에서 2003년도에 경기도 박물관이 실시한 정밀지표조사에서 14개소의 성곽에 대한 자료를 확보할 수 있었다. 이러한 성과를 바탕으로 경기도 지역의 고려성곽의 분포상황을 파악하고, 특징을 분석하였다.[112] 또한 선별적으로 琵琶山城, 德睦里城, 龍城里城, 武城山城, 農城에 대한 발굴조사 진행되었다.[113] 발굴조사를 바탕으로 이들 토성에 대한 축조방식 및 축조시기의 변화를 파악하였고, 평택지역의 통일신라~고려시대의 치소성의 변화과정을 검토하였다.[114]

고려 현종 9년 2월에 4都護 8牧 56知州郡事 28鎭將 20縣令을 두면서 고려시기 군현제의 기본 틀이 잡혔다고 할 수 있다.[115] 여기에서는 고려의 모든 주현성의 현황을 밝히는 것보다 평택지역의 성곽을 중심으로 고려 전기 州縣城의 현황과 변화과정을 살펴보

....

110) 최종석은 박성현의 漢州 지역 신라성곽을 대상으로 신라지방제도의 정비과정을 연구한 성과(朴省炫, 2010, 「6~8세기 新羅 漢州 「郡縣城」」, 『韓國史論』 47)를 주목하여 이들 성곽이 고려 전기에도 재사용되고 있는 점을 착안하였다. 그리고 그는 양계 이외의 지역의 고려 치소성 축성의 특징을 신라 군현성을 대체적으로 이용한 것으로 보았다(최종석, 2006, 위의 글).

111) 박성현, 2002, 앞의 글.
    박성현, 2010, 『新羅의 據點城 축조와 지방 제도의 정비과정』, 서울대학교 박사학위논문.

112) 백종오, 2001, 앞의 글.

113) 단국대학교매장문화재연구소, 2003, 『평택 농성 지표 및 발굴조사보고서』.
    단국대학교매장문화재연구소, 2004, 『평택 서부 관방산성 시·발굴조사 보고서』.

114) 김호준, 2007, 앞의 글.

115) 『高麗史』 지리지의 서문에는 고려 전기 군현수가 京 4, 牧 8, 府15, 郡 129, 縣 335, 鎭 29개로 모두 520개로 정리되어 있다. 박종진은 실제 『高麗史』 지리지에 기록된 군현의 수를 모두 503개로 분석하였고 이 군현들은 모두 독립된 영역을 가진 독자적인 지방통치 단위로 보았다. 고려시기의 지방통치체제를 외관을 파견한 主縣에 몇 개의 屬縣을 소속시켜 지방을 통치한 '主縣-屬縣체제'로 보았다(박종진, 2008, 「고려시기 「주현 속현 단위」 설정 배경에 대한 시론 ―'청주목 지역'의 지리적 특징의 분석―」, 『한국중세사연구』 25).

고자 한다.116)

(1) 城郭의 現況

① 비파산성

琵琶山城은 평택시 안중면 용성 3리의 설창마을과 덕우 1리 원덕마을의 경계에 있는 비파산(해발 102m)에 위치한다. 산성은 비파산의 북쪽 정상부와 남동쪽 하단부의 용성리 뒷골을 따라 성벽이 축조되어 계곡을 포함하고 있는 토축성곽이다. 북쪽으로는 고개를 가운데 두고 자미산성과 마주보고 있으며, 남동쪽으로 용성리성과 능선으로 연결되어 있다. 지형적으로 북고남저·서고동저의 형태이다.

성벽은 서벽과 북벽이 비파산의 주능선을 따라 축조되었고, 남벽과 동벽의 일부가 얕은 능선 상에 위치하고 있다. 동벽은 양 능선사이의 계곡을 막고 있고, 해발고도가 가장 낮은 위치에 축조되었다. 성벽은 동벽이 124m, 남벽이 339m, 서벽이 430m, 북벽이 682m 정도이다. 성벽의 전체 둘레는 1,622m이고, 면적은 138,800㎡이다.

성 내부에는 문지 5개소와 치성 4개소, 건물지 14개소, 음료유구 5개소가 확인되었다. 또한 성 안쪽에는 서벽에서 북벽에 이르기까지 회곽도와 단이 이어지고 있다. 그리고 동문지 주변에서 조선시대 수혈 주거지 2기가 출토되었다.

성벽은 상면 폭이 약 2~3m 정도이고, 하단 폭이 20~23m 정도이다. 높이는 약 6m 정도이다. 그리고 기저부 석렬을 설치한 후 중심토루를 판축 공법으로 축조하였다. 중심토루는 폭 6m, 높이 3~3.5m 정도 규모이다.

산성에서 출토된 유물은 고려에서 조선시대까지의 기와편과 토기편, 조선시대 자기편이 대부분이다. 이 중 '乾德三年', '車成'명 명문기와는 비파산성의 축조시기와 거성현의 치소가 비판산성이었다는 중요한 단서를 제공한다.

② 덕목리성

덕목리성은 평택시 현덕면 덕목4리 647-1번지 일대에 위치하고 있다. 이 성의 주변

---

116) 대몽항쟁기에 몽골군에 항전하였던 주현성에 대해서는 4장에서 기술하도록 하겠다.

지형은 해발고 20m의 낮은 구릉이 형성되어 있으며, 이 구릉에 마을들이 들어서 있다. 덕목리성도 이러한 낮은 구릉에 위치하여 있다. 성을 둘러싼 주변은 논으로 조성되어 있었다.

덕목리성은 원덕목 마을의 진입로를 사이에 두고 동성과 서성으로 나뉘어 서로 마주 보는 구조이다. 동성은 민가가 들어서 있고, 성벽이 있었던 자리에는 경작지로 인해 모두 파괴된 상태이다. 민가 터와 경작지에는 기와와 토기편이 흩어져 있었다.

서성은 남벽과 동벽이 경지정리와 농로조성으로 인해 대부분 파괴되어 그 형체를 알 수 없었다. 경기도 박물관에 의해 지표조사가 이루어졌을 당시, 서벽 절단면을 살펴본 결과 토성으로 확인되었다. 서벽의 규모는 외벽 높이 2.5m로 보고 하였다. 북벽은 97m 정도, 동벽은 25m 정도가 잔존하고 있다. 그리고 성의 둘레는 약 290m 정도로 추정하였다. 평면은 동서방향을 장축으로 하는 장방형이고, 동북쪽이 높은 형상이다.

서성의 내부에는 북문지 2개소, 치성 1개소, 건물지 1개소가 확인되었다. 성벽 상면 폭은 약 2m 정도이고, 하단 외벽 폭은 10m 정도이다. 높이는 약 5m 정도이고, 해자 바닥에서는 6m 정도이다. 성벽은 기저부 석렬을 성벽 외부에 설치한 후 중심토루를 판축으로 조성하였다. 중심토루는 폭 3m 이상, 높이 2.5m 정도 규모이다. 해자를 조성하면서 여기에서 나온 토사가 중심토루와 성벽 상면에 사용되었다.

성 내부에서 출토된 유물은 선문류와 격자문류의 통일신라시대 기와편과 고려시대 기와편과 토기편이 주류를 이루고 있다. 또한 조선시대 후기의 백자편도 출토되었다.

③ 용성리성

용성리성은 비파산성 남쪽에 인접해 있는 해발 30~40m 정도의 낮은 구릉을 따라 축조된 토축성이다. 평면형태는 남북 길이는 128m, 동서 길이는 87m로 북벽이 약간 짧은 사다리꼴의 형태이다. 성벽의 둘레는 449m이고 면적은 10,550㎡이다.

동·서·북벽은 능선을 따라 경사면에 위치하고, 남벽은 성내의 평탄한 저습지를 가로질러 있다. 성 내부에는 문지가 3개소가 있고, 동문지와 서문지는 성내로 진입할 수 있는 통로로 이용된다. 치성은 5개소이며, 성벽에서 2~3m 돌출되어 있다. 그리고 건물지 5개소와 수구지 1개소가 확인되었다.

성벽은 최대 하단 폭이 6.5m 정도이다. 높이는 중심토루가 약 2.9m 정도이며, 외벽은 해자 바닥에서 약 5.6m 정도이다. 성벽은 정리된 암반층 위에 점토를 다져 기저부를 조성한 후에 그 위로 하단부에는 판축, 그 위로는 토축구조로 중심토루를 조성하였다.

출토된 유물은 수량 면에서 매우 적다. 기와류는 고려시대 이후이며, 토기류는 외면에 문양이 타날되고, 내면에도 박자의 흔적이 남아 있는 고려시대 토기들이다.

④ 농성

농성은 평택시 팽성읍 안정리 성터마을에 위치한다. 농성은 해발 24m의 낮은 구릉의 정상부를 중심으로 그 외곽을 감싸는 형태로 축조되었다. 평면 형태는 남북이 긴 장방형에 가깝지만 각 변의 중앙이 약간씩 전면을 향하여 돌출되었다. 전체 둘레는 332m이며, 성벽중심간 남북 길이는 116m, 동서 길이는 81m이다. 성내부에는 5,964㎡의 규모의 평탄지가 형성되어 있다.

농성은 대체로 해발 20m 등고선을 따라서 축조되었다. 그러나 북쪽이 높고 남쪽은 개울 및 저습지와 연결되는 자연 지형으로 전체적인 성벽 고도는 북쪽이 남쪽에 비하여 약 2m 정도 높은 편이다. 성 내부에는 동벽과 서벽 중앙에 각각 1개소의 문지가 있다.

성벽의 규모는 외벽높이가 대체로 5~8m, 내벽 높이는 2.2~3.5m이고, 성벽의 너비는 10~17m이며, 토루 너비는 2m 정도이다.

동문지는 최대 폭 6.4m 정도이며, 동서 길이는 17m 이상이었을 것으로 추정된다. 동문지 통로부 바닥 암반층 바로 위에서 배수로가 출토되었다. 문지나 배수로는 모두 보수되거나 재사용되었던 흔적은 보이지 않는다. 배수로 내부에서는 분청사기편과 토기편들이 수습되었다. 출토된 유물은 격자문 및 어골문 기와와 고려시대 토기 및 조선시대 분청사기 편이 소량 출토되었다.

(2) 城郭의 特徵

평택지역에는 2개의 성곽분포를 보인다. 진위천 중·상류의 무봉산성, 봉남리산성, 견산리상성 등과 안성천 하류에 자미산성, 무성산성, 비파산성 등으로 나뉜다. 이 두 지역에 산성이 밀집되어 있는 이유는 신라시대 진위현과 거성현의 중심지에 위치하고 있기 때문이다. 이 두 지역은 행정의 중심지였으며, 동시에 방어의 거점을 형성하였던 것으로 볼 수 있다.117) 신라시대에는 진위현과 거성현은 당은군의 속현으로 당항진을 방어하는 요충지의 역할을 하였다. 즉 진위현의 성곽들은 내륙교통로를 방어하기에 적합한 위치에 축성되었다. 또한 해안가에 접하는 거성현 성곽들은 해안방어선 및 해안교통로를 방어하기 위한 목적으로 축성되었다.

신라시대 거성현118)의 치소는 자미산성으로 추정되지만 고려시대 거성현 또는 용성현의 치소119)는 비파산성이 주목된다. 자미산성이 고려시대에도 사용되었지만 그 유물의 출토상으로 보아 신라시대에 비하여 그 양이 많지 않다. 반면에 비파산성의 경우에는 고려 초기의 유물부터 등장하고 있어서 고려시대를 기준으로 지방통치의 거점으로서 두 성의 역할이 교대되었던 사정을 보여주고 있다.

비파산성의 축성 및 활용시기와 관련하여 주목되는 유물은 '車城'명의 기와이다. 명문상으로 이 기와는 8세기 중엽에서 11세기 초반에 사용되었을 것으로 여겨진다. 비파산성이 거성현의 치소로 축조되었다는 사실을 잘 보여주는 유물일 것이다. 물론 이후 거성현이 용성현으로 개명되었지만 치소는 여전히 비파산성이었을 것이다. 이 보다 구체적인 시기를 알 수 있는 것은 경기도 박물관에서 지표조사시 수습된 '乾德三年'이란 명문이 새겨진 기와이다. 건덕은 송나라의 연호로 고려 광종 16년(965)에 해당된다. 광종 대 경기도 일대 교통의 요지에 축성이 이루어졌던 것은 안성 망이산성 출토 '준풍 4년'명 기와를 통해서도 알 수 있다.

덕목리성 주변은 사방이 트인 벌판이며, 현재에도 농경지로 이용되고 있다. 이는 이곳이 안정적인 농업생산력을 유지할 수 있는 지역임을 보여준다. 통일신라시대에 농경지가 풍부한 평택일대로 인구가 증가하면서 새로운 촌락과 행정적인 거점으로 덕목리성이 축조되었을 가능성이 있다. 이러한 통일신라시대의 인구증가는 고려시대에 이르러서는 河八縣(平澤縣), 廣德縣 등이 추가되고 군현의 영속관계 변화 등이 일어났을 개연성

---

117) 京畿道博物館, 1996, 『平澤의 關防遺蹟(Ⅰ)』, pp.617~637.
118) 『三國史記』卷34 雜志. "唐恩郡, 本高句麗唐城郡, 景德王改名, 今復故. 領縣二: 車城縣, 本高句麗上[一作車.]忽縣, 景德王改名, 今龍城縣; 振威縣, 本高句麗釜山縣, 景德王改名, 今因之".
119) 『高麗史』卷56 양광도 수주.

도 있다. 덕목리성은 비파산성과 축성방식이 같고, 출토유물도 통일신라에서 고려시대에 걸치며 출토된다. 덕목리성의 축조시기는 통일신라시대에서 고려시대 초에 축조되었을 것으로 여겨진다.

용성리성은 비파산성 동쪽 진입로 구릉에 위치하고 있다. 용성리성 동쪽에는 대반천이 안성천 방면으로 흐르고 있다. 이 대반천 주변은 대반천을 따라 내륙 깊숙이 들어오는 潮水 때문에 수해와 염해를 입었다. 그래서 이 일대는 밭농사 중심이었다. 하천부지를 개간하고 논농사로 전환되는 시기는 조선 후기였다고 한다. 하지만 도구와 기술이 부족했던 조선 후기만 해도 潮水문제는 해결할 수 없는 장벽이었다. 일제강점기에 들어와서 보를 세우며, 논농사를 지을 수 있게 되었다.

용성리성은 출토유물과 축조방식으로 보아 비파산성보다는 늦은 시기에 축조된 것은 분명하다. 이 산성이 언제 축성했는지 구체적으로 증명할 자료는 많지 않다. 용성리성은 문지를 개설하면서 방어시설을 주위에 두고 있으며, 성벽 회절부와 중심부에 치를 설치하여 방어력을 높이고 있다. 이 점은 평지성인 덕목리성, 농성과는 다른 구조이다. 이 성은 철저하게 군사적인 목적으로 축성되었다고 볼 수 있다. 용성리 성의 기능은 용성현 치소인 비파산성으로의 진입을 1차 저지하는데 있다. 이 성은 부산 구랑리 유적과 같은 戍의 규모보다는 2배 크지만, 단독 작전이나 장기간에 걸친 항전에는 소규모 성으로 어려운 점이 있다. 그렇기에 평시에는 주민들의 생활공간으로 사용되지 않았을 것이다. 그래서 성 내부에서 기와나 유물의 출토량이 적은 이유도 거기에 있다고 볼 수 있다.

농성은 2003년도 조사 결과 고려 후기에서 조선 초기에 축조되었을 것으로 밝혀졌다. 앞선 3개의 토성보다 중심 토루를 구성하는 토사의 다짐이나 축조수법이 단기간에 이뤄진 것으로 여겨진다. 그리고 농성에는 淸野籠城하는데 필요한 식음료 시설과 치성 혹은 내부 건물지가 없었다. 이런 점으로 미루어 보면, 농성은 인근주민이 장기간 入保하여 전투를 치르기에 적합하지 않다. 발굴조사에서 출토된 유물은 대부분 고려시대부터 조선 초기에 해당되는 것들이다. 고려 후기에서 조선 초기의 농성의 기능에 대한 견해로는 왜구를 대비한 堡와 창고성 등이 있다.

고려시대에 축조된 연해안 지역의 읍성은 주로 왜구의 약탈에서 주민을 보호하기 위해 축조되고, 立地도 평지에 접근하여 이루어지며, 축성 기록은 13세기 후반 경부터 나타나다고 한다.[120] 조선 세종 대에는 해변의 각 마을에서는 부근의 각 戶를 30~40호나 20~30호로 한 屯을 삼고, 중앙에는 마땅한 곳을 가려 屯城을 쌓게 하자는 의견이 제기되었다. 그리고 평시에는 백성들이 城 밖에 나가 농사짓고, 왜구가 이르면 淸野入城하여 籠城할 것을 건의하고 있다.[121] 농성은 이러한 왜구 대비 정책에 의해 축조되었을 가능성이 매우 높다.[122]

창고성으로 보는 이유로는 이 일대에 포구가 발달되어 있어 고려시대 중요한 교통로인 점을 들고 있다. 그리고 18세기 중엽『海東地圖』와 1760년대『輿地圖書』에서 농성일대에 창고가 표시되는 것으로 보아 조선 후기에 창고성으로 이용됐을 가능성이 있다.

이상으로 평택지역의 성곽을 통해 고려 전기 州縣城의 변화과정을 살펴보았다. 이를 정리하면 비파산성은 주변 자미산성이 산지이고, 협소한 관계로 거성현의 치소로써 적합하지 않기 때문에 거성현의 치소를 옮기는 과정에서 통일신라시대에 축성되었을 것으로 보인다. 그리고 고려 광종 대를 거쳐 대몽항쟁기 이전까지 치소성으로 활용되었던 것으로 보인다. 더불어 비파산성은 인근의 자미산성 및 무성산성과 더불어 안성천 하구변의 해안방어와 해로교통망 확보를 위해 활용되었다. 덕목리성은 통일신라시대에 인구가 집중하면서 새로운 촌락과 행정 거점이 등장하는 과정에서 축성된 것으로 보인다. 그리고 동성과 서성으로 이루어진 구조로 확대해 나간 것으로 여겨진다. 용성리성은 고려후기에 아산만 일대로 진출한 왜구들로부터 용성현의 치소인 비파산성을 방어하기 위해 축조된 것으로 보인다. 농성의 축성시기에 대한 자료가 빈약하여 고려 후기 혹은 조선시대 초기에 왜구가 침입할 때에 입보하기 위한 성곽과 조선 후기 창고성으로 기능을 고려해야 한다.

---

120) 沈正輔, 1995,『韓國 邑城의 硏究 -忠南地方을 中心으로-』, 학연문화사.
121) 沈正輔, 1995, 위의 책, pp.56~59.
122) 조선 세종 대에는 己亥東征을 계기로 왜구에 대한 1차 방어는 해상에서 이루어지게 하였다. 2차 방어는 연안지역 요충지에 수군절도사를 파견하게 하였다. 더욱이 정세가 안정이 되면서 해안지역에 인구증가는 왜구에 대한 방비가 관방시설의 확충을 가져왔다. 이때 소규모의 입보용 토성이 평택지역 해안가에 축조되었을 가능성도 있다.

3. 城郭 攻防戰과 武器

대몽항쟁기 이전 기록에는 고려의 성곽을 거란과 여진이 공취한 사실은 있으나, 자세한 성곽 공방전 상황을 확인하기 어렵다. 특히 성곽 공방전에서 공성과 수성무기 특히 弩와 투석기에 대한 기록은 찾아보기 어렵다. 그러나 1135년 묘청의 난 당시 서경성 공방전에서 공격군인 金富軾이 이끄는 정부군과 서경성 방어군이 弩와 투석기를 사용한 기록이 있다.

여기에서는 묘청의 난 당시 서경성 공방전의 戰況을 통해 대몽항쟁기 이전의 고려군이 사용했던 공성 및 수성 전술 및 무기에 대해서 살펴보고자 한다.

1) 城郭 攻防戰

(1) 西京城 攻防戰의 展開

妙淸의 난은 고려 인종 13년(1135) 1월에 서경 천도 계획이 실패로 돌아가자 서경을 거점으로 일으킨 반란이다. 이에 고려 정부는 金富軾을 平西元帥로 임명하여 묘청의 반란을 진압하는 책임을 맡겼다. 반란군의 趙匡은 전세가 불리해지자, 妙淸·柳旵·柳浩의 목을 베어 尹瞻 등에게 주어 항복하였으나, 고려 정부는 윤첨 등을 옥에 가두었다. 동년 2월에 조광 및 서경 반란가담자 등은 정부의 대응에 반감하여, 항전을 결정하였다. 정부군은 서경성을 포위했으나, 반란군의 결사적인 항전으로 고전하였다. 1년 넘게 반란군의 항전이 계속됐으나, 식량이 부족해 굶어죽는 사람들이 속출하면서 사기가 크게 떨어지게 되었다. 마침내 1136년 2월 정부군은 총공격을 감행, 서경성을 함락하였다. 이에 조광 등 반란군의 지도자들이 자결함으로써 반란은 끝나게 된 것이다.

① 西京城 現況

묘청의 난 당시의 서경성 규모나 현황은 기록이 소략하기 때문에 확인하기 어렵다. 다만 서경성은 북한의 고고학 조사와 조선시대 기록을 바탕으로 한 연구성과가 있다.[123] 그 연구에 의하면 고려시대 서경성은 고고학 발굴조사 없이 문헌 고찰에 의한 한

---

123) 김창현은 북한의 자료(채희국, 1965.3, 「평양성 장안성의 축성과정에 대하여」, 『고고민속』 ; 정

계로 그 현황을 명확히 구분할 수가 없다고 하였다. 따라서 여기에서는 서경성의 구조에 대해서 고려시대 문헌과 기존의 연구성과를 바탕으로 검토해 보겠다.

고려시대 서경성에 대한 기사는 다음과 같다.

> a-1. 태조 2년(919) 10월 평양에 성을 쌓았다.[124]
>
> a-2. 태조 5년(922) 서경에 행차하여 官府員吏를 새로 두고 在城을 始築하였다.[125]
>
> a-3. 태조 21년(938) 西京羅城을 쌓았다.[126]
>
> a-4. 定宗 2년(947) 봄에 西京王城을 쌓았다.[127]
>
> a-5. 현종 2년(1011) (송악성을 증수하고) 西京皇城을 쌓았다.[128]

위 기사를 보면 현종 2년 이후 서경성은 在城과 羅城, 王城, 皇城이 축조되었다. 이에 대해 외성은 나성, 내성은 재성, 그 안에 황성과 궁성으로 생각된다. 나성과 재성은 적을 방어하기 위한 시설이며, 황성 및 궁성은 국가의 위엄 과시와 국왕을 위한 시설의 보

찬영, 1966.2, 「평양성에 대하여」, 『고고민속』 ; 최희림, 1967.2, 「평양성을 쌓은 연대와 규모」, 『고고민속』 ; 최희림, 1967.3, 「고구려 평양성(장안성)의 성벽축조형식과 시설물 배치상태」, 『고고민속』를 참조하여, 그간의 연구성과와 조선시대 문헌을 통해 고려 서경의 성곽과 궁궐에 대해서 현황과 규모에 대해서 연구하였다(김창현, 2001, 「고려서경의 성곽과 궁궐」, 『역사와 현실』 41).

124) 『高麗史』 卷1 世家1 太祖 2년. "冬十月城平壤." 『高麗史』 卷82 志36 城堡, 太祖 년간. "太祖 二年城龍岡縣一千八百七間門六水口一. 城平壤."

125) 『高麗史』 卷1 世家1 太祖 5년. "幸西京新置官府員吏始築在城." 『高麗史』 卷82 志36 城堡, 太祖 년간. "太祖 五年始築西京在城[在者方言畉也.]凡六年而畢."

126) 『高麗史』 卷82 志36 城堡 太祖 년간. "太祖 二十一年城永淸縣. 城陽嵒鎭二百五十二間 門三 水口城頭遮城各二. 築西京羅城."

127) 『高麗史』 卷2 世家2 定宗 2년. "二年春築西京王城." 『高麗史』 卷82 志36 城堡 定宗 2년. "定宗二年城德昌鎭又築西京王城及鐵甕三陟通德等城. 城德成鎭. 城博州一千一間水口一門九城頭十六遮城九."

128) 『高麗史』 卷4 世家4 顯宗 2년. "築西京皇城." 『高麗史』 卷82 志36 城堡 顯宗 2년. "顯宗二年增修松岳城築西京皇城."

호가 주목적이라는 견해도 있다.[129] 그리고 조선시대 평양성의 윤곽은 대체로 고려 말의 것을 이어받았고, 고려 말 평양성의 윤곽은 고려 전·중기의 것을 거의 그대로 계승한 것으로 보고 있다.[130]

고려시대의 서경성 축성기사와 묘청의 난이 끝난 후에도 당시 성곽과 궁궐이 모두 보존되었다는 김부식의 전승보고 내용을 통해 보면[131] 중첩된 성곽을 가졌던 것으로 볼 수 있다. 그리고 묘청의 난 당시 서경성은 김부식이 1135년 2월에 서경이 북으로는 산을 등지고 3면은 물로 막혔으며 성이 높고 또 험하여 졸연히 함락시키기는 어렵기에 지구전을 펼쳐야 한다는 내용을 통해 짐작할 수밖에 없다. 이러한 기사 내용은 조선 초기 평양부 기록과 조선 후기 고지도에서 보이는 현황과 유사한 모습을 보이고 있다.

> 內城은 돌로 쌓았는데, 둘레가 2만 4천 5백 39척이요, 높이가 13척이다. 문이 6개인데, 동은 長慶, 서는 普通, 남은 含毬, 북은 七星, 정동은 大東, 정남은 正陽이라 이른다. 우리 태종 6년(1406)에 고쳐 쌓았다. 외성은 唐浦 위에 있는데, 돌로 쌓은 것은 둘레가 8천 2백 척이고, 흙으로 쌓은 것은 1만 2백 5척이요, 모두 높이가 32척이다. 두 문이 있는데, 남을 車避, 서를 多景이라 한다(『新增東國輿地勝覽』卷51, 平安道, 平壤府).

평양성의 규모를 조선 세종 때 營造尺(31.24cm)과 布帛尺(46.73cm)로 계산 해 보면 내성은 둘레가 7,666~11,467m, 높이가 약 4~6m이고, 외성은 5,750~86,006m, 높이가 약 10~15m가 된다.[132] 북한에서 조사한 평양성은 『조선유적유물도감』에 따르면,

---

129) 김창현, 2001, 위의 글, p.192.
130) 김창현, 2001, 위의 글, pp.184~189.
131) 『高麗史』卷98 金富軾傳. "於是入淮西而宣布上意如解倒懸復長安而撫綏遺黎盖云歸處豈特市廛之不改巍乎城闕之俱存…"
132) 이종봉은 尺度 기준척의 통일신라~조선시대의 변화를 검토하면서 黃鐘尺은 34.72cm로 보는 朴興秀(朴興秀, 1980, 「李朝尺度에 關한 硏究」, 『度量衡과 國樂論叢』, 朴興秀華甲紀念論文集刊行會, pp.8~19)의 견해를 따랐다(이종봉, 1999, 『高麗時代 度量衡制 硏究』, 부산대학교 박사학위논문, p.59, 표 7).

〈도면Ⅱ-4〉 평양의 google earth 위성사진

〈도면Ⅱ-5〉 『해동지도』의 평양부(18세기 전반)

〈도면Ⅱ-6〉 『여지도』의 평양부(18세기 중반)

〈도면Ⅱ-7〉 『광여도』의 평양부(19세기 전반)

외곽성의 둘레가 약 16km라고 한다. 그러나 고고학 조사를 통해 고려시대와 조선시대 평양성 현황에 대하여 명확히 구분된 바가 극히 드물어 문헌적 고찰의 한계를 절감한다.

② 戰爭의 展開

인종 13년(1135) 1월 4일 묘청과 柳旵이 분사 시랑 趙匡 등과 함께 서경에서 반란을 일으켰다.[133] 그들은 임금의 명령을 위조하여 서경의 관료와 북계의 군사지휘관 및 장교, 개경 출신의 모든 사람을 구류하였다. 또 군사를 파견하여 岊嶺道를 단절하였으며, 강압적으로 여러 성의 군병을 징발하였다. 국호를 大爲라 하고 기원 연호를 天開라 하였다. 서경 반란군은 조직된 군대를 두어 길로 나누어 개경을 급습하려는 작전을 실행하려 하였다. 그러나 이러한 계획이 개경정부에 알려지게 되면서, 고려의 정부군이 파견되게 되었다.

서경 반란군이 1년 여 넘게 고려 정부군을 상대로 저항할 수 있었던 것은 서경성의 군사병력과 전쟁에 대비한 준비가 철저했던 것으로 보여진다. 이에 대해서는 김부식이 이끈 고려군이 1135년 1월에 장수들과 서경성을 공격할 전술을 논하는 부분에서 잘 나타나 있다. 김부식이 서경성을 장기간 포위해야만 하는 당위성을 정리해 보면 다음과 같다.[134]

	統一新羅	高麗	朝鮮 世宗代
營造尺	唐大尺(29.5cm)	唐大尺類(약 31cm)	唐大尺類(약 31.24cm)
布帛尺	唐大尺(29.5cm)	唐大尺類(약 31cm)	布帛尺(약 46.73cm)
量田尺	唐大尺(29.5cm)	指尺(12세기 이후)	周尺(세종 26년 이후, 20.81cm)

133) 내용의 전개는 『高麗史節要』 卷10 인종 13년, 14년 기사를 요약하였고, 『高麗史』 卷16 인종 13, 14년 기사와 『高麗史』 卷98 열전11 金富軾전 ; 『高麗史』 卷127 열전40 妙淸전 : 『高麗史』 卷97 열전10 金富佾전의 金富儀 부분 ; 『高麗史』 卷96 열전9 尹瓘전의 尹彦頤 부분을 참조하였다.

134) 『高麗史』 卷97 열전10 金富佾전의 金富儀 부분에서는 김부의가 묘청이 서경을 거점으로 반란을 일으키자 관군이 그것을 토벌할 때에 인종에게 서경의 반란을 평정하는 것에 대한 10개조의 대책을 건의하였다고 한다. 그 내용은 서경은 성이 험하고 식량이 풍족하여 쉽사리 함락시키지 못할 것이니 마땅히 적이 피로할 때를 기다려서 공격하고 기묘한 전술로써 승리를 쟁취해야 한다는 내용이다.

b-1. 서경의 적도가 반란을 꾀한 지 이미 5, 6년이니 그 음모를 주도면밀하였을 것이며, 반드시 싸움과 수비를 충분히 대비한 뒤에 거사하였을 것이니, 이제 그 대비하지 않는 틈을 타서 엄습한다는 것은 너무나 늦지 않은가.

b-2. 또 아군이 적을 경솔히 보는 마음이 있고 병기도 정비되지 못한 터에, 갑자기 복병의 기습을 당한다면 이것이 첫째 위태한 일이요, 견고한 성 아래로 군사를 끌고 가서 날은 춥고 땅은 얼어 鎭터도 이루기 전에 불시에 적이 틈을 탄다면 이것이 둘째로 위태한 것이다.

b-3. 또 들으니, 적도가 조서를 위조하여 양계에서 징병을 한다 하니 여러 성에서는 의심하여 진위를 분별하지 못하고 있는 터에, 만일 간사한 이들이 적도에 호응하여 안팎으로 서로 연결하여 도로가 막힌다면 이보다 더 큰 화가 없게 된다.

b-4. 지금의 정세로는 군사를 끌고 지름길을 따라 적의 배후로 우회하여 여러 성의 군량을 빼앗아서 대군을 먹이고, 순과 역으로써 잘 타일러서 서경의 적들과 절교하게 한 연후에 병력을 증강하고 휴식시키며 나라의 위업을 선양하고, 적진에 격서를 보내고는 서서히 대군을 몰아 위압하는 것이 萬全한 계책이 될 것이다

b-1의 기사를 보면, 김부식은 서경 반란군이 반란을 꾀한 지 이미 5, 6년 전으로 보고 있으며, 이에 대한 대비를 진행했던 것으로 파악하였다. 인종이 태조대로의 회귀적인 성향의 정치이상을 실현하는 가운데 정지상 등 서경파들의 활동과 아울러 꾸준히 순행하고 관심을 가지면서 지속되어 온 서경 중시정책과도 무관하지는 않았을 것이다.[135] 또한 金富儀가 인종에게 건의한 서경 반란을 평정할 10개조의 대책에도 서경성이 험하고 식량이 풍족하여 쉽사리 항복시키지 못한다는 내용이 있다. 이러한 정황을 통해 본다면 서경성의 전쟁 준비태세는 고려 중앙군이 기습으로 쉽게 전쟁을 끝낼 수 없었던 상황임을 알 수 있게 한다.

b-2의 기사를 보면, 김부식은 서경군의 병력 수와 병력의 조련사항을 정부군보다 높게 평가했던 것으로 보여진다. 김부식은 그가 이끈 중군이 개경을 출발하여 金郊驛에 이르자, 때 마침 눈이 내려 군사와 말이 얼고 굶주려 군사들의 마음이 해이해졌다. 고려군

---

135) 姜玉葉, 1997,『高麗 前期 西京勢力의 硏究』, 이화여자대학교 박사학위논문, pp.129~139.

의 수장인 김부식이 친히 군사를 위무하고 또 먹을 것을 나누어 주니 군대의 상황이 비로소 안정되었다. 그 후 그가 이끈 中軍을 寶山驛에 이르러 3일간 열병하고 있다. 이러한 사례는 김부식이 이끈 부대가 급하게 편성되어 조직된 것으로 생각된다. 그리고 김부식이 이끄는 중군이 군사를 인솔하고 평주를 거쳐 管山驛으로 향하고, 좌우군이 서로 차례대로 이어 진군하게 한 점은 반란군의 기습과 매복을 고려한 점을 들 수 있지만 좌우군의 부대조직과 군사적 경험이 그가 이끄는 중군보다 부족했던 것으로 보여진다.

묘청의 난 당시 1135년 1월에 서경 반란군의 병력 수는 최소한 10,000~11,522여 명이 넘었을 것으로 추정된다.[136] 그리고 해군을 보유하고 있었으며, 반란에 가담한 인근 지역의 병력을 포함한다면 이보다 많았을 거라 여겨진다.

그러나 이에 대응한 김부식이 이끈 중군의 병력 수는 기록에 나오지 않는다. 다만 1135년 1월에 급파된 병력은 진숙·이주연·진경보·왕수를 보내어 우군의 군졸 2천 명을 나누어 인솔하고 東路의 여러 성에 가서 효유하여 적의 사자를 잡게 한 병력과 김부의에게 명하여 좌군을 인솔하고 먼저 서경으로 진군한 병력이 있다. 또한 동년 1월에 서경의 西南海島에 가서 수군 4천 6백 여 명과 전함 1백 40척을 징발하여 順化縣 南江으로 들어가서 적의 배를 막게 한 기사 내용으로 보아, 4,600명의 해군과 전함 140척이 동원된 것으로 생각된다.

김부식이 이끈 병력 수는 1135년 10월에 토산을 쌓는 과정에서 확인 된다. 먼저 토산을 쌓은 병력으로 각 고을의 군졸 23,200명과 중 550명, 장군 義甫 등 4명이 통솔한 유격부대 정병 4,200명과 北界 州鎭의 전투병 3,900명으로 미루어 3만 명이 넘는 육군이 동원되었다. 물론 이 병력 수는 1135년 1월의 병력보다 많은 병력이었다.

고려 정부가 동원한 1135년 1월의 병력은 각 고을 군졸과 징발된 중과 북계 주진의 전투병을 제외하면 육군이 최소 8,200여 명(1월에 파견된 우군 2,000명과 좌군의 병력

---

136) 『高麗史』卷81 志35 兵. 文宗卽位…七月制: "西京監軍與分司御史選猛海軍共一十領依上京例每千人選先鋒三百以郞將一人領之仍屬左府."
　　 『高麗史』卷83 志37 "州縣軍 北界. 西京精勇一領內都領別將一人左右府別將各二人校尉十人隊正二十人旗頭行軍幷九百七十人保昌雜軍十九隊內行首行軍幷九百三十一人海軍一隊內行首一人行軍四十九人元定兩班軍閑人雜類都計九千五百七十二丁."

은 확인되지 않지만 우군과 비슷했을 것으로 볼 수 있다)이며, 더불어 1135년 1월에 서경의 西南海島에 가서 수군 4,600여 명과 전함 140척을 들 수 있다. 이러한 병력은 서경군의 병력 수와 큰 차이가 없었던 것으로 보여진다.

b-3의 기사를 보면, 김부식은 서경 반란군에 동조하는 세력에 대해서 신중하게 파악하고 있었고, 단호하게 처리하였다. 이러한 조치는 김부식이 묘청의 난의 확산을 막는다는 명분으로 출병하기도 전에 鄭知常·金安·白壽翰을 왕명도 받지 않고 죽여 버리고, 같은 서경파인 崔逢深·陰仲寅·李純茂·吳元帥 등을 귀양 보내게 한 것과 무관하지 않을 것이다.

b-4의 기사를 보면 서경성 반란군에 동조하는 변방 여러 성에 대한 조치를 알 수 있다. 김부식은 중군을 射嵒驛, 新城部曲을 경유하여 지름길로 成州에 이르게 한 후에 하루 동안 군사를 쉬게 하며, 격문을 모든 성에 보내어 명을 받들어 적을 치는 뜻을 고하였다. 그리고 김부식은 軍吏 盧仁諧 시켜 서경에 가서 투항을 권유하고, 또 성안의 허실을 엿보게 하였다. 그 후에 대군을 連州로 인솔하여 安北府에서 묘청의 난이 시작되자마자 右軍으로 동계로 파견되었던 진숙과 이주연 등과 합세하였다. 앞서 錄事 金子浩 등이 지름길로 양계의 성과 진을 돌면서 서경 적도의 모반한 실정을 효유하였으나, 지방의 인심이 오히려 관망하는 태도를 보였다. 김부식이 계획했던 대로 고려 중앙군 대병력이 이르니, 비로소 모든 성과 진의 토착민들은 관군을 두려워하며 관군을 맞아들이게 되었다.

그렇다면 왜 김부식이 서경을 직접 공격하지 않고, 성주와 연주로 향했는지에 대한 의문이 생긴다.

成州와 連州는 明宗대 서북민의 항쟁에서 趙位寵에 적극 호응하여 반란이 일어난 지역이었다. 김부식은 서북지방의 민심이 서경성 반란군에 기울여졌음을 이미 파악하고 있었다. 그리하여 그는 바로 서경에 가서 토벌을 감행하지 않고 서북지방이 반란에 가담하지 않도록 적절히 회유한 뒤에 서경을 고립시키는 작전을 시행하려고 하였다. 김부식이 양계 주민에 의해 도로가 막힐 것을 걱정하고, 개경관리가 국왕의 칙서를 가지고 서경반란을 알리고 설득하여도 지방인심이 관망하였다는 기사는 서북지방에서는 成州·連州 등 일부 지역을 제외하고는 정부군이 유리하기만 한 여건이 아니었음을 알 수 있다.[137] 묘청의 난 당시 서북지방 주민의 상당수는 동요하고 있었으나, 서경 반란군은 왕명을 칭탁하고 강제로 서북민을 군인으로 징발한데 있는 것 같다. 또한 지방의 토착 세력을 회유하지 않고, 서경 출신의 관리로 이 지역을 관할하려고 했던 것은 고려 정부의 정책과 큰 차이가 없었던 것이다. 양계는 고려의 군사적인 특수지대로서 병마사ㆍ감찰사 등 중앙에서 파견된 군사조직과 더불어 도령이라는 토착세력도 존재하였다. 서경 반란군이 토착세력과 지방민들의 적극적인 지지를 끌어내지 못한 틈을 김부식이 효과적으로 파고들어 계획대로 서경성을 압박할 수 있었던 것으로 보여진다.[138]

서경 반란군은 앞서 속전속결로 개경을 공략하려던 작전이 주위 서북민들의 미온적인 태도와 김부식의 서경성 고립 작전으로 실패로 돌아가자 그들 내부에서 분열이 생기게 되었다. 결국 조광이 묘청과 柳旵, 유감의 아들 호의 머리를 베어 정부군에게 항복함으로써 사태는 일단락되는 듯하였다. 그러나 조광 등은 이들의 목을 갖고 항복을 청하였던 윤첨 등이 옥에 갇혔다는 것을 듣고 죄를 면치 못할 것이라 짐작하고 다시 반역하였다.

앞서 1135년 1월 4일 반란의 시작부터 김부식의 서경고립 작전과정과 서경 반란군 내부의 분열까지 살펴보았다. 위의 내용을 표로 정리하면 다음과 같다.

〈표Ⅱ-8〉 서경성 공방전 1차 전투 사항

구분		서경 반란군	고려 정부군
1차	①	1. 戊申日에 妙淸과 柳旵, 趙匡 등이 서경에서 반란 2. 서경 내의 개성 출신 군관민 구류 3. 군사를 파견하여 岊嶺道 단절 4. 왕명을 위조하여 양계에서 징병	1. 左軍은 東路의 여러 성에 적의 사자를 잡게 함. 右軍은 2,000명 서경으로 진군 2. 김부식이 정지상ㆍ김안ㆍ백수한을 제거 후 개경 내 묘청의 무리 귀양 보냄

---

137) 李貞信, 1996, 「고려의 대외관계와 묘청의 난」, 『史叢』 45, p.92.
138) 姜玉葉은 서경천도문제를 두고 추진했던 방식의 차이에 따라 그 세력을 3가지로 구분하였다. 조광 등을 비롯하여 난을 주도했던 토착재지 세력의 西京在地派, 서경출신이면서 文人관료였던 鄭知常, 白壽翰 등의 半官人派, 서경 위성지역의 武人으로 정지상의 제거 및 서경민의 거사를 평정하는데 앞장 선 金正純, 鄭旌淑, 盧令 등을 官人派로 구분하였다. 서경 반란군의 실패 요인 중 하나로 관인파에 대한 文武간의 갈등과 서경과 그 주변 세력에 대한 갈등을 들고 있다 (姜玉葉, 1997, 위의 글, pp.129~139).

구분		서경 반란군	고려 정부군
	②	1. 成州에서 방어사 관료 결박, 민가에 난입 2. 성주와 연주민 서경군을 죽이고, 포박함 3. 僞兵馬副使 李子奇, 李英 등이 군졸 6백여 명과 사로잡힘 4. 여러 성에서 반란군 1,200여 명을 죽임	
	③		1. 丁巳日에 김부식이 寶山驛에서 포위 공격 결정 2. 乙丑日에 중군이 平州를 거쳐 管山驛으로, 좌우군이 차례대로 진군. 중군은 射嵒驛, 新城部曲을 경유 成州에 이름
	④		서경의 西南海島에서 수군 4천 6백여 명과 전함 140척을 징발하여 대동강 수운을 막음
	⑤		軍吏 盧仁諧로 하여금 투항을 권유, 성안의 허실을 염탐
	⑥		1. 安北府에서 진숙과 이주연 등과 합세함. 지방 민심을 관망에서 관군을 맞아들임 2. 막료와 군리를 서경으로 보내어 7, 8차에 걸쳐 회유 함
	⑦	趙匡 등이 묘청과 柳旵 및 감의 아들 浩 등 3명의 머리를 베어, 尹瞻이 조정에 가서 죄를 청함.	
	⑧	조광 등은 윤첨 등이 옥에 갇혔다는 것을 듣고 반드시 면치 못할 것이라 짐작하고 다시 반역	

③ 西京城 攻防戰

서경 반란군과 김부식의 정부군이 치뤘던 서경성 공방전을 〈표Ⅱ-9〉와 같이 정리하였다. 1차 전투는 인종 13년(1135) 1월에 묘청의 반란과 죽음으로 마무리 되며, 2차 전투는 그 해 2월부터 다음해 2월까지로 조광의 재차 반란과 서경성 함락까지이다.

〈표Ⅱ-9〉 서경성 공방전 2차 전투 사항

구분		고려 정부군	서경 반란군
2차	①	김부식이 녹사 李德卿을 보내 회유 함	1. 2월에 서경에서 재차 반란이 발생 2. 녹사 李德卿을 죽임
	②	1. 5개 군으로 나누어 서경성으로 진군 2. 성 밖의 백성 중 숨은 자들에게 옷과 음식 제공하여 군량 운반과 군비를 돕게 함	

구분	고려 정부군	서경 반란군
③		윤달에 宣耀門~多景樓까지 강변에 1,730間 축성
④	西海 海島에서 병선 50척으로 무리하게 대동강 진입하다 좌초	작은 배 10여 척에 불을 붙여 조수를 따라 놓아 보내고, 매복한 궁노수로 섬멸
⑤		새벽녘에 馬灘, 紫浦 건너 후군의 진영 기습 실패
⑥	5월에 장마를 대비하여 5개 軍에 각각 성을 쌓고, 順化縣과 王城江에 각각 작은 성을 쌓게 하여 수일 만에 역사를 마치고 지구전에 돌입	
⑦	雲梯와 衝車 공격	험준한 지형, 많은 방어군, 어린애와 부녀자들까지 저항함
⑧	6월에 宋나라에서 10만 병력 지원 제의 함 9월에 고려정부가 거절	
⑨	楊命浦의 산 위에 목책을 세워 前軍을 옮겨 근거지로 삼은 후 토산을 쌓음	10월에 군량이 떨어져 노약자를 추려 몰아내니, 병졸들도 가끔씩 나와서 항복함
⑩	1. 정부군은 적절히 방어하면서 북을 울리고 함성을 치며 성을 공격하여 적의 세력을 분산시킴 2. 僑人 趙彦이 砲機를 토산 위에 놓고, 수백 근의 포환으로 성루를 부수고, 火毬를 던져 성루를 불태움. 적이 감히 접근하지 못함	날마다 정예병을 내보내어 싸우고, 또 城頭에 弓弩와 砲石을 설치하여 항거함
⑪	(토산으로) 5군이 성을 공격했으나 실패 녹사 朴光儒가 전사	밤에 군병을 3부대로 나누어 前軍의 진영을 공격 실패
⑫	다방면으로 夜襲하여 서경성 함락시킴	1. 1136년 2월에 조광 등이, 토산에 대비하여, 성 안에 重城을 설치하려고 함 2. 토산이 완성 전이라 방비를 소홀히 함

김부식은 서경성을 공격하기에 앞서 녹사 李德卿을 보내 회유했다(표Ⅱ-9-①). 이덕경의 목적은 항복을 권유함과 동시에 앞서 1차 전투에서 軍吏 盧仁諧의 임무처럼 서경성 안의 허실을 염탐하였던 것으로 보여진다. 이에 서경 반란군은 이덕경을 죽임으로써 더 이상의 중앙군의 항복 권유는 무의미하며 내부적으로 항전의 의지를 다진 것으로 생각된다.

고려 정부군은 대동강이 서경성 반란군이 왕래하는 수로로 이용 되고 있어 이를 막기 위해 5군으로 나누어 서경성 앞까지 진격하였다. 한편으로 1차 전투 당시 서경의 西南 海島에서 수군 4,600여 명과 전함 140척을 징발하여 대동강 수운을 막은 것도 이러한 연유로 진행된 것으로 볼 수 있다(표Ⅱ-9-②·④). 그 과정에서 성 밖에 숨어 있는 백성들에게 의복과 음식을 제공하여, 군량 운반과 군비를 제공하는 등의 협조세력으로 끌어들였다. 1차 전투 당시 김부식이 성주와 연주로 진격한 것은 서경 반란군에 동조하는 외부세력의 차단이었다면, 위의 조치는 서경성 성벽을 두고 전형적인 포위 공격 전술과 더불어 서경민을 주변으로부터 완벽한 고립을 이끌어 낸 것으로 보여진다.

이에 서경 반란군은 宣耀門~多景樓까지 강변에 1,730間을 축성하여 정부군을 방어하고 있다.[139] 이에 정부군은 西海 海島에서 병선 50척으로 대동강을 따라 무리하게 진입하다 조류가 바뀌어 좌초되었다. 이에 반란군은 작은 배 10여 척에 불을 붙여 조수를 따라 놓아 보내어 정부군 병선을 화공하였다.[140] 이와 더불어 매복한 弓弩병들이 정부군 병사들을 섬멸 시켰다.

이 때 정부군이 입은 손실은 해군 병선과 수군의 1/3이 넘으며, 많은 무기도 포함된 것으로 보여진다. 이러한 정부군의 해군 병선의 붕괴는 반란군이 강을 건너 정부군 후군의 기습공격을 감행하게 한 것으로 보여진다. 그러나 적의 야습을 간파한 정부군에 의해 역습으로 일진일퇴의 공방전이 진행되었다.

정부군은 5월에 장마를 대비하여 5개 軍에 각각 성을 쌓고, 順化縣과 王城江에 각각 작은 성을 쌓게 하여 수일 만에 역사를 마치고 지구전에 돌입하였다. 그 다음에 정부군은 여러 방면으로 군사를 보내어 공격하였으나, 성벽이 높고 참호가 깊어 양방간의 사상자가 늘어났다. 이러한 공성전 속에서 정부군은 雲梯와 衝車로 성벽을 넘으려고 하였으나, 험준한 지형에 축성된 성벽과 많은 방어군 및 어린애와 부녀자들까지 기와와 벽돌을 던지며 저항하여 뜻을 이룰 수 없었다. 〈도면Ⅱ-8〉은 정부군이 서경성을 공성했던 무기들이다.

10월에 이르러서는 서경성 안에서 군량이 떨어져 노약자를 추려 몰아내었고, 병졸들

---

139) 북한 측 연구에 의하면 반란군이 쌓았던 多景樓의 위치가 양명포 근처로 나성의 서문으로 揚命門으로 불려지다가 多景門으로 불려졌고, 宣耀門을 양명문의 북쪽에 위치한 나성의 서문으로 보았다(김창현, 2001, 위의 글, pp.194~195). 『高麗史』卷96, 열전9 尹瓘전의 尹彦頤 부분에서 토산을 양명문 앞까지 축조하였고, 토산 위에 포차로 공격하여 양명문을 불태웠다고 한다.

140) 평양의 대동강 조수의 변화로 좌초된 선박에 대한 화공공격은 후에 미국 제너럴 셔먼호 사건에도 같은 방식으로 사용되었다.

〈도면Ⅱ-8〉『武經總要』卷10의 충차와 운제

도 가끔씩 나와서 항복하였다. 김부식은 서경성을 공격해 취할 수 있음을 알고, 楊命浦의 산 위에 목책을 세워 군영을 배열하여 前軍을 옮겨 근거지로 삼고, 각 고을의 군졸 23,200명과 중 550명을 징발하여 토산을 쌓게 하였다.

〈표Ⅱ-9-⑨〉 기사를 통해보면, 김부식은 토산을 前軍이 목책을 세운 양명포에서 시작하여 쌓았고, 서경성 서남 모퉁이에 닿도록 하였다. 이에 적이 크게 놀라 날마다 정예병을 내보내어 싸우고, 또 城頭에 弓弩와 砲石을 설치하고 힘을 다하여 항거하였다.

삼국시대 성곽 공방전에서 토산을 쌓고 성을 공격한 사례는 고구려 영양왕 24년(613) 수 양제의 요동성 공방전[141]과 보장왕 4년(645) 당태종의 안시성 공방전[142]을 들 수 있다. 요동성 공방전에서는 수나라군이 토산 위에 八輪樓車라는 공성기를 올려놓고 요동성을 함락 직전까지 공세를 취하였다. 그러나 안시성 공방전에서는 당나라군이 제작한 토산을 고구려군에게 빼앗겼다. 당나라군은 고구려군이 지키는 토산을 3일간 집중공격을 했으나, 얻지 못하고 퇴각하였다. 이러한 내용을 전제로 하여 보면, 성곽 공방전에

---

141) 『三國史記』 卷20 영양왕 24년.
142) 『三國史記』 卷21 보장왕 4년.

서 토산의 중요성을 새삼 느끼게 한다. 서경 방어군의 입장에서는 토산을 그대로 둔다면 그들이 받는 타격은 매우 심하다는 것을 알고 있었을 것이다. 반대로 정부군의 입장에서는 토산을 지켜내야만 오랫동안 진행되어왔던 공성전에서 승기를 잡을 수 있는 것이었다. 정부군은 토산이 완성되기도 전에 5군이 공격을 하다가 적의 저항을 받아 실패하였다. 방어군도 토산을 뺏고자 밤에 군병을 3부대로 나누어 前軍의 진영을 공격했으나 실패 하였다.

이에 김부식은 토산을 쌓기 전에 배치한 정예병 4,200명과 북계 州鎮의 전투병 3,900명으로 유격부대를 만들어 적의 갑작스런 돌격공격에 적절히 방어하면서 북을 울리고 함성을 치며 성을 공격하여 적의 세력을 분산시켰다. 그리고 토산 위에 외국에서 온 僑人 趙彦이 설계한 砲機를 설치하여, 석환과 火球를 날려 성루를 파괴하거나 불태웠다. 이로써 적이 감히 가까이하지 못하게 되어 토산을 지켜냈다. 이 투석기는 그 제도가 높고 커서 나는 돌의 무게가 수백 근이나 되며, 火毬를 던질 수 있는 다용도의 공성무기였다.

이 투석기는 규모도 이전 보다 크고, 파괴력이 높으며, 돌 이외에 火毬를 날릴 수 있는 공성무기임을 알 수 있다. 당시 송나라의 투석기와 비교해 봤을 때, 이 투석기는 雙稍砲와 七稍砲로 여겨진다. 먼저 칠초포는 가장 규모가 크고, 석탄의 무게가 90~100근 정도로 가장 무거우며, 일반 포와 같이 50步를 날릴 수 있다. 그러나 화구를 던졌다는 부분에서 雙稍砲의 가능성이 크다. 稍의 크기도 2장 6척으로 칠초포보다 2척이 작지만, 석탄과 화구를 동시에 날릴 수 있는 기능을 보이고 있다. 발사거리도 60~80步로 강력한 투석기이다.

조광 등의 방어군은 정부군이 토산을 쌓아 그 위에 강력한 투석기로 서경성을 공략하자, 성 안에 重城을 쌓아 방어하려 하였다. 그러나 정부군의 토산이 아직 완성되지 않았다고 방비를 하지 않다가, 정부군의 여러 방면으로 야습에 서경성이 함락되었다.

이상 살펴본 서경성 공방전을 요약 정리해 보면 다음과 같다.

김부식은 서경성을 공략하기까지 대략 1년 2개월을 소요하였다. 서경성을 공격하기 전에 수하 장수들과 공성전에 대해서 논의를 하였다. 그러나 장수들은 김부식과 달리 기습공격으로 성을 공취해야 한다고 하였다. 이에 김부식은 적의 준비가 철저하고, 적을 동조하는 세력에 의해 아군이 공격당할 여지가 있다고 하여 1차 전투시에는 성주와 연주를 거치면서 적의 동조세력을 규합하고, 대동강을 해군이 점거하여 외부와의 연결을 차단하는 서경성 고립전술을 시행하였다. 그는 서경성을 포위 공격하여 반란군을 枯死 시키기 위해 포위 전술을 실시하였다. 포위전술의 배경에는 서경성의 지형적 입지조건의 유리함과 반란군의 많은 병력, 백성들의 저항과 더불어 강력한 노와 투석기를 보유하고 있었기 때문이다. 즉 이러한 방어태세를 갖춘 서경성을 정부군이 함부로 공격할 경우에는 많은 인원의 손실을 입을 수 있는 여지가 매우 컸기 때문이다. 그리고 김부식은 금나라와의 대치상황에서 정부군의 많은 손실은 곧 국가안보와 관련된다는 생각을 한 것으로 생각된다.

포위공격을 준비하면서 2차 전투에서는 서경성 성벽을 앞에 두고 5군이 대치한 상태에서 인근 백성들을 회유하여 정부군에 협조하게 하였다. 또한 항복을 회유하는 사자를 파견하여 적의 상황을 탐지하도록 하였다. 그러나 방어군은 나성을 축조하고, 사자를 죽임으로써 정부군의 계략에 말려들지 않았다.

김부식이 선택한 성곽 포위 공격은 고전적인 공성법으로 운제와 충차로 직접 성벽을 돌파하려 하였으나, 성벽이 높고, 외황이 깊은 점도 있거니와 방어하는 병력과 백성들의 항전 의지에 의해 좌절되었다. 정부군은 서경성 외곽에 진지를 구축하여 장마를 대비하고, 휴식을 취하면서 적의 허점을 찾으며 포위 공격을 풀지 않았다. 10월이 되면서 서경성 안에서 식량이 부족하여 적이 약해지는 기회를 포착하여 토산을 쌓아 이를 지키면서 서경성을 공격하였다. 그러나 토산이 완비되지 않아 5군의 공격도 실패로 돌아가게 되었다.

김부식은 토산 위에 외국에서 온 僑人 조언이 제작한 투석기(쌍초포)로 서경성을 공격함으로써 승기를 잡게 되었다. 정부군은 방어군이 토산이 완성되지 않아 방심한 틈을 노려 기습공격을 통하여 서경성을 함락시켰다. 정부군의 승리 주요인은 김부식이 장기간 서경성을 포위 공격하는 전략을 채택하면서 다방면으로 반란군을 枯死하는 전술을 성공적으로 수행했기 때문이다. 이와 더불어 새로이 제작된 투석기를 투입함으로써 승기를 잡게 된 점도 무시할 수 없다고 생각된다.

2) 守城用 武器

앞서 서경성 공방전을 통해 대몽항쟁기 이전의 공방전 양상을 살펴보았다. 당시의 기록이 김부식이 이끈 정부군의 입장에 기록된 부분이 많아 반란군의 수성과정과 무기에 대해서 자세하진 않다. 정부군이 토산 위에 설치한 개량된 공성용 투석기에 반란군이 투석기와 弩로써 반격하였다는 기록만 있을 뿐 이들 무기에 대한 자세한 기록이 남아 있지 않다.

고려는 고려 초기부터 수성무기로 대표되는 弩와 투석기 등을 자체 제작하여 발전시켜 왔다.[143] 서경성 공방전 당시 고려군이 사용했던 공성과 수성무기에 대해서는 자료가 부족하여, 다만 중국측의 兵書를 통해 간접적으로 유추 해 보고자 한다. 앞서 서경성 공방전 과정에서 仁宗 13년(1135) 6월에 송나라에서 迪功郎 吳敦禮를 보내와서 말하기를, "근래에 들으니 서경에서 난동을 일으키고 있다 하니 혹시 잡기가 어렵다면 10만의 병력을 내어 돕고자 한다" 하였다[144]라는 단편적인 기사 내용을 통해 보더라도 송과 고려는 군사적인 교류가 있었던 것을 알 수 있다. 따라서 서경 반란군이 사용했던 弩와 투석기에 대해서는 송의 무기체계에서 엿볼 수 있다고 판단되어 북송의 병서인『武經總要』[145]를 참고하고자 한다.

---

143) 수성무기로는 개인 휴대무기인 칼, 창, 활, 小弩, 도끼 등이 있으나, 여기에서는 대형 수성무기 중 대표적인 强弩와 投石機에 대해서 살펴보고자 한다.

144) 『高麗史』卷16 仁宗 13년 6월,『高麗史節要』권10 仁宗 13년 6월.

145) 『武經總要』는 北宋의 인종이 1040년 西夏와의 전쟁 중에 병법에 뛰어난 인재를 통해 병법 및 군사기술 등의 지식을 정리시키고, 병기류의 그림을 그리도록 하였다. 曾公亮·丁度 등이 찬술하여 1045년(慶曆 5)에 완성되었으며, 주요 판본으로는 南宋 1231년(紹定 4)의 重刻本, 元刊本, 明 弘治, 正德 연간의 소정 重刻本, 四庫全書本, 中華書局 影印 明刊 前集 20卷本 등이 있다. 체제는 前集 20권, 後集 20권으로 구성되어 있다. 前集 20권은 制度에 관한 것이 15권, 邊防에 관한 것이 5권으로 나뉘어 있다. 制度부분에는 주로 將兵의 선발, 교육과 훈련, 부대의 편성, 行軍과 宿營, 古今의 陣法, 통신과 정찰, 군사지형, 보병과 기병의 운영, 城邑의 공격과 방어, 水戰과 火攻, 武器裝備 등 用兵作戰의 기본이론과 제도, 상식을 논술하였고, 邊防 부분 5권에는 변방 각 路, 州의 방위, 지리연혁, 山川河流, 도로와 요새, 軍事要點 등에 대하여 기록하였다. 卷2의 弓法, 弩法, 卷10의 攻城法, 卷11의 水攻, 火攻, 卷12의 守城, 卷13 器圖 등에는 병기제조에 관하여 상세하고 구체적인 소개가 되어 있다. 또한 군사자료를 광범위하게 편

(1) 弩

먼저 弩와 투석기를 사용했던 고려 전기 군사조직에 대해서 살펴보겠다.

고려의 군사조직은 이미 11세기 초에 중앙 정규군인 2군 6위와 지방군인 州縣·州鎭軍으로 정비되었다. 2군 6위로 편성된 고려의 군제 중 고려사 병제 諸部條에 都外部, 儀仗部, 堅銳部, 弩部로 구성되어 독립적인 쇠뇌부대를 이루고 있다. 5군 병제에서 중군에는 精弩, 剛弩, 神騎에 도령, 지유를 두었다. 숙종 9년(1104) 12월에는 윤관의 건의로 별무반이라는 군대를 설치하였는데 별무반의 편성에는 神騎, 神步, 편궁, 精弩, 石投, 大角, 鐵水, 强弩, 跳盪, 사궁, 발화의 11반으로 이뤄졌다.

노병의 훈련은 다음의 기사를 통해 알 수 있다.

> 농한기에는 매월 六衙日에 활과 노를 연습하게 하였는데, 界官 행수원 색원을 시켜서 이를 감독하게 하였다. 궁은 40보 노는 50보 박에 과녁을 두고 열 번 쏘아서 다섯 번을 맞춘 자와 계속해서 맞춘 자에 대해서는 양경에 직이 있는 문무반이면 녹과 연한을 올려주거나 다른 좋은 직에 옮겨 주며, 산직인 동남반이면 내외직에 올려 주고, 보통 하층관리이면 자원에 의하여 직을 주고 산직 장상장교이면 연한을 올려서 다른 좋은 직에 옮겨 주며, 직이 없는 사람이면 적당한 직에 올려 썼다(『高麗史』卷82, 志36 兵2 鎭戍).

弩兵의 훈련은 농한기에 활과 노를 연습시키고, 실력이 출중한 자에 대해서는 상과 승직 등을 시켜주고 있음을 알 수 있다.

노의 종류에는 개인이 휴대하는 小弩와 수레에 설치하여 끌고 다니거나, 성벽 위에 설치하여 고정시켜 발사하는 大弩로 구분할 수 있다. 〈표Ⅱ-10〉을 보면 북계에는 鎭城에 弩隊 1~5隊가 배치되었다. 1대는 25명으로 25~125명 정도의 노병이 주요 성곽에 배치되었음을 알 수 있다. 〈도면Ⅱ-9〉를 통해서 대노의 운용을 살펴보면 쌍궁상노와

집하여 비교적 完整하게 北宋 前期의 군사제도를 기록하였다(서울대학교 규장각한국학연구원 홈페이지, 원문DB, 『武經總要』 해제의 양휘웅이 기술한 부분을 전재). 본고에서는 中華書局 影印 明刊 前集 20卷本의 내용을 전재하였다.

소합선노, 두자노는 大弩에 해당되며, 운용 인원이 4~7명인 점으로 보면, 각 주에 배치된 노병이 大弩에 투입될 경우에는 1隊(25명)가 4~5개의 강노를 운용한 것으로 추정된다. 博州의 경우에는 20~25개의 대노가 배치되었음을 알 수 있다.

〈표Ⅱ-10〉 고려시대 북계 주현군 노병 배치 상태[146]

위치	병력수	위치	병력수	위치	병력수
安北部	2隊	博州	5隊	殷州	1隊
龜主	2隊	가주	1隊	肅州	2隊
宣主	2隊	곽주	1隊	威遠鎭	2隊
용주	2隊	철주	2隊	정수진	1隊
정주	4隊	영주	1隊	寧朔鎭	1隊
인주	4隊	맹주	1隊	淸塞鎭	1隊
삭주	1隊	무주	1隊	寧遠鎭	1隊
창주	2隊	순주	1隊	조양진	2隊
운주	3隊	위주	1隊	陽嵒鎭	1隊
연주	2隊	성주	1隊		

大弩에 대해서는 문종 23년(1069) 10월과 30년(1076) 9월에 繡質九弓弩로 개성 북쪽과 남쪽의 교외에서 연습하였는데, 이처럼 수질구궁노로 연습하는 것이 규정으로 정해진 것으로 보여진다. 문종 때에 이르러서는 전제, 관제, 병제 등의 제도가 세부까지 완성되고, 중앙집권적 국가체계가 완성되었으나, 차츰 무를 경시하고, 문을 숭상하는 풍조에서도 노의 훈련은 유지하려 한 것으로 보여진다. 선종 10년(1087) 6월에 도병마사가 소감 박원작이 만든 천균노를 다시 옛 법대로 시외에서 쏘기를 연습하자는 상소를 올려 허락을 받은 내용으로 문종 때에 규정되었던 개성 교외에서의 대노의 연습은 점차 폐지되고 있음을 알 수 있다.

고려의 대노는 태조 18년(935)에 신라를 병합함으로써 그 제조기술이 고려로 이전 되었을 것이다. 고려는 대노의 제작과 이를 계량화 했던 것으로 보여진다. 더불어 이러한

---

146) 『高麗史』 卷83 志37 兵3 州縣軍.

대노와 화살은 북계에 배치하여 변방 여러 성의 방어력을 증강시켰음을 알 수 있다. 『高
麗史』卷81 兵制의 노 제작에 대한 기록을 보면 다음과 같다.

c-1. 숙종 원년(1031) 3월에 상지봉어 박원작이 해당관리로 하여금 革車, 繡質弩, 雷騰
石砲를 만들 것과 八牛弩와 24종의 병기를 변성에 배치 할 것을 청하였고, 왕이 이 제의를
좇았다.

c-2. 정종 6년(1040) 10월에 서면 병마도감사 박원작이 수질구궁노를 만들어 바치니, 그
것이 지극히 신기하고 교묘하므로 왕이 명령하여 이것을 동서변방의 진에 만들어 두게 하였다.

c-3. 문종 원년(1047) 2월 기록에서 衛尉寺에서 정해진 제도에 의해서 노수전 6만 쌍과
차노전 3만 쌍을 서북로병마소에 낼 것을 청하고 왕이 이를 좇았다.

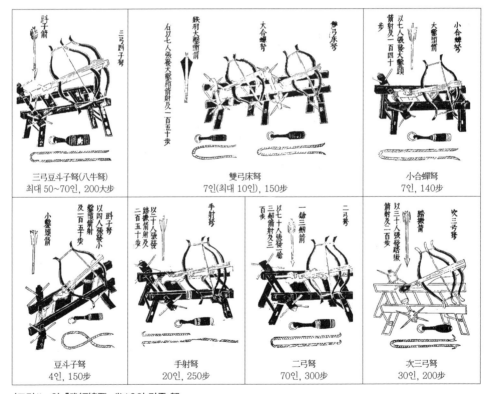

〈도면Ⅱ-9〉『武經總要』卷12의 각종 弩

위의 기사를 통해 보면 새로운 노의 제작과 훈련은 11세기 중엽이 지나면서 국가적인 차원에서 등한시되어 가고 있음을 알 수 있다. 이러한 배경에는 거란과의 전쟁에서 승리한 이후 북방이 안정되면서 군사적 긴장이 다소 약화되고 있음을 들 수 있다. 아래의 〈도면Ⅱ-9〉는 『武經總要』에 소개된 大弩 들이다. 이러한 노가 고려 전기에 수성무기로 사용되었을 것으로 여겨진다.

그러나 〈도면Ⅱ-9〉 같은 弩들은 고려와 송나라 때 전성기를 맞이하였다가 대몽항쟁기 이후 개량된 투석기와 화기가 출현하게 되면서 공성 및 수성무기로써의 기능을 상실한 것으로 보여진다.

(2) 投石機

"투석기는 신라 진흥왕 19년에 성 위에 砲弩를 설치하였다"[147]라는 기사를 통해 짐작할 수 있다. 성 위에 설치된 砲가 투석기일 경우, 신라는 투석기와 노로써 성곽을 방어했음을 알 수 있게 된다. 그리고 신라가 투석기를 통해 성곽 공방전을 했던 사례는 무열왕 8년(661) 5월의 기사를 통해 알 수 있다.

> 5월 9일(혹 11일)에 고구려 장수 뇌음신이 말갈장군 생애와 軍을 연합하여 술천을 내공하다가 이기지 못하고 옮기어 북한산성을 공격하여 抛車를 벌여놓고 돌을 날려, 그것에 맞는 陣屋은 곧 무너졌다. 성주의 대사 동타천이 사람을 시켜 마름쇠(鐵蒺藜)를 성 밖에 던져 펴놓으니 인마가 다니지 못하였고, 또 무너진 곳마다 樓櫓를 만들어 굵은 줄로 망을 얽고 우마의 가죽이나 솜옷 등속을 걸어 매고 그 안에다 弩砲를 준비하여 지켰다(『三國史記』 卷5 태종무열왕 8년 5월조).

고구려는 앞서 서경성 공방전에서 기술 했듯이 수와 당과의 성곽 공방전에서 공성과 수성무기가 사용되고 있음을 알 수 있다.

---

147) 『三國史記』卷4 진흥왕 19년. "春二月, 徙貴戚子弟及六部豪民, 以實國原. 奈麻身得作砲弩上之, 置之城上."

그리고 신라는 法幢主, 法幢監, 法幢火尺의 무관직에 石投의 특수화된 부대가 존재했던 것으로 보여진다.[148] 石投와 같은 무관직으로는 雲梯, 衝車 등 攻城무기를 다루는 무관직으로 보아 石投 역시 투석기를 운용하는 부대의 무관으로 보는 것이 합리적이라 생각된다. 이들 무관직을 통해 투석기를 운용하는 부대가 존재했음을 알 수 있다. 고려의 군사제도를 살펴보면 신라의 石投 부대와 같이 투석기를 운용하던 부대가 존재했음을 알 수 있다.[149] 그러나 주군현 북계조에 수록된 병력의 배치상황에는 노를 운용한 병력 수는 확인되나, 투석기를 운용한 병력 수는 알 수 없다.[150] 숙종 원년(1031) 3월에 상지봉어 박원작이 각종 전차 및 弩와 함께 雷騰石砲를 만든 것으로 보아, 수성용 무기로 砲가 존재했음을 알 수 있다. 그러나 이외에 砲에 대한 기록은 찾아보기가 어렵다.

다음은 砲의 구조에 대해서 알아보겠다.

砲라는 병기는 화약이 발명되기 이전에 돌로 쌓은 성을 무너뜨리기 위해서 큰 돌을 날리는 무기였다. 이 石砲는 저울대처럼 생긴 투석기의 한 끝에 돌을 담고 나머지 한쪽 끝에 밧줄을 달아 이를 인력으로 당겨서 돌을 발사한다.[151] 즉 발사할 때 화약을 사용하지 않고, 지레의 원리를 이용하여 탄환을 발사하는 투석기를 말한다. 포는 기본적으로 지레에 해당하는 나무로 된 稍 부분에 나무로 축이 연결되어 있고, 그 축을 받치고 있는 나무로 된 다리 기둥으로 구성되어 있다. 초의 한 쪽 끝은 麻로 된 늘어뜨린 술이 달려있고, 그 반대편에는 석재 탄환을 장전하기 위한 가죽 주머니가 마로된 끈으로 초에 연결되어 있다.[152]

포는 주로 공성전에 있어서 성을 공격하는 측과 성을 방어하는 측 모두 사용한다. 사람을 살상하기 위한 목적보다는 성벽이나 망루 등의 방어시설이나 대형 방어병기를 파

---

148) 『三國史記』卷40 雜志9 職官下 武官.

149) 2군 6위의 정규군 편제 이외에 별도로 조직된 전투부대(別號諸班)가 사용하는 특수한 무기를 기준하여 구분한 경우에 石投와 剛弩 등의 부대편제를 볼 수 있다. 윤관의 별무반 편성에서도 이러한 특수무기를 사용한 부대가 동일하게 존재한다(『高麗史』卷81 志35 兵1 兵制).

150) 『高麗史』卷83 志37 兵3 州縣軍.

151) 민승기, 2005, 『조선의 무기와 갑옷』, 가람기획, p.324.

152) 시노마 고이치·신동기 옮김, 2002, 『무기와 방어구 -중국편』, 들녁, pp.180~189.

괴하고 성안에 있는 건물을 파괴할 때 사용한다. 방어하는 측에서는 적의 포 사격을 제압하거나 대형 공성 병기나 시설을 파괴할 때 사용한다. 방어하는 경우에는 성벽 위에만 설치하지 않고 성안에도 설치하여 성벽 위에 있는 관측 병사에 의한 간접 조준으로 사격하는 경우도 있다. 선풍포는 기존의 포들이 바닥에 고정시켜져 있어 신속하게 방향을 바꿀 수 없는 점을 보완 것이다. 기둥을 회전시킬 수 있어 어떤 방향으로도 사격할 수 있도록 되어 있다. 그러나 회전축의 강도의 한계로 인해 대형포로의 제작은 어려웠던 것으로 보여진다.

발사하는 포탄은 중량이 꽤 나가는 공 모양의 석탄을 주로 이용하였다. 혹은 대인용 散彈에 해당하는 것도 있었다. 이 산탄은 조그마한 돌들을 한꺼번에 많이 발사하는 방식으로 撒星石이라 하여 작은 돌들이 하늘을 덮어 마치 밤하늘에 반짝이는 별처럼 보인다고 해서 붙여진 이름이다.

이와 더불어 특수한 탄환은 도자기나 옹기에 화약이나 맹독성 혼합물, 녹인 쇳물을 넣어서 제작한다. 이러한 탄환을 발사하는 포를 별도로 火砲라고 불렀다.

이외에 襄陽砲가 있다. 양양포는 추를 이용하여 탄환을 발사하는 투석기이다. 투석 방식이 기존의 사람이 줄을 당겨서 지렛대의 원리로 포탄을 날리는 방법과 달리 들어 올린 추가 아래로 떨어질 때의 힘으로 석탄을 날리는 방식이다. 양양포는 1273년 1월 남송의 번성 전투에서 처음 기록에 나타나고 있다. 몽골군이 남송의 번성을 2년 동안이나 공격하여 함락시키지 못하자, 몽골의 쿠빌라이칸은 일칸국의 무슬림 기술자 2명을 초빙하여 회회포를 제작하여 공격하게 하였다. 그러자 번성은 공격한지 1달도 안된 채 함락당하고 만다. 양양포는 이슬람 기술자가 제작하였다고 하여 回回砲라고도 불린다. 개량된 무기 혹은 신무기가 전쟁의 양상을 바꾸는 여러 전쟁의 사례와 같이 남송과 몽골과의 전쟁도 양양포로 인해 몽골에게 승리를 안겨다 주었다.

화약무기가 등장하고 총통이라는 우수한 공성무기가 등장한 조선시대에는 수백 명이 달라붙어 줄을 당겨야 하는 석포를 제작하거나 사용한 기록이 많지 않다. 다만 병자호란 때 용골산성의 의병장 鄭鳳壽가 石車砲를 만들어서 적의 공성무기를 격파한 사례가 있다. 시대적으로 봐서 용골산성의 석거포는 무거운 추를 이용하는 회회포와 같은 원리의 트레뷰셋형 투석기였을 것으로 생각되며, 그 이름으로 보건대 투석기 아래에 바퀴를

달아서 신속한 이동이 가능하도록 했던 것으로 보인다.[153]

명칭	도면	梢數 및 규격	搜索	兵人	발사 거리	탄 종류 및 무게	배치장소
單梢砲 1		梢一 (長二丈五尺, 大徑四寸, 小 徑二寸八分)	搜索 四十 (長四丈, 用麻四斤)	四十人 拽, 一人 定放,	五十步	石 二斤	
單梢砲 2		梢一 (長一丈六尺, 大徑四寸, 小 徑一寸八分)	搜索 四十五 (長五丈, 每 條用麻五斤)	四十人 拽, 一人 定放	五十步	石 二斤	守則設於城 內四面,
雙梢砲		梢二 (長二丈六尺, 大徑四寸, 小 徑二寸八分)	搜索 五十 (長五丈, 每 條用麻五斤)	百人 拽, 一人 定放	八十步	石 二十五斤	二炮 守則於 團敵 馬面及 甕城內.
					六十步	火球・火雞 ・火槍・ 撒星石	
五梢砲		梢三 (長一丈五尺, 大徑四寸, 小 徑二寸八分)	搜索 八十 (長五丈, 每 條麻五斤)	百五十七人 拽, 一人 定放	五十步	石 七八十斤	二炮 守具設 於大城門左 右, 擊攻城 人頭車.

---

153) 민승기, 2005, 위의 책, p.324.

명칭	도면	稍數 및 규격	捜索	兵人	발사 거리	탄 종류 및 무게	배치장소
七稍砲		梢 四 (長二丈八尺, 大徑四寸, 小徑二寸八分)	捜索 一百二十五 (長五丈, 每條用麻五斤).	二百五十人 拽, 二人 定放	五十步	石 九十~百斤	
旋風砲		梢 一 (長一丈八尺, 大徑四寸, 小徑四寸八分)	捜索 四十 (長四丈, 每條用麻四斤)	五十人 拽, 一人 定放,	五十步	石 三斤半	守則施於城 上戰棚左右
虎蹲砲		梢 一 (長二丈五尺, 大徑四寸, 小徑二寸八分)	捜索 四十 (長四丈, 每條用麻四斤)	七十人 拽, 一人 定放	五十步	石 十二斤	

〈도면Ⅱ-10〉『武經總要』卷12의 투석기 현황

Ⅲ. 麗蒙間의 攻城戰과 城郭의 變遷

이 장에서는 고려와 몽골간의 6차에 걸친 전쟁의 양상을 살핀 다음에 몽골군의 일반
적인 공성술과 대몽항쟁기의 성곽 공방양상이 어떠했는지를 구체적으로 비교해 보고자
한다.[154] 대몽항쟁기의 성곽 공방전이 어떠했는지를 이해함으로써 당시 입보용 성곽의
변화 요인을 찾아보려고 한다. 계속된 몽골군의 공격과 이에 대응한 고려의 전술 변화
속에서 해도 및 내륙에 州縣城을 대신하여 새로운 險山大城의 入保用 山城을 축성하는
배경을 살펴보고자 한다.

---

[154] 몽골제국의 형성과정은 몽골의 軍事제도와 밀접한 관계가 있다. 이에 대한 연구는 일일이 언급
할 수 없을 정도로 많다. 현재까지 진행된 몽골 군사제도에 관한 연구는 (1) 군정일치의 사회 조
직인 천호제, (2) 馬政, (3) 몽골군의 부대구성과 전술, (4) 군사장비 및 보급의 4방면으로 이
루어지고 있다. 대몽골제국의 군사제도에 관한 연구는 지금까지 趙珙의『蒙韃備錄』, 彭大雅·
徐霆의『黑韃事略』, 카르피니(John of Plano Carpini, 1182~1252)의『몽골여행기(History of
the Mongols)』, 루브르크(William of Rubruck)의『루브르크 여행기(The Journey of William of
Rubruck)』, 마르코폴로(Marco Polo, 1254~1324)의『東方見聞錄』등의 문헌에 수록된 기록을
중심으로 이루어져 왔다. 이 여행이나 보고서들은 칭기스칸 시대부터 쿠빌라이 칸의 시대에 이
르는 몽골사회의 종합적인 관찰기록이다. 5개의 문헌들은 동·서양 모두 후대에 나온 것이 앞의
것을 보완하는 특징도 지니고 있다. 그러나 몽골의 군사제도에 대해 모든 사료를 종합한 연구는
없어 그 진상에 대해서는 아직 명료하지 않다(박원길·김기선·최형원, 2006,『몽골비사의 종합
적 연구』, 민속원, p.382).

1. 몽골의 高麗 侵入

몽골은 고려 고종 18년 이후 동 46년에 이르는 사이 6차례에 걸쳐 고려를 공격하였다. 29년간의 장기간에 걸친 공격은 고려 전역을 초토화시켰다. 그 침략을 기록한 대부분의 전투기사는 성곽과 해도를 중심으로 기록되었고, 지명이 기록된 경우는 산성과 읍성에서 전투된 것으로 이해되고 있다.[155] 즉 고려는 1차 전쟁 이후부터 해도와 주현성을 포함한 배후 산성을 입보처로 삼아 유격전을 전개해 나가고 있음을 알 수 있다.

고려는 이러한 침공 속에서도 꾸준히 성곽을 수축하고 정비하면서 항전의 의지를 지켜나갔다. 몽골의 침공과 이에 따른 고려의 대응은 성곽 공방전을 비롯한 여러 전투기사를 통해서 그 면모를 간략하게 들여다 볼 수 있었다.

필자는 대몽항쟁기 戰爭의 主體와 상호간의 대응방식에 주목하였다. 이는 몽골의 침공과 고려의 항전이라는 시각 하에 전쟁을 6차 11期로 구분한 尹龍爀의 연구성과와 같은 관점이다. 여기에서는 윤용혁의 대몽항쟁기 시기구분에 따라 전쟁의 진행과정과 성곽공방전 양상을 살펴보고자 한다. 尹龍爀의 對蒙戰爭期 時期區分은 다음과 같다.

---

155) 강재광은 대몽항쟁기 중 최씨 무인세력인 최우~최의의 집권기에 84개의 山城·邑城에서 전투기사가 확인된다고 하였고, 그는 전투기사와 관련 문헌, 『元高麗紀事』등을 통해 84개의 산성과 읍성을 찾아내어 당시의 전쟁 양상을 파악하였다(강재광, 2006, 위의 글, pp.78~92). 필자는 84개의 산성과 읍성에 대해 강재광이 그간의 연구성과와 고고학 자료를 통해 위치 비정 등의 애매한 점은 수정이 가능하다고 생각한다. 먼저 『高麗史』와 『高麗史節要』에서 보이는 城과 山城에 대한 구분이 명확해야 할 것이다. 방호별감의 파견지가 성이었는지, 산성이었는지, 양계가 아닌 전국 주현성인지, 그리고 침공 과정에서 몇 개의 성과 산성으로 파견되었는지도 명확하게 구분해야 할 것이다. 또한 북계의 여러 진성은 앞장에서도 기술했듯이 북한 측 고고학 자료에 대한 연구성과 및 현장 실증을 할 수 없다는 점을 들 수 있다. 그리고 남한 지역의 고려시대 주현성에 대한 조사가 그동안 미진하였으나, 최근에 발굴조사 성과로 당시의 규모와 현황에 대해서 조금씩 밝혀지고 있는 실정이다. 이에 대해서는 4장에서 소개하겠다.

〈표 Ⅲ-1〉 대몽항쟁기 전쟁의 경과 및 방호별감의 파견 상황156)

구분		기간	몽골황제	몽골元帥	防護別監 파견
1차 전쟁		高宗 18~19년(1231~1232)	太宗	撒禮塔	
2차 전쟁		高宗 19년(1232)	太宗	撒禮塔	
3차 전쟁	(1)	高宗 22년(1235)	太宗	唐古	고종 23년(1236) 6월157) **각 道**에 山城防護別監
	(2)	高宗 23~24년(1236~1237)			
	(3)	高宗 25~26년(1238~1239)			
4차 전쟁		高宗 34~35년(1247~1248)	定宗	阿母侃	고종 30년(1243) 2월158) **각 道**에 山城勸農別監 37인
5차 전쟁		高宗 40~41년(1253~1254)	憲宗	也窟	① 고종 39년(1252) 7월159) **여러 山城**에 防護別監 ② 고종 40년(1254) 1월160) 각 도에 산성과 해도의 피난할 곳을 찾음
6차 전쟁	(1)	高宗 41~42년(1254~1255)	憲宗	車羅大	고종 44년(1257) 5월161) **여러 城**에 防護別監
	(2)	高宗 42~43년(1255~1256)			
	(3)	高宗 44년(1257)			
	(4)	高宗 45~46년(1258~1259)			

---

156) 尹龍爀(윤용혁, 1991, 앞의 책, pp.40~41)의 시기구분을 필자가 재구성하였다.

157) 『高麗史節要』卷16 고종 30년 6월. "…分遣諸道山城防護別監."

158) ①『高麗史』卷23 고종 30년 2월. "戊辰遣諸道巡問使閔曦于慶尙州道孫襲卿于全羅州道宋國瞻于忠淸州道."
② 『高麗史』卷79 食貨志2 農桑. "…, 三十年 二月 遣諸道巡問使閔曦于慶尙州道孫襲卿于全羅州道宋國瞻于忠淸州道又遣各道山城兼勸農別監凡三十七人名爲勸農實乃備禦也., …"
③『高麗史節要』卷16 고종 30년 2월. "遣諸道巡問使閔曦于慶尙州道, 孫襲卿于全羅州道, 宋國瞻于忠淸州道, 又遣各道山城兼勸農別監, 凡三十七人, 名爲勸農, 實乃備禦也, 巡問使, 尋以煩冗, 請罷勸農別監, 從之."

159) 『高麗史』卷24 고종 39년 7월. "是月分遣諸山城防護別監."
『高麗史節要』卷17 고종 39년 7월. "分遣諸山城防護別監"

160) 『高麗史節要』卷1 고종 41년 2월. "遣使諸道, 審山城海島避難之處, 量給土田."

161) 『高麗史』卷24 고종 44년 5월. "甲戌遣諸城防護別監."
『高麗史節要』卷17 고종 44년 5월. "…, 遣諸城防護別監."

앞의 〈표Ⅲ-1〉을 통해 보면, 고려는 3차 전쟁 중에 각 道에 山城防護別監을 파견하여 몽골과의 전쟁을 준비하고 대응한 것을 알 수 있다. 그리고 4차 전쟁 이전에 산성권농별감을 각 道로 파견하여 전쟁을 준비하였다. 그러나 5차 전쟁 전에는 일부 산성에 방호별감을 축소 파견하고 있으며, 5차 전쟁이 끝난 후에는 새로운 피난처를 찾고 있었다. 한편 6차 전쟁 중에는 또 다시 일부 산성에 방호별감을 파견하면서 몽골과의 전쟁에 대응하고 있다. 즉 고려는 5차 전쟁을 준비하면서 방호별감을 각 道 단위로 파견하다가 산성 단위로 축소 파견하였다. 5차 전쟁 이후부터는 새로운 입보처를 찾아야만 하는 급박한 상황에 처했고, 이를 타개하기 위한 방호별감을 6차 전쟁 중에 일부 산성에 파견하고 있다.

여기에서는 麗蒙간의 성곽 공방전 양상을 검토하기 위한 단계로써 6차례 전쟁과정을 간략하게 살펴보겠다.

1) 麗蒙關係의 成立

고려와 몽골 간의 관계가 시작하게 된 것은 고종 5년(1218)이다. 그러나 이미 그 이전에 고려와 몽골과의 접촉은 시작되었다. 희종 7년(1211) 금에 파견하였던 고려 사신 일행이 금에 침입한 몽골군에 의하여 몰살당하여 유골로 돌아오게 된 사건이 발생하였다. 1219년에는 고려에 침입한 거란군을 고려와 몽골이 협공하여 패퇴시켰다. 그 이전 몽골이 1218년 고려에 진입한 것은 거란족을 추격하면서 발생한 우발적인 도발이 아니라 몽골이 금나라에 대한 본격적인 공세에 앞서서 금에서 이탈한 동진을 복속시키고 그 배후에 있는 고려와 일정한 관계를 수립하기 위한 전략적인 차원에서 진행된 것이다. 몽골은 거란을 추격하는 것과 고려에 대한 영향력을 확대하는데 비중을 두고 있다고 볼 수 있다. 이러한 추정은 다음의 사실을 통해 엿볼 수 있다.

고려·몽골·동진 연합군이 고종 6년 2월 14일에 거란 유종을 討滅시킨 다음, 同年 2월 20일에는 여·몽 元帥府 사이에서 형제맹약이 체결되었다. 이 조약은 野戰에서 행해진 임시방편의 국제조약이었다. 당시 형제맹약의 주요골자는 蒙古使(收貢使) 10여 명이 매년 東眞路 방면으로 고려 東界를 거쳐 개경에 와서 歲貢을 받아가는 것이었고, 이것은 이미 칭기스칸의 칙서에 그 내용이 명시되어 있었다.[162] 따라서 이제부터는 고려국왕이 형제맹약을 追認하는 문제가 남게 되었다. 蒙軍元帥府는 고려조정에 형제맹약이 체결되었다는 소식을 알리고 몽골황제의 조서를 전달하기 위해서 蒙使를 고려조정에 보냈다.

몽골황제 칭기스칸의 詔書에 따라 형제맹약이 체결됨으로써 고려는 몽골을 兄의 나라로 받들고 해마다 歲貢을 정례적으로 바쳐야만 되는 지위로 전락하였다. 형제맹약은 고려가 그 동안 금나라에 형식적으로 事大하던 朝貢-冊封關係를 철회하고 새로운 맹주인 몽골에 실제적으로 복속한다는 의미가 있었으므로 고려사상 최초의 굴욕적인 외교적 사건으로 인식되었다. 이 조약의 성격에 대해서는 몽골의 강압적인 요구에 어쩔 수 없이 순응하여 체결된 불평등하고도 일방적인 국제조약이었음이 밝혀졌고,[163] 강동성전투도 몽골의 침략적 성격이 다분했음이 강조되었다.[164]

불안한 양국관계는 고종 8년(1221) 몽골사신 著古與가 고려에 왔다가, 귀국길에 압록강 부근에서 피살되는 사건으로 급격히 냉각되기 시작하였다. 이 사건을 일으킨 주체가 누구인지 상관없이 몽골로서는 고려를 침략할 수 있는 명분을 얻은 것이다. 결국 몽골은 이를 트집 잡아 고종 18년(1231) 고려에 침입하게 되었다.

---

162) 몽골에 臣屬하는 국가가 이행해야 할 6가지 義務事項을 말한다. 六事의 내용은 몽골에 臣屬한 국가에 따라 약간씩 달랐다. 일반적으로, 첫째 君王의 親朝와 支配層子弟를 入質시킬 것, 둘째 戶口調査를 하여 보고할 것, 셋째 蒙古軍의 他地域遠征時에 助軍할 것, 넷째 賦稅·食糧을 輸納할 것, 다섯째 達魯花赤을 駐在토록 할 것, 여섯째 驛站을 설치할 것 등을 가리킨다(高柄翊, 1977,「高麗와 元과의 關係」,『東洋學』7, p.282).

163) 高柄翊, 1969,「蒙古.高麗의 兄弟盟約의 性格」,『白山學報』6.

164) 최충헌 집권기 고려사신의 파견은 형제맹약과 연관하여 몽골군 원수부와의 강화체결과 몽골사의 迎送에 관련된 것들 뿐 이다. 형제맹약에 의하면 몽골 측에서만 고려에 사신을 보낼 수 있었고, 고려 측에서는 몽골국에 사신을 파견할 수 없도록 규정되어 있었기 때문에 일방적인 면모를 이해할 수 있겠다. 여·몽 간의 형제맹약은 고려 측에 과도한 세공납부 부담을 규정하고 있었을 뿐만 아니라 사신왕래에 있어서도 불공평성을 전제하고 있었으므로 이 체제 하에서 고려국은 몽골에 신속된 복속국으로 비춰졌고, 맹약을 위반할 시에는 몽골군의 침략이 정당화되는 구조를 지니고 있었다(강재광, 2006, 위의 글, p.22).

2) 1·2차 戰爭과 江華遷都

몽골의 고려에 대한 무력 침공은 고종 18년(1231) 8월 살례탑의 몽골군이 국경을 침공하면서 시작되었다. 여몽간의 관계 단절 수년 사이, 몽골의 세력을 크게 확장시켰던 칭기스칸이 사망하였고(1227), 후계자로 지명된 오고타이(太宗)가 2년 후인 1229년(고려 고종 16) 황위를 계승함으로써 몽골의 정복전쟁은 새로운 단계로 접어들었다. 이 당시 몽골(오고타이)의 주요 정복 목표는 중원지방의 金朝였고, 고려 침공은 그러한 동방정략의 일환으로 진행되었다.[165]

몽골군은 고려의 서북면 지역, 압록강 하구의 관문인 咸新鎭(義州)을 통하여 침입하였고, 이 경로는 이후 몽골군들의 침입로로 계속 이용되었다(도면Ⅲ-1 참조).

함신진은 고종 6년 강동성 전투 당시 서북면 원수로 출정하였던 趙沖의 아들 趙叔昌이 防守將軍으로 수성의 책임을 맡고 있었다. 그러나 조숙창은 항전 없이 몽골군에게 항복을 하였다. 이후 몽골군은 3개의 부대로 나누어 선봉의 1개 부대는 최단노선을 따라 남하하였고, 살례탑의 주력부대는 서해안 연접의 흥화도 노선을 따라 남하하였으며, 다른 1개 부대는 龜州·慈州를 거치는 내륙의 노선을 택하여 군사지역인 북계 제 지역을 철저히 공략하였다. 살례탑이 거느린 몽골군은 8월 26일 靜州를 함락한 이후 麟州를 거쳐 龍州를 함락하였다. 제3의 부대는 함신진으로부터 내륙의 길을 따라 定州鎭·寧朔鎭·安義鎭을 거쳐 9월 3일에는 귀주를 공격하였다. 그 뒤 泰州·雲州를 공격하였던 것으로 보여진다. 선봉부대는 계속 남하하여 9월 14일에는 黃州·鳳州 지경에 당도하였다.

이에 고려 정부는 9월 2일에 3군을 편성하여, 9월 9일 개경을 출발하였다. 9월 하순 黃州의 洞仙驛에서 몽골군 8천 병력의 기습을 받아 고전하였으나, 중앙군에 종군한 馬山 草賊의 도움으로 물리쳤다. 고려 중앙군은 계속 북진하여 10월 21일 安北部에 도착하였다. 살례탑의 이끈 부대는 9월 20일 龍州, 29일 宣州와 郭州를 거쳐 안북부에 고려군과 같은 때 도착하였다. 10월 21일 고려의 3군과 몽골군이 안북성에서 일대 접전이 개시되었다. 고려의 3군은 견벽고수를 할 것인지, 선공할 것인지 의견이 분분하다가 선

---

165) 윤용혁, 1991, 앞의 책, p.41.

공을 하였으나 작전의 실패로 몽골군에게 대패하였다. 이것은 대몽항쟁기 고려 중앙군 대부대의 마지막 전투가 되고 말았다.

살례탑은 안북부에 주둔하면서 부대를 나누어 남하 시켜 11월 28일 平州城을 도륙하였고, 선봉부대는 이미 개경 부근에 출몰하여 개경 교외의 興王寺를 노략하였다. 그리고 북계의 자주성과 귀주성에 대한 공격은 계속적으로 이뤄지고 있었다.[166] 더불어 경기도 일대와 충주에 대한 공격이 진행되었다.

고려 정부는 12월 1일 閔曦를 파견하여 화친을 도모하였다. 12월 5일에 왕족 淮安公 侹을 살례탑에게 보내 화의 체결에 부심하였다. 이때 고려는 著古與 피살사건을 금나라의 소행이라 주장하고 화의를 성립시켰다. 이로써 전쟁은 중단되었고, 1232년에 살례탑은 고려의 서울과 지방에 각각 達魯花赤 72명을 남겨두고 철군하였다. 그러나 고려는 그 해에 강화천도를 단행하였다. 고려가 강화천도를 단행한 이유는 강화체결 이후에 몽골은 達魯花赤을 北界 점령지 요소마다 배치하였고, 探馬赤軍을 주둔시켜 고려의 외곽 방어선의 붕괴되었기 때문이었다. 撒禮塔의 제1차 침입이 몽골의 완전한 승리가 아니어서 언제든지 재침할 가능성이 짙었기도 하였다.

2차 전쟁은 고려의 강화도 천도와 達魯花赤 제거가 발생한 고종 19년(1232) 8월의 일이다. 당시 몽골의 태종이 금조 정벌에 마지막 박차를 가하는 상황이었다. 살례탑의 몽골군은 동년 12월 까지 대략 4개월 간 고려에 체재하여 정복전쟁에 종사하였다. 살례탑은 서북부 지역에 주둔하면서 江都에 사신을 보내 江都정부의 환도와 그 선행 조치로 국왕과 崔瑀의 입조 혹은 출륙을 요구하였다.[167] 몽골군의 일부는 고려의 내륙 깊숙이 내려와 충주 및 대구 일대까지 침공하였다.

고종 19년(1232) 10월 경에 살례탑은 남하하여 11월에 광주산성(현 남한산성)에서 고려군과 접전하다가 처인성에서 김윤후와 처인부곡민들에게 사살 당하였다. 이에 몽골

---

166) 咸新鎭·寧德鎭·瑞昌縣·麟州·鐵州·龍州·宣州·郭州·朔州·靜州·安北府·平州·泰州·雲州·葭州(嘉州)·昌州 등 16城이 항복 혹은 함락되었고, 자주성과 귀주성은 함락되지 않았다.

167) 尹龍爀, 위의 책, 1991, p.57.

군은 동년 말 곧 철군함으로써 2차 전쟁은 막을 내렸다.

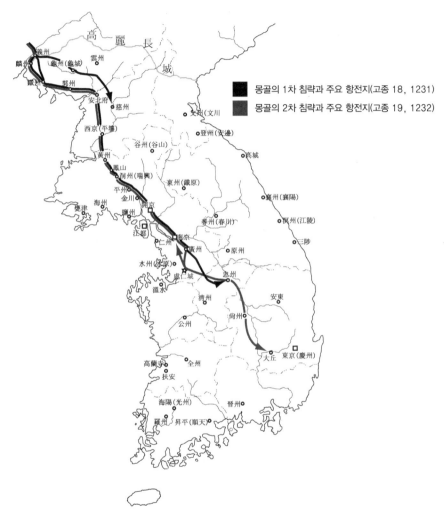

몽골의 1차 침략과 주요 항전지(고종 18, 1231)

몽골의 2차 침략과 주요 항전지(고종 19, 1232)

〈도면 Ⅲ-1〉 몽골의 1·2차 침입과 항전지[168]

---

168) 尹龍爀, 위의 책, 1991, pp.55~127. 도면을 재구성하였다.

3) 3 · 4차 戰爭

唐古에 의한 몽골의 3차 침입은 고종 22년(1235) 윤7월부터 시작하여 동왕 26년(1239)에 이르는 5년간의 장기 전쟁이며, 3차례의 전쟁이 진행되었다.

몽골은 고려 고종 20년(1233) 5월에 금의 수도 卞京을 함락하였다. 그리고 9월 동진의 수도 南京城을 함락시켜, 蒲鮮萬奴를 사로잡음으로써 동진을 멸망시켰고, 이듬해 1234년 2월 금의 哀宗이 자살함으로써 金朝 역시 멸망되었다.

기록의 소략으로 인하여 전쟁의 정황은 파악하기 힘들지만, 몽골군은 3차 전쟁 당시 3차 이상에 걸쳐 되풀이 하여 침략을 가해왔다고 한다. 그리고 그 전화는 중부 이북은 물론이고 경상도, 전라도까지 미치고 있어 이전 살례탑 침략시의 경우와 비할 수 없을 만큼 심한 피해를 받았다.

3-1차 전쟁은 고종 22년(1235) 윤7월 15일에 서북면병마사가 몽병의 안변도호부 침입을 알리면서 침입이 개시되었다. 3차 침입의 몽골 지휘관은 唐古로, 그는 1 · 2차 침략 당시 살례탑의 휘하에 있던 3元首 중의 한 사람이다.[169] 향도로는 고종 20년(1233)에 서경성에서 축출되었던 洪福源이었다. 이에 江都정부는 5군을 편성하여 강화도의 연안방어에 배치하고, 광주 · 南京民을 강화에 입보케 하였다.

몽골군은 안북부를 비롯한 북계의 제 성에 대한 공격으로 시작, 다음 8월에는 龍岡 · 咸從 · 三登의 諸城을 함락시켰다. 그리고 9월과 10월에 걸쳐 북계 및 서해도 일대의 운중도, 산예도 일대의 여러 성을 공취하였다. 그리고 선발부대를 경상도 일대로 보내 이 일대를 공격하게 하였다.

다른 한편으로는 9월에 동진국에서 몽골군을 출발시켜 함남 德源 부근의 龍津鎭, 鎭溟城 등을 각각 공략하여 동계 일대의 방어진지를 아울러 점령하였다.

기록에는 나타나지 않지만 3-1차 침입은 동년 말 12월에 몽골군이 철수하여 끝난 것으로 보여진다.

3-2차 전쟁은 고종 23년(1236) 6월에 이르러 시작되었다. 이들의 작전 상황을 볼 때

---

169) 尹龍爀, 위의 책, 1991, pp.69~70.

몽골은 전년의 경우보다 훨씬 증원된 대규모였음이 확실하다. 몽골군은 6월 한달 사이 북계 제 지역을 점거하면서 서해도 지역까지 내침해 왔다. 7·8월 몽골군은 저항하는 북계의 제 성을 공략하는 한편 동계 지역에 동진군을 동원, 공격하고 있으며, 8월말에는 경기·충남지방까지 진출하고 있다. 9월에는 충청도·경기 지역에서는 전투가 벌어지며 다음 10월 몽병은 전라도에까지 이르고 있다.

앞선 1~3-1차 전쟁에서 몽골군은 모두 북계로부터 남하하여 경상도 방면을 향하는 것이었다. 그러나 고종 23년, 3-2차 침입부터는 그 진로를 달리하여 충남지역을 거쳐 전라도 방면으로 진입했다. 그러나 그 이듬해 고종 24년 기사에는 몽골군의 활동이 기록되어있지 않다. 다만 전라도 남부지역에 이연년이 유이농민 집단을 이끌고 민란을 일으켰고, 김경손에 의해 진압되었다. 이러한 상황으로 보아 고종 24년 초에는 몽골군이 퇴각한 것으로 여겨진다.

3-3차 전쟁은 고종 24년(1237) 기록이 疏略하여 그 전황을 알기 어려우나 "윤4월에 몽병이 동경에 이르러 황룡사탑을 불태웠다"라고 함으로써 몽병은 경상도의 내륙 깊숙한 경주지방에까지 이르렀던 사실을 전해 주고 있다. 『三國遺事』에서 "몽골의 兵火로 塔과 丈六尊像과 殿宇가 모두 불탔다"고 한 것처럼 황룡사 전체의 소실을 의미하는 것이며, 동시에 경주지방에 대한 혹심한 유린을 암시하는 것이다.

고종 24년 몽골군은 휴식의 기간을 가진 후 3-3차 침략을 고종 25년 하반기, 대략 8월 초에 재침을 시작하였다. 8월 말 서경에 당도하여 일시 江都를 위협한 뒤 주력을 경상도 방면으로 투입시켜 대략 그해 11월을 전후하여 경상도의 깊숙한 경주에까지 들어가 철저한 파괴적인 寇賊행위를 자행했고 고종 26년 2월에도 몽골군은 경상도에 남아서 약탈을 자행한 것으로 보여진다. 고종 26년 2월에 사신을 파견하고, 4월에 사신단이 고려로 돌아 왔을 때 3-3차의 침략의 몽골군은 고려로부터 철수한 것으로 보여진다.

이상 고종 22년(1235)부터 고종 26년(1239)에 이르기까지 5년간 걸치는 몽골의 제 3차 침략은 수년 전 고려로부터 당한 패전을 보복하며 아울러 고려를 완전 제압할 목적으로 대대적인 군사적 공세를 가한 것이었다. 이 기간 동안 몽골의 寇掠은 경상도 뿐 만 아니라 전라도에까지 미치는 광범위한 것이었지만, 몽골은 원래 의도했던 결과를 얻지 못한 채 고려의 上表를 계기로 철수하고 말았던 것이다. 이후 당분간 양국은 외교적 통로를 이용하여 문제를 해결하는 데 일시적 합의를 보았지만, 결과적으로 전쟁은 처음 몽골의 예상과는 달리 매우 장기적인 양상으로 전환되어 가는 것이다

몽골의 고려에 대한 4차 침략이 본격적으로 전개 된 것은 구유크칸(정종) 즉위 이듬해인 고종 34년(1247)의 일이다. 4차 침략군의 선발대는 이미 그 전년 고종 33년(1246) 말에 활동을 개시하였다. 이들은 고종 34년 世家의 기록에

> 지난 겨울 몽골 사람 4백 명이 북쪽 변경의 여러 성을 통해 들어와 遂安縣에 이르러 수달을 잡는다고 산천의 隱僻한 곳을 보지 않는 곳이 없었다. 그러나 국가에서 강화하였던 터라 특별히 개의치 않았더니, 이 때에 와서는 피하여 숨어있는 백성까지 모두 납치하고 약탈하여 화를 면한 자가 드물었다.

라고 하여 고종 33년 말의 몽골군의 선발대는 이듬해의 전략수행을 위한 정찰대의 임무를 수행했음을 알 수 있다. 이 같은 몽골의 움직임에 고종 34년 江都정부는 3남 지방에 鎭撫使를 파견, 침략에 대비하였다.

몽골 원수 阿母侃이 본군을 이끌고 7월에 본격적인 군사활동을 시작하였다. 먼저 청천강 상류의 위주, 평거성을 공략하고 남진하여 洞州(瑞興)의 대현산성을 공략하였다. 그 후 개경 및 강화 연안인 염주에까지 이르렀다. 몽골 4차 침략군의 진로는 종래 서경을 경유하는 서북대로에 주력을 투입하지 않고, 방어체제가 취약한 내륙의 노선을 선택하여 전년도에 척후기병을 보낸 후 남하하였다. 그리고 아무간의 몽골군은 그 후 경기 일대를 구략하다가 8월 이후 충청도를 거쳐 전라도와 경상도 방면으로 남하, 諸城을 공격하면서 남부지역에까지 다다른 것으로 볼 수 있다. 그리고 기록의 간략함으로 더 이상의 행동이 확인되지 않는다. 이들은 해를 넘긴 이듬해 고종 35년 초에 고려의 사신 파견 및 황제 定宗(쿠유크 칸)의 죽음을 계기로 고려에서 철수하였다. 史書에는 나타나지는 않으나 아모간의 침략 역시 피해가 제한적이었다고 보기는 어렵다.

아모간의 침략은 3차까지 이동로 상의 성곽을 공격하는 것과 달리 내륙의 노선을 따라 남하하였고, 군사행동보다는 고려의 방어체계를 염탐하였던 것으로 보여진다. 이들의 이동 경로는 5차 침입시 내륙의 이동 경로와 크게 다르지 않기 때문이다.

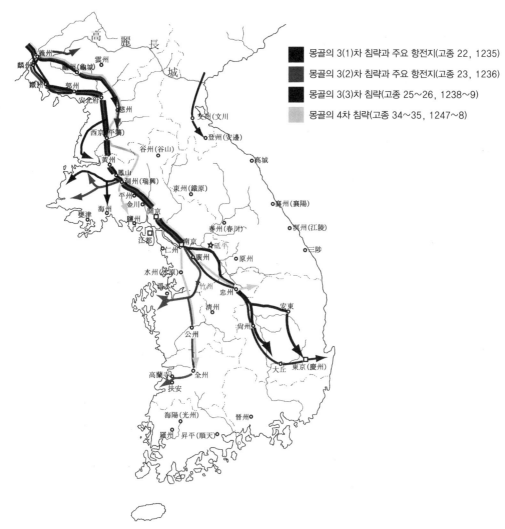

<図面Ⅲ-2> 몽골의 3 · 4차 침입과 항전지[170]

┄┄

170) 尹龍爀, 위의 책, 1991. pp.55~127. 도면을 재구성하였다.

4) 5 · 6차 戰爭

고려는 고종 36년(1249) 11월 집정자 최우가 사망하고 서자 최항이 권력을 계승함으로서 권력의 교체가 있었다. 이듬해인 고종 37년에는 昇天部의 臨海院 옛터에 궁궐을 짓기 시작했다. 이는 몽골의 출륙 요구에 마지못해 보여주기 위한 고려의 반응이었다. 강화천도를 단행한 집정자 최우가 사망하고 이어 고려 측이 출륙의 기미를 보이자 몽골은 사실여부를 확인하고자 사신을 파견하였다. 그러나 최항은 지금까지의 대몽책을 그대로 계승하였다. 고종 37년 江都의 중성을 새로 구축, 강도 방어체제를 강화하였고, 고종 38년에는 최씨의 후원에 의해 고종 23년(1236)부터 시작되었던 대장경(현존의 8만 대장경)의 각판 작업이 완성을 보았다. 최항은 군사와 종교 등 다방면에서 대항체제를 정비하여 나갔던 것이다.

한편 이 무렵 고종 38년(1251) 7월에 개최된 코릴타에서는 바투의 지지를 받은 툴루이의 아들 몽케(蒙哥)가 황제에 선임되었다. 몽골 憲宗(몽케)의 즉위에 의해 고려에 대한 재침략의 새로운 계기가 마련되었다. 원나라는 헌종 즉위 즉시 고려에 사신을 파견, 고종의 친조와 개경에의 환도를 촉구하였으며, 이듬해 7월 고려에 내도한 多加 · 阿土 등의 사신에게는 고려 측의 반응 여하에 따라 사신 회환 즉시 고려를 정토할 수도 있다는 뜻을 직접 밝혔다. 몽골 사신이 고려측의 태도에 불만하여 돌아간 직후 江都정부는 7월에 여러 산성에 방호별감을 분견하는 조치를 취하고, 이어 8월에는 充實都監을 설치하고 閑人 · 白丁을 點閱하여 각 領의 군대를 보충케 함으로써 일전을 불사할 태세를 갖추었다.

5차 전쟁은 也窟이 몽골군의 元首가 되어 고종 40년(1253) 7월에 침략하면서 시작되었다. 그는 4차 침략을 주도했던 아모간과 홍복원을 대동하여 동년 8월에 土山(평남 祥原), 10월에 충주에 이르렀으며, 皇弟 松柱가 거느린 다른 몽골군은 고려의 동북면에서 침입하였다. 그리하여 전장이 강원도지역까지 확대되었다.

고종 40년 7월 초 서북 지방으로 내침한 주력 몽골군은 남하하는 과정에서 먼저 선발 척후부대를 빠른 속도로 내려 보냈다. 이런 침입에 대한 고려의 대응은 여러 곳에서 별초군이 조직되어 현지민들과 함께 유격전을 벌이며 대항하였다.

牛峰 별초군의 金川 전투, 喬洞別抄의 平州 전투, 전주 별초군의 반석역 전투, 충주 금당협 전투 등이다. 이러한 유격전은 야음 및 지리적 조건을 이용하여 적의 척후부대들을 기습하는 것이다. 이러한 게릴라식 전투가 몽골군을 괴롭혔으리라는 건 자명한 일이다. 왜냐하면 몽골군의 전투 양상은 행군과 주둔, 공성 및 기병전을 비롯한 모든 군사작전에서 항상 척후기병을 활용하는 것이다. 몽골군의 지휘관은 척후기병의 정보를 바탕으로 전쟁을 수행하였다. 즉 척후기병의 정보는 지휘관의 눈과 귀가 되었기 때문에 공격대상지역에 대한 정보 없이 공격하는 경우에는 큰 피해를 입게 되었다.

야굴의 몽골군은 서경 및 토산(평남 祥原)을 거쳐 남하하던 중 8월 12일 방호별감 권세후가 입보민을 지휘하던 椋山城을 함락시킨 후 蹂躪하였다. 그 후 몽골군은 서해도에서 내륙의 길로 들어서 중부 내륙의 요충 東州지역에 이르러 동주산성을 8월 27일 함락시켰다. 9월 춘천에 이르러 9월 20일 춘주성을 함락 후 도륙하였다. 10월 4일에는 楊根城을 점령하고, 원주를 공격하였으나 방호별감 鄭至隣에 의해 좌절되었다. 10월 9일 천룡산성 방호별감 鄭邦彦 등의 항복에 이어 충주에 도달하게 된다. 몽골군은 10월 10일 경 충주에 당도하였고, 이후 영남지역으로의 남하를 위한 전초 단계로써 충주성을 포위, 집중 공격을 감행하였다. 그러나 야굴이 지휘하는 몽골군의 집중공격에도 방호별감 김윤후에 의해 지휘된 충주민은 70여 일간 성을 사수함으로써 몽골군의 남진을 저지하는데 성공한다. 이로써 몽골군이 충주 공성을 포기하고 물러나게 되었다.

皇弟 松柱가 거느린 몽골군은 동북변경에 출현 高州, 和州 등지에 8월에 내둔 한 후, 동계의 거점인 登州(安邊)를 포위 공격하였으나, 고려군의 저항에 부딪쳐 성을 함락하지 못한 채, 10월 초 金壤城 즉 通川 방면으로 동해안을 따라 내려왔다. 이들은 10월 21일 襄州를 함락하였다. 이후 몽골군은 강릉 지경에서 회군하였다.

5차 침입의 특징은 첫째 동서 양 국경으로 고려를 침공해 왔다는 점, 둘째 서북면으로 진입한 적의 주력군이 중부 내륙지대를 종단해 내려왔다는 점, 셋째 부몽세력을 향도로써 최대한 이용함과 동시에 아군의 사정을 간파하여 항복을 유도하거나 식량 확보에 이용하고 있는 점을 들 수 있다.

6차 전쟁은 고종 41년(1254) 정월 5차 몽골의 침략군이 고려로부터 철수한 후, 車羅大로 그 지휘부를 개편한 몽골군이 동년 7월 다시 서북면으로 내침하면서 시작되었다.

그리하여 이들은 고종 46년 초까지 연 6년간 고려 본토의 각처를 유린하였다. 6년에 걸친 차라대군의 침략은 야굴군에 의한 5차 침략과 합하면 연 7년간을 계속한 것이었고, 전쟁의 범위도 매우 광범위하여 이 기간 동안 고려가 입은 피해는 상상하기 어려운 것이었다. 6-1차 전쟁 이후 고려가 입은 피해는 "몽골 군사에게 포로로 잡힌 남녀가 무려 206,800여 명이나 되고, 살육된 자가 이루 헤아릴 수 없었으며, 거쳐 간 고을들은 모두 잿더미가 되었으니, 몽골 군사의 난이 있은 뒤로 이때보다 심한 적이 없었다"[171]라고 기록하였다.

뿐만 아니라 전쟁의 장기화에 따라 고려 내부에서의 정치 권력의 변동 혹은 정부의 전쟁 지도 방식에 대한 농민들의 태도에 있어서 현저한 변화가 나타나기도 하였고, 아울러 몽골군은 연안 해도에 대한 공략을 적극화함에 따라 전투의 양상이 보다 입체화 하는 양상을 보이기도 하였다.

6-2차 전쟁은 고종 42년 8월에 개시하여 그 다음해 9월 하순에 철수하였다. 이에 고려는 고종 43년 10월 14일에 강도의 계엄이 해제되었다. 일반적으로 몽골군이 고려에 대해 대략 7~8월부터 시작하여 동년 말 혹은 이듬해 초에는 전쟁을 일단락 짓고 철수하는 것이 보통이었다. 그러나 6-2차 전쟁은 무려 1년을 상회하는 것이며, 적장 차라대가 선두에 서서 작전을 지휘하였기에 고려의 피해는 막심했던 것으로 보여진다. 또한 이전의 전쟁이 내륙에 대한 공성전만을 주로 하였지만, 적극적으로 연안의 섬에 대하여 침공을 시도하고 있다. 이것은 고려의 해도 입보책에 대한 몽골군의 대응이라 할 수 있다.

6-3차 전쟁은 고종 44년 5월에 시작되었다. 이 직전에 고려는 최고권력의 교체가 이루어졌다. 고종 44년 윤 4월에 최항이 사망하고 아들 崔竩가 권력을 계승하였다. 전쟁의 양상은 서해 연안 일대와 동계지역 모두가 전장터로 변하였으며, 戰禍의 심각성과 민생의 핍폐가 심각하였다. 최항의 사망과 장기간에 걸친 전쟁의 피해로 점차 강화론이 대두가 되었다. 江都정부는 태자의 입조를 조건으로 일단 몽골군을 10월에 철수를 유도하였다. 동년 12월에 안경공 淐을 파견하였지만, 몽골을 만족시켜주지는 못했는지 그 이

---

171) 『高麗史節要』卷17 고종 41년 12월. "是歲蒙兵所虜男女, 無慮二十萬六千八百餘人, 殺戮者不可勝計, 所經州郡, 皆爲煨燼, 自有蒙兵之亂, 未有甚於此也."

듬해 고종 45년 6월에 6-4차 침공이 시작되었다.

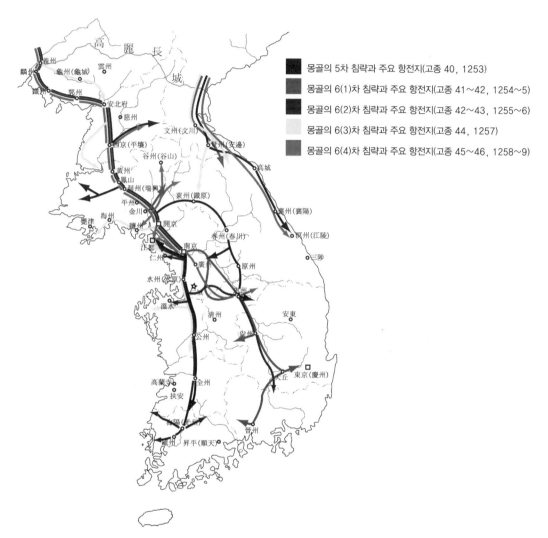

〈도면Ⅲ-3〉 몽골의 5·6차 침입과 항전지[172]

---

172) 尹龍爀, 위의 책, 1991. pp.55~127의 도면을 재구성하였다.

6-4차 전쟁은 고종 45년 6월에 재개되었다. 북계에 침입한 차라대는 남진에 앞서 강
도에 사신을 파견 국왕과 태자의 서경 出降을 요구하였다. 차라대는 전년과 같이 강도
연안을 중심으로 경기 및 서해도 지역에 대한 노략질을 집중하였다. 또한 11월부터는
散吉大王 등이 이끄는 몽골군이 동진군을 동원하여 고려의 동북변경을 위협하였다. 동
년 12월에는 趙暉 등이 동계의 화주 이북 15주와 이탈하여 소위 雙城總管部의 성립을
보게 되었다. 이 같은 배경으로 고종 46년 초부터 태자 입조를 조건으로 몽골군의 철군 논
의가 시작되었다. 고종 46년 4월 21일 고려 태자 倎은 몽골로 출발하였다. 이로써 고종
41년부터 6년동안 장기간에 걸친 몽골의 고려에 대한 군사행동은 막을 내리게 되었다.

〈도면Ⅲ-4〉를 통해 보면 6차에 걸친 몽골군의 침략은 고려 전기 역로를 중심으로 진
행되었고, 그 중에서 특히 남북으로 이어지는 3가지의 노선을 택하고 있음을 알 수 있
다. 첫째는 압록강에서 개경을 거쳐 東京(경주)까지 이르는 노선, 둘째는 강도를 공략하
기 위한 서해안 일대의 노선, 셋째는 동계지역의 해안가를 따라서 내려오는 노선이다.
그리고 이들 노선은 시기적으로 차이를 보였는데, 첫째 노선은 1~2차 전쟁 시에, 둘째
노선은 3-1차 전쟁 이후부터 개경 이북에 집중되다가 점차 경기도, 충청도, 전라도 연
안으로 남하하고 있다. 셋째 노선은 3-1차 전쟁부터 처음으로 사용되다가 5차 전쟁부
터는 강릉까지 남하하고 있음을 알 수 있다. 몽골군은 세 가지 노선을 따라 기본적으로

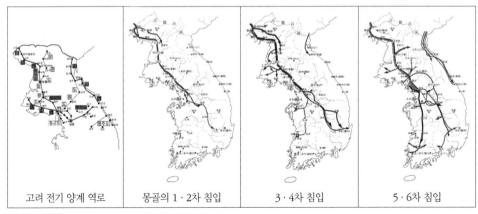

| 고려 전기 양계 역로 | 몽골의 1·2차 침입 | 3·4차 침입 | 5·6차 침입 |

〈도면Ⅲ-4〉 대몽항쟁기 몽골군의 침공지역의 변화과정

침략하면서 횟수가 늘어날수록 주변 지역으로 나무가지처럼 뻗어 나가고 있음을 알 수 있다.

2. 麗蒙間의 攻城戰

여기에서는 먼저 몽골군의 일반적인 공성방식을 검토 한 후에 전쟁의 진행과정에 따라 전개된 고려와 몽골군의 성곽 攻防戰 양상을 정리해 보겠다. 그 순서는 귀주성(1차), 죽주성(3차), 동주산성 · 춘주성 · 양산성 · 양근성 · 천룡산성(5차), 충주산성(6차)의 성곽 공방전의 사례를 통해서 살펴보겠다.

1) 몽골의 攻城方式

몽골군은 대개 초원에서 벌어지는 전투에 익숙했고, 서하와 금을 정벌하면서 점차적으로 세련된 군사조직과 전술을 발전시켜갔다. 몽골군의 초원 전투방식은 무차별적인 정복전쟁 보다는 여러 전선에서 계획대로 전투를 벌여 차근차근 영토를 넓혀나가기 위한 전략상의 토대가 되었다. 몽골제국이 존속하는 동안 특정한 전략을 선택하고, 이를 실행에 옮기면서 정복과 전투의 방식이 점점 체계화 되었다.[173] 특히 몽골은 뭉케(1251~1259)가 즉위하면서 영토확장에 총력을 기울였고, 몽골군의 핵심인 궁수 기마병을 비롯한 공병, 공성 포병, 도시와 요새 방어 보병이 100만 대군에 이르게 되었다. 몽골군이 이전까지 수행했던 전쟁이 영토확장의 기습전이었다면, 뭉케 이후로는 대대적인 정복전 양상으로 변화되었다.[174]

여기에서는 몽골군의 일반적인 정벌 계획 과정과 공성전 준비과정을 설명하고자 한다. 이를 통해 몽골의 공성방식이 고려와의 전쟁 속에서 어떠한 방식으로 진행되었는지

---

[173] 티모시 메이, 신우철 옮김, 2011, 『칭기즈칸의 세계화 전략 몽골병법』, KOREA.COM, pp.139 ~140.

[174] 티모시 메이, 신우철 옮김, 2011, 위의 책, pp.59~68.

를 유추해보고자 한다.[175]

(1) 정벌 계획

『蒙韃備錄』,[176] 『黑韃事略』[177]에는 비록 짤막하지만 몽골의 작전회의에 관한 중요한 기사가 다음과 같이 실려 있다.

> a-1. 먼저 정벌을 계획할 때에는 먼저 반드시 3~4월 사이에 미리 공격할 국가를 결정한 후에 (공격할)국가에 (공격을)실행한다. 또 5월 5일의 연회에서 이번 가을 공격할 곳을 공동으로 의논한다. 그런 뒤 (여름의 더위를 피하기 위해) 각자의 (유목지가 있는)몽골로 돌아가 더위를 피하면서 가축을 키운다. 8월이 되면 모두 燕都에 모인 후에 공격계획을 실행한다.[178]
>
> a-2. 행군이나 군사를 일으키는 大事는 단지 대칸 스스로 결정한다. 또 틈틈이 그의 宗親들과 그것을 의논하는데 漢人이나 기타 인들은 참여 할 수 없다.[179]

---

175) 박원길의 연구는 몽골의 군사제도에 대해 『蒙韃備錄』에서 공성전, 『黑韃事略』에서 기병전에 관한 기사를 채록하여 정리하였다. 이를 통해 중국 대륙(송)에 대한 몽골의 공격전술을 파악할 수 있는 계기가 마련되었고, 서양과 중동지역에 대한 공격전술을 비교 연구 할 수 있는 자료가 마련되었다고 할 수 있다. 필자가 박원길의 연구에 비중을 둔 것은 『黑韃事略』이 1233~1234년 몽골군의 전투양상을 기록한 것이기 때문이다. 고려와 몽골의 전쟁 속에서 몽골의 공성기구 및 전술 변화를 이해하기 위해서는 1230년대 당시의 기록이 중요하다. 이를 통해 몽골군의 고려와 전쟁 초기 공성전술 상황을 엿볼 수 있을 것이라 생각된다.

176) 이 책은 1221년 北宋의 사절인 趙珙이 칭기스칸 때의 몽골을 방문했을 시의 사행기록이다.

177) 이 책은 1233년 6월과 1234년 12월에 몽골로 파견된 北宋의 사신인 팽대아와 서정이 몽골에서 견문한 내용을 서로 보완하여 남송 정부에 제출한 보고서이다. 오고타이칸 때의 몽골기록으로 50여 개의 항목 중 군사제도 및 전술, 무기, 군영의 형태, 현재의 전쟁 상황이 상세하게 수록되어 있다.

178) 『蒙韃備錄』의 내용은 박원길이 해석한 내용을 필요시 내용 전달을 위해 필자가 바로잡았다(박원길 · 김기선 · 최형원, 2006, 앞의 책).

179) 『黑韃事略』의 내용은 박원길이 해석한 내용을 필요시 내용 전달을 위해 필자가 바로잡았다(박원길 · 김기선 · 최형원, 2006, 앞의 책).

위 기사는 코릴타(Khurilta)[180]에 대한 내용으로 보여진다. 코릴타는 몽골의 부족장 회의로 귀족과 장수들을 비롯한 몽골의 지도급 인사들이 모여 국정을 논의하고 칸을 선출하며, 사령관을 임명하고 침공계획을 세웠다.[181]

위에 제시된 a-1은 대몽골제국 본부의 大 코릴타(Yeke Khurilta)에서 기획한 대규모의 원정과 그에 따르는 작전회의를 말하고 있다. a-2는 燕京에 대본영을 두고 있던 모칼리 휘하군단의 분기별 작전회의 및 그에 수반된 공격을 묘사한 것으로 대 코릴타에서 주어진 방침을 상황에 맞추어 수정하고 실행에 옮기는 중원 주둔군의 작전회의를 표현한 것으로 보여진다.[182] 이를 세부적으로 정리하면 다음과 같다.

b-1. 먼저 정벌을 계획할 때에는 먼저 반드시 3~4월 사이에 공격 대상 국가를 결정한다.

b-2. 5월 5일의 연회에서 이번 가을 공격할 곳을 공동으로 의논한다.

b-3. 여름의 더위를 피하기 위해 각자의 유목지가 있는 몽골로 돌아가 더위를 피하면서 가축을 키운다.

b-4. 8월이 되면 모두 연도에 모인 후에 계획을 실행한다.

b-1은 군사전략에 해당한다. 최종안의 확정되는 순간부터 적에 대한 예비 공작 즉 회유나 내부와해공작도 즉시 가동되기 시작한다. 그리고 군대가 통과할 예정인 원정로

---

180) 박원길은 Khurilta는 Khuriltai라는 표기로 더 알려져 있지만, Khuriltai라는 명칭은 『集史』에서만 발견될 뿐이라 한다. Khuriltai는 반드시 참석해야 하는 중요한 회의에 대한 誤記일 가능성이 높다고 한다. 『몽골비사』의 표기처럼 Khurilta가 정확한 원명이라는 견해를 밝히고 있다(박원길 · 김기선 · 최형원, 2006, 앞의 책, p.399, 주)36 참조).

181) 티모시 메이는 코릴타에 대해 쿠릴타이(Qurilltai)로 발음하며 ① 1206년 테무친을 칭기스칸 추대, 1246년 쿠유크칸 추대, 1260년 버케와 쿠빌라이 칸을 각각의 쿠릴타이에서 추대, ② 1206년 칭기스칸이 케시크를 1만명으로 확대 ③ 전략수립과 사령관들의 선정을 결정, 집결지의 지정과 전쟁의 개시일정 결정 '어디를 침공할 것인가', '어떻게 침공할 것인가'에 대한 전반적인 문제를 결정함(티모시 메이, 신우철 옮김, 2011, 위의 책, p.276에 정의되어 있으며, 자세한 내용은 p.43, 57~59, 66, 72, 80, 82, 161, 174~175, 179에 나와 있다).

182) 박원길 · 김기선 · 최형원, 2006, 위의 책, pp.400~404.

는 금지된 땅으로 선포되어 원정군이 통과할 때까지 풀을 베거나 방목하는 것이 금지된다. b-2은 군사전술 부분으로 공격 대상에 대한 정보를 바탕하여 전투계획을 수립하는 과정이다. b-3은 병참과 관련된 것으로 병력 점검 및 보충, 식량 등 여러 가지 준비를 하는 단계이다. b-4은 준비된 계획에 따라 원정 공격을 개시하는 것이다.

몽골군은 공격 대상에 대한 충분한 정보를 수집한 이 후에 공격을 실행하였다. 그리고 상인, 정보원, 척후부대, 원정군의 보고를 통해 정보를 입수하였다. 그 내용은 공격 대상 지역의 지리·군사력·인근지역의 정치 등에 관한 정보로써 향후 침공 계획을 세우는데 큰 도움이 되었다.[183]

몽골은 고려에 대한 1차 침입 전에 고종 6년(1219) 2월의 강동성 전투 이후 哈眞이 동진사람 40여 인을 의주에 잔류시키면서 고려 말을 배워두어 내가 다시 오기를 기다리도록 한 점과 동년 2월부터 계속되는 몽골사신의 개경 파견은 일정부분 고려의 정보를 입수하기 위한 일환으로 봐도 큰 무리가 없을 것으로 생각된다. 왜냐하면 의주에 남겨진 동진인 40여 인은 고려의 내부사정을 정탐하여 몽골 측에 알리는 첩자 역할을 담당했을 것이고, 韓恂·多智의 반란 당시 반란민과 동진국 사이에서 교량 역할을 수행하였을 것으로 보여지며, 몽골사신의 이동로 또한 몽골군의 침입로와 동일한 점도 이를 증명한다고 할 수 있다.

(2) 행군

『黑韃史略』은 몽골인에 대해서 다음과 같이 정의하였다.

> 몽골인은 안장과 말 사이에서 나고 자란다고 한다. 그래서 사람들은 저절로 전투를 익힌다. 봄부터 겨울까지 항상 사냥감을 뒤 쫓는 것이 그들의 인생이다. … 이후 장성하면 일 년 내내 사냥에 종사한다.

위 기록에서 보듯이 몽골인의 군대 훈련과 관련하여 주목되는 것은 몽골인들이 사냥

---

183) 티모시 메이, 신우철 옮김, 2011, 위의 책, pp.140~144.

을 통해 전투의 기법을 익힌다는 趙珙의 기록과 부합된다.

彭大雅와 徐霆은 몽골군의 행군과 군영 설치를 자세하게 기록하였다. 이들의 기록은 『몽골비사』를 비롯한 여러 문헌에서 발견할 수 없는 매우 소중한 정보를 담고 있다. 이러한 극비정보를 기록한 팽대아와 서정은 그들의 몽골 방문목적이 어디에 있었는지를 보여준다.

c-1. 행군할 때는 항상 기습이나 매복을 두려워한다.

c-2. 비록 50騎 정도의 작은 병력일지라도 반드시 먼저 정찰 기병대를 보내 사방으로 흩어져 수색하면서 나아간다.[184]

c-3. 높은 곳으로 올라가 먼 곳을 정찰한다.

c-4. 몽골군은 초병을 1~2백리 사이에 깊숙이 배치한 뒤 거주민이나 행인을 사로잡아 좌우전후의 허실을 심문한다. 어느 길로는 나아갈 수 있고 어느 성은 공격이 가능하다는 것, 어떤 땅에서는 전투를 치를 수 있고, 어느 곳에서는 군대가 주둔할 수 있다는 것, 어느 방향에 적병이 있으며 어느 곳에 식량과 초지가 있는 가 등등을 모두 초병이 책임지고 판별한 뒤 돌아와 보고한다.

c-5. 몽골인들은 대군을 성 안에 주둔시키는 경우가 없다. 하남과 하북의 군현들을 지나올 때 성안에는 한 명의 병사도 없었다. 단지 성 밖의 촌락에 초병들이 별처럼 흩어져 포진하고 있었다.

c-6. 갑자기 전투의 경보를 만나면 초병들은 서로 연락을 취하면서 사방으로 염탐하러 다

---

184) 몽골군은 거란족과 같은 아시아 북부의 여러 제국이 군조직에 채택한 십진법 군 조직을 軍 단위로 채택하였다. 칭기스칸은 십진법에 따라서 군대를 편성했다. 단위의 명칭은 10명 단위가 아르반, 100명 단위는 자군, 1,000명 단위는 밍칸, 10,000명 단위는 투멘이었다(티모시 메이, 신우철 옮김, 2011, 위의 책, p.76). 다만 여진의 부대 편성이 거란군과 달리 50기를 1대로 구성하여, 소부대 편성 방식으로 산악과 삼림지대 등 기동력이 살리기 힘든 지대에서 기병의 효율성을 높였다고 한다(국방부 군사편찬연구소, 2006, 『고려시대 군사전략』, pp.152~153). 이러한 기사는 몽골군이 송의 남경 일대의 험악한 지형적 요건으로 그 들의 군사조직을 임기응변적으로 여진족의 군 운용방식을 채택했는지, 여진족이 몽골군에 부병되어 전투를 했는지에 대해서는 명확히 알 수 없다.

닌다. 이리하여 그 실체를 알게 되면 급히 사령관에게 보고한다.

c-1의 내용은 몽골만이 아니라 흉노의 전통이라고 할 만큼 북방민족의 기병들에게 모두 관찰되는 것으로 유목민족들 간에도 적용되는 불문율 같은 방식이기 때문에 위의 기록처럼 행군시 적의 기습에 큰 주의를 기울이는 것으로 보여진다.

c-2의 내용은 최소 단위의 병사를 행군시키더라도 먼저 정찰병을 반드시 파견하는 것을 보여주고 있다. 이를 알긴치(Alginchi)라 불린다. 이 알긴치의 임무는 c-3과 4, 6에서 상세하게 보여주고 있다. 마르코폴로의 『동방견문록』에서도 척후기병의 내용을 보여주고 있다.

군단이 무슨 목적으로 행군할 경우 평원이건 산간이건 관계없이 항상 2백 騎로 이루어진 정찰대가 본대로부터 전후좌우로 2일 정도의 거리를 둔 지점에 파견되어 정찰을 한다. 이것은 말할 필요도 없이 적의 급습을 피하기 위한 조치이다.[185]

c-5와 6은 몽골군이 성을 함락한 후 본대가 어느 곳에 주둔하며, 또 어떻게 척후 기병들이 배치하면서 상호연락을 취하고 있는가를 보여 주고 있다.

대몽항쟁기간에도 몽골군의 척후기병 활동을 찾아 볼 수 있다. 사례를 들면 다음과 같다.

〈표Ⅲ-2〉 대몽항쟁기 몽골 척후기병의 군사행동 사례

구분	일자	군사 행동
3-2차 전쟁	1236년 7월 18일	몽병 20여 기가 慈州 東郊에서 농민 20여 명 살해
	1236년 8월 4일	동여진 援兵 1백기 耀德, 靜邊으로부터 永興倉으로 향함
	1236년 8월 23일	몽병 100여 기 溫水郡으로부터 車懸峴으로 남하

185) 마르코폴로가 기술한 사항을 보면 "나이가 15세 이상인 자는 군사가 된다. 기병만 있고 보병은 없으며 사람마다 2~3마리 혹은 6~7마리의 승용말을 가지고 있다. 50騎를 가리켜 1두라 부른다. 1두는 한 부대를 일컫는 말이다[마르코폴로(Marco Polo, 1254~1324)의 『東方見聞錄』].

구분		일자	군사 행동
5차 전쟁		1253년 4월	몽병 30여 인이 경내에 입구하였다.
		1253년 8월 7일	몽병 수 명을 金郊, 興安 간에서 牛峰의 별초군 30여 명이 校尉 大金就의 지휘 하에 격살 함.
		1253년 8월 14일	몽병 3천이 동북경 고주, 화주의 경계에 내둔, 척후기 3백은 광주에 도달함
		1253년 8월 말	몽골의 척후기 전주성 남쪽 반석역에서 별초지유 이계에게 격살당 함
		1253년 9월 9일	충주의 倉正 崔守가 金堂峽에 복병을 두어 몽병 15급을 사살 하고, 포로 200여 인을 빼앗았다.
		1253년 9월 17일	몽병 10여 기, 甲串江 밖을 표략 함
6차 전쟁	(1)	1254년 7월 24일	몽병 척후기병이 서해도에 이름
		1254년 8월 6일	몽병 척후기병이 廣州에 이름
		1254년 8월 20일	몽병 척후기가 槐州城(괴산) 부근에 주둔하므로 산원 張子邦이 격파
		1255년 1월 3일	몽병 20여 기가 甲串江 밖에 이름
		1255년 1월 17일	몽병 100여 기가 升川城 밖에 이름
		1255년 1월 22일	몽병 50여 기 승천성 밖에 來到
	(2)	1255년 8월 24일	몽골의 척후 20여 기가 승천부에 이르러 江都에는 계엄이 선포
	(3)	1257년 5월 11일	몽병 30여 기가 청천강을 건너 용강·함종으로 향했다고 서북면에서 보고
		1257년 6월 5일	몽골의 척후가 개경에 침입
	(4)	1258년 6월 22일	몽병의 척후기가 서경을 통과한다는 서북면병마사의 보고에 따라 강도에는 계엄이 선포
		1258년 6월 26일	몽골의 척후가 강화도 북쪽 서해도의 염주, 백주 등지에 도달

〈표Ⅲ-2〉를 통해 보면 대몽항쟁기 기간 중 몽골 척후기병의 활동을 엿볼 수 있는 사례는 20여 건이 된다. 척후기병의 규모는 앞서 기술한 것처럼 부대 규모 단위에 따라 달랐을 것으로 여겨진다.

당시 고려의 기록이 소략하여 1차와 2차의 몽골 침입과정을 소상히 알 수 없으나, 몽골은 척후기병을 앞세워 행군을 했을 것이다. 고려는 몽골군의 행군 및 공격방식을 인지하여 이를 타개하기 위한 유격전을 3차 침입부터 본격적으로 진행했을 것으로 보여진다. 뒤에서 논의 하겠지만, 방호별감의 파견도 이와 무관하지 않을 것으로 여겨진다. 5

차와 6차 전쟁에서 보이는 몽골의 척후기병은 1253년 10월에 충주성을 공격하기 전 주변 마을의 사람들을 포로로 잡아가는 역할도 했던 것으로 볼 수 있다.

(3) 攻城戰 樣相

몽골군이 공성전을 처음 접한 것은 칭기스칸이 1205년 서하 정벌에 나서면서 생각된다. 몽골군이 서하의 수도 鐘祥에 도착한 것은 1209년 5월이며, 이미 여러 도시를 함락시켰다. 몽골군은 별다른 성과 없이 10월까지 종상을 포위하였고, 10월에 이르러 황하의 물길을 종상으로 돌리기 위해 제방을 쌓았으나, 이듬해 1월에 제방이 무너지면서 몽골군의 주둔지는 물바다가 되었다.[186] 그러나 칭기스칸은 포위를 풀지 않음으로써 서하의 항복을 받아냈다.

칭기스칸은 1211~1214년 동안 금나라를 침공하여 여러 지역을 유린하였고, 화의를 요청한 금나라에게 많은 조공을 받아내고 고갯길을 확보한 후 퇴각을 하였다. 그 후 몽골군은 1214년 무렵까지 서하와 금나라와 전투를 벌이면서 성곽으로 둘러싼 도시나 요새에 대한 기습공격과 정복하려는 지역의 식량이 떨어지거나 내부 반역자가 생겨날 때까지 포위 및 봉쇄에 의존 하는 수밖에 없었다. 그러다가 공성전을 담당한 부대가 생기면서 본격적인 공성전을 벌일 수 있게 되었다. 몽골은 1214년 바르구타 부족의 암부가이를 병사 500명으로 구성된 포병대[바오준(Baojun 쇠뇌부대) 혹은 누준(Nujun 석궁부대)]의 지휘관으로 임명하였다. 이러한 공성부대는 요새나 성곽의 높이에 맞게 장벽을 쌓아 공격하는 역할도 하였다.[187] 금나라 선종은 몽골의 위협을 피해 燕京(현 북경 부근)에서 汴城(하남성 개봉 Kaifeng)으로 천도했다. 이는 1214년 화평조약의 위반으로 몽골군은 다시 금나라를 침공했다. 칭기스칸은 1215년 6월 연경을 함락시켰으나, 1216년 몽골초원 북부의 호이-인 이르겐부족이 일으킨 반란으로 금나라에서 퇴각하였다.

칭기스칸은 반란이 평정된 이후 1219년 호라즘의 무함마드 2세와의 외교적 마찰로

---

186) 라츠네프스키, 김호동 역, 2005, 『칭기스칸』, 지식산업사, pp.96~97.
187) 티모시 메이, 신우철 옮김, 2011, 위의 책, pp.87~88.

오트라르를 급습하여 함락시켰다. 그리고 병력을 다섯으로 나누어 호라즘의 여러 도시를 하나씩 함락시켰다. 먼저 1220년 2월 부하라를 함락시킨 후 포로를 이끌고 사마르칸트로 진격하여 저항하는 지역은 봉쇄한 후 다음 지역으로 진격하는 전술을 썼다. 몽골군은 사마르칸트의 높은 성채와 반격으로 곤경에 처했지만, 부하라와 사마르칸트 주변의 포로를 활용하여 해자를 메우고, 공성전의 화살받이로 사용하며 또한 공성기로 요새를 쉬지 않고 공격하여 마침내 항복을 받아 냈다. 게다가 칭기스칸은 사마르칸트 출신의 장인과 기술자 3만 명을 몽골고원으로 압송했다.[188]

칭기스칸의 아들 조치는 호라즘의 수크나크를 포위하여 점령하였고, 잔드와 기타 국경요새를 기습공격으로 함락시켰다. 공성전에 임해서는 해자를 메우고, 쇠뇌와 충각, 사다리 등을 공격에 이용하였다. 수크나크에서도 칭기스칸이 한 것처럼 시민들 중 장인, 기술자, 사냥꾼 등을 선별하였고 나머지는 노역에 징용했다. 마지막 1221년 우르간즈에 대한 공격은 5개월 간의 포위 공격 끝에 함락시켰다. 몽골군은 네르제 방식으로 접근하여 우르간즈의 외곽 요새를 파괴하고, 해자를 메운 다음 공성기로 집중 포화를 퍼부었다. 몽골군은 쇠뇌를 비롯한 공성기를 현장에서 만들었고, 바퀴달린 충각과 귀갑방패를 만들어 공격했다.[189] 몽골군이 호라즘을 공격하면서 그들이 사용했던 공성전술을 요약 정리해 보면 다음과 같다.

　　d-1. 몽골군은 몽골병사 한명이 포로를 10명씩 단위로 담당하는 노역부대나 화살받이 부대로 편성하였다.

　　d-2. 포로로 하여금 포위한 요새와 성곽 밖으로 사정거리 밖에 참호와 柵을 설치하게 하여 방어군과 구원군의 정보교환을 차단하였다.

　　d-3. 포로로 하여금 방어군의 해자나 참호를 메우게 하였다. 혹은 공성용 누대와 토산을 만드는 작업을 진행하였다.

　　d-4. 포로들을 중국과 페르시아 출신의 기술자의 지시에 따라 노와 석포를 비롯한 공성기

---

188) 김호동 역주, 2003, 『집사-징기스칸기』, 사계절, pp.341~340.
189) 김호동 역주, 2003, 위의 책, pp.341~340.

구를 제작하게 하여 낮과 밤을 가리지 않고 공격을 감행하였다. 또한 사람의 지방을 녹인 기름으로 화공을 하였다. 포위 지역 출신의 병사로 하여금 충차로 성문을 공격하거나, 운제를 성벽으로 접근하거나, 성벽 밑에 땅굴을 파는 가장 위험한 임무를 담당하게 하였다.

d-5. 몽골군은 공성전 중에 적의 사정권 밖에 머물다가 공성기로 성벽과 문이 파괴되거나, 성벽이 돌파되면 갑옷을 입고 사상자를 최소화하기 위해 밤에 공격을 감행 하였다.

d-6. 몽골군은 함락된 성곽의 병사와 주민을 공격 전 계획된 대로 필요한 기술자와 포로를 제외한 대량 학살(chilling effect)을 자행하였다.

몽골군이 호라즘에서의 공성전술은 금나라를 공격했을 때와 크게 다르지 않았다. 위의 대한 내용을 아래에서 확인해 볼 필요가 있다.

1230년 오고타이칸은 아버지 칭기스칸의 유언을 받들어 금나라로 2차 정벌을 떠났다. 1231년 5월에 봉상을 포위하고 공성전을 통해 함락시켰다. 그리고 남송과 연합하여 汴京을 공격하였다. 변경 공격에는 힘없는 포로 등을 동원하여 해자를 메우고, 보루와 공성기구를 제작하게 하였다. 성 주변으로 누벽을 쌓아 그 위에 공성기와 포를 설치하여 쏘게 하였다. 혹은 두차를 제작하여 성벽 밑을 파기도 하였다. 변경은 50여 일간의 포위 공격으로 성 안에는 양식이 떨어졌고, 심지어 금의 애종은 견디다 못해 채주성으로 도주하였다. 오고타이칸은 애종의 뒤를 쫓아가게 하여 채주성을 3개월 간 포위한 후 성 안의 양식이 떨어지게 하였다. 결국 금의 애종은 황위를 이양하고 자살하였으나, 金朝는 1234년 9대 120년 만에 망하고 말았다.

몽골군이 금을 공격하던 공성전에 관한 내용에 대해 『蒙韃備錄』에서 여러 가지 見聞들을 수록하고 있었다. 그 내용을 정리하면 다음과 같다.

e-1. 무릇 큰 성을 공격할 때에는 먼저 작은 도시를 격파해 그곳 사람들을 잡아다 앞장세운다. 그래서 명령을 내리기를 "1기병마다 반드시 10사람을 잡아라."고 한다.

e-2. 계획만큼 사람이 채워지면 그들에게 풀, 땔감, 흙과 돌을 일정량 모으도록 한다. 밤낮으로 재촉하는데 행동이 굼뜬 자는 죽인다.

e-3. 그들을 재촉해서 성 주위의 참호를 메워 평평하게 만든다.

e-4. 또는 鵝洞砲座 등에 부역시킨다.[190]

e-4-A. 성을 공격할 때는 대포를 쓰는데 대포에는 누각이 있다. 누각에는 그물이 있어 발사대의 끈을 당기는 자들의 엄폐물을 이룬다. 봉상을 공격할 때는 성의 한쪽 구석 만을 집중적으로 공격했는데 대포를 4백문이나 세웠다.[191]

e-5. 수 만 명이 죽어도 애석해하지 않는다. 이렇게 성을 공격하면 함락되지 않는 곳이 없다.

e-6. 성이 함락되면 늙거나 어리건, 곱건 추하건, 가난하건 부유하건, 불효자든 효자든 간에 모든 것을 불문하고 모두 죽인다. 조금도 용서하지 않는다.

e-1은 몽골군이 큰 성을 공략할 때, 먼저 주변에 위치한 군현의 작은 성들을 격파하여 큰 성을 고립무원으로 만드는 전략을 쓰고 있음을 보여주고 있다. 그리고 작은 성에서 사로잡은 백성들을 인간방패나 노동력을 제공하는 인부로 사용하고 있다는 점을 보여준다. 이는 칭기스칸이 호라즘을 공격하면서 몽골군의 공성 방식을 통해 알 수 있다. 그리고 귀주성 전투에서 2차 전투 이후에는 북계의 제성에서 항복한 고려군을 포위공격에 이용하고 있음을 통해 알 수 있다. 또 1253년 5차 침입 당시에 양근성, 천룡산성의 항복한 고려군도 몽골군의 군량 확보와 충주성 공격에 동원되고 있다. 충주 금당협에서 몽병을 기습하여 포로 200여 인을 빼앗은 전공사실은 충주성을 공격하기 위한 몽골군이 포로를 포획했던 것으로 생각해 볼 여지가 있다.

e-2와 3은 부역의 내용을 전해주는 기록으로 참호를 메우거나 대항보루를 쌓기 위한 것 혹은 공성기용 石彈을 모으기 위함 것임을 알 수 있다.

원래 몽골군은 난공불락의 도시나 요새를 직면하는 경우에 적군을 굶겨 항복시키기 위해 봉쇄전술을 이용했다. 이와 더불어 요새나 성곽을 고립시키는 전술을 사용하기도

---

190) 필자는 『蒙韃備錄』, "…或供鵝洞砲座等龍.…"의 내용을 『新元史』 태조 9년 9월 "柔作鵝車洞火其城"의 내용으로 보아 鵝車, 洞車, 砲車에 탑승시킨 것으로 해석하는 것이 바람직하다고 판단된다.

191) 彭大雅·徐霆, 『黑韃事略』.

했다. 이 것은 요새나 성곽이 고립되면 전략적 가치를 상실했기 때문이다. 성곽 돌파방식은 당시의 문헌기록을 종합해 볼 때 衝動機로 성벽을 허물어뜨림, 성벽 안까지 갱도를 팜, 牛皮洞車를 사용하여 성 아래에 이른 뒤 성벽의 아래를 파냄, 사다리를 이용하여 사방에서 정면공격 등 4가지로 집약된다. 따라서 조공이 기록한 참호 매몰 작업은 본격적인 공격을 앞둔 사전 정지작업이라 할 수 있으며 e-5는 성벽의 4가지 정면돌파 방식을 구사 할 때 발생한 사상자를 묘사한 것이라 할 수 있다.

e-4와 e-4-A는 향민들을 鵝洞砲座[192] 즉 鵝車, 洞車, 砲車를 이동시키는 역할과 위 3가지 공성무기에 배치하여 공성전에 참전시키는 것을 알 수 있다(도면Ⅲ-5 참조). 鵝車는 갈고리를 사용하여 성벽 위에 있는 적병이나 방어용 무기를 끌어내리거나 성벽 위의 여장을 파괴하는 차로써 塔車도 이와 같은 기능을 했던 것으로 보여진다.[193] 洞車는 송나라 때 洞屋으로 불렸던 轒轀車로 공성전용 장갑차로 이용되었다. 바닥이 빈 수

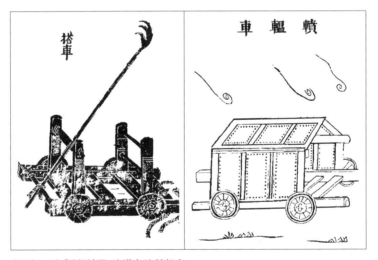

〈도면Ⅲ-5〉『武經總要』의 塔車와 轒轀車

---

192) 鵝洞砲座의 뜻은 鵝車·洞車·砲車의 배치된 상태를 말하는 것으로 보여진다.
193) 시노마 고이치, 신동기 옮김, 위의 책, p.201.

레 위에 나무로 골조를 조성하여 소가죽으로 그 위를 덮어 내부에 병사를 적의 화공과 화살, 돌 등의 공격을 방어하도록 하였다. 내부공간은 총 10명이 탈 수 있으며, 내부의 병사들이 밀고 이동할 수 있는 구조이다.194)

砲車는 『武經總要』에서 다양한 형태의 포차가 보이고 있다. 칭기스칸의 몽골군이 공성전의 필수도구로 투석기를 접하기 시작한 것은 1205년부터 시작된 서하 공략 이후부터이며, 그것이 대규모 포병부대로 발전한 시기는 1211년 금조와의 전쟁 이후라고 판단된다. 그러나 1221년 당시 몽골군의 공성기는 칭기스칸의 중앙아시아 원정(1219~1225) 및 1231년 3월부터 4월에 걸쳐 전개된 汴京전투에서 사용된 공성기로 미루어 볼 때, 1273년 1년 樊城 공격에 사용된 회회포와 같은 강력한 성능을 지닌 것은 아니라고 보여진다. 따라서 포차는 포루와 행포차의 형태로 내부의 병사를 보호할 수 있는 구조로 여겨진다(도면Ⅲ-6 참조).

鵝車, 洞車, 砲車와 같은 공성무기들은 성벽 하부까지 이동하여 공성하는 무기들로 공성전의 최전선에 위치한다. 이러한 공성무기에 포로들이 운용되었다는 것은 매우 위험한 임무에 투입되었다는 것을 뜻한다. 또 향민 중 아차·동차·포차 등에 부역하고 있는 인물들은 軍戶로 편입된 건장한 청년들일 가능성이 높다고 생각된다.

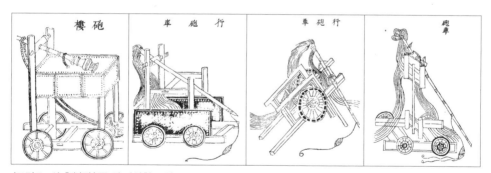

〈도면Ⅲ-6〉『武經總要』의 다양한 포차

---

194) 시노마 고이치, 신동기 옮김, 위의 책, pp.218~219.

몽골군은 현지에서 공성기를 만들어 사용했고, 중국과 페르시아 출신인 몽골군 기술자의 지시에 따라 공성기를 만들어야 했다. 이들이 만든 공성기와 활로 몽골군은 적군에 쉴 새 없이 공격을 퍼부었다. 카르피니는 몽골군이 끔찍한 원료로 화공을 벌였다고 기록했다.[195] 카르피니에 의하면 "몽골군은 살해한 사람의 지방을 채취해서 녹인 다음 적의 군영에 뿌리고 불을 지르면 불길을 막을 수 없었다"고 한다. 그리고 몽골군은 대몽항쟁기 동안 이러한 사람의 기름으로 공격한 사례가 귀주성과 죽주성 전투에서 확인되었다. 人油는 귀주성 전투의 경우 물로써는 불을 진압하지 못해 진흙을 물에 개어 消火할 정도였다고 한다.

e-5는 포로를 공성 공격에 적극적으로 활용하였음을 보여준다. 포로는 참호를 파서 방어물을 세우고, 대형 통나무로 충각을 만드는 등 필요한 경우에는 언제든지 노역에 동원되었다. 그러나 몽골군은 도망치려는 포로에게 누구든지 목을 베었다. 포로가 선택할 수 있는 길은 몽골군의 손에 죽든지 자신이 알지도 모르는 우군의 손에 죽든지 둘 중 하나였다. 포위 공격 중에 몽골군은 적의 사정권 밖에 머물다가 일단 성벽을 돌파하면 갑옷을 입고 사상자를 최소화하기 위해 주로 밤에 공격을 감행했다. 강제로 징발된 포위 지역 출신의 병사는 위험한 임무를 도맡았고, 몽골군은 본격적인 전투가 시작되면 모습을 드러냈다.[196]

몽골군이 금을 공격하던 공성전 방식을 정리하면, 몽골군은 저항하는 성책 주위에 성벽을 쌓아서 고립시킨 다음 쇠뇌나 투석기, 화살, 불화살 등을 퍼부었고, 강제로 징발된 병사에게 성문 파괴용 대형 통나무를 맡겨서 성문을 돌파하거나, 성벽 밑에 굴을 파서 성벽을 무너뜨렸다. 그리고 일단, 성문이 뚫리면 신속히 공격에 착수했다.

몽골의 공성전술 중 포위 공격은 고종 5~6년 강동성 전투에서 확인된 바 있다. 高宗 5년 9월부터 6년 2월 기사를 참조해 보면 몽골군은 강동성을 포위한 후 고려군과 합세

---

195) 카르피니(John of Plano Carpini, 1182~1252)의 『몽골여행기(History of the Mongols)』.

196) 몽골군이 피정복민을 공성전에 어떻게 활용했는지에 대해서는 심호성의 연구를 참조하였다(심호성, 2009, 「몽골軍의 對外遠征과 피정복민 활용: 피정복민의 軍士 동원 사례를 중심으로」, 『東洋史學科 論集』33).

하여 강동성에서 300보 떨어진 곳에 책을 세우고, 참호를 파고 거란유민이 항복하기를 기다렸다. 또한 몽골의 고려 5차 침입시 1253년 9월 춘주성 전투에서도 이중의 목책과 참호를 판 다음 춘주성을 고립시켜 자진하게 한 후에 도륙하였다. 이러한 몽골군의 성곽 포위공격은 대몽항쟁기에도 계속적으로 사용되었음을 알 수 있다.

e-6은 성의 함락 후 몽골군의 무자비한 살육행위를 기록한 부분이다. 몽골군의 대량 학살에 대해서는 당시 동서양의 문헌에 모두 특별하게 기되어 있다. 몽골군의 학살은 개전 초기 "공포의 파급효과(chilling effect)"를 나타내기 위한 몇 개의 성에 한정되어 있으며, 또 그 대상도 적병에 국한된 경우가 많다. 그것은 몽골군의 전략수단의 하나로 선전한 살육의 공포가 당시 이미 매우 두려운 이미지를 형성하여 정착화에 성공했다는 의미로 보아도 무리는 아닐 것이다.

몽골군은 대량 학살로 악명을 떨친다. 이것은 실용적인 몇 가지 목적에서 비롯되었다. 첫째는 정복한 지역에 남아 있는 적대 세력이 몽골군의 후방을 공격하지 못하도록 만드는 것이고, 둘째는 반항하지 못하도록 하는 것이었다. 몽골군이 완강하게 저항하던 지역을 점령한 후에 대량학살을 한다는 소문이 널리 퍼지자 겁을 먹고 항복하는 지역과 도시가 많아졌다. 대량학살은 반란에 대한 응징이었지만, 결과적으로 보면 반란이나 대항에 대한 억지력으로 작용했다. 그러나 생산적인 노동력의 확보를 전쟁의 목표로 생각한 농경민족의 역사가가 이해하기 힘든 요소였다.[197]

앞에서 설명해 온 몽골군의 공성방식을 정리하면 다음과 같다.

신생 몽골제국의 군대에 있어서 가장 큰 약점은 공성 공격을 효과적으로 하지 못한다는 점이었다. 몽골군은 1205년 서하를 공격하면서 여러 분야의 기술자(이슬람, 금왕조, 중국인)들을 공병대에 편입시켜 포와 공성기를 만들었다. 그리고 대규모 요새와 성곽을 공격하기 위해 먼저 외곽의 소도시를 점령하여 포로를 충분하게 확보하였고, 주위를 포위하거나 고립시켜 적군을 굶겨 항복시키는 봉쇄전술을 사용했다. 적군이 굶주림으로

---

197) 티모시 메이, 신우철 역, 2011, 위의 책, pp.156~157.

항복하거나 외교적 해결에 응할 때까지 기다렸다.

　몽골군은 저항하는 도시나 성곽을 공성 공격을 하기 위해, 주변 도시와 마을에서 생
포한 포로를 몽골병사 한명이 10명씩 단위로 담당하는 노역부대나 화살받이 부대로 편
성하였다. 몽골병사는 이들에게 포위한 요새와 성곽 밖으로 노와 투석기의 사정거리 밖
에 참호와 柵을 설치하게 하여 방어군과 구원군의 정보교환을 차단하였다. 다음에 풀,
나무, 흙, 돌 등을 모으게 하여 방어군의 해자나 참호를 메우게 하였다. 혹은 공성용 누
대와 토산을 만드는 작업을 진행하였다. 포로들을 중국과 페르시아 출신의 기술자의 지
시에 따라 노와 석포를 비롯한 공성기구를 제작하게 하였고, 낮과 밤을 가리지 않고 성
곽 공격에 투입시켰다. 또한 끔찍한 원료(人油 : 살해한 사람의 지방을 채취하여 녹여서
사용함)를 가지고 화공하였다. 人油는 물로써는 불길을 막을 수 없었다고 한다. 몽골군
은 포로 중 포위 지역 출신의 병사로 하여금 충차로 성문을 공격하거나, 운제를 성벽으

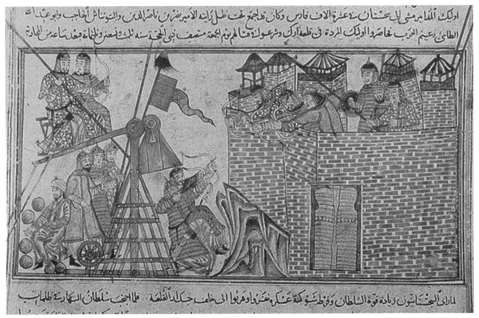

〈도면Ⅲ-7〉 14세기 몽골군이 트리뷰셋(일명 양양포, 회회포)으로 성을 공격하는 모습을 묘사한 그림
　　　　　　 (『集史』에서)

로 접근하거나, 성벽 밑에 땅굴을 파는 등의 가장 위험한 임무를 담당하게 하여 守城軍이 同族을 죽이도록 하였다. 몽골군은 공성전 중에 적의 사정권 밖에 머물러 있다가 공성기로 성벽과 문이 파괴되거나, 성벽이 돌파되면 갑옷을 입고 사상자를 최소화하기 위해 밤에 공격을 감행 하였다. 몽골군은 함락된 성곽의 병사와 주민을 공격 전 계획된 대로 필요한 기술자와 포로를 제외한 대량 학살(chilling effect)을 자행하였다.

2) 1·2차 戰爭에서의 攻城方式(龜州城 戰鬪)

몽골군의 1·2차 공격에 대한 공성전은 기습 공격과 포위 공격으로 이뤄졌다. 먼저 몽골군의 1차 침입당시 趙叔昌이 防守將軍으로 수성의 책임을 맡았던 함신진에서의 항복은 북계의 16개의 성곽들과 그 이남의 여러 성들로 하여금 방어할 시간적 여유를 없게 하였다. 몽골군은 기습공격으로 이들 성으로부터 대부분 항복을 받거나 함락 시켰다. 그리고 항전을 감행했던 철주성의 경우는 15일 간의 공격을 막아 냈지만, 고려 정부의 중앙군과 북계 여러 성곽의 지원군도 없었을 뿐더러 식량 부족으로 함락 당하였다. 이에 반하여 서경성은 몽골군이 1231년 9월에 기습공격을 받았으나 이를 방어해 냈다. 당시 서경성의 규모와 현황에 대해서 명확히 알 수 없지만, 묘청의 난 당시 김부식이 서경성을 공격할 시에도 1년여 정도의 시일이 소요된 곳이다.

이렇듯 몽골군은 1차 침입 당시 북계의 주요 성곽에 대하여 기습 공격하여 공취하였다. 그러나 방비가 된 곳에 대해서는 고려 수성군의 대비태세와 중앙군의 진출 상황을 살펴 포위 공격을 진행하였다.

고려와 몽골의 1차 전쟁 당시 공성전 양상을 명확히 알 수 있는 것은 귀주성 전투이다. 전투의 경과에 대해 사서에 비교적 자세히 기술되어 있을 뿐 아니라 고려의 대승첩이었다는 전투결과와 결부되어 이미 널리 잘 알려져 있는 사례이기도 하다.

몽골군이 처음으로 귀주에 당도, 성을 포위한 것은 침략 개시 다음 날인 고종 18년 9월 3일의 일이다. 이후의 전투경과에 대해서는『高麗史』세가 및 박서와 김경손의 열전 등에 비교적 상세하다. 몽골군은 1231년 9월, 10월, 11월, 12월 대략 4회에 걸쳐 귀주에 대한 대대적인 공성전을 감행하였다. 그러나 박서, 김경손 및 귀주 성민들이 힘을 합쳐 물리쳤다. 1232년 1월 고려 정부가 후군 지병마사 崔林壽와 감찰어사 閔曦를 몽골군

〈표Ⅲ-3〉 귀주성 공성전 전개과정

구분(1231년)		몽골군의 공격	고려군의 방어
1차 (9월)	①	몽골 대군이 귀주성 도달	東西면 방어: 삭주분도장군 김중온, 南면: 정주분도장군 김경손, 北면: 병마사 박서, 도호별초, 위주·태주 별초 250명 3면(동, 서, 남면)에 분담배치 김경손과 결사대가 남문으로 나가 격퇴함
	②	귀주성을 몇 겹으로 포위 밤낮으로 서남북의 문을 공격(위주부사 박문창 사로잡힘)	고려군 돌격하여 격퇴함
	③	박문창으로 항복 회유	박서가 박문창 베어버림
	④	정예 3백 기로 북문 공격	박서가 이를 방어
	⑤	몽골 군사가 수레에 초목을 쌓고 남문으로 진격	김경손이 포차로 쇳물을 녹여 부어 초목을 불 태움
	⑥	樓車와 木床에 쇠가죽으로 싸고 군사를 숨겨 성 밑에 地道 굴착함	성에 구멍을 내 쇳물을 부어 루차, 이엉을 불태워 목상을 소각, 터널을 무너뜨림
	⑦	15대의 大砲車로 성 남쪽 공격	김경손 포탄의 위협에도 자리를 고수함 성벽 위에 대를 쌓고 포차로 돌을 날려 물리침
	⑧	사람기름(人油)을 섶에 적셔 불을 질러 공격	진흙을 물에 개어 鎭火
	⑨	수레에 풀을 싣고 불을 놓아 門樓 공격	樓에 저장한 물을 뿌려 消火
2차 (10월)	①	귀주를 재공격 10월 20일 성랑 200간 파괴시킴	州人이 무너진 성곽 수축하여 지켜냄
	②	항복한 고려 군사들로 귀주성을 포위함	성벽을 넘어온 적과 항전하여 크게 물리침
	③	新西門의 요해처 28개소에 포차 설치 공격	
	④	10월 21일 성랑 50간이 파괴 후 성벽을 넘어 공격	
3차 (11월)	①	북계 여러 성의 고려 군사를 몰아 공격, 포차 30대를 줄지어 대 놓고 성랑 50칸을 격파	무너진 성벽 수축, 쇠고리 줄로 얽어놓아 방비함 출격하여 크게 이김
4차 (12월)	①	큰 포차를 가지고 공격	박서가 포차를 쏘아, 돌을 날려 (몽골군을) 수없이 쳐 죽임
	②	몽골 군사가 물러나 진을 치고, 柵을 세워 지킴	
	③	살례탑이 池義深, 姜遇昌을 보내어 희안공 侹의 편지를 주어 항복 권유	박서가 굳게 지키고 항복하지 않음
	④	雲梯를 만들어 성을 공격	大于浦로써 운제와 사다리를 깨뜨림

진영으로 보내어 항복권유를 하기에, 박서 등은 나라의 명령을 거듭 어길 수 없어 마지못해 항복 하였다. 몽골군이 공격했던 다양한 공성술을 〈표Ⅲ-3〉과 같이 정리할 수 있다.

여기에서 귀주성 공성전을 사료의 내용을 바탕으로 재편성해 보고자 한다.

먼저 몽골의 귀주성 1-①~④ 공격은 기습공격이 실시된 것으로 보여진다. 그러나 고려군이 돌격하여 이를 격파하였다. 기습공격이 실패하자 1-⑤~⑧ 공격을 감행한다. 기록에는 고려의 군사가 투입되지 않은 것으로 보이지만, 의주와 정주성에서 몽골군에게 포로로 된 병사와 백성들이 동원되어 귀주성 1차 공격부터 동원되어 성을 포위하고, 공성용무기를 제작했을 것으로 보여진다. 기습공격 이후 포위 한 후 성벽에 접근하여 공격하는 공성방식으로 변환하였다. 1-⑤~⑧ 공격은 공성 측에서 많은 희생을 감수하고 진행하는 것이다. 이러한 공격에는 몽골군이 포로를 사용한 것은 자명한 것이다. 그리고 고려의 중앙군이 편성되어 개경에서 안북부로 올라오는 시점도 걸쳐 있었던 것으로 보여지기 때문에 몽골군의 희생을 최소한으로 할 수 밖에 없었을 것이다. 그리고 1-⑥ 공격 중 樓車는 앞서 기술한 서경성 전투의 衝車의 형태로 보이며, 木床은 洞車의 일종으로 보여진다. 地道를 굴착한 것은 성벽 밑까지 굴을 파서 성벽을 기둥으로 바치고 기둥

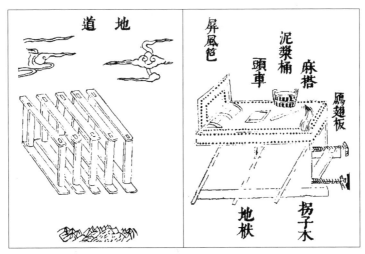

〈도면Ⅲ-8〉 地道의 목조틀과 흙을 운반하는 頭車

에 불을 붙여 성벽을 무너뜨리는 방법과 지하도를 통하여 성안으로 돌격해 가는 기습공격을 목적으로 공성군이 사용하는 방식이다. 이러한 굴착방식에 대해서는 〈도면Ⅲ-8〉과 같이 『武經總要』에서 그 방법과 땅굴 파는데 사용된 도구를 기록하였다.

이에 대한 고려군의 대응은 먼저 포위한 후 성문에 대한 공격이 시작되는 경우 방어군이 문 밖으로 나가 공격하여 물리치고 있다. 이러한 전술은 서경성 전투에서 확인된 바 있다. 반란군은 서경성을 포위 공격하는 정부군을 향해 기습적으로 공격하여 공격을 저지하였다. 1-④는 몽골기병의 공격은 投槍과 화살로 공격하는 방식으로 이에 대해서 박서가 적절히 방어한 것으로 보여진다. 박서가 어떻게 몽골기병을 방어했는지 기록은 남아 있지 않아 그 당시 兵書를 통해 확인해 볼 필요가 있다. 몽골군의 1-⑤ 공격에 고려군은 포차로 쇳물을 녹여 대응하였다. 1-⑥의 공격에 성벽에 접근한 누차와 木床에 대해서는 쇳물을 부어 방어한 후에 地道를 파괴하였다. 이후부터 몽골군은 포차를 통한 원거리공격과 성벽 돌파방식을 병행하고 있으나, 고려군은 이를 적절하게 막고 있다.

2차 공격부터 몽골군은 귀주성에 대해 기습과 포위 공격을 동시에 진행하고 있으며, 기록에서 항복한 고려 군사를 동원하여 전투를 진행하고 있음을 알 수 있다. 그리고 포차의 개수를 더해서 성벽을 집중적으로 공격하고 있다. 무너진 성벽을 넘어서 공격을 하였으나 고려군의 저항에 맞서 실패하였다. 3차 공격에서는 포차로 성벽을 공격하였으나, 고려군의 돌격으로 많은 수의 병사를 잃게 되었다.

4차 공격에서 몽골군은 포차 공격이 무위로 끝나자 성 밖에 책을 쌓아 장기전으로 돌입하였다. 이는 1135년 서경성 전투에서 고려 정부군이 택했던 방식과 1219년 강동성 전투와 유사한 것으로 보여진다. 그리고 항복 권유를 하였고, 이에 고려군이 불응하자 운제 등으로 병사들로 하여금 성벽을 넘게 하는 공격을 감행하였다. 이에 고려군은 대우포로 성벽에 접근한 운제와 사다리를 깨 부셨다.

大于浦는 운제와 사다리를 방어하는 수성무기로 큰 날이 달린 병기라고 기록되어 있다. 대우포는 『武經總要』에서 확인되지 않는다. 다만 『武備志』권114의 衝木의 도면과 일치한 부분이 있다. 이 충목은 懸石과 같이 絞車에 매달아 적이 성벽에 접근하는 것을 방어하는 기구이다. 충목은 直用과 橫用이 있는데 나무 끝에 쇠로된 큰 날이 달린 칼이 부착되었다. 귀주성 공방전에 등장하는 '大于浦'는 이 충목에 해당된다고 생각된다. 대

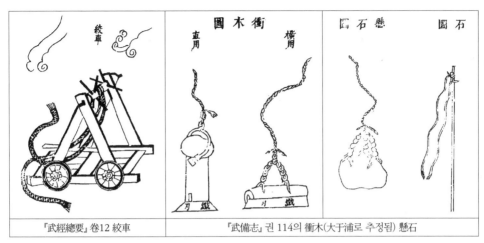

〈도면Ⅲ-9〉 絞車와 (추정)大于浦

우포는 몽골군이 귀주성 전투 이전에 경험하지 못했던 수성무기로 보이며, 이에 『武經總要』에서는 확인할 수 없었던 것으로 볼 수 있다. 『高麗史』에서 고려의 수성무기로 대우포를 기술한 것을 보면 새롭고 가공할만한 위력을 가진 무기로 여겨진다. 따라서 이 충목에 달린 큰 칼이 대우포로 추정된다.

몽골군은 귀주성에 대해 4차례의 기습과 포위하는 공성전술로 공격하였다. 이에 대해서 귀주성의 고려군은 다양한 수성전술과 수성무기로 방어해 냈다. 고려군은 1~2차 전쟁 당시 자주성, 서경성(1차 전쟁)과 광주산성 전투(1~2차 전쟁)에서도 기록은 없지만 몽골군의 이러한 공성전술을 막아냈을 것으로 추측된다. 1~2차 전쟁을 통해 몽골군의 공성전술은 고려의 방어준비가 완료된 성곽을 단기간에 공취할 수 없다는 한계를 보여 줬다고 할 수 있다.

3) 3·4차 戰爭에서의 攻城方式(竹州城 戰鬪)

몽골군의 1차와 2차 전쟁에서 확인된 공성술은 3차 전쟁 당시 죽주성에서 재현되었다. 죽주성 전투는 『高麗史』 고종 23년(1236) 9월 8일자(壬戌)에 "몽병이 竹州에 이르러 항복하라고 타이르거늘 방호별감 송문주가 力戰하여 이를 패주시켰다"라고 간략하게 기록되었다. 송문주는 일찍이 고종 18년 몽골의 1차 침략 당시 귀주성 전투에서 몽골군을 막아낸 경험을 가진 인물이다. 『高麗史』송문주 열전과 『高麗史節要』에 전투의 상세한 내용이 있어서 그 내용을 정리하면 다음과 같다.

〈표Ⅲ-4〉 죽주성 공성전 전개과정

구분		몽골군의 공격	고려군의 방어
1236년 8월 하순 ~ 9월 8일	①	몽골군이 죽주성에 이르러 항복을 권유	성 중의 사졸이 출격하여 이를 쫓음
	②	砲로써 4면을 공격하여 문을 무너뜨리려 함	성 안에서 砲로 逆擊, 몽골군이 접근을 막음
	③	사람 기름(人油)으로 섶을 적셔 불을 질러 공격	성 중의 사졸이 일시에 돌격하여 몽골의 전사자가 많음
	④	15일간 공격 후 공성기구를 불태우고 퇴각	

죽주성 전투는 대략 15일간 진행되었는데, 9월 8일에 몽골군이 물러난 시기라고 보면, 전투는 8월 하순에 개시된 것이라 생각된다. 이 죽주성 전투는 〈표Ⅲ-4〉에서 보는 것처럼 4차례의 공격으로 구분할 수 있으며, 전적으로 귀주성 전투의 축소판이라 할 수 있다.

먼저 몽골군은 죽주성 고려군의 항복을 권유한 다음 사방을 포위해서 砲로써 성벽과 문을 부수고, 혹은 짚에 사람 기름을 뿌려 성을 火攻하기도 하는 몽골군의 공격이나, 그때마다 성문을 출격하여 적을 물리치거나, 임기대응하는 고려의 수성전 양상이 그러하다. 또한 죽주성민들은 적의 허점을 따라 수시 출격, 몽골군을 사살함으로써 승리로 이끌었다.

몽골군의 공성술은 위에서 살펴보듯이 1차 전쟁 당시 귀주성 전투와 3차 죽주성 전투가 큰 차이를 보이지 않았다. 앞서 몽골군의 일반적인 공성전술과 귀주성 전투의 공성전이 큰 차이를 보이지 않은 점을 확인하였다. 3차 전쟁 당시 송문주 장군의 열전 내용과 『高麗史節要』의 내용에서 적들의 계획을 먼저 알아차려 대비하는 점198)은 몽골군의 공성

---

198) 『高麗史節要』卷16 高宗 23年 9月. "蒙兵, 至竹州, 諭降, 城中士卒, 出擊走之, 復來, 以砲攻城, 四面城門, 中砲摧落, 城中, 亦以砲, 逆擊之, 蒙兵, 不敢近, 居無何, 又備人油松炬蒿草, 縱火攻之, 城中軍卒, 一時, 開門出戰, 蒙兵死者, 不可勝數, 蒙兵, 多方攻之, 凡十五日, 終

술이 일정한 원칙이 있었던 것이라 할 수 있다. 이러한 몽골군의 공성술은 1~3차 전쟁 기간에 걸쳐 큰 변화가 없었다. 또한 몽골군의 공성방식은 江都정부가 파견한 방호별감이 지키는 죽주성에서 실패하였다.

江都정부는 3-2차 전쟁을 대비하여 고종 23년(1236) 6월 각 도에 산성방호별감을 파견하였다. 그 결과 죽주성 전투와 같이 몽골군의 공격을 적절하게 방어하였다. 이러한 배경에는 江都정부가 1차와 2차 전쟁을 겪으면서 몽골군의 공성술을 파악하고, 이를 대처할 수 있는 수성방식이 논의 되어 정리된 것으로 보여진다. 江都정부의 수성방식 논의에 대해서는 자세히 알 수 없으나, 1~3차 전쟁 당시 몽골군의 공격에도 守城에 성공한 장수들에 대한 예우를 통해 보면 그 내면을 짐작할 수 있다. 귀주성 박서와 죽주성 송문주 장군이 몽골군의 공격을 막아낸 이후의 진급과정을 살펴보면 다음과 같다.[199]

박서는 호부상서 박인순(1143~1212)의 아들로 奉先庫判官, 侍御史 등을 지냈으며, "멋진 외모와 능한 무예, 독서를 좋아하는" 박인순의 풍모가 있었다고 한다. 그러나 박서는 이후 행적에 대해서는 알려진 것이 별로 없다. 『高麗史』 열전 박서전에는 1차 여몽전쟁이 종식되면서 고려 정부가 대몽관계를 의식한 정치적인 차원에서 그의 고향인 竹州로 귀향시켰다는 것, 그리고 후일에 門下平章事에 임명했다는 사실만이 기록되어 있을 뿐이다.

그러나 박서는 朴文成으로 개명되어, 고종 19년 2차 몽골 침입 이후에 鄕里 죽주에서 관직에 재발탁된 것으로 中書侍郞平章事, 尙書右僕射 등을 거쳐 열전에 말하는 문하평장사의 직까지 이르렀던 것으로 확인되었다. 박서는 죽산에서 江都로 옮겨갔고, 고려 정부의 고위직으로써 대몽항쟁의 중요한 역할을 했던 것이다. 박서는 귀주성에서 몽골군의 공격을 막아낼 당시의 송문주를 발탁하여 죽주산성 방호별감으로 파견하는데 일정한 영향을 끼쳤을 것이다. 그리고 송문주와 같이 파견된 방호별감 역시 몽골군과의 전

不能拔, 乃燒攻戰之具而去, 防護別監宋文冑, 嘗在龜州, 熟知蒙兵攻城之術, 彼之計畫, 無不先料, 輒告於衆曰, 今日, 敵必設某機械, 我當以某事, 應之, 卽令備待, 賊至, 果如其言, 城中皆謂之神明, 以功, 拜左右衛將軍"

199) 尹龍爀, 1991, 앞의 책, pp.239~268을 참조하여 정리하였다.

투경험과 몽골의 공성술을 막아낼 수 있는 방침을 갖고 있었을 것으로 판단된다. 200)

송문주는 죽주산성 전투 승첩의 공으로 左右衛將軍에 승진, 임용된다.『鎭川宋氏大同譜』에 의하면 그는 본명이 宋彦庠이며, 중서시랑평장사를 역임한 宋恂(?~1259)의 아들이다. 고종 말년 경상도안찰사 재직 시에는 민생을 고려하지 않은 경상도수로방호별감 대장군 宋吉儒의 가혹한 入保策 추진을 용기있게 탄핵하여 그 실정을 도병마사에게 보고하였던 사실에서도 그의 성품을 엿 볼 수 있다. 이에 앙심을 품은 송길유는 김준에게 고하여 보복하고자 하였으나, 왕이 송언상이 일찍이 죽주산성 전투의 공이 있었으므로 명하여 이를 용서하였다고 한다. 여기에서 송문주와 송길유의 관계에서 보듯이, 1258년이 되면 고려 정부의 입보책에 대한 혼선이 보인다.

위의 내용을 정리해 보면 3차 전쟁 당시 산성방호별감이 파견된 죽주성은 몽골군의 15일간 공성전을 방어하여 승리하였다. 이는 江都정부가 1~2차 전쟁을 통해 몽골군의 공성방식을 파악하여 이를 대처할 수 있는 방안으로 방호별감을 각 도에 파견한 것이 승리의 요인이었다. 당시의 방호별감에 대해서는 알 수 없지만, 송문주를 통해 보면 귀주성 전투에 참여하여 몽골군과 실전을 경험했던 무관임을 알 수 있다. 그리고 그는 몽골군이 공격을 언제 어떠한 방식으로 진행할 것을 예상할 정도로 몽골군의 공성술에 대해서 간파하고 있으며, 이에 대한 대비 또한 준비하고 있었던 것이다. 귀주성 전투의 박서가 江都정부의 문하평장사의 고위직까지 오른 것과 송문주가 6차 전쟁 당시 경상도안찰사까지 오른 점으로 미루어 보면, 江都정부는 몽골군의 공성술을 막아낸 이들에게 고위직으로 승진시키고 있음을 알 수 있다. 이를 통해 江都정부는 1차와 2차 전쟁을 겪으면서 몽골군의 공성술을 파악하고, 몽골군의 공격을 방어해 낼 수 있는 방호별감을 파견하여 몽골의 침략에 대항하고 있다는 사실을 짐작할 수 있다.

---

200) 귀주성과 같이 몽골군의 공격을 막아내며 항복하지 않았던 자주성 전투의 최춘명은 고종 19년 4월에 처벌과 관련한 논의가 있었으나, 몽골 관인의 옹호로 형을 면하였다. 그 후 강화로 천도 한 고려가 몽골과의 대결을 결의하면서, 최춘명은 새롭게 평가를 받은 듯하다. 고종 26년 경상도 안찰사에 올랐고, 그 후 추밀원부사라는 고위직까지 승진하였다(尹龍爀, 1991, 앞의 책, pp.244~246).

3차 전쟁 당시 죽주성은 현재 안성시 죽산면에 위치한 죽주산성으로 비정되고 있다. 죽주산성은 다음 장에서 자세하게 기술하겠지만, 삼국시대에 축성되어 통일신라를 거쳐 고려시대에까지 사용된 州縣城이다. 3차 전쟁까지의 공성전 양상은 방호별감이 파견된 주현성에는 몽골군의 대한 방비가 이뤄졌기에 몽골군의 공격을 막을 수 있었던 것으로 보여진다.

4) 5차 戰爭에서의 攻城方式
(椋山城, 東州山城, 春州城, 楊根城 天龍山城 戰鬪)

5차 전쟁에서 공성전의 특징은 통일신라 이후부터 사용되었던 治所의 배후 산성 및 고려시대 州縣城, 4차 침입 시까지 보이지 않았던 험지에 위치한 성곽에서 전투가 진행 되고 있다는 것이다. 전자의 경우 산성은 동주산성과 춘주성(봉의산성), 原州城이며, 주 현성은 충주성, 양주성이 있다. 새롭게 확인되는 험지의 성곽은 椋山城, 楊根城(함왕 성), 天龍山城 등이다.

먼저 동주산성과 춘주성의 공성전 양상을 살펴보겠다.

고종 40년 8월 12 양산성이 함락된 이후 몽골군은 내륙의 길을 선택하여 東州(철원) 에 이르러 8월 27일 동주산성을 함락시킨다.

    a. 몽골 군사가 東州山城을 함락시켰다. 이보다 먼저 방호별감 白敦明이 백성을 산성에 들어가게 하여 보호하며 출입을 금하였다. 고을 아전이 말하기를, "禾穀을 수확하지 못하였 으니, 적병이 이르기 전에 윤번으로 이르기 전에 윤번으로 교대하여 나가서 베어 들이기를 청 합니다." 하였다. 돈명이 듣지 않고 드디어 그 아전을 베자, 백성이 분격하여 모두가 죽이고 자 하였다. 몽골병이 성 아래에 이르자 돈명이 정예한 군사 6백 명을 내어 막아 싸우는데, 사 졸들이 싸우지 않고 달아났다. 金華監務는 성이 장차 함락될 것을 알고 고을 아전을 거느리 고 도망하였다. 몽골 군사가 문을 쳐 깨뜨리고 돌입하여, 돈명과 그 고을 副使·판관과 金城 縣令을 죽이고, 부녀와 남자 아이들을 사로잡아 갔다.[201]

---

201) 『高麗史』 卷101 列傳14 文漢卿. "又有白敦明者爲東州山城防護別監驅民入保禁出入州吏告

몽골군의 5차 침입에 당하여 주요 요충지에 다수의 방호별감을 파견, 산성을 중심으로 방어전에 임하였다. 이들은 수령들의 입보조치를 통괄하면서 전투지휘의 책임을 맡았던 것인데, 현지 실정에 어두운 채 농민들의 사정을 고려하지 않고, 일방적인 조치를 강행함으로써 방어전의 실효를 거두지 못하였던 것이다. 이러한 배경에는 이현 등의 배몽자들이 嚮導로서 야굴 군을 수확 전에 침공하기를 청했던 사실에서도 드러나 있다.

다음은 춘주성 전투기사를 살펴보겠다. 춘주성은 고종 40년(1253) 9월 20일에 함락되었다.

> b. 몽골 군사가 春州城을 몇 겹으로 포위하여 목책을 두 겹으로 세우고 참호를 한 길이 넘게 파놓고 여러 날을 공격하였다. 성중의 우물이 모두 말라서 소와 말을 잡아 피를 마시는 등 사졸들의 곤함이 말할 수 없었다. 문학 曹孝立은 성을 지키지 못할 것을 알고 아내와 더불어 불에 뛰어 들어 죽었다. 안찰사 朴天器는 계책은 궁하고 힘은 다해 먼저 성중의 돈과 곡식을 불태우고 결사대를 거느리고 목책을 부수고 포위를 돌파하였으나, 참호에 막히어 나가지 못해, 한 사람도 벗어난 자가 없었다. 드디어 그 성은 도륙 당하였다.[202]

몽골군은 함락한 고려의 여러 성의 포로와 몽골에서부터 동반하였던 추밀원부사 이현 등을 동원하여 먼저 춘주성의 출항을 요구했을 것이다. 그러나 이것이 거부되자 춘주성을 여러 겹으로 포위하고 거기다 이중의 목책과 참호로써 고립시켜 자진케 하는 전법을

日:"禾未種迨敵兵未至請迭出刈之." 敦明不聽遂斬之人心憤怨皆欲殺之. 及蒙古兵至城下敦明出精銳六百拒戰士卒不戰而走金華監務知城將陷率縣吏而遁蒙古兵遂攻門突入殺敦明及其州副使判官金城縣令等虜婦女童男而去.

『高麗史節要』卷17 고종 40년 8월. "蒙兵陷東州山城, 先是, 防護別監白敦明, 驅民入保, 禁出入, 州吏告曰, 禾未收穫, 迨敵兵未至, 請輪番迭出刈穫, 敦明不聽, 遂斬其吏, 人心憤怨, 皆欲殺之, 及蒙兵至城下, 敦明出精銳六百拒戰, 士卒不戰而走, 金華監務, 知城將陷, 率縣吏而遁, 蒙兵攻門突入, -殺敦明及其州副使判官金城縣令虜其婦女男而去"

202) 『高麗史節要』卷17 고종 40년 9월. "蒙兵圍春州城數重, 樹柵二重, 坑塹丈坑餘, 累日攻之, 城中井泉皆竭, 刺牛馬飮血, 士卒困甚, 文學曹孝立, 知城不守, 與妻赴火死, 按察使朴天器, 計窮力盡, 先燒城中錢穀, 率敢死卒, 壞柵突圍, 遇塹不得出, 無一人脫者, 遂屠其城"

사용한 것이다.

몽골군은 삼국 및 통일신라시대부터 사용된 산성이 갖고 있는 약점을 파악하고 있었던 것으로 보인다. 몽골군은 동주산성을 기습공격으로 추수와 식량 확보를 방해하여 저항의 의지를 꺾은 후에 포위 공격하였다. 그리고 춘주성의 경우는 기록에는 없지만 방어군과 많은 수의 지방민이 입보하게 한 후에 포위 공격하여 물 부족 등으로 고사하게 하였다. 뒤에 기술하겠지만, 3차 침입 당시 죽주성의 송문주는 기존의 성곽 외부에 계곡을 둘러싼 성곽을 덧붙여 축조하였다. 이렇게 함으로써 성의 규모가 커지고 지방민의 입보를 가능케 하였다. 더불어 수원을 확보할 수 있었다. 이러한 죽주성의 변화는 3차 침략 당시 몽골군의 공격을 막아내는 계기가 되었다.

다음은 주현성인 충주성과 양주성의 전투 양상을 살펴보겠다. 충주성은 5차 전쟁 당시 김윤후가 충주읍성을 방어해 냈다. 이에 대해서는 다음 3절에서 기술하겠다.

양주성은 현재의 양양읍성으로 나지막한 야산과 평지를 연결한 평산성으로 성의 전체 길이는 약 1,513m이며, 조선 태종 13년(1413)에 都護府를 두면서 확대한 것으로 보고 있다.203) 2011년 발굴조사를 통해 토축성벽 및 외황이 확인되었다. 성벽은 4차례의 변화를 보이고 있다고 한다. 축조시기는 목종 7년(1007) 때 축성한 것으로 보고하고 있다.204) 이 양주성은 1218년 거란유민을 막아낸 공로로 고종 8년(1221)에는 襄州로 승격되었다. 이 양주성은 토축성벽과 외황을 갖춘 고려시대의 州縣城으로 주변의 석성산성과 연계하여 동해안의 여진족 해적의 침입을 막는데 주력한 성으로 보여진다.

양주성에 대한 전투기사는 소략하지만, 동계지역으로 고종 40년(1253) 9월에 등주를 포위 공격했던 몽골군이 通川 방면 동해안을 따라 남하하였고, 이어 동월 21일 襄州(현재 襄陽)가 함락되었다고만 기록되었다. 고종 43년 동계병마사의 보고에 의하면 등주는

---

203) 강릉대학교박물관, 1994, 『양양군의 역사와 문화유적』.
   江原文化財研究所, 2003, 『文化遺蹟分布地圖－襄陽郡－』.
   지현병, 2004, 「양주성의 성격과 특징」, 『양주성 축성 1천주년 기념을 위한 학술토론회』, 양양문화원.
204) 권민석, 2011, 「양양읍성」, 『2011년 중부고고학회 유적조사발표회 자료집』.

성 안에 물이 없고, 또 식량도 없어 섬으로의 入保가 불가피했다고 한다. 양양읍성도 등주성과 큰 차이는 없었을 것으로 여겨진다. 고려 전기 동해안의 여진족은 해안을 따라 내려오던 해적이었다. 이러한 해적을 대비한 양양읍성 역시 방비책이 크게 마련되지 않았을 것이다. 또한 낙산사의 사적기록문에는 몽골군이 급하게 공격하여 성이 장차 함락되려고 하는 기사 내용이 있다.[205] 즉 양주성은 등주를 공격하던 몽골군의 기습공격으로 함락된 것으로 보여진다.

새롭게 확인되는 험지의 성곽은 椋山城, 楊根城(일명 함왕성으로 불림), 天龍山城 등이다. 여기에서는 전투기사가 확인되는 양산성에 대해서 기술하겠다.

야굴의 몽골군은 서경과 土山을 경유하여 8월 12일에 서해도의 양산성을 함락, 성을 도륙하였다. 양산성의 위치는 확인하기 어렵고, 전투기사를 통해 보면 지리적으로 매우 험한 천연적 요충지로 알려졌다.

> c. 몽골 군사가 서해도 椋山城을 함락시켰다. 이 성은 사면이 절벽이고, 겨우 인마가 통할 수 있는 길뿐이었다. 방호별감 權世侯는 험한 것을 믿고 술만 마시고 방비는 하지 않은 채 거만한 말까지 하였다. 몽골 사람들이 성에 임하여, 大砲를 설치하여 문을 쳐부수고 화살을 비처럼 쏘았으며 또 석벽에 사다리를 놓고 올라와서 火箭으로 초막을 쏘아 불사르고 갑졸들이 사방으로 들어오니, 성이 드디어 함락되었다. 세후는 스스로 목매어 죽고 성 안에서 죽은 자도 무려 4천 7백여 명이나 되었다. 남자 10세 이상은 도륙하고 부녀자와 어린아이는 사로잡아 사졸에게 나누어 주었다.[206]

---

205) 權金城 기사 중에 "원 나라 군사가 우리 강토에 마구 들어왔는데 이 고을에서는 설악산에다 성을 쌓아서 방어하였다(『新增東國輿地勝覽』 卷44 양양도호부 고적조)." 낙산사 부분에 보면 계축년에, 元나라 군사가 우리 강토에 마구 들어왔으므로 이 州는 설악산에다 성을 쌓아 방어하였다. 성이 함락되자, 절 종[奴]이 수정염주와 여의주를 땅에 묻고 도망하여 조정에 고하였다(『新增東國輿地勝覽』 卷44 양양도호부 불우조). 즉 고려 고종 40년(1253) 양주성 함락기사는 양양읍성이었다는 내용에 대해서는 4장에서 자세하게 논하겠다.

206) 『高麗史』 卷101 列傳14 文漢卿. "有權世侯者爲西海道椋山城防護別監禦蒙古兵城四面壁立唯一逕僅通人馬世侯恃險縱酒不爲備且有慢語. 蒙古設砲攻城門碎之矢下如雨又梯石壁而上以火箭射草舍延爇城中人家甲卒四入城遂陷世侯自縊死城中死者無慮四千七百餘人屠男口十

전투기사를 보면 방호별감 권세후는 지형이 험한 것을 믿고 방비를 하지 않은 것으로 보여진다. 몽골군은 양산성에 접근하여 퇴로를 차단하고, 대포를 설치하였다. 몽골과의 공성전에서 승리한 귀주성과 죽주성의 전투기사에서는 몽병이 접근하거나, 대포를 설치하는 경우 문을 열고 나가 이를 격퇴시켰다. 그러한 내용이 없는 점으로 보아 권세후는 몽병이 공격예상을 미리 알지 못했을 것으로 보이며, 성문을 공격하는 투석기에 대한 대응을 하지 않았던 것으로 보여진다.

방호별감이 파견되더라도 쉽게 함락된 성은 양근성과 천룡산성을 들 수 있다. 이 성곽들은 지형적으로 험하면서 수원이 풍부한 곳이다. 또한 둘레가 2.5km가 넘는 중대형 성곽에 해당한다. 그러나 기록이 당시의 상황을 모두 담고 있지 않겠지만 항전을 했던 내용을 찾아 볼 수 없다.

d. 몽골병사가 양근성을 포위하자 방호별감 尹椿이 무리를 거느리고 나가서 항복하였다. 몽골 군대에서 정예병 6백 명을 뽑아 춘으로 하여금 거느리게 하고, 몽골 군사 3백 명을 머물러 진압하며 벼를 베어 군량을 준비하였다. 윤춘이 原州 방호별감 鄭至麟에게 글을 보내어 항복하라고 권유하였으나, 지린이 듣지 않고 성 지키기를 더욱 굳게 하니, 몽골 군사가 포위를 풀고 갔다. 천룡산성은 李峴이 몽골 군사와 더불어 天龍山城을 치자, 黃驪縣令 鄭臣旦과 방호별감 趙邦彦이 나와 항복하였다.[207]

歲以上擒其婦女小兒分與士卒."
『高麗史節要』 卷17 고종 40년 8월. "蒙古兵, 陷西海道椋山城, 是城四面壁立, 唯一徑僅通人馬, 防護別監權世侯, 恃險縱酒, 不爲備, 且有慢語, 蒙人臨城設砲, 攻門碎之, 矢下如雨, 又梯石壁而上, 以火箭射草幕皆延爇甲卒四入, 城遂陷, 世侯自縊死, 城中死者, 無慮四千七百餘人, 屠男子十歲以上, 擒其婦女小兒, 分與士卒."

207) 『高麗史節要』 卷17 고종 40년 10월. "蒙兵圍楊根城, 防護別監尹椿, 率衆出降, 蒙兵選精銳六百, 使椿領之, 留蒙兵三百鎭之, 刈禾備糧餉, 椿移書原州防護別監鄭至麟, 諭降, 至麟不聽, 城守益固, 蒙兵解圍去. 李峴與蒙兵攻天龍山城, 黃驪縣令鄭臣旦, 防護別監趙邦彦, 出降."

椋山城, 楊根城(함왕성), 천룡산성은 대몽항쟁기 중에 5차 전쟁을 대비하기 위해 축성된 것으로 보여지며, 험지와 풍부한 수원확보, 중대형 규모로 많은 입보민을 수용할수 있는 장점이 있다. 그러나 몽골군이 포위가 가능하고, 험지에 있어 식량 운반이 불편했던 것으로 보여진다. 양근성의 경우에는 윤춘 등이 몽골군에게 항복한 이후에 벼를 베어 군량을 충당케 한 점으로 보면, 양근성의 경우에는 장기전에 대비한 식량이 부족했던 것으로 생각된다. 천룡산성도 양근성의 경우와 같이 장기간의 포위공격을 감당할 수없었던 것으로 판단된다. 그러나 원주성에서는 몽골군의 항복 요구에 응하지 않았는데, 장기전에 대비한 준비가 갖춘 것으로 볼 수 있다.

몽골군의 5차 전쟁 당시의 공성전술은 기존의 1~3차 전쟁과 큰 차이를 보이지 않았다. 다만 전쟁 수행시기를 부몽 세력인 이현 등의 의견에 따라 추수 전에 침공하였다. 또한 기존의 공격 노선과 달리 내륙의 길을 선택하여 기습 공격하였다. 이러한 공격 방식의 변화는 커다란 성공을 거두었다.

먼저 양산성의 경우는 몽골군의 공격을 험준한 지세를 믿다가 함락당하였다. 양산성의 위치에 대해서는 확실하게 밝혀진 바는 없지만, 1차 전쟁 당시 함신진과 같이 주요 교통로와 인접하여, 5차 전쟁 당시 서경 이남의 전략요충지 임에 틀림없는 것으로 여겨진다. 이 성의 함락은 곧바로 동주산성 함락으로 이어진다. 동주산성은 추수와 관련하여 내분이 일어나 함락 당했다. 함락당한 원인으로는 몽골군의 기습과 포위 공격을 대비한 방호별감과 지역민의 의견차이라고 할 수 있다. 또한 춘주성은 고종 4년(1217)에 거란유민에게 함락된 점으로 보면 장기간 수성의 입지로 적합하지 않은 것으로 보이며, 저장해둔 식량을 소진하기도 전에 식수의 부족으로 함락 당하였다. 그리고 몽골군은 함락된 춘주성의 병사와 주민을 상대로 대량 학살(chilling effect)을 자행하였고, 일부 아녀자와 몽골군이 필요로 하는 기술자 등은 포로로 잡아 갔을 것으로 생각된다.

몽골군이 춘주성에서 보여준 대량 학살은 양근성과 천룡산성에서 효과를 발휘한 것으로 보여진다. 또한 양근성이 함락된 후 추수를 하여 군량을 확보한 것으로 보면 몽골군의 공격시기의 변화와 이에 따른 기습공격은 江都정부의 대응책에 대한 변화를 요구하게 한 것으로 보여진다.

5차 전쟁 당시 江都정부는 방호별감을 파견하여 淸野入保를 강화함으로써 항전력을 높이려 하였으나, 양산성·동주산성·춘주성·양주성이 함락되고, 양근성과 천룡산성이 항복함으로써 강원도 및 경기도 내륙을 이은 동서 방어선이 붕괴되는 상황에 이르렀다. 그러나 원주성과 충주성에서 몽골군의 공격을 막아냄으로써 몽골군에 대항할 수 있는 방어체제를 구축하였다는데 위안을 가질 수 있었다. 원주성의 방어체제에 대해서는 3절에서 기술하겠다. 그리고 다음에서 충주성 공방전의 양상을 살펴보겠다.

5) 6차 戰爭에서의 攻城方式(忠州山城, 尙州山城, 笠巖山城, 寒溪城 戰鬪)

6차 전쟁시 공성전 양상을 알 수 있는 성곽은 충주성, 충주산성(대림산성과 월악산성:덕주산성), 상주산성, 장성 입암산성, 한계성이다.

먼저 충주성과 충주산성 전투에 대해 서로 다른 위치비정의 견해가 있다. 여기에서는 1차부터 6차까지의 충주성과 충주산성 전투지역에 대한 변화를 설명해 보고자 한다.

충주지역에는 대몽항쟁기 중 총 9차례의 전투 기사가 남아 있다. 이를 순서대로 나열하면 다음과 같다.

> e-1. 고종 18년(1231) 12월 충주성 별초 방어군이 몽골군 격퇴 : 충주읍성 내성 방어
>
> e-2. 고종 40년(1253) 9월 9일 충주의 倉正 崔守가 金堂峽에 복병하여 몽병 15급을 사살 함
>
> e-3. 고종 40년(1253) 10월 김윤후 충주성을 70여 일간 수성, 몽골군 격퇴 : 충주읍성
>
> e-4. 고종 41년(1254) 9월 다인철소인의 몽골군 항전 승리, 현으로 승격
>
> e-5. 고종 41년(1254) 9월 14일 차라대군이 충주산성을 공격했으나 물리침 : 대림산성
>
> e-6. 고종 42년(1255) 10월 2일 '몽골병을 대원령에서 충주 정예병이 기습 공격하여 몽군 1천여 명을 사살
>
> e-7. 고종 43년(1256) 4월에 몽골군은 또 다시 충주에 들어와 州城을 도륙 : 충주읍성
>
> e-8. 고종 43년(1256) 4월 州城을 도륙한 몽골병이 관민이 입보하고 있는 충주산성을 공격, 피난 온 관리와 노약자가 두려워 항거하지 못하고 월악산사로 올라감 : 월악산성(덕주산성)

e-9. 고종 45년(1258) 10월 충주의 별초가 박달현에 숨어 있다가 몽병을 저격

충주성 전투와 관련한 기사는 e-1, 3, 5, 7, 8의 기사이다.

e-1의 충주성은 1차 전쟁 당시 1231년 12월에 몽골군의 공격을 받았다. 당시 충주성에는 양반별초와 노군, 잡류별초가 몽골군의 침입을 대비하고 있었으나, 양반별초는 다 성을 버리고 달아났고, 오직 노군과 잡류별초가 물리쳤다고 한다. 몽골군이 철수한 뒤 도망쳤던 지휘관과 양반들이 적이 약탈해 간 물건에 대한 책임을 씌워 도리어 노군을 죽이려 하였다.

고려시대 충주성은 조선시대 읍성 위치에 내성과 그 외곽의 나성이 존재했던 것으로 밝혀졌다.[208] 노군과 잡류별초가 방어했던 충주성은 내성으로 보여진다. 왜냐하면 적이 약탈해 간 물건이라면 당연히 충주성이 함락되어야 가능할 것으로 여겨진다. 당시의 몽골군이 저항한 성곽에 대해서는 무차별적인 약탈과 살인을 자행한 점으로 미루어 보면 짐작할 수 있는 근거이다. 그러나 약탈된 물건에 대한 책임을 물은 것은 내성 밖 나성 안에 존재 했을 관공서 물품일 가능성이 매우 크다. 충주성은 소수의 방어군으로 인해 나성은 포기하고 내성을 방어했을 가능성이 매우 크다. 또한 몽골군의 호라즘 공격 당시 도시 외곽이 함락되더라도 내부 방어시설을 공격하는데 많은 시일이 걸렸다고 한다.

몽골군은 충주읍성 외성 내부의 시가지에서 내성에 대한 공성전을 감행하기 위해서는 퇴각로 확보와 충주 주변 산성에 대한 함락이 시급했을 것으로 여겨진다. 몽골군 입장에서 충주성 외곽은 달천과 남한강이 둘러싸여 있어 퇴각시 강을 건너야 하는 어려움이 존재한다. 그리고 충주성에서 달아난 양반별초 등의 위치와 혹 충주 주변 산성에서의 고려 지원군의 현황을 알 수 없는 상태였으며, 겨울이기에 군량과 군수물자의 지원 등이 귀주성과 자주성의 항전으로 곤란했을 여지도 있다. 따라서 몽골군은 1차 침략시 충주성 함락은 포기 했고, 차후에 공격을 위한 지형 정찰과 수비군의 현황과 준비태세를 점검했을 것으로 보여진다.

---

208) (재)충북문화재연구원, 2011, 『忠州邑城 學術調査報告書』.

1차 침략 당시 충주성이 충추읍성으로 확인할 수 있는 자료는 고종 19년(1232) 충주 奴軍의 반란 기사이다. 동년 9월에 이자성이 이끄는 삼군이 충주 노군의 반란을 평정하는 과정에서 達川에 이르렀을 때, 물이 깊어 건너지를 못하고 막 다리를 만들려고 한 기사가 있다. 달천은 속리산에서 발원하여 곡류하면서 충주 탄금대 일대에서 남한강과 합류하며, 충주읍성과 대림산성 서쪽에 접하여 흐르고 있다. 음력 9월에 달천에 교량을 설치할 정도의 수위를 갖고 있는 것은 충주읍성 서쪽에 남한강과 합류되는 일대로 보여지며, 개경에서 출발한 삼군이 충주에 도달할 수 있는 당시의 교통망은 1차 전쟁 당시 몽골군의 이동경로와 큰 차이가 없었을 것으로 여겨진다. 몽골군은 1차 전쟁 당시 광주성을 공격하였고, 다음에 충주성을 공격하였다. 즉 몽골군은 고려시대 역원제도의 광주도를 이용한 것으로 보여진다. 고려의 삼군 역시 광주도를 따라 충주읍성 서쪽의 달천일대에 도달한 것으로 볼 수 있다. 이를 종합해 보면 1차 전쟁 당시의 충주성은 충주읍성으로 보는게 바람직하다.

e-3의 충주성은 e-7 내용을 통해 보면 충주성이 1256년까지 州城으로 존재했음을 알 수 있다. 1253년에 김윤후가 70여 일간 방어한 공로로 1254년 중원경으로 승격된 충주성 역시 州城임을 짐작할 수 있다. 따라서 e-3과 7의 충주성과 州城은 충주읍성으로 생각된다.[209]

---

209) 忠州城은 몽골의 1차 침입(고종 18년)과 야굴의 5차 침입(고종 40년)시에 『高麗史』 世家 및 김윤후·이현 열전, 『高麗史節要』 卷17의 기록에서 확인된다. 이 忠州城을 忠州邑城으로 보는 견해는 차용걸이 충주지역 관방유적을 검토한 이후에 제기되었다. 그는 1차 침입 당시 관노비의 적극적인 참전과 銀器 등의 분실에 대한 기록에 대한 검토와 5차 침입 당시 『高麗史』 世家 및 김윤후·이현 열전, 『高麗史節要』의 기록에서 관노비의 적극적 참전과 김윤후가 노비들의 노비문서를 불태웠던 점에 주목하여 노비문서가 성 안에 보관되었다는 점을 들어 충주성이 충주읍성일 가능성에 큰 비중을 두었다(차용걸, 1993, 「충주지역의 항몽과 그 위치」, 『대몽항쟁 승전비 건립을 위한 학술세미나』). 2011년 충주읍성에 대한 고고학 조사를 정리한 충주읍성 학술보고서에서 충주읍성 내성과 외성의 현황이 확인되었다(충청북도문화재연구원, 2011, 『忠州邑城 學術調査報告書』). 이로써 충주읍성이 몽골군의 5차 침입 당시 70여 일간 항전 할 수 있었는가에 대한 의구심은 해소되었다. 차용걸의 견해대로 고종 40년 충주 승첩의 현장은 충주읍성이었고, 1256년에 몽골군에게 도륙된 州城 역시 충주읍성이라고 할 수 있다. 따라서 충주읍성은 몽골의 1차~5·6차 침입(1231~1256)까지 몽골군의 공격을 막아낸 역사의 현장이라고 할 수 있다.

e-5의 충주산성은 e-7의 충주읍성이 함락되기 이전으로 충주 대림산성과 월악산성으로 비정되고 있다. 이 두 산성은 대몽항쟁기와 관련하여 입지 및 축성방식, 출토유물이 동반 출토되는 유적이다. 그러나 e-6의 기사를 보면 충주산성을 공략하지 못한 몽골군이 영남으로 이어지는 대원령으로 우회하고 있음을 알 수 있다.

대원령은 신라시대의 鷄立嶺인데, 고려 초에 미륵원과 대원사가 인근에 창건되어 번창하였던 고개이다. 고종 41년(1254) 10월 몽골군은 이 고개길을 통해 충주에서 상주로 넘어가 상주산성을 공격하였으나, 실패하였다. 앞서 몽골군의 진격노선은 기존의 확인된 길을 따라 재차 공격된다는 사실을 살펴본 바 있다. 몽골군이 1255년에도 대원령을 통해 영남으로 진출하려다가 충주의 고려군에게 1,000여 인이 척살당하였다. 이에 따른 조치로 그 다음해에 충주로 재침공 해왔다. 계속된 침공은 충주민들이 지켜왔던 충주읍성을 버리고, 월악산성으로 입보하게 만든 것으로 보여진다. 충주읍성에서 대원령으로 가는 교통로에는 대림산성이 위치하고 있다. 월악산성은 충주읍성에서 동쪽으로 치우쳐 있는 산악지대에 해당한다. 이러한 지리학적인 면에서 1254년 충주산성은 월악산성 보다는 대림산성일 가능성이 높다. 또한 충주읍성이 1256년 이전까지 몽골군의 공격에도 방어해 낼 수 있었던 요인은 충주읍성 남쪽으로 4km 떨어진 대림산성과의 연관성에서 찾아 볼 여지도 있다. 읍성과 배후산성이 연결되어 방어하는 전략은 고대 국가의 수도와 배후 산성의 입지에서도 엿볼 수 있다. 또한 몽골군이 사용하는 활과 투석기는 습기에 약하여, 비나 갑자기 불어온 천재지변에 영향을 받는다. 기록에 의하면 차라대가 충주산성을 공격하는데 갑자기 비바람이 크게 휘몰아치자 성중에 사람들이 정예를 뽑아 맹렬히 반격하자 차라대가 포위를 풀어 남쪽으로 내려갔다고 한다. 따라서 필자는 1254년 차라대 침공 당시의 충주산성을 대림산성으로 보고자 한다.

e-8의 충주산성은 충주읍성과 대림산성의 방어체제를 뒤로 하고, 충주민들이 입보했던 월악산성으로 보는게 바람직하다. 몽골의 5차 침략 이후 한강 이북의 고려 방비처들이 대부분 함락 당하였다. 충주지역은 6차 침략부터는 기존과 달리 몽골군의 기습공격을 받게 되었으며, 기존의 추수기 이후가 아닌 4월에 침공을 받게 되었다. 6-1차 침입 당시 다인철소의 항전과 배후산성인 대림산성의 결사적인 승리로 몽골군의 침입을 막아냈다. 그러나 6-2차 침입부터는 기존의 충주읍성과 대림산성을 뒤로 하고 월악산성으

로 입보처를 변환했던 것으로 생각된다.

　충주지역은 처음부터 평지에 있던 州城인 충주읍성을 지켜내다가 점차 몽골군의 준비된 공격으로 점차 산악지대의 대형 성곽으로 옮겨가는 모습을 보여주고 있다. 충주읍성+대림산성, 월악산성(덕주산성)으로의 입보처 변화는 대몽항쟁기 입보성곽의 변화과정을 정확하게 보여준다고 할 수 있다.

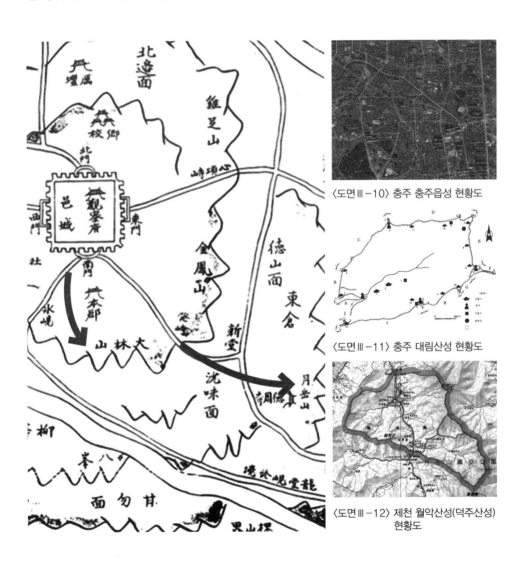

〈도면Ⅲ-10〉 충주 충주읍성 현황도

〈도면Ⅲ-11〉 충주 대림산성 현황도

〈도면Ⅲ-12〉 제천 월악산성(덕주산성) 현황도

다음으로 강원도 인제의 한계산성을 들 수 있다. 강원도 지역은 5차 침입으로 동주산성, 춘주성, 양주성이 함락되었다. 그러나 원주 및 영월지역의 성곽은 몽골군에게 함락되지 않고 지켜냈다. 강원도 지역은 5차 전쟁 이후 기존의 주현성으로는 몽골군의 공격을 방어할 수 없음이 증명되었다. 강원도의 영서지역은 내륙의 중심지로 인해 몽골군의 주된 침입로와 떨어져 있었다. 전쟁에서 벗어난 지역이기에 방비책은 기존의 산성을 개축하는 정도였다. 영동지역은 동계일대의 해안선을 끼고 있었고, 기존의 방비책이 소규모 여진 해적을 방어하거나, 양주성의 경우는 고려의 김취려 등에게 제천에서 쫓겨 달아나는 거란 유민을 단기간 방어했던 정도였다. 영동지역은 5차 침입 이후부터 몽골군의 기습공격과 공성전을 겪고 난 이후에는 성곽의 변화가 생긴 것으로 보여진다. 5차 전쟁시 함락되었던 양산성, 양근성, 천룡산성보다 더 높은 험지와 규모가 크고, 내성과 외성을 갖춘 성곽을 축조했던 것이다. 강원도지역에서 확인된 6차 전쟁 과정에서 축성된 성곽은 춘천의 삼악산성, 인제의 한계산성, 속초의 권금성 등을 들 수 있다.

이와 더불어 6차 전쟁 과정에서 몽골군에게 승리한 성곽은 상주산성, 장성의 입암산성도 이러한 조건을 갖고 있었다. 그리고 이와 같은 險山大城의 입보용 산성 축성은 하삼도 일대로 확대되어 축조되는 것으로 보여진다.

3. 몽골의 侵攻에 對應한 築城의 變化

앞에서 몽골군이 1~6차 침공 과정 속에서 5차 전쟁부터 기존의 공격전술을 달리하고 있음을 살펴보았다. 몽골군은 동조한 부몽세력을 앞세워 기존과 달리 공격시기를 앞당겨 고려군이 추수를 통한 군량미 확보를 방해하고 있으며, 방어체계의 허점을 파악하였다. 이로 인해 5차 침입을 전후하여 기존의 주현성으로 방호별감이 파견된다 하더라도 몽골군의 공격을 감당할 수 없었다. 또한 비교적 고지에 입지한 둘레 2~2.4km의 입보용 산성도 함락되었다.

따라서 江都정부는 새로운 내륙 지역의 대응책이 필요하게 되었다. 江都정부는 6차 전쟁을 수행하면서, 이전보다 더 접근이 어려운 험산에 대형의 입보용 산성을 축성한 것으로 보여진다. 여기에서는 5차 침입을 전후하여 입보용 산성이 축성되는 배경에 대해서 입보책의 시행과, 방호별감의 파견과정, 주현성에서 險山大城의 입보용 산성의 축성 배경을 살펴보고자 한다.

1) 入保政策의 施行

몽골의 본격적인 침략이 개시되는 1231년 이전부터 山城入保戰術이 崔忠獻政權 내부에서 제기된 것으로 생각된다. 崔忠獻政權은 고종 6년(1219) 몽골이 再侵할 것이라는 소문을 듣고서, 동년 7월에 戶部侍郎 崔正芬 등 8인을 시켜 북계 興化道의 모든 城들을 분담하여 순회하면서 兵器·軍糧·軍資를 검열케 하였다. 아울러 모든 小城의 인민이 大城에 들어와서 제대로 入保하고 있는지 확인하며, 北界 興化道 일대의 주민들을 大城에 入保시키는 戰術을 구사하였다. 이 전술은 몽골군과의 全面的인 大會戰을 회피하는 소극적인 것이었으나 淸野入保와 연계하여 전쟁을 長期戰으로 이끌 수 있는 효과적 전술이었으며, 유사시에는 州民을 海島로 入保시킨다는 海島入保戰術도 준비되었을 것으로 여겨진다.[210]

고종 8년(1221) 9월에 고종은 스스로 大觀殿에서 4품 이상의 대신들을 불러놓고 2차로 오는 몽골사신을 영접하느냐 말아야 하느냐를 물어보면서, 방비할 수 있는 설비를 갖추고 나서 몽골사의 입국을 거절하려 하였다. 여러 신하들이 "저들은 군사가 많고 우리는 적은 형편에 만일 영접하지 아니하면 저들이 반드시 침습할 것이니 어찌 적은 것으로써 많은 것을 대적하며 약한 것으로써 강한 것을 대적할 수 있겠습니까"라고 말하며 대몽강화 노선을 유지해야 함을 피력하였다.

그러나 최충헌의 뒤를 이은 최우는 자신의 집에 宰樞를 불러 놓고 회의를 하는 가운데 항몽책을 제시하였다. 남방의 여러 州郡의 精勇軍과 保勝軍을 징발하여 宜州(함남 德源), 和州(함남 永興), 鐵關(함남 德源) 등 要害地에 성을 쌓아 몽골의 침입에 대비하

---

210) 『高麗史』卷22 고종 6년 7월. "秋七月 遣戶部侍郎崔正芬等 八人 分巡北界興化道諸城 檢閱兵器儲偫軍資 幷諸小城入保大城 時 諜者 有蒙古乘秋復來之語 故備之"

려 했다.[211] 이러한 최우의 몽골침입 대비책은 남방의 州縣軍을 징발해서 東界의 요해지에 축성하자는 것이었다. 江東城戰役 당시 몽골이 동진군을 이끌고 동계방면으로 침입해 왔기 때문에 몽골침입 루트를 동계로 상정해 놓고 대응한 것이다.[212] 북계 방면은 이미 최충헌집권기인 고종 6년 7월에 興化道 방면의 諸城의 병기·군량·군비를 검열한 바 있었으므로 축성까지는 필요 없었다. 그러므로 당장에 급한 동계방면의 방어력을 한층 강화하는데 치중했던 것이라 여겨진다.

최우세력과 고종의 대몽항전의지와 재추 대신들의 대몽강화론이 상충하는 가운데서도 동계 요해처에 대한 축성작업은 순조롭게 진행되어 40여일 만인 고종 9년(1222) 정월에 종료되었다.[213] 고종 10년(1223) 7월에 동계 요해처에 축성한 이후 1년 만에 수도방위를 위한 나성의 참호를 수리하였다. 이때 최우는 자신의 家兵을 총동원하여 개경 羅城의 참호를 수리하였다.[214] 이러한 나성 수리는 몽골과 형식적으로 兄弟盟約關係를 유지하고 있을 때 내실 있는 방어망 구축에 최우가 혼신의 노력을 기울이고 있었음을 알수 있게 해준다. 그가 솔선수범하여 자신의 가병을 동원해 나성의 참호를 수리하도록했던 것은, 몽골 침입에 대비하기 위해서 崔氏家가 제일선에 나서서 애쓰고 있다는 것을 의미하는 것이다. 이러한 동해 요해처 축성과 나성의 수리를 통해 최우는 고종의 항전의지를 공고하게 하여 대신들의 대몽강화론을 와해시키려는 의도가 숨어 있었을 것이다.

고려는 1차 침입 이후 전술을 변경하였다. 撒禮塔의 제1차 침입 당시 三軍을 편성하여 동선역전투에서 몽군 8千을 격퇴시켰지만, 安北府에서 大會戰을 시도하여 크게 패배한 이후로 다시는 삼군을 편제해서 몽군과 싸우지 않았으며 이후 대규모 정규전은 자취를 감추었다. 그래서 內地에 있어서 대몽항전은 山城入保를 통한 淸野戰術을 매개로하여 중앙의 夜別抄와 지방의 別抄軍을 주축으로 유격전·기습전·매복전 위주의 소극적 대몽항전전술로 고착화될 수밖에 없었다. 이와 병행하여 고려는 이미 몽군의 기동전·

---

211) 『高麗史節要』卷15 고종 8년 閏12월.
212) 尹龍爀, 1977, 「崔氏武人政權의 對蒙抗戰姿勢」, 『史叢』21·22, p.313. 주 34) 참조.
213) 『高麗史節要』卷15 고종 9년 春正月.
214) 『高麗史節要』卷15 高宗 10年 秋7月.

약탈전·파괴전에 대비하여 海島入保에 의한 島嶼·沿岸防禦策을 세워 놓았고, 이의 실행을 통해서 육지 백성의 생명을 다소나마 살리고 식량·군수물자를 보존할 수 있었다. 海島入保에 있어서 현실적으로 가장 중요한 당면 문제는 입보민의 생계 문제였다. 이를 해결했던 사례로는 대표적으로 북계(서북면)의 병마판관 김방경의 사례를 들 수 있다. 그는 관하의 백성을 이끌고 葦島에 입보한 후 제방을 쌓아 바닷물을 막고 농경지를 간척하였으며, 섬에 저수지를 만들어 용수문제를 해결하였다. "백성들이 처음에는 괴로워하였으나, 가을에 풍년이 들어 사람들이 그 덕으로 살아났다"는 것을 통해 보면,[215] 고려 정부의 해도 입보책은 해도 입보를 담당한 지휘관의 기지와 노력에 의해 성패가 좌우된다는 것을 알 수 있다.

고려는 海島入保와 연관하여 강화도로 천도함으로써 장기적인 대몽항전체제를 구축하고자 하였다. 해도입보가 이미 1231년 9월부터 개시되었기[216] 때문에 강화 천도는 海島入保策의 연장선상에서 이해될 수 있는 정책이다. 해도입보의 차원에서 강화도가 지니는 장점은 대체적으로 다섯 가지로 집약된다. 첫째 水戰에 취약한 몽골군의 약점을 최대한 이용할 수 있는 도서라는 점, 둘째 육지에 핍근하면서도 조석간만 차와 潮流 등으로 적의 접근이 용이치 않다는 점, 셋째 개경과의 접근성, 넷째 지방과의 연결 혹은 漕運 등의 편의성, 다섯째 수원확보 및 입보민의 생계 해결할 수 있는 농경지와 간척지가 다수 존재한다는 것이다. 이러한 장점으로 고려는 강화로 천도하여 몽골군의 예봉을 피하고 海島·山城入保策과 더불어 장기적인 항전체제로 이끌고 가면서 기존의 해상교통망을 최대한 활용하여 서해안의 도서와 내륙에 대한 통제권도 확보하려 했던 것이다.

고려는 海島入保策에 의거하여 강화천도를 단행하였고, 내륙민에게는 山城入保抗戰을 독려하였다. 내지 州縣民과 地方別抄軍은 山城·邑城入保에 의한 수성전술을 위주

---

215) 『高麗史』卷104 김방경전.

216) 北界에서의 海島入保는 高宗 18년 9~10월 사이에 대대적으로 행해졌다. 咸新鎭副使 全僩이 吏民을 이끌고 薪島에 입보하였고, 撒禮塔軍을 피해 宣州와 昌州가 紫燕島에 입보했으며, 雲州·博州·郭州·孟州·撫州·泰州·殷州가 海島에 입보하였다. 한편 西海道에서는 黃州鳳州가 9월 14일에 鐵島로 입보했음이 확인된다.

로 방어전을 전개하였다. 상황에 따라서는 城 밖으로 출전하여 매복전·야간기습전·유격전 등을 통해서 몽군에게 일정한 타격을 가할 수 있었다. 이러한 출성작전은 지방별초군 단독으로 수행하는 경우와 야별초군과 연대하여 공동으로 펼치는 경우로 양분되는데 대부분은 단독작전이 많았다. 수성전과 出城作戰의 성공 여부는 大城과 小城 사이의 연계와 지방별초군끼리의 상호 연락체계 유지가 매우 중요한 관건이었다. 몽군이 대규모 부대로 침입하는 경우 小城에 입보한 별초군과 入保民은 즉시 大城으로 옮겨갔을 것이고, 침입 규모가 작을 경우 그대로 농성하면서 수성전을 전개하였다고 판단된다. 귀주성 戰鬪의 경우 安北都護府·靜州·朔州·渭州·泰州 등 5개 고을이 몽군에게 함락됨에 따라 혹은 전술상의 필요에 따라 大城인 龜州城에 입보하게 되었던 것은 북계의 별초군 상호간에 연락망이 유지되고 있었음을 방증한다.

1231년 몽골군의 1차 침입시에 북계 지역에서는 이미 해도와 산성에 입보하는 전술이 시행되기 시작하였다.[217] 고종 19년 6월에는 강화천도책이 공시되고 사자를 여러 도에 보내어 백성을 산성과 해도로 옮기게 하였다.[218] 이후에도 이와 같은 조치는 대몽전쟁 기간 중 되풀이되었다. 산성 입보의 경우 지방의 수령에 의하여 주도되었고, 방호별감의 파견으로 촉진되었다. 그 결과 각 지방의 농민, 노비, 소·부곡민 등 지방민들이 대몽 전쟁에 직접 나서게 되었다. 심지어 초적으로 불리는 유이민들도 대몽전쟁에 참여하였는데 이들은 본질적으로 반정부적인 성격을 가졌음에도 정부군에 자진 협조하여 대몽 전쟁을 수행하였다.

이 같은 강도정부의 해도와 산성 입보전략에 따라서 전국 각지에는 몽골군을 방어하기 위한 산성이 축조되거나 수축되었다. 이때 입보를 위해서 자연적으로 험준한 지형을 골라서 성곽을 축조하였는데 이는 몽골군의 기동력을 고려한 전술로 이해된다. 삼국시대의 산성은 대체로 해발 300m 이하의 산악지역에 축조되어 공격과 방어를 모두 고려하였던데 반하여 대몽전쟁기에 축조된 산성은 이보다 고지에 축조되고 방어에 중점을 둔 피난성의 성격을 가지고 있었다.

---

217) 『高麗史』 卷23 고종 18년 9월 정유 및 同書 卷58 志12 참조.
218) 『高麗史節要』 卷16 고종 19년 6월.

2) 防護別監의 派遣

방호별감은 대몽항쟁기 江都정부의 淸野入保 전략 일환으로 해도와 산성 입보민을 효율적으로 통제해서 몽골군의 공격을 방어해냈던 점에서 산성입보와 관련하여 주목할 부분이 많다.[219]

防護別監은 총 5차례에 걸쳐 파견되었다. 제1차는 고종 14년 4월, 제2차는 同王 23년 6월, 제3차는 30년 2월, 제4차는 39년 7월, 제5차는 44년 5월에 각기 分遣되었다. 제1차 파견은 대몽전쟁기 이전에 倭寇가 자주 출몰하는 경상남도 해안일대에 分遣된 것이었다. 그러므로 결국 대몽항쟁기에 파견된 방호별감은 제2~5차까지 총 4회에 국한된다고 하겠다. 제2~5차 파견까지 산성방호별감은 총 15사례, 해도방호별감은 2사례, 수로방호별감은 1사례가 나타난다. 압도적으로 산성방호별감의 사례가 많이 등장하는데 주요 대몽전투가 내지에서 벌어지는 까닭이다. 그렇지만 산성입보와 해도입보가 거의 동시에 이루어지는 만큼 席島·濟州島 방호별감 이외에 전략거점 도서에 방호별감이 많이 파견되었으리라 짐작된다. 그리고 慶尙道水路防護別監 宋吉儒의 예에서, 수로방호별감도 필요에 따라 분견되었을 것으로 여겨지는데, 그의 임무는 대체로 해도입보를 추진하고 하천을 활용하여 몽골병의 남하를 저지 내지 지연시키는 것이었을 것이다.

방호별감의 이름이 확인된 사례는 5차 전쟁 이후(4차 파견)의 경우이다. 이 시기는 최씨정권 최우의 뒤를 이은 최항이 최우의 寒士 박훤·송국첨과 都房의 실력자 周肅 그리고 명망있던 閔曦·金慶孫 등을 제거하고 권력을 잡은 이후이다. 이 때 파견된 방호별감은 權世候·白敦明·尹椿·鄭至麟·趙邦彦·金允候 등은 최항과 관련된 인물로 볼 수밖에 없을 것이다. 최우 입장으로서 잠재적인 정적이 광범위하게 존재했던 만큼, 정권유지 및 군사력을 믿을 수 없는 인물을 선택하여 방호별감으로 내보낼 수밖에 없었다. 적어도 방호별감으로 등장하는 인물들은 과거 최우정권 내부에서 핵심적 지위를 차지하던 문객들이 아니었고 최항과 친하거나 신임할 수 있었던 자들로 생각된다. 권세후와 백돈

---

219) 윤용혁과 강재광의 연구성과를 참조하여 정리하였다(尹龍爀, 1991, 『高麗對蒙抗爭史硏究』, 一志社; 姜在光, 2006, 『蒙古侵入에 대한 崔氏政權의外交的 對應』, 서강대학교 박사학위논문, pp.92~100).

명은 전술적 실패는 경험했지만 최후의 순간까지 몽골군과 싸우다가 전사하였고, 정지린과 김윤후는 也古軍을 끝내 물리쳤다. 윤춘과 조방언은 몽군에게 항복하였으나 윤춘의 경우 나중에 다시 최항 정권에 귀순하여 왔을 때 최항이 親從將軍으로 삼는 장면에서 그도 역시 최항이 본래 신임했던 인물이었을 가능성이 크다.[220]

也古의 5차 침입의 최대 분수령이 되었던 충주성 전투를 승리로 이끈 김윤후는 몽군이 철수한 뒤 최항이 김윤후에게 특별히 監門衛 上將軍(攝上將軍)을 제수한 것만 보아도 戰功에 대한 포상 차원 이외에 그를 특별히 신임하고 있었음을 방증해 준다.

이들 방호별감들은 高宗 39년 7월에 任地로 파견되었다가, 也古軍이 압록강을 건넜다는 보고가 접수된 이후 고종 40년 7월에 5도 안찰사·삼도순문사로부터 입보 명령을 받았다.[221] 그러므로 지휘계통 상으로 고려정부 → 兩界兵馬使·五道按察使·三道巡問使 → 防護別監·守令 → 入保民의 순서로 명령이 하달되었던 것이 명백하다.

보통 방호별감은 양계 지역으로 파견되면 양계병마사로부터, 5도로 분견되면 5도안찰사로부터 입보명령을 받았다. 그렇지만 5차 침략 이후 고려의 대몽 방어선이 동서방향으로 春州道로 연결되면서 전라·경상·충청 3道에 파견된 방호별감은 삼도순문사의 지휘를 받았을 것으로 보인다. 방호별감은 파견지에서 단독으로 작전을 전개할 수는 있었지만 그보다 상위의 병마사·안찰사·순문사에게서 명령을 하달 받았고 그들과 연대하여 산성입보망을 구축하기도 하였다. 가령 也古의 제5차 침입 당시 안찰사 朴天器는 春州城을, 방호별감 백돈명은 東州山城을, 정지린은 原州를 각기 맡아서 방어하도록 되어 있었다. 동주산성과 춘주성은 春州道로, 원주성은 溟州道로 연결되는 고려의 방어전선을 담당하였다.

방호별감 정지린은 자신이 지키고 있던 原州城 즉 치악산 등지의 산성으로 입보민을

---

220) 姜在光, 2006, 위의 글, pp.92~100.
221) 三道巡問使는 慶尙道·全羅道·忠淸道에 파견되었다. 高宗 30년 2월에 閔曦가 慶尙州道巡問使, 孫襲卿이 全羅州道巡問使, 宋國瞻이 忠淸州道巡問使로 각기 임명된 바가 있고, 이들과 더불어 山城兼勸農別監 37인이 諸道에 파견되었다. 그러므로 巡問使와 防護別監과는 서로 어떠한 상관관계가 있음을 쉽게 간파할 수 있는데, 그것은 軍事的 側面에서의 軍備·軍糧실태 점검과 入保抗戰 지휘였을 것으로 보인다.

옮겨가면서 항전의지를 잃지 않고 지켜냈다. 5차 침입 당시 양산성과 동주산성, 춘주성이 함락되어 春州道로 연결되는 고려의 동서 방어전선이 붕괴되었지만, 그 남쪽에 위치한 원주와 명주를 잇는 溟州道 일대의 방어전선을 지켜냈던 것이다.

也古의 5차 침입 당시 방호별감들이 지휘하였던 군사가 전혀 등장하지 않으나, 기본적으로 방호별감은 산성에 입보한 주현민을 통제하면서 지방별초군을 작전에 운용했다고 생각된다. 대몽항쟁기에는 전장터가 전국적으로 광범위하게 넓어지면서 고려 전기의 주현군체제 속에서 조직된 지방별초군이 守城戰과 야간기습전 · 매복전 등에서 활약하였다. 동주산성 방호별감 백돈명이 성 밖으로 출전시켰던 精銳 6백이나, 양근성 방호별감 윤춘이 也古軍에게 항복하였을 때 양근성에서 추려낸 精銳兵 6백은 지방별초군으로 보인다. 정예 6백은 1개 성 단위로서는 상당히 큰 병력규모이며, 비정예군의 존재를 생각할 때 방호별감이 가장 믿고 의지할 수 있는 지방 별초군이었을 것이다. 당시 산성입보항전체계 상에서 大城에는 정예 6백 정도의 지방별초군이 상주하고 있었을 것으로 생각된다. 또한 방호별감들이 江都정부에서 파견되었던 만큼, 전략적 요충지로 분견된 방호별감의 경우 夜別抄나 京別抄 병력을 이끌고 왔을 가능성도 있다. 그렇지 않다면 방호별감이 요해처에 파견된 야별초부대에 도움을 요청하여 수성전과 요격전을 전개하였을 가능성도 상존한다. 그러한 대표적인 경우가 고종 46년 2월 寒溪城 방호별감 安洪敏이 야별초군을 이끌고 출전하여 登州 · 和州 叛民과 蒙兵을 크게 무찌른 사례이다. 방호별감이 수성전에만 골몰하지 않고 정예병인 야별초를 이끌고 유격전을 수행하여 몽병과 반민 모두를 격퇴시킨 것이다. 이러한 경우는 흔하지 않지만 상황에 따라서는 방호별감이 주변에 주둔한 야별초병력을 활용하여 대몽항전에 나설 수 있음을 보여준다.

방호별감 이외에 권농사의 파견을 들 수 있다. 권농사(권농별감)의 분견은 모두 4차례 등장한다. 문자 그대로 권농사는 농사를 권장하여 백성들이 안정적으로 식량을 공급받고 정착해서 살아가도록 돕기 위해 파견된 사신이었다. 『高麗史』卷77 百官志2 外職條를 보면, 권농사는 평시 안찰사와 監倉使가 겸직하는 것으로 되어 있다. 그러나 대몽전쟁기에 안찰사가 권농사 임무를 맡아 도내의 모든 지역에 농사를 권장하고 다닐 수는 없었을 것이므로 별도의 권농사들이 분견되었던 것이 옳다고 본다. 강화천도 이전인 고종 19년 6월에 강화 권농별감의 존재가 보이고,[222] 고종 30년 2월에 산성 겸 권농별감 37인이 내륙 거점 산성에 파견되었다가 얼마 지나지 않아서 혁파되었다.[223] 이때 혁파된 권농별감은 농사를 권장한다기보다는 오히려 산성을 수축하고 군비태세를 강화하는 방호별감이나 다름없었다. 이후 6차 침입 당시 몽골원수 車羅大가 고종 41년부터 봄철 파종기나 가을 추수기를 골라 매년 침략하게 되자 농사짓기가 어려워지고 안정적인 식량공급에 차질이 발생하였다. 그러므로 최씨정권은 고종 42년 5월 諸道에 권농사를 파견하여[224] 식량문제를 해결하라고 명령을 내렸다.

이때 파견되었던 권농사들은 크게 효과를 보지 못하였고 단지 백성들을 산성과 해도에 입보시키는 역할을 수행하였다. 고종 42년 5월에 파견되었던 권농사 金宗叙는 玄風縣에서 몽군에게 살해되는 비운을 겪기도 하였다.[225] 고종 19년에 파견된 권농사는 강화천도에 앞서 미리 강화도 내에 식량을 확보하기 위해서 파견된 듯하며, 고종 30년에 분견된 37인의 권농사는 차라리 방호별감에 가까웠다. 하지만 고종 42년에 내지 각 곳으로 나아간 권농사는 식량확보와 민생해결이라는 목적을 띤 것이 분명해 보인다. 다만 이들은 본래의 임무를 수행하는데 제한적일 수밖에 없었다는 점을 지적해 두고 싶다.

5차 침입기에 파견된 방호별감은 6인만이 확인되지만 실제로는 요해처 산성에 37명 이상이 분견되었을 것으로 짐작된다. 임지에서 방호별감은 병마사·안찰사·순문사의 지휘를 받으면서 副使·縣令·監務를 통제할 수 있는 지위에 있었다. 대부분의 산성 전투에서 守令들이 방호별감의 통제 하에 놓여 있는 점을 감안한다면, 방호별감은 지방관이나 주현민의 집단적인 투몽사태를 방지하기 위해서 파견되었다는 점도 잊어서는 안 될 것 같다. 전투력 운용 면에서 방호별감은 지방별초군만이 아니라 야별초까지 동원하여 대몽항전에 나설 수 있었다. 대체적으로 5차 침입기까지의 방호별감 운용은 성공적

---

222) 『高麗史節要』卷16 고종 19년 6月. "崔瑀 江華勸農別監 申之甫 迎前王 於紫燕島"

223) 『高麗史節要』卷16 고종 30년 2月. "又遣各道 山城兼勸農別監 凡三十七人 名爲勸農 實乃備禦也 巡問使 尋以煩冗 請罷勸農別監 從之"

224) 『高麗史』卷24 고종 42년 5月. "甲寅 分遣諸道 勸農使"

225) 『高麗史』卷24 고종 43년 夏4月. "戊辰 玄風縣人 四十餘艘 避亂 泊近縣江渚 蒙兵 追獲男女財物 殺勸農使金宗叙"

이었지만, 6차 침입기에 파견된 방호별감들은 점차 내지에서의 민심이반과 投蒙事態로 인하여 수난을 겪는 시대상을 맞이하게 되었다.

〈표Ⅲ-5〉高麗 대몽항쟁기 防護別監 파견사례

구분	시기	파견지	파견자	결과	무인집권	비고
방호별감	高宗 14년 4월	金州	盧旦	倭賊擊退	崔瑀	最初防護別監 倭船 2척 나포, 倭賊 30명 사살함
산성 방호별감	高宗 23년 6월	*諸道			崔瑀	蒙兵防禦를 위한 最初의 防護別監
	高宗 23년 9월	竹州	宋文冑	蒙賊擊退	崔瑀	
	高宗 23년	清州山城	李世華	蒙賊擊退	崔瑀	李世華墓誌銘
	高宗 30년 2월	*諸道			崔沆	山城兼勸農別監이 道巡問使와 더불어 파견됨
	高宗 39년 7월	*諸山城			崔沆	也古의 침입을 방어하기 위해 파견
	高宗 40년 8월	椋山城	權世候	陷落당함	崔沆	4,700여 인이 蒙兵에게 도륙됨
	高宗 40년 10월	東州山城	白敦明	陷落당함	崔沆	白敦明, 東州副使·判官, 김화현령 살해당함
	高宗 40년 10월	楊根城	尹椿	항복함	崔沆	尹椿이 也古의 앞잡이가 되어 原州城 항복 종용
	高宗 40년 10월	原州	鄭至麟	蒙賊擊退	崔沆	치악산 영원산성 등에서 抗戰했을 것으로 추정됨
	高宗 40년 10월	天龍山城	趙邦彦	항복함	崔沆	
	高宗 40년 12월	忠州城	金允候	蒙賊擊退	崔沆	忠州城 승리로 也古의 제5차 전쟁 종결
	高宗 44년 5월	*諸山城			崔竩	車羅大의 再侵을 방어키 위해 파견됨
	高宗 45년 8월	陽波穴	周尹	陷落당함	과도기	격전 끝에 함락되고 周尹은 戰死함
	高宗 45년 8월	嘉殊窟	盧克昌	陷落당함	과도기	격전 끝에 함락되고 盧克昌은 포로됨
	高宗 45년 9월	廣福山城	柳邦才	殺害당함	과도기	廣福山城入保民이 柳邦才를 죽이고 蒙軍에 투항
	高宗 45년 12월	達甫城	鄭琪	捕虜됨	金俊	達甫城民이 鄭琪를 붙잡아 蒙軍에 넘기고 투항
	高宗 46년 2월	寒溪城	安洪敏	蒙賊擊退	金俊	和州등 叛民과 蒙兵을 安洪敏이 夜別抄로 격퇴
	高宗 46년 2월	金剛城	王仲宣	피난	金俊	王仲宣이 入保民 5백을 데리고 昇天城으로 피난

구분	시기	파견지	파견자	결과	무인집권	비고
	元宗 11년 5월	*諸道			林惟茂	林惟茂가 再抗戰을 위해 山城別監 파견 시도
수로 방호별감	高宗 43~44년	慶尙道	宋吉儒		崔竩	가혹한 형벌을 가해 慶尙道民을 海島에 入保시킴
	元宗 11년 5월	*諸道			林惟茂	林惟茂가 再抗戰을 위해 水路防護使 파견 시도
해도 방호별감	高宗 23년 8월	席島		蒙兵생포	崔瑀	席島防護別監이 水戰 감행한 蒙兵 3인 생포
	元宗 1년 2월	濟州島	羅得璜		金俊	濟州副使 羅得璜을 濟州防護別監에 임명

3) 州縣城에서 險山大城의 入保用 山城

몽골군은 5차 침입 이후부터 부몽세력과 동조하여 공격시기를 앞당기고 있다. 몽골군이 봄철 파종기나 가을 추수기를 골라 매년 침략하게 되자, 고려는 농사짓기가 어려워지고 안정적인 식량공급에 차질이 발생하였다. 이 때문에 고려군은 추수를 통한 군량저장이 방해받게 됨으로써 방어체계의 허점이 발생하였다. 1차와 2차 전쟁은 북계지역의 진성에 대한 공격이라면, 5차 전쟁은 한강 이북 상류지역과 동계지역의 방어진지에 대한 공격이라 볼 수 있다. 이에 江都정부는 새로운 내륙 지역의 대응책이 필요하게 되었다. 왜냐하면 5차 침입을 전후하여 기존의 주현성으로 방호별감이 파견된다 하더라도 몽골군의 공격을 감당할 수 없었다. 또한 고지에 입지한 둘레 2~2.4km의 입보용 산성도 함락되었기 때문이었다.

기존의 주현성 중 몽골의 공격을 막아낸 대표적인 성곽은 3차 전쟁 당시 죽주성을 들 수 있다. 5차 전쟁의 춘주성과 달리 기존의 고대산성 외곽에 외성을 축조하여 수원을 확보하면서 많은 입보민을 수용하였다. 반대로 몽골군의 입장에서 敵城의 규모가 확대되어 포위 범위가 넓어져 많은 병력이 동원되어야 하는 단점이 있었다. 또한 외성을 돌파하더라도 내성에서 고려의 주력군이 공격하거나 매복하여 공격한다면, 큰 사상자를 낼 수밖에 없는 위험요소가 있다. 이러한 공방전 사례는 서경성 2차 공방전 당시 고려 정부군이 서경을 포위하려 하자, 서경성 반란군이 나성을 쌓은 것과, 정부군이 토산을 쌓고,

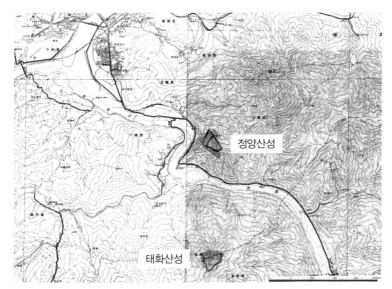

〈도면Ⅲ-13〉 영월 정양산성과 태화산성 배치도

그 위에 개량된 투석기로 공격을 하자 서경 반란군이 중성을 쌓았던 것과 같은 대처 방안으로 볼 수 있다. 기존 성곽에 외성을 덧붙이는 사례는 영월 정양산성에서 확인할 수 있었다.

영월 정양산성은 기존 신라시대 성벽 외곽에 외성을 축조하였다. 외성벽은 축성방식과 규모 면에서 기존의 신라성벽과 확연하게 차이를 보이고 있다. 또한 삼국시대의 치성과 달리 용도를 성벽 밖으로 길게 설치하는 변화를 보이고 있다. 또한 강 건너편 고지에 태화산성이 배치되어 있으며, 태화산성은 용도가 2개소에서 확인되었고, 성벽의 축성방식이 정양산성 외성의 축성방식과 유사하다. 또한 출토되는 유물은 고려시대 이후의 유물 만 출토되고 있다. 이러한 정황으로 보면, 정양산성은 대몽항쟁기에 죽주성(현재 안성 죽주산성)과 같이 신라산성에 외성을 축조하여 규모를 넓혔고, 용도를 설치하였다. 그러나 몽골의 침공이 계속되면서 강 건너편 고지에 태화산성을 축조하였던 것으로 생각된다. 태화산성을 축성한 목적은 입보민의 수용과 포위 공격시 정양산성과 연계하여 대응하기 위한 의도로 생각된다.

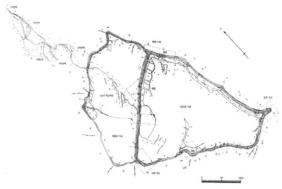

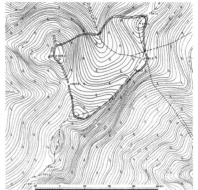

〈도면Ⅲ-14〉 영월 정양산성(왕검성) 현황도   〈도면Ⅲ-15〉 영월 태화산성 현황도

　5차 전쟁 당시 몽골군은 양산성, 동주산성, 춘주성, 원주성, 천룡산성 등을 포위 공격하였다. 양산성과 동주산성, 춘주성은 공성전을 통해 함락시켰다. 동주산성과 천룡산성은 몽골이 식량확보를 방해하여 고사시키는 전술에 약점을 보이고 있었다. 5차 전쟁에서 함락된 성곽은 대부분 포위가 가능하며, 물과 식량 확보가 취약한 점을 보이고 있었다. 이러한 점은 江都정부가 6차 전쟁을 대비하는 과정에서 다른 형태의 입보용 성곽을 고민했던 것으로 여겨진다.

　5차 전쟁 당시 원주성은 방호별감 정지린에 의해서 함락되지 않았다. 양근성 방호별감 윤춘이 몽골군에게 항복한 일자는『高麗史』에 의하면 10월 4일이고, 원주성을 거쳐 천룡산성에 당도한 날자는 10월 9일이다. 원주성은 몽골군의 춘천 함락 이후 원주에 내도하였을 때는 이미 원주 백성들이 정보를 입수하여 인근 치악산의 높은 성 중에 입보하고 난 뒤의 일로 보여진다. 원주의 방어태세는 몽골군이 장기간 포위공격하여 함락시킬 수 없었던 것으로 생각된다. 원주의 성곽은 최근의 고고학조사 성과를 보았을 때 치악산 일대의 험준한 산곡에 3개의 입보용 성곽이 배치되어 있었다.

　원주지역의 성곽은 해미산성이 해발 500m, 영원산성은 해발 700m, 금두산성은 해발 900m의 해발 높이에 축조되었다. 각 성곽의 규모는 해미산성이 1,900m, 영원산성이 2,400m, 금두산성이 3,900m였다. 이들 성곽은 높은 곳에 축조될수록 점차 규모가 커져가는 특징을 보이고 있다. 해미산성이 축성된 시기는 출토된 유물과 성벽의 축성방식으로 보아 상한이 나말여초로 보이며, 영원산성과 금두산성에서 출토된 유물의 시기보다 선행하였다. 영원산성과 금두산성은 대몽항쟁기 여러 입보용 성곽에서 출토되는 복합 어골문 계통의 기와류들이 확인되었다. 따라서 원주지역의 3개 성곽 중 해미산성이 제일 먼저 축조된 것으로 볼 수 있다. 당시 5차 침입기에 사용된 성곽들은 정확히 알 수 없으나, 해미산성과 영원산성, 금두산성 모두가 사용되었을 개연성은 있다. 그리고 30여 년 후 합단적이 원주일대를 공략했을 때도 3성이 모두 사용되었을 것으로 보인다.

〈도면Ⅲ-16〉 해미산성 현황도

원주지역의 입보용 성곽들을 통해 보면(도면Ⅲ -16~18) 충주의 충주성 전투와 관련하여 충주읍성에서 대림산성, 월악(덕주)산성으로 변해 가는 과정(도면 Ⅲ-10~12)을 이해할 수 있을 것으로 보여진다. 원주지역에 대몽항쟁기 성곽이 밀집하여 조성된 것은 충주성

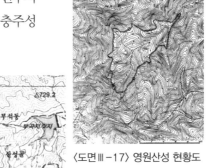

〈도면Ⅲ-17〉 영원산성 현황도

〈도면Ⅲ-18〉 금두산성 현황도

과 같이 주현성, 배후 산성, 입보용 산성의 변화와 같은 맥락으로 볼 여지도 있다. 입지조건에서 점차 높은 지역으로 올라가고 있는 점. 규모가 커지고 있으며 내성을 조성하는 점 등은 5차와 6차 전쟁을 통해 원주지역과 충주에서도 입보용 성곽의 변화를 불러일으키고 있다고 봐야 할 것이다.

지금까지 살펴본 1~6차 전쟁 과정 속에서 몽골의 침입에 따른 고려의 대응방식을 정리하면 다음과 같다.

첫째 고려는 몽골군의 1차 침략을 전통적인 淸野入保전술로 대항하였으나 안북부에서 중앙군이 패배함으로써 실패하였다. 그 후 고려 정부는 강화로 천도하였고, 내륙의 백성들을 산성과 해도로 입보시켰다.

둘째 1차 전쟁 당시 귀주성 전투를 통해 확인된 몽골군의 공성전술은 기습, 포위 공격이었다. 3차 전쟁의 죽주성 전투에서도 귀주성 전투와 같은 공성전술을 그대로 유지하고 있음을 알 수 있었다.

셋째 고려는 1~3차 전쟁까지 기존의 양계 진성 및 각 도의 주현성에서 수성전을 진행하였다. 3차 전쟁 이후 1243년에는 각 도에 산성권농별감 37인을 보내 군사적인 목적으로 성곽을 수축한 것으로 보여진다. 이를 통해 5차 전쟁을 준비하였다. 5차 전쟁에서는 개경 이북의 주요 성곽과 春州道 일대의 방비책이 준비된 것으로 보여진다. 그러나 몽골은 부몽세력을 앞세워 항전하는 방호별감과 고려민들을 회유협박하게 하였고, 고려를 공격했던 시점을 파종시기이거나 추수 수확기 이전으로 변화를 주었다. 이러한 몽골군의 전술변화는 양산성, 동주산성, 춘주성, 양주성을 함락시켰고, 회유와 협박으로 양근성, 천룡성은 항복시켰다. 하지만 원주성은 몽골군에게 항복하지 않았다. 원주 일대에는 입보용 성곽으로 추정되는 성곽이 해미산성, 영원산성, 금두산성 3개소가 인접하여 위치하고 있었다. 이들 성곽으로 축성시기와 입지조건, 규모의 변화를 통해 대몽항쟁기 몽골군의 침공과정을 통한 입보용 산성의 변화를 유추 할 수 있었다. 그러나 5차 침략에서 승리했던 충주·원주지역을 비롯한 그 이남의 충청도, 전라도, 경상도는 몽골군의 기습과 포위 공격에 직면하게 되었다.

넷째 몽골군은 6차 전쟁부터는 5차 전쟁 때와 같이 부몽자와 함께 공격시기의 변화와 체류기간을 1년여 넘게 지속하면서 고려군의 수성전술을 무력화 시켰다. 지금까지 함락되지 않았던 충주성이 도륙되었고, 충주지역도 원주지역과 동일하게 險山大城의 입보용 산성으로 이동해가는 양상을 확인할 수 있었다. 그리고 강원도 지역에서도 주현성에서 험산대성의 입보용 산성이 새롭게 등장하였다. 이 때 한계산성과 권금성, 삼악산성의 외성이 축조된 것으로 생각된다. 이러한 험산대성의 입보용 산성은 6차 침입과정에서 충청도, 전라도, 경상도 일대에도 축성된 것으로 볼 수 있다.

IV. 對蒙抗爭期 入保用 城郭의 特徵과 性格

고려는 1219년 몽골과의 합동작전으로 강동성을 함락시키면서 몽골의 군사력과 攻城 방식을 접하였다. 당시 몽골군은 성을 포위 한 후 枯死시키는 전통적인 공성술을 채택하였다. 따라서 고려는 몽골의 공격에 대비한 방어전술은 거란과 여진 전쟁의 대비와 큰 차이는 없었던 것으로 여겨진다. 그러나 고려는 1차 전쟁 이후 북계의 여러 성곽이 몽골군의 공성전으로 대부분이 함락되고, 중앙군이 潰滅함으로써 산성과 해도 입보라는 전략상의 변화를 선택할 수 밖에 없었다. 고려는 1차 전쟁을 통해 중앙군의 직접적 대결을 통해서는 승산이 없음을 깨닫고, 고려의 장점인 淸野入保 전술을 수정한 새로운 전략이 필요하였다.

고려는 몽골의 기동성과 군사조직, 다양한 공성전술에 대항하기 위해 海島와 山城 入保라는 청야전술로 대몽전략을 이끌었다. 1차 전쟁 이후 개경을 강화도로 천도하고, 지방 諸道에 대하여 백성들을 산성 및 해도에 입보케 하였다. 강화천도는 차후 대몽항전의 전개 양상을 海島入保의 차원으로 공식화 한 것이었다.[226]

---

[226] 대몽항쟁기 해도 입보와 관련한 연구는 다음과 같다.

尹龍爀, 1982, 「고려의 海島入保策과 蒙古의 戰略變化 −麗蒙戰爭 전개의 一樣相−」, 『歷史敎育』 32, pp.55~82.

姜在光, 2008, 「對蒙戰爭期 崔氏政權의 海島入保策과 戰略海島」, 『軍事』 66, pp.27~62.

이 장에서는 고려가 몽골과의 전쟁을 40여 년간 지속할 수 있게 하였던 입보용 성곽을 海島에 축성된 江都 및 도성계열의 성곽(진도 용장성, 제주 항파두리성)과 내륙지역에 축성된 입보용 성곽에 대해서 살펴보겠다. 이를 바탕으로 대몽항쟁기 입보용 성곽의 축성방식 및 운영 방식 등에 대한 성격을 전반적으로 파악하겠다.

1. 海島 入保用 城郭

海島 入保는 몽골의 1차 침략 직후 이미 북계 지역에서 광범위하게 개시되었다.[227] 천도 이후 해도로의 입보가 강화되었고, 고종 40년 이후부터는 해도입보 관계기사가 증가하고 있다. 차라대에 의한 6차 침입기(1254~1259)에 해도입보가 江都정부를 중심으로 전략적 차원에서 이뤄졌고,[228] 公私財物을 불태우면서까지 해도 입보를 강제하는 청야전술로서의 성격을 보이고 있다.[229] 해도 입보책은 江都정부에서 양계의 병마사나 혹은 안찰사 등에게 하달되고, 이들은 다시 각 주현 수령들이 입보를 지휘 감독하였다. 즉 해도 입보는 각 수령들이 관할하는 백성을 이끌고 행정구획 단위 별로 해도에 입보한 것

崔鍾奭, 2008, 「대몽항쟁 원간섭기 山城海島入保策의 시행과 治所城 위상의 변화」, 『震檀學報』105, pp.37~71.

尹京鎭, 2010, 「고려 후기 北界 州鎭의 海島入保와 出陸 僑寓」, 『震檀學報』109, pp.115~148.

227) 고종 18년 9월(1231)에 黃州와 鳳州가 해도에 입보하였고, 10월에는 咸新鎭(義州)의 부사가 사민을 거느리고 薪島에 입보하였고, 『高麗史』 지리지에 의하면 북계지역의 10개소가 해도에 입보하였다고 한다(윤용혁, 1982, 위의 글, pp.57~58).

228) 1253년 양근성 방호별감인 윤춘은 야굴군에 항복하였다. 그는 차라대와 함께 압해도를 공격하였을 때의 상황을 최우에게 설명하면서 해도입보를 통한 淸野전술을 확인시켜줬다(『高麗史節要』卷17 고종 43년 6월).

229) 송길유를 파견하여 淸州民을 해도에 옮기도록 하였고, 백성들이 재물 때문에 옮기기를 주저할 것을 염려하여 공사재물을 모두 태워 버렸다. 이에 앞서 최항은 諸道에 사자를 보내어 거민을 모두 몰아 섬으로 들어가게 하고 따르지 않는 자는 집과 錢穀을 불태우도록 하였다. 이 때문에 굶어 죽는 자가 10에 8, 9였다(『高麗史節要』卷17 고종 43년 6월).

高麗長城

麟州
鐵州 雲州
(龜州(龜城)
郭州
安北府
慈州
安州(文川)
西京(平壤)
登州(安邊)
谷州(谷山)
黃州
高城
鳳山
洞州(瑞興)
東州(鐵原)
권금성
平州
襄州(襄陽) ■양주성
金川
삼악산성 춘주성 한계성
海州
開京
春州(春川)
溟州(江陵)
甕津
江都 강화도성
瓮州
해미산성
南京
三陟
仁州
양근성 영원산성
강화도성
광주산성 ■廣州
금두산성
水州(水原)
천인성 처용산성 정양산성
竹州
죽주성 태화산성
忠州
淸州
미륵산성 安東 ■충주읍성
▲대림산성 월악산성
尙州
公州
상주산성(금돌성)
大丘 □東京(慶州) ■ 주현성
高蘭寺
全州 ▲ 입보용 산성
扶安
입암산성 ● 해도 성곽
海陽(光州)
금성산성 晉州
羅州
昇平(順天)
수인산성

진도용장성

●제주도 항파두리성

〈도면Ⅳ-1〉대몽항쟁기 입보용 성곽 위치도

으로 생각된다.

대몽항쟁기 행정단위로 입보한 海島에 대해서는 사료 상에 나타나는 23개의 전략해도가 존재한다고 한다.[230] 그 당시 해도의 상황을 사료상의 기록으로 강화도, 진도, 제주도, 완도, 押海島, 葦島, 猪島, 竹島 등에 대해 간략하게 알 수 있으나, 강도와 진도를 제외하고는 성곽이 존재하였는지 명확히 알 수 없다. 2010~2011년에 울산발전연구원 문화재센터에서 울산 울주군 온산읍 당월리 연자도에서 대몽항쟁기와 관련된 海島 유적이 발굴된 바 있다. 따라서 해도와 관련된 성곽유적은 향후 고고학 조사가 진행되기를 기대할 수밖에 없는 상황이다.

여기에서는 대몽항쟁기 해도 입보용 성곽으로 江都의 성곽과 진도의 용장성, 제주 항파두리성에 대해서 알아보고자 한다.

1) 現況

(1) 江都

몽골의 1차 침략 이후 고려 정부가 강화로 천도를 결정한 것은 고종 19년(1232) 6월 16일이다.[231] 당시 집권자 최우의 신속한 결정에 의해, 7월 7일 고종이 강화에 입도하였다.[232]

강도 건설과 관련된 기록을 보면 1232년 7월에 2領(약 2,000명)의 군대를 동원하여 궁궐 공사를 시작하였으며,[233] 1234년 정월에 여러 도의 장정들을 동원해 궁궐 및 百司를 경영하였다.[234] 1233년에는 강화 외성을 쌓았으며, 1235년에는 강화 '沿江堤岸'을 추가로 쌓았고, 1237년에는 강화 외성을 축조하였으며, 1250년에는 강화 중성을 축조

230) 姜在光, 2008,「對蒙戰爭期 崔氏政權의 海島入保策과 戰略海島」,『군사』66, pp.27~62.
231)『高麗史』卷23 고종 19년 6월. "崔瑀, 會宰樞於其第, 議遷都 …"
232)『高麗史』卷23 고종 19년 7월. "乙酉 王發開京 次于昇天府 丙戌 入御江華客館 …"
233)『高麗史』卷23 고종 19년 7월. "瑀 發二領軍 始營宮闕于江華"
234)『高麗史』卷23 고종 21년 정월. "徵諸道民丁, 營宮闕及百司"

하였다.[235] 이후에도 부분적으로 여러 시설물의 창건과 보완이 이루어졌다.

강도의 전체 도시 체재와 구조는 철저하게 개경의 것을 그대로 따랐던 것으로 보이는데 이는 강도에 새로 건립된 궁궐과 관청, 성문 그리고 주변 산들의 이름을 개경의 것을 그대로 빌려와 사용한 것을 통해서 알 수 있다.[236] 송악산을 主山으로 잡고 그 아래 궁궐을 짓고 이를 둘러싼 도성을 구축하는 양상은 개경의 도시 구조와 완전히 같은 것이었다. 강화도라는 정해진 면적의 한계와 대몽항쟁기라는 전쟁 상황으로 인해 그 규모와 형태는 개경에 비해 조금 작았을 것으로 생각된다.

강도에는 내성(혹 궁성), 중성, 외성 등이 축조된 것으로 일반적으로 알려져 있다.[237] 그러나 내성[238]과 고려궁지에 대해서는 최근의 고고학결과를 통해 보면, 현재의 비정된

---

235) 『高麗史』卷23 고종 19년 7월. "始築江都中城"

236) 윤용혁은 강화도성의 구조 및 시설물의 배치 상태에 대하여 기존 연구 성과의 검토와 최근의 고고학 성과를 바탕으로 고증하려는 시도를 계속적으로 하고 있다(尹龍爀, 2011, 「Ⅱ.고려 도성으로서의 강도의 제문제」; 「Ⅲ. 고려시대 강도의 개발과 도시 정비」, 『여몽전쟁과 강화도성 연구』, 혜안, pp.244~314).

237) 고려시기 강화 도성에 대한 연구성과는 내성-중성-외성의 존재를 고려 24년(1237), 고종 37년(1250), 고종 46년(1259) 기사를 통해 인정하고 있다. 그리고 내성과 중성의 위치와 성격에 대해서 다양한 연구가 나왔다. 여기에서 그 내용을 소개하기에는 지면이 부족할 정도이다. 2009년 강화 옥림리 구간에 대한 발굴조사 결과 강화 중성으로 추정되는 성벽의 현황과 규모 및 축조방식이 밝혀졌다. 그러나 내성과 궁성에 대한 위치비정에 대해서 현재까지 고고학 조사 현황으로 밝혀진 바가 없다. 이외에도 김창현은 개경의 자료를 염두에 두면서 강화도성의 구조를 검토하여 궁성, 중성, 외성 이외에 황성의 존재 가능성을 거론하였다(김창현, 2005, 「고려 개경과 강도의 도성 비교 고찰」, 『한국사연구』127). 궁성과 황성의 존재에 대해서는 향후 고고학조사를 통해 그 실체가 밝혀질 것이라 판단된다.

238) 강화도 성곽에 대한 전체 조사는 육군박물관에 의해서 실시되었다. 조사 결과 고려시대 강화 내성은 확인하지 못했다[강화 내성은 강화읍 관청리 일원에 위치하고 있다. 강화 내성은 현재 강화군청을 비롯하여 강화결찰서, 강화우체국, 고려궁지, 강화 향교 등을 둘러싸고 있는 성곽을 말하는데, '강화산성'이라고도 부른다. 이 내성은 고려시대의 내성과 조선시대의 내성(강화부성)으로 나누어지며, 현재 고려시대의 내성은 그 흔적을 찾아 볼 수 없다. 따라서 우리 조사단이 실측 답사한 내성은 조선시대에 축조되어 현재 일부가 남아 있는 내성이다(육군박물관, 2000, 『강화도의 국방유적』, pp.72~73).

위치가 아닐 가능성을 제시하고 있다.[239] 따라서 필자는 지표조사와 고고학조사로 확인된 江都에 대해서 살펴보도록 하겠다.

江華島는 우리나라에서 5번째로 큰 섬으로 동서가 16km, 남북 28km, 해안선 둘레는 112km이다. 강화 외성[240]은 인천광역시 강화군 길상면 초지리에서 강화읍 대산리일원의 강화 鹽河를 따라 약 24km에 걸쳐 위치하고 있다.[241] 즉 강화 외성은 江華島 동쪽 일대로 육지를 마주하는 지역에 축조되었다. 현재 강화 외성의 성벽은 女墻 등의 城壤과 체성 상단부는 붕괴되었으며, 면석 등은 방조제 축조 및 주변 공사시 대부분 반출되었고 성벽 기저부를 포함한 하단부는 토사에 묻혀 있다.

강화 외성에 관한 문헌기록을 살펴보면 몽고의 침입을 피해 강화로 천도한 이후 축조한 고려시대의 외성과 조선 광해군 10년(1618) 개축 이후 숙종~영조대에 걸쳐 빈번한 수개축이 이루어진 조선시대의 외성으로 구분할 수 있다.

고려시대 강화 외성에 관한 기록은『高麗史』와『新增東國輿地勝覽』등에 나타나 있으며, 고려 고종 20년(1233)부터 축성되었다가 고종 46년(1259)에 훼철되어 정확한 위치를 확인할 수 없다.

조선시대 강화 외성은 고려시대 외성을 조선 광해군 10년(1618) 초지돈~적북돈의 구간을 따라 토축으로 고쳐 쌓고 이후 숙종 16년(1690)에서 17년(1691)에 걸쳐 三軍門의

---

239) 고려궁지에 대해서는 2개 기관에서 발굴조사가 진행되었다(한림대박물관, 2003, 『강화고려궁지(외규장각지)』; 겨레문화유산연구원, 2011, 『강화 조선 궁전지 II』). 조사결과 유구와 유물은 조선시대로 비정되며, 고려시대 유구 및 유물의 빈도수가 빈약하였다. 보고서에서 모두 고려궁지가 아닐 가능성에 무게를 두고 있으며, 발굴조사보고서의 제목에서 보듯이 어느 곳에서도 고려궁지라고 인정하지 못하고, 외규장각지 및 조선 궁전지로 표현하고 있다. 다만 고려 궁궐은 현재의 고려궁지 보다 훨씬 남쪽 일대를 발굴조사 한다면 그 실체를 확인할 수 있을 가능성이 제시되었다.

240) 國立文化財研究所, 2011, 『韓國考古學專門事典 -城郭・烽燧篇-』, pp.37~39을 참조하였음.

241) 이 규모는 육군박물관에 의해 계측된 것이다. 조사단은 조선시대 문헌기록과 실측을 통해 조선시대 외성의 규모를 24km로 추정하였다(육군박물관, 2000, 『강화도의 국방유적』, pp.16~36). 고려 대몽항쟁기 강화 외성의 규모와 축조방식에 대해서는 향후의 고고학조사를 기대할 수밖에 없는 상황이다.

군력을 동원하여 북쪽의 휴암돈에서 남쪽의 초지돈에 이르는 외성을 수축하였다가, 영조 1년(1725) 갑곶과 월곶돈 사이의 외성구간을 석축으로 다시 축조하였다. 영조 18년(1742)에서 20년(1744)에 걸쳐 강화유수 김시혁에 의해 토축의 외성이 전축으로 개축되었다. 이후에도 영조 22년(1746) 강화유수 한현모가 적북돈에서 용진진에 이르는 일부 구간을 석축으로 수축하였고, 이후 영조 30년(1754)·영조 33년(1757)·영조 34년(1758)에도 일부 구간을 석축으로 개축하였다.

성벽의 축조는 해안가를 따라 평지와 능선의 外緣을 따라 축성되었다. 성벽이 축조되는 지형에 따라 축성재료, 축조방법 등에서의 차이가 있다.

해안가를 따라 축조된 평지구간의 성벽은 여장을 비롯한 체성 상단부는 유실되었지만 기저부를 포함한 체성 일부는 잔존하는 것이 확인되었다. 성벽은 현재 지표상으로 外築內托의 형태를 보이며, 해안가를 따라 제방의 기능까지 겸하였던 것으로 추정된다. 세부적인 축조 모습을 살펴보면 우선 해안가의 갯벌을 정지하여 기초를 다진 후 얇은 판상의 기단석을 돌출시키고, 장대석·四塊石·전돌로 체성을 축조하는 정연한 모습을 보이고 있다. 체성 상면의 城廊과 여장 등의 시설물은 남아있지 않다.

일부 구간에서는 기단부에 장대석의 체성 하단부를 1~2단 정도 쌓고 바로 3~4단부터 전돌로 축조된 반면, 다른 구간에서는 장대석의 체성 하단부를 사고석을 이용해 체성을 축조하고 있다. 현재 대부분의 체성 상단부가 붕괴·유실되어 명확하지 않지만 체성 하단부의 축조방법을 통해 성벽의 축조는 수평의 바른층 쌓기로 진행되어 빈틈없이 성돌을 맞물리게 하고 쐐기돌을 사용하지 않았던 것으로 보인다. 현재 남아있는 조선시대 성벽은 강회를 이용해 전돌로 상단을 축조하여 체성의 상단부에서도 쐐기돌의 사용은 없었다.

산지구간의 경우 능선의 外緣을 따라 자연지형에 맞춰 진행하는데 대부분 內外夾築의 방법을 사용하였으며 무너진 단면을 통해 소형의 할석을 장방형으로 다듬고 전돌과 함께 성벽을 축조하였음을 확인하였다. 또 성벽의 안팎으로는 일부 구간에서 폭 2m 내외의 유단시설이 설치되어 있었다. 일부 지점에 露頭가 발달되어있어 주변에서 쉽게 석재를 채취하여 성벽을 축조했던 것으로 보인다.

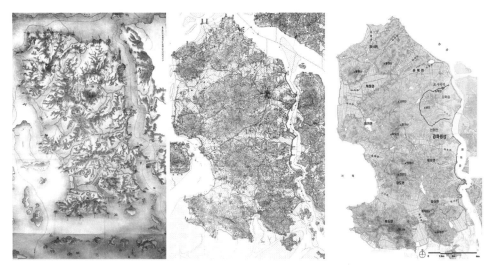

〈도면Ⅳ-2〉 강화부지도(1872년)　　〈도면Ⅳ-3〉 일제강점기 강화도 지도(1918년) 및 현 지도

　　강화 중성242)은 강화읍의 월곶리, 대산리, 관청리와 선원면의 선생리, 창리, 신정리 등 1읍 1면 7리에 걸쳐 축조된 성으로 알려져 있다. 기록으로는 강화도에 몽고군의 침

---

242) 중원문화재연구원, 2011,『강화 옥림리 유적』을 참조하였음. 중성에 대한 정밀 조사는 2010년 강화군의 의뢰를 받아 (재)한울문화재연구원에 의해 이루어졌다. 이를 통해 남아 있는 성벽의 총구간과 잔존 상태에 대한 수치적인 내용이 확보되었다. 또한 중성의 서쪽 구간 일부가 국화 저수지 조성으로 인해 침수된 사실과 문헌에 기록된 문지의 위치도 대부분 확인되었다(한울문화재연구원, 2010, 위의 책). 2009년 인하대학교박물관에서 창리-신정간 도로확포장공사 구간에 대해 조사를 실시하면서 공사 구간 안에 위치한 강화 중성의 남쪽 구간에 대해 시굴조사를 실시하였는데 이 때 중성의 축조 양상에 대한 첫 발굴조사가 이루어졌다. 조사를 통해 중성 축조의 양상이 일부 확인되었는데 일정한 판축 틀을 세우고 그 안에 여러 차례 흙을 다져 성벽을 만들고 외피를 둘러 쌓은 것이 확인되었다(인하대학교박물관, 2011,『강화 중성유적 : 강화군 창리~신정간 도로 확·포장공사 구간내 문화유적 발굴조사 보고서』). 필자는 1235년 축조한 강화 제방, 1237년 축성한 강화 외성, 1259년 내성과 외성을 허물었다는 기사의 외성 현황이 분명하게 확인되지 않은 현 시점에서 강화 외성과 중성의 구분에 대해서는 신중하게 접근할 필요가 있다고 생각된다. 따라서 江都의 내·중·외성의 현황을 정확히 구분하기 위해서는 강화 외성과 중성, 내성이 연결되는 부분의 성벽에 대한 고고학조사를 통해 확인할 필요가 있다고 판단된다.

입에 대비해 내성 수비를 강화하기 위해 고종 37년(1250)에 쌓았다.

강화 중성은 북산의 북장대에서 남산의 남장대까지는 강화내성과 중첩된다고 한다. 다시 북쪽으로 북장대에서 옥림리의 옥창돈대까지 약 1.8km, 그리고 남쪽으로는 남장대에서 가리산돈대와 갑곶돈대 사이 외성의 한 지점까지 약 6.3km에 이른다. 연결된 총 길이는 약 8.1km에 달한다.[243] 평면 형태는 'ㄷ'자에 가까우며 송악산을 중심으로 이어진 능선의 정상부를 따라 이어져있다. 중성의 정확한 축조 목적은 분명하지 않지만 현재 남아있는 중성의 축조형태를 통해 볼 때 강화 내성을 둘러싸고 해안 방어성인 외성과 궁성인 내성 사이에 공간을 방어하기 위해 자연 지형을 따라 축조하였던 것으로 생각된다.

강화 중성으로 확인된 구간은 판축토성으로서 전체 길이 120m이며, 체성 규모는 높이 2m, 너비 약 14.5m이다. 조사 결과 판축토루를 축조하기 위한 기초시설인 내·외 기저부석축렬, 판축공사시 판축토가 밀리는 것을 방지하기 위한 판축용 틀(내부 흙을 쌓고 다지기 위한 거푸집) 흔적, 중심토루에 덧대어 쌓은 내·외피 토루 등이 확인되어 고려 13세기 판축토성의 구조와 기법, 축조과정을 확인할 수 있었다.

판축 기법은 흙을 쌓고 다지는 과정을 반복하여 성체로서의 우수한 강도를 얻는 地定 공법의 하나로, 확인된 강화 중성 구간의 판축토루는 판축용 틀을 만든 후 그 안에 白沙 등 지내력이 우수한 흙을 넣은 후 나무나 돌로 만든 달고(杆)로 흙다짐을 반복하여 강도 높은 성체를 구성하였음을 알 수 있다. 판축용 틀은 기저부 석축렬 위로 4m 간격마다 초석을 놓아 영정주를 세운 후, 너비 20cm 내외의 횡판목과 종판목을 결구하여 틀을 구성한 후, 다시 바깥쪽으로 중간기둥과 보조기둥을 연결하여 판축틀을 고정하였다. 확인된 판축용 틀의 1개 작업공간은 길이 4m, 너비 4.5m이다.

『高麗史』에는 강화 중성을 처음 쌓은 것이 고려 고종 42년(1250)이었으며, 그 규모는 2,960間에 대·소문이 17개라고 하였다.[244] 또 8개의 대문이 있는데, 모두 송도의 이름을 본 딴 것이라고 하였다. 『續修增補江都誌』에는 중성의 규모가 2리 13정 30간의 토축이며, 중성이 축조된 위치는 옥림리 성문현~봉악 동북~송악~용장현~연화동~남산

---

243) 江華郡 郡史編纂委員會, 2003, 『新編 江華史』上.
244) 『高麗史』卷82 지36 병2 城堡.

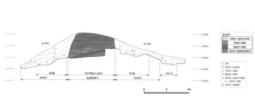

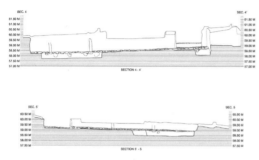

〈도면Ⅳ-4〉 강화 중성 옥림리(J구간) 성벽 구조

〈사진Ⅳ-1〉 강화 중성 내외부 와적층

~선행리에서 평원을 지나서 냉정현~대문현에서 산등성이를 따라서 도문현~현당산~
창성에 이른다고 되어 있다.[245] 이후 몽고와 강화를 맺으면서 1259년에 고려정부는 다

---

245) 『續修增補 江都誌』제6장 2절, 고적.

시 개경으로 환도하게 되는데 이 때 몽고의 요구로 강화 내성과 외성이 함께 헐리게 된다. 이 당시 중성이 같이 헐리게 됐는지는 분명하지 않다. 강화 중성과 관련된 문헌기록을 정리하면 다음 〈표Ⅳ-1〉과 같다.

〈표Ⅳ-1〉 강화 중성 관련 문헌기록[246)]

연대	내용	수록 문헌
고려 고종 19년(1232)	최우가 2령군을 보내 강화에 궁궐을 축조함	高麗史節要
고려 고종 22~25년(1235~1238)	강화 연안에 둑을 쌓음(강화연안 간척 사업 시작)	東國文獻備考
고려 고종 24년(1237)	강화에 외성을 쌓음	高麗史, 高麗史節要
고려 고종 37년(1250)	* 강도에 중성을 쌓음 * 중성의 규모는 2,960間이고, 대 · 소문이 17개임	
고려 고종 46년(1259)	몽고가 강도의 내성과 외성을 모두 헐어버림	
조선 중종 25년(1530)	선왕이 합단적을 피해 강화에 와서 사직을 보존하였지만 지금은 빈성과 대궐만 남았음	新增東國輿地勝覽
조선 숙종 16년(1690)	고려산과 혈구산 사이가 두어리 쯤 되고 그 가운데 작은 고개에 성이 있음	肅宗實錄
조선 숙종 36년(1710)	6리 남짓한 내성의 동남쪽으로 2리 쯤에 구성(舊城)이 있음	肅宗實錄
조선 정조 원년(1776) 저자 : 이긍익	고려 고종 24년에 외성을 쌓고 30년에 중성을 쌓음	練藜室記述 卷17
조선 고종 8년(1871) 저자 : 이유원	고려 고종 때 외성과 중성 2,960칸을 쌓음	林下筆記
일제강점기(1932) 편저 : 박헌용	중성의 규모는 2리 13정 30간의 토축이며, 중성이 축조된 위치는 옥림리~봉악 동북~송악~용장현~연화동~남산~선행리에서 평원을 지나 냉정현~대문현에서 산등성이를 따라 도문현~현당산~창성에 이름	續修增補 江都誌

그 동안 강화도에서는 석릉, 곤릉, 가릉, 능내리 석실분 등이 발굴 보고된 바 있다.[247)] 이들 왕릉 및 귀족들의 능은 강도시기의 묘제와 출토유물에 대한 정보를 제공했

---

246) 한울문화재연구원, 2010, 『강화 비지정 문화재 학술조사 보고서』, 강화군 문화예술과. 수록된 표를 필자가 재정리하였다.
247) 國立文化財硏究所, 2003, 『江華碩陵』; 國立文化財硏究所, 2007, 『江華 高麗王陵-嘉陵 · 坤

다. 여기에 더하여 옥림리의 중성과 그 주변의 건물지가 발굴됨으로써 13세기 청자의
자료가 더욱 보완되기에 이르렀다.

옥림리 J구간에서는 중성을 비롯하여 건물지, 분묘 등의 유적이 발굴되었다. 출토된
유물은 강도시대 40여 년간 사용했던 생활기명과 특수기명의 청자가 중심이며, 분묘로
부터는 조선 전기의 백자가 중심이다. 건물지는 모두 중성의 안과 밖의 100m 이내의 거
리에 위치한다. 고려왕조가 망한 후에는 중성과 건물들은 폐허가 되었을 것이고, 조선
왕조가 건국된 후 약 반세기가 흐른 뒤인 조선 15세기 중·후반부터 16세기 전반 사이
에 건물지 안에는 물론 주변 경사면에 조선시대의 분묘가 조성되었다. 특히 4지점에서
만도 조선시대 분묘 80여 기가 확인되었다.

강화 중성 옥림리 J구간에서 출토된 청자는 중성의 판축기단 하부에서 청자 상감국화
문 접시가 출토되어 1250년 이전의 청자 양상의 정보를 구체적으로 알려주었다. 그리고
주변 건물지의 청자는 1250년부터 1270년 사이에 제작된 유물이 출토되었다. 이를 통
해 13세기 청자의 변화과정을 보여줄 수 있었다.[248]

강화 옥림리 J구간 출토 청자는 1250년에 축조된 중성의 연대를 기준으로 조성 이전

| 도기 호 | 청자상감여지문 발 | 청자 접시 | 청자상감국화당초문 유병 |

〈사진Ⅳ-2〉 강화 중성 옥림리(J구간 성벽) 이전 분묘 출토 청자

陵·陵內里 石室墳』.

248) 대몽항쟁기 고려청자 편년은 장남원의 박사학위논문에서 11세기 후반~13세기 설정되어 편년되
어 있었다. 강화 옥림리 유적은 강경숙(강경숙, 2012, 『한국도자사』, 예경)의 고려도자기의 편
년을 따랐다. 도자기 편년은 중기는 1171~1274년으로 설정되었다.

J구간 3지점 중성 출토 청자 상감국화문 접시

I구간 출토 청자 상감국화문 접시

〈사진Ⅳ-3〉 강화 중성 옥림리(J구간) 중성 이전 출토 청자

과 이후의 시기를 보여준다. 먼저 중성 이전의 양상은 1232년 강화로 천도한 다음 고려시대 무덤이 집중적으로 조성된 지역으로 판단된다. 더욱이 I구간 토광묘에서 출토된 청자 상감국화문 접시라든가 J구간의 3지점인 중성 판축 아래에서 출토된 청자 상감국화문 접시가 동시기에 부장된 동일한 종류의 접시였다는 점에서도 이러한 정황을 뒷받침해 준다.

2호 건물지는 장방형의 대형 건물지로 관아 건물지의 성격을 띠며, 14세기의 특징을 보이는 청자가 출토되었다. 4지점은 고려가 멸망한 다음에는 폐허가 되었을 것이며 약 50여 년이 지난 다음 공동묘지화 되었다.

청자의 편년은 강도시대와 그 이후로 나누어 살펴보겠다.

먼저 강도시대는 다양한 기종이 확인되며, 부안 등에서 제작된 고급 청자들의 빈도수가 많다. 고급청자는 음각연판문편, 청자 상감운학모란문편 등의 각종 문양으로 전성기의 고급 상감청자의 특징을 보인다. 또한 유색이 양호하고, 포개구이를 하지 않았고, 갑발에 개별로 규석 받침하여 제작하였다.

13세기의 고급 청자는 접시류가 가장 많으며, 대접 및 완, 발류와 다양한 기종의 청자가 출토되었다. 접시는 압출양각국당초문 접시, 상감국화문 팔각접시편, 화형 전접시편, 상감국화문, 퇴화화문, 압출양각화문, 상감국화문 뚜껑편, 청자 상감화문 편, 압출양각의 파도문, 화문, 당초문 등이 장식되었고, 퇴화기법에는 퇴화화문, 상감기법에는 국화문·국화절지문, 화문 등이 있다. 이 가운데서 청자 국화절지문 팔각접시는 내면에 화문·연주·연판문을 압출양각한 고급의 접시로 주목된다. 이처럼 접시의 기형은 원형, 팔각, 화형전 등이 있고 모두 江都시대로 편년된다.

대접과 완은 압출양각포도동자문 대접, 상감 국화여지문 대접편, 음각 파어문 대접구연부편, 압출양각화문 완편, 상감 운문 완저부편, 음각국당초문 완편, 음각앵무문 대접구연부편, 상감쌍어문 대접구연부편 등을 들 수 있다.

이외에 다양한 기종으로는 합신, 잔과 잔탁, 뚜껑, 발류 등이 있다. 음각연화절지문 합신, 음각과 상감의 잔탁편, 상감국화문 뚜껑편, 퇴화화문 잔편, 음각화형문 잔대각편, 상감여지문 발, 압출양각화문 발저부편 등이 있다. 이러한 기종 등은 강도시대의 고급스런 생활을 엿보게 한다.

강도시대 이후의 청자는 13세기 말과 14세기의 특징의 청자로 구분된다.

먼저 13세기 말의 청자는 상감원문 접시저부편, 상감국화문 접시편 등은 내면 문양의 양상과 대마디굽에 가까운 굽, 굵은 모래받침의 번법 등에서 강도시대의 고급 청자와는 다른 13세기 말의 특징을 보인다. 음각이중원권문 접시편은 내면에 상감을 하기 위한 선만이 음각으로 남아 있는데 이 접시 역시 굽의 형태는 대마디굽에 가까운 특징을 보이고 모래받침 번법이다. 이외에 청자 상감삼중원권문 접시와 청자 상감연판문 대접저부편은 13세기 후반~14세기의 특징을 가지고 있다.

14세기의 청자는 상감초문 대접을 대표적으로 들 수 있으며, 문양의 구성이 14세기의 특징이고 굵은 대마디굽과 모래받침 번조 등에서 강도시대 이후의 청자의 모습을 보인다. 즉 문양은 생략되고 삼중원권문만이 시문된다든지, 내저에 성기게 연판문을 시문한다든지, 또한 굽은 대마디굽에 모래받침이며 혹은 굽 안바닥에 다진 흔적이 있는 등의 특징이 있다. 청자 상감국화문 발편, 상감연당초문 대접편, 상감동심원 접시편, 음각이중원권문 접시편, 상감국화문 대접편과 상감국화절지문 발동체편 등은 성긴 문양의 배치, 대마디굽, 모래받침, 굽 안 바닥의 다진 흔적 등의 특징을 보이고 있어 14세기에 제작되었음을 말해 준다.

이외에 대접의 내면 문양은 연당초문이거나 국화문을 이전 시기와 달리 중복되며 조잡하게 상감하였고, 접시는 안 바닥에 여러 줄의 원형의 백상감선문 만이 있다든지 혹은 음각의 선문만이 있다. 유태는 녹황색을 띠며 굽은 대마디굽이고 전면시유에 굽 안은 다진 흔적이 있으며 굽 접지면에 모래를 깔고 제작했다. 이와 같은 특징들은 대체로 14세기의 모습이며 15세기 초까지 연장된다.

강화 중성(옥림리 유적)에서 출토된 기와류는 막새와 치미류, 평기와 등이다. 막새기와는 드림새의 문양이 귀목문으로 고려시대 중기 이후 유적에서 흔히 출토되는 유물이

〈사진IV-4〉 강화 중성 옥림리(J구간) 강도시대 출토 청자

〈사진IV-5〉 강화 중성 옥림리(J구간) 강도시대 출토 막새 및 평기와

다. 귀목문은 고려 전기 연화문 막새기와를 대체하여 고려시대 중기에 들어와 나타나는 문양으로 고려시대 중기 이후 건물지 유적에서 주로 나타나는 막새기와이다.[249] 특히 고려시대 원 및 행궁으로 유명한 파주 혜음원지에서는 대다수의 막새가 귀목문이 출토되었다.

강화 중성에서 수습한 평기와는 총 144점으로 수키와 22점, 암키와 122점이 출토되었다. 기와는 회청색 경질기와이며, 두께는 2~2.5cm 정도이다. 기와문양은 어골복합문, 복합문, 집선문 등이다. 암키와의 경우 하단에 건장치기가 확인되었다.

(2) 珍島 龍藏山城

진도 용장산성[250]은 전라남도 진도군 군내면 용장리 106번지에 위치한다. 珍島는 제주도, 거제도 다음으로 큰 섬으로 해안선 둘레는 268km이다. 진도 용장산성은 북벽과 서벽 및 동벽의 일부는 바다와 접하고, 나머지 구간은 진도 성황산 능선을 통과하고 있으며 총 길이는 13km가 넘을 것으로 추정된다. 전체적인 정밀 지표조사 이뤄지지는 않았으나, 문지 6개소와 치성 3개소, 건물지 수십 개소가 위치하고 있다. 그리고 그 내부에 용장산성의 남쪽 능선에 인접한 계곡부에 남북 18단으로 구획된 왕궁지와 그 외곽을 석심토축의 宮墻이 감싸고 있다.[251]

---

249) 京畿道博物館, 2002, 앞의 글, p.130.
250) 목포대학교박물관, 2006, 『진도 용장산성』.
　　목포대학교박물관, 2009, 『진도 용장산성 발굴조사 간략보고서』.
　　목포대학교박물관, 2010, 『진도 용장산성 내 문화재 시 · 발굴조사 지도위원회 회의자료』.
　　고용규, 2011, 「珍島 龍藏山城의 構造와 築造時期」, 『13세기 동아시아 세계와 진도 삼별초』, 목포대학교박물관.
251) 왕궁지에 대해서 남북 18단으로 남북 9단, 동서쪽에 각 1단씩 모두 18단으로 구성되었다고 한다. 그러나 필자가 1~4차 조사에 참가했던 파주 혜음원지 경우처럼 중심축이 설정된 행궁 성격의 경우 각 단에 중앙 건물지와 그 양쪽에 익사가 배치되었을 경우 1단으로 보고 있다(단국대학교매장문화재연구소, 2006, 『파주 혜음원지 발굴조사보고서』 -1차~4차-). 또한 측면의 별도 공간의 경우 일지라도 중심축에 설정된 각 단과 같은 축대선을 사용할 경우 별도의 단 설정은 혼란을 줄 여지가 있다. 따라서 용장산성 왕궁지는 현재까지 조사결과로는 남북 10단의 건물지의 배치상태라고 할 여지도 있다.

북쪽은 명량 해협과 접해 있으며, 3개의 만과 곶으로 이루어져 있다. 용장산성의 해발고도는 대부분 200~230m 정도인데, 용장산성 내부의 용장리와 고군면 도평리를 이어주는 제 1남문지가 들어서 있는 성재가 해발 94.9m로 가장 낮고, 행궁지 남쪽의 봉우리가 해발 262.3m로 가장 높다. 남벽 구간의 능선은 바깥쪽 경사가 심하고 각각의 봉우리에서 다른 봉우리로 갈라지고 있는 까닭에 외부에서는 성벽이 전혀 보이지 않는다. 동쪽이 통과하는 능선은 대체로 해발 110~130m 정도로 남벽에 비해 해발고도는 약간 낮지만 지형조건은 크게 차이가 없기 때문에 성벽은 외부로 드러나 보이지 않는다.

외성은 전 구간이 내벽과 외벽을 모두 돌로 쌓은 석축성으로 겹축법에 의해 축조되었다. 성벽은 대부분 능선의 정상부에서 약 10~20m 가량 바깥쪽 사면부를 성벽의 통과선으로 하고 있다. 성벽의 규모는 추정높이 1.5~2m 정도이며, 너비는 최소 270~280cm, 최대 340~410cm, 평균 너비 320~350cm로 성벽에 비해 성문 부근은 약간 두텁게 축조되었다. 그러나 성벽의 바깥 쪽 경사가 심한 남벽의 일부 구간에서는 너비가 불과 1m에 지나지 않은 경우도 있다. 현재 높이는 남벽의 일부 구간을 제외하고는 대부분 1m 내외로서 1~2단의 성돌만 잔존하고 있다. 성돌은 주변에서 직접 채석해서 사용하고 있고, 일부 구간은 주변에 흩어져 있던 1m 전후의 바위돌을 이용한 경우도 있다.

성벽의 축조방법은 먼저 퇴적토를 암반층까지 완전히 걷어낸 후 10~30cm 가량 황갈색 마사토를 수평으로 깔아 지반을 정리하고, 그 위에 내·외벽은 모두 얇은 판석형의 석재를 기단석으로 놓았다. 성벽은 기단석에서 5~10cm 가량 뒤로 물러서 제1단 성돌을 놓았으며 2단부터는 수직으로 쌓아 올렸다. 내벽과 외벽 사이에는 황갈색 마사토와 잔자갈을 섞어 채워 넣었다. 바깥쪽 경사가 심한 남벽의 경우는 내·외벽의 면석뿐만 아니라 뒷채움석도 같은 크기의 석재를 사용하고 있다.

문지는 6개소로 제2 서문지와 제2 남문지가 조사되었다. 제2 서문지는 북쪽 성벽이 바깥쪽으로 남쪽 성벽이 안쪽으로 약 45° 정도 엇갈리게 배치한 어긋문 형식이다. 개구부 너비가 320~330cm, 측벽너비 320~340cm로 정면 1칸, 측면 1칸 규모의 문루 주춧돌이 확인되었다. 제2 남문지는 해발 172.2m 고개마루에 위치한다. 일직선상에 배치된 성문으로 개구부 너비 260cm, 측벽너비 410cm, 높이 30~100cm이다. 주춧돌이 남아 있어 문루를 조성한 것으로 보여진다.

내성(궁성)은 석심토축의 성벽이 왕궁을 감싸고 있다.[252] 왕궁은 남쪽으로 산을 등지고 북쪽으로 계곡이 형성되어 있는 谷間地에 위치하고 있다. 북쪽으로부터 진입하도록 되어있으며, 南高北低의 경사면을 따라 남북 9단의 구획된 공간에 건물을 조영하여 왕궁으로 활용하였다. 이 같은 입지상의 특징은 고려의 개경 만월대와 고려 전기 행궁으로 알려진 파주 혜음원지의 지형 이용과 닮았다. 각 건물은 회랑이 서로 연결된 구조를 보이는 점에서 개경과 파주 혜음원지와 구조적으로 유사하다.

이외에 내부시설로 제사유적과 부속된 창고건물지가 있다. 제사유적은 성황산 북쪽 정상부의 해발 219m 지점에 위치하며 제단 내부에 토제전이 깔려 있다. 토제·철제마, 청동거울 및 수저, 벼루편 등과 함께 청자잔과 받침 등의 고급 청자가 출토되었다. 창고건물지는 해발 230m의 선황산 최정상부에 위치한다. 남북 14×5.6m의 축대 일부만 확인된다.

출토 유물은 대몽항쟁기와 관련하여 청자와 기와류를 들 수 있다.[253]

청자의 주된 기종은 완, 대접, 접시 등이며, 잔과 잔받침, 장고, 향로, 병, 받침대 등이 제사유적에서 출토되었다. 청자는 12세기대 비색청자의 전통이 남아 있어 유색이 양호하고, 포개 구이하지 않았고, 갑발에 개별로 규석 받침하여 제작하였다. 접시에서 압출양각화문도 확인되었다. 굽의 형태는 대마디굽에 가까운 특징과 모래받침 번법도 다수 확인되었다. 청자는 대체로 제작기법으로 보아 13~14세기에 제작된 유물로 보여진다.

기와는 명문과 평기와류가 출토되었다. 평기와는 어골문을 기본으로 하면서 어골문과 선문, 어골문과 방곽문 등이 시문된 복합문이 대부분을 차지하고 있다. 또한 신안군 압해도 건물지에서 13~14세기 대의 청자와 출토된 '大匠惠印癸卯三月'銘 명문기와와 문

---

252) 보고서에서는 왕궁지 외곽 석심토축의 성벽을 담장형태로 보고 있다. 명칭을 宮墻으로 소개하였다. 담장으로 보는 견해로는 규모와 구조가 담장의 형태를 보이고 있기 때문이다. 왕궁지의 궁장은 중심부에 높이 1m, 너비 1m 규모의 석축을 하고, 그 위로 성토 다짐한 토루가 덮은 구조이다. 주변에서 막새를 비롯하여 다량의 기와가 출토되어, 기와를 덮었던 담장으로 추정하고 있다.

253) 목포대학교박물관 고용규 선생님이 유구 도면과 유물 사진을 제공해 주셨다.

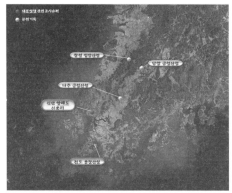

〈도면Ⅳ-5〉 진도 용장산성 주변 대몽항쟁기 유적　　〈도면Ⅳ-6〉 진도 용장산성 현황도

〈사진Ⅳ-6〉 진도 용장산성 왕궁지 전경

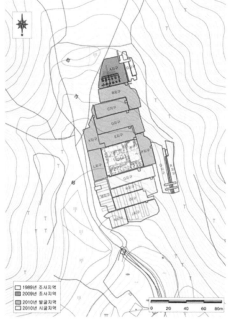

〈도면Ⅳ-7〉 진도 용장산성 왕궁지 배치도

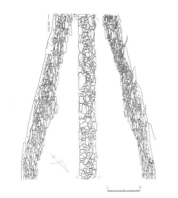

〈사진Ⅳ-7, 도면Ⅳ-8〉 진도 용장산성 석축성벽 현황

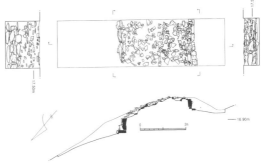

〈사진Ⅳ-8, 도면Ⅳ-9〉 진도 용장산성 토석혼축 현황

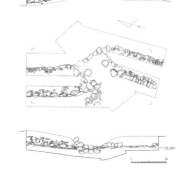

〈사진Ⅳ-9, 도면Ⅳ-10〉 진도 용장산성 현황(성벽 및 문지)

〈사진Ⅳ-10〉 진도 용장산성 출토 청자류

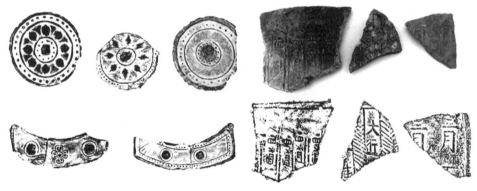

〈사진Ⅳ-11〉 진도 용장산성 출토 기와류

양 및 색조 뿐만 아니라 서체가 동일한 '大匠', '惠', '三月'이 시문된 명문기와도 출토되었다. 이들 기와는 적어도 동일한 가마에서 생산되어 공급된 것으로 판단하고 있다.

용장산성의 연대는 그동안 원종 11년(1270) 8월 배중손 등이 지휘한 삼별초군이 진도에 들어와 기존의 사찰을 개조하여 궁궐을 조영하고 산성을 쌓은 것으로 보는 것이 학계의 공통적인 견해였다. 하지만 시굴조사를 통하여 출토된 유물과 여러 가지 사료를 종합하여 고려하면 원종 11년(1270) 8월 삼별초가 진도에 들어오기 27년 전에 이미 축

조되어 있었을 것으로 추정된다.[254] 용장산성은 고종 30년(1243)에 이미 축조되어 대
몽항쟁 기간에 海島入保處로 활용되었으며, 원종 11년(1270) 8월 삼별초군의 진도 입
거와 함께 재활용되었을 것으로 보인다.

(3) 濟州 缸坡頭里城

제주 항파두리성[255]은 제주특별자치도 제주시 애월읍 고성리 1126-1번지 일대에 위
치한다. 제주도는 우리나라에서 제일 큰 섬으로 주위 240km에 달하는 타원형의 섬이
다. 항파두리성은 성의 북쪽 마을인 하귀리 해안으로부터 3.3km 내륙으로 들어와 있으
며, 해발 약 150~200m에 위치하고 있다. 항파두리성은 내성과 외성으로 이루어져 있
다. 외성은 토축성벽이다. 내성은 석축성벽으로 알려져 있었으나, 2011년 조사결과 토
성으로 축조되었을 가능성이 제시되었다.[256]

외성은 130~190m 사이에 걸쳐 비교적 넓게 분포하고 있으며, 남쪽 끝부분이 210~

---

254) 목포대학교박물관, 2006,『진도 용장산성』.
　　 고용규, 2011, 위의 글.
255) 제주도, 1998,『제주 항파두리 항몽유적지』.
　　 제주문화예술재단, 2002,『제주 항파두리항몽유적지 학술조사 및 종합 기본정비계획』.
　　 제주문화예술재단, 2003,「제주 항몽유적지 항파두리토성 보수정비에 따른 토성단면 확인조사
　　 보고서」.
　　 제주문화예술재단, 2004,「제주 항몽유적지 항파두성토성 보수정비에 따른 토성단면 확인조사
　　 보고서」.
　　 불교문화재연구소, 2009,「제주 항파두리 항몽유적지 토성복원구간 발(시굴)조사 약보고서」.
　　 제주문화유산연구원, 2010,「제주항파두리 항몽유적지 토성복원구간(내) 문화재 분포조사보
　　 고서」.
　　 제주문화유산연구원, 2011,「제주 항파두리 항몽유적지 문화재 시굴조사 간략보고서」.
　　 제주고고학연구소, 2011,「제주 항파두리 토성 단면조사 간략보고서」.
　　 제주고고학연구소, 2011,「사적 396호 제주 항파두리 항몽유적지 문화재 시굴조사(2차) 간략보
　　 고서」.
　　 제주고고학연구소, 2012,「제주 항파두리 항몽 유적 토성 발굴조사 간략보고서」.
　　 (사)제주역사문화진흥원, 2012,『제주 항파두리 항몽 유적 종합정비계획』.
256) (재)제주문화유산연구원의 강창룡, (재)제주고고학연구소 강창화·박근태 선생님이 항파두리성
　　 의 조사성과 및 자료를 실견하고 이해할 수 있도록 도움을 주셨다.

230m 표고에 위치하고 있다. 등고선의 분포현황을 고려하여 볼 때 북쪽과 동쪽, 서쪽이 자연스럽게 급한 경사지형의 조건을 나타내고 있다. 남쪽이 북쪽보다 50m 정도 높게 되어 있으며, 북쪽 부분은 능선의 급경사로 내려가고, 동쪽과 서쪽 역시 급격한 경사면을 둔 하천 절벽에 성벽이 만들어져 있다. 전체적으로 성이 자리한 지형·지세는 천연적인 지형을 이용하여 인위적 성벽을 높이 쌓아 올리지 않더라도 외부로부터 방어하기에 유리한 지형을 취하고 있다. 성의 형태는 불규칙한 장타원형이다. 정확한 계측은 아니지만, 현재의 성 둘레는 약 3,800m이고, 직경은 남동에서 북서로 연결되는 선이 장축으로 그 길이가 약 1,450m이다. 또한 남서에서 북동으로 이어지는 선은 최단축으로 직경이 약 660m이다.

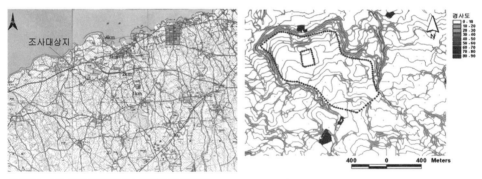

〈도면Ⅳ-11〉 제주 항파두리성 위치도 및 지형도

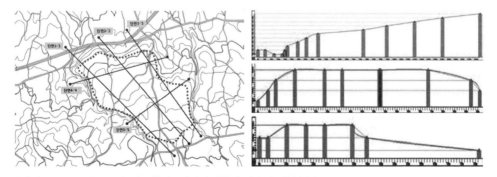

〈사진Ⅳ-12, 도면Ⅳ-12〉 제주 항파두리성의 지형적 위치 및 지형 단면

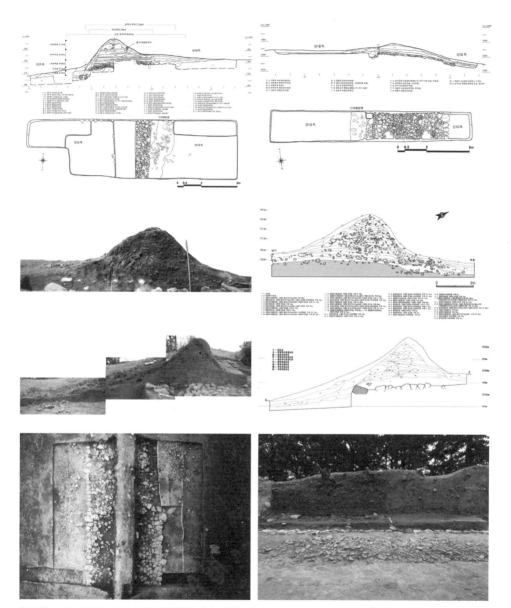

〈사진Ⅳ-13, 도면Ⅳ-13〉 제주 항파두리 외성 성벽

외성 성벽은 성 내측에서 외측으로 생토층을 'ㄴ'자상의 기저부 정지가 이루졌다. 정지면에는 점토와 부식토를 혼재하여 퇴적한 후에 기저부 석렬과 내부적석을 축조하였다. 기저부 석렬의 내외 간격은 500cm 정도이며, 사용된 석재는 대체로 30~50cm 크기의 자연석을 주로 사용하였다. 중심토루는 대부분 판축에 의해 축조되었고, 판축에 사용된 흙은 일반적으로 주변의 흙을 이용하였다. 중심토루 영정주간의 간격은 대략 360cm이고 목주흔의 간격은 140cm의 등 간격 배치를 보인다. 토루 내·외변에 와적층이 확인되며, 와적층 상부에는 점토와 풍화층을 번갈아 쌓아 내·외피토루를 완성하였다. 토성 내부의 내측수로에 해당하는 호상의 배수로가 확인되었다. 성벽의 규모는 내외폭이 중심토루를 포함하여 8~12m이며, 높이는 3~5m 정도로 추정된다.

내성은 내성지라 하여 속칭 '대궐터'라고 하며, 북동부에 있는 두 곳의 용천수와 가까운 곳이다. 2011년 조사결과 내성지는 사다리꼴(梯形) 형태로 각각의 장축 길이는 북쪽 178m, 남쪽 192m, 동쪽 194m, 서쪽 192m 정도이다. 2구역 2지점내 내성(궁성)의 흔적으로 추정되는 남쪽부분과 북서편 단애면 2개소에 대한 단면조사를 실시하였다. 조사결과 조사지점 정상부에서 동서방향으로 약 1m 높이의 성토부가 확인되었다. 성토부는 바닥 생토면을 굴착하고 그 면에 기저부 석렬을 1~2열 정도 성토부 장축방향으로 부석한 후 판축한 토성으

〈사진Ⅳ-14〉 2011년 내성 조사광경 및
건물 기단열·외곽 성벽 노출 상황

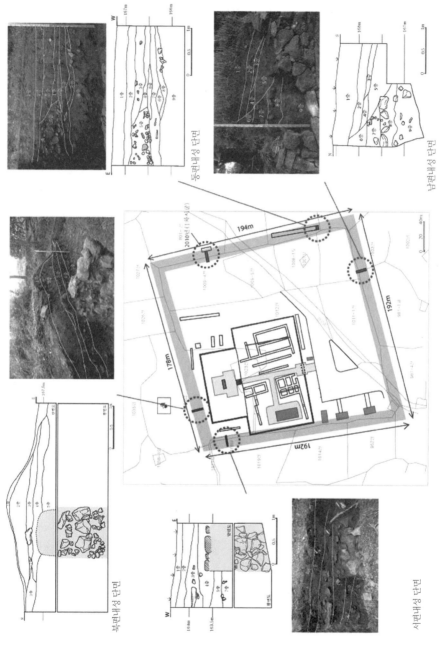

<도면IV-14> 제주 항파두리성 내성 성벽 조사현황도

로 확인되었다. 성토부 내에서는 소량의 기와편이 확인되었다.

　내성 안에 자리했던 건물지와 부속시설 등은 모두 북서쪽(2구역 2지점)에 치우쳐 확인되었다. 2011년의 시굴조사 결과, 조사결과 확인된 건물지 내부시설은 기단석렬 21기, 초석 19기, 적심석 9기, 문초석 1기, 부와시설 3기, 석렬유구 5기, 적석유구 1기, 내부 시설물 3기 등과 수혈유구 1기 등이 확인되었다. 다양한 기와 건물지가 확인되어 중요 건물지가 존재했던 것으로 판단된다.

　유물은 청자와 기와편 등이 다량 확인되었다. 청자는 12세기부터 14세기까지 제작된 것들이 주류를 이루고 있으며, 무문청자보다는 13세기에 제작된 것으로 추정되는 상감청자가 주류를 이루고 있다. 기형은 접시와 대접이 다수를 차지하고 있으며, 주목되는 것은 13세기 청자의 대표적인 형태 가운데 하나인 팔각접시와 화형접시이다. 이외에도 잔, 매병, 두침, 뚜껑 등도 확인되고 있는데, 내성 부분에서 수습된 13세기에 제작된 것으로 추정되는 매병이나 두침은 양질의 청자로 제주 지역의 다른 유적에서는 출토된 예가 없다. 13세기로 추정되는 청자와 더불어 소량의 중국자기가 출토되었다. 모두가 중국 元代 13~14세기에 제작된 것으로, 청자는 龍泉窯에서, 청백자와 백자는 景德鎭窯에

〈사진Ⅳ-15〉 제주 항파두리 출토 청자 및 기와류

서 제작된 것이다.

기와류는 다수가 어골문계열이다. 어골문은 기와의 등면에 타날된 상황을 보면 상하 위에 어골문이 대칭으로 배치되고, 그 중간에는 주로 횡선의 띠를 두르고 내부에 화문, 능형문, 방곽문, 원문, 기하문들이 결합되었다. 한편 소량이기는 하나 명문이 시문된 기와가 확인된다. 이들 기와에서 확인되는 명문은 '高內村', '辛丑二月', '門', '奉', '兵', '卍' 등이다.

제주도 연안에는 『新增東國興地勝覽』 제주목 고적조에 보면[257] 古長城이라 하여 沿海長城이 축조되어있다. 문헌에서는 고려 원종이 삼별초가 진도에서 제주도까지 거점을 확보하는 것을 대비하기 위해 고려 군사들을 제주에 파견하여 축성한 것으로 알려져 있다.

연해장성을 축조한 고여림에 대한 『高麗史節要』의 기사를 정리해 보면, 다음과 같다.

> a-1. 장군 楊東茂와 고여림 등이 수군으로 진도를 치니, 적이 長興府로 들어가 관군 20여 명을 죽이고, 도령 尹萬藏을 사로잡고, 재물과 곡식을 노략질하였다(『高麗史節要』 卷19 원종 11년 9월조).

> a-2. 적이 제주도를 함락시켰다. 과거에 안찰사 권단이 靈巖副使 金須를 보내어 군사 2백 명으로 제주도를 지키게 하고, 또 장군 고여림을 보내어 군사 70명으로 뒤를 이었다. 적이 제주도를 공격하니 수와 여림의 무리가 힘껏 싸우다 죽었다(『高麗史節要』 卷19 원종 11년 11월조).

> a-3. 古長城 바닷가에 따라 둘러 쌓았는데 둘레가 3백여 리이다. 고려 元宗 때에 삼별초가 반란을 일으켜 진도에 웅거하니, 왕이 시랑 高汝林의 무리를 탐라에 보내어 군사 1천을 거느리고 방비하고, 인하여 長城을 쌓았다(『新增東國興地勝覽』 卷38 全羅道, 濟州牧, 고적조).

---

257) 『新增東國興地勝覽』 卷38 全羅 濟州 고적조. "古長城 바닷가에 따라 둘러 쌓았는데 둘레가 3백여 리이다. 고려 元宗 때에 삼별초가 반란을 일으켜 진도에 웅거하니, 왕이 시랑 高汝林의 무리를 탐라에 보내어 군사 1천을 거느리고 방비하고, 인하여 長城을 쌓았다."

위의 기사를 보면(a-1~2 기사) 고여림은 고려 원종 11년(1270) 9월에 진도의 삼별초를 공격하였으나 실패하였다. 그 뒤 3개월 후 제주도에서 삼별초를 방어하다가 제주도에 상륙한 삼별초와 전투 중에 전사하고 만다. a-3의 기사를 보면 고여림은 1270년 9월 이후 11월까지 제주도에 도착하여 연해장성을 축성하였던 사실을 알 수 있다.

이후의 기록을 통해 보면 연해장성은 삼별초가 제주도를 점령한 후 여몽 연합군을 방어하기 위해 활용되었을 것으로 추정된다. 그리고 삼별초가 원종 14년(1273)에 패전한 후, 조선시대에

〈사진Ⅳ-16〉 제주도 해안의 연해장성(북촌 및 삼양리 일대)

는 왜구를 대비하기 위한 방비책으로 장성을 수리·증축하였다.

연해 장성은 고려시대에 축성된 규모는 기록에 의해 300리 정도이고, 잔존하는 지역에 대한 필자의 답사결과 석축으로 축성하였다. 아쉽게도 정밀 발굴조사가 진행되지 않아 고려의 초축과 관련된 성벽의 현황은 현재까지 명확하지 않다. 이렇듯 장성의 축조방식과 축조시기를 정확히 알 수 없으나, 문헌상으로 대몽항쟁기 삼별초와 관련이 있으며, 고려 및 조선시대에 이르기까지 해안방어를 목적으로 축조된 성이라는 것은 분명하다.

2) 特徵

(1) 입지와 구조

강화도의 성곽과 진도의 용장성, 제주도 항파두리성의 입지와 구조에 대해서 살펴보

겠다. 강화도의 성곽은 외성-중성-내성의 구조이며, 진도 용장성은 외성과 내성, 제주도 항파두리성은 외성과 내성의 구조이다. 제주도 항파두리성은 해안변에 축성된 연해장성을 포함한다면 강화도의 성곽과 같은 3중 구조로 볼 수 있다.

강도의 외성은 강화도 해안 둘레 112km 중 육지와 인접한 북쪽과 동쪽 해안가를 따라 평지와 능선의 사면에 약 24km에 걸쳐 축조되었다. 현재 조선시대에 개축된 성벽과의 구분에 대하여 조사된 바가 없어 외성의 축조방식을 확인할 수 없다. 다만 평지구간 성벽은 해안가를 따라 제방의 기능을 겸했던 것으로 보는 견해와 능선의 사면은 지형에 맞추어 석축시설을 하였던 것으로 보는 견해도 있다.

강도의 중성은 해안 방어성인 외성과 궁성인 내성 사이에 공간을 방어하기 위해 자연지형을 따라 축성하였고, 총 길이는 약 8.1km에 달한다. 평면 형태는 'ㄷ'자에 가까우며 송악산을 중심으로 이어진 능선의 정상부를 따라 이어져있다. 그 규모는 2,960間에 대·소문이 17개라고 하였다. 또 8개의 대문이 있는데, 모두 송도의 이름을 본 딴 것이라고 하였다.

강도의 성곽은 내성에 대해 현재까지 명확히 밝혀진 바가 없으나, 외성과 중성을 통해 강도 성곽의 입지와 구조에 대해서 추정할 수 있다. 외성은 해안방어성으로 강화도 해안 전체에 축조되었다. 강화 중성은 외성과 내성 사이의 산사면에 축조되었다. 축조목적은 강화도 해안가 남북쪽과 서쪽으로 부터 외성을 넘어온 적을 막기 위한 것으로 보여진다. 따라서 내성은 강화 중성 구간 안쪽 동쪽에 위치하며, 궁성 혹은 황성이 존재했을 가능성이 매우 높다.

진도 용장산성은 진도의 동북쪽 해안 일대와 진도 내부의 성황산의 줄기를 연결하여 축조되었고 13km에 달한다. 문지는 6개소와 치성 3개소가 확인되었다. 내성으로 비정되는 왕궁지는 성황산 정상부에서 북쪽으로 흘러내리는 계곡부에 축조되었다. 외성은 산정상부에서는 석축성벽이 축조되었고, 규모는 지형적 여건에 맞추어 너비 270~410cm, 높이는 1.5~2m 규모로 축조되었다. 내성 왕궁지 성벽은 너비 1m, 너비 1m 규모의 석심토축성으로 축조되었다. 진도 해안선에 대한 방어시설은 현재까지 고고학 조사가 진행되지 않아 확인할 수 없는 상태이다.

제주도 항파두리성은 해안으로부터 3.3km 내륙으로 들어와 있으며, 해발 약

150~200m에 위치하고 있다. 항파두리성은 내성과 외성으로 이루어져 있다. 외성은 토축성벽으로 축조되었고, 전체적인 길이는 대략 3.8km 정도이다. 성벽의 규모는 내외폭이 중심토루를 포함하여 8~12m이며, 높이는 3~5m 정도로 추정된다. 내성은 석축성벽으로 알려져 있었으나, 2011년 조사결과 토성으로 축조되었을 가능성이 제시되고 있다. 전체 둘레는 752m 정도이다. 성벽의 규모는 시굴조사에 확인된 바로는 폭 1m 석렬을 조성하고, 그 위에 높이 1m 성토한 것으로 보고 있다.

제주도의 沿海長城은 대몽항쟁기 삼별초와 관련되어 축조되었고, 기록에 의해 300리 정도로 120km 정도로 추정된다. 정밀 발굴조사가 이뤄지지 않아 조선시대 별방진성과 구분이 모호하나 석축으로 축성한 것으로 보여진다. 그리고 해안으로 상륙하는 적을 방어하기 위해 축성된 것으로 보여진다.

이상의 강도의 성곽과 진도의 용장산성, 제주 항파두리성의 입지와 구조를 정리해 보면 다음과 같다.

〈표Ⅳ-2〉 도성 계열의 해도 입보 성곽 체계표(단위 : km)

소재지	섬의 둘레	성곽구조	외성		중성		내성		비고
			규모	재료	규모	재료	규모	재료	
강화도	112	3중성	24	토축	8.1	토축	?		내성 및 궁성: ?
진도	264	2중성	?		13	석축	0.8	석축	내성: 왕궁지
제주도	240	3중성	120	석축	3.8	토축	0.75	토축	외성: 연해장성
개경	·	3중성	23	토축 석축	4.7	토축	2.1	토축	나성-황성-궁성

강화도에 새로 건립된 궁궐과 관청, 성문 그리고 주변 산들의 이름을 개경의 것을 그대로 빌려와 사용하였다. 송악산을 主山으로 잡고 그 아래 궁궐을 짓고 이를 둘러싼 도성을 구축하는 양상은 개경의 도시 구조와 완전히 같은 것이었다. 그리고 강화도의 성곽은 개경의 나성-황성-궁성의 3중 구조와 같은 배치구조를 보이고 있다. 이와 더불어 진도 용장성, 제주도 항파두리성은 海島에 위치한 도성의 구조를 보이고 있다. 다만 강화도 및 제주도의 외성에 대해서는 고고학 조사를 통해 축조시기를 밝혀, 개성 성곽의 구조와 비교연구 할 숙제가 있다.

(2) 출토유물

　강도의 성곽과 진도의 용장산성, 제주 항파두리성에서 출토된 대표적인 유물은 청자와 기와류이다. 이러한 출토유물은 강화 중성 옥림리 구간에서 출토된 유물의 분류를 통해 사용시기의 구분이 명확해졌다고 할 수 있다.

　먼저 청자는 강화 중성의 축성시기(1250년)를 기준으로 하여 전후 시기로 구분하였다.

　강화 중성 이전의 청자는 I구간 토광묘에서 출토된 청자 상감국화문 접시와 J구간의 3지점인 중성 판축 아래에서 출토된 청자 상감국화문 접시가 동시기에 부장된 동일한 종류의 접시로 볼 수 있다. 또한 강도시대에 사용된 청자는 부안 등에서 제작된 합신, 잔과 잔탁, 뚜껑, 발류 등의 고급 청자 빈도수가 많다. 고급청자는 음각연판문편, 청자 상감운학모란문편 등의 각종 문양으로 전성기의 고급 상감청자의 특징을 보인다. 또한 유색이 양호하고, 포개구이를 하지 않았고, 갑발에 개별로 규석 받침하여 제작하였다.

　강도시대 이후의 청자는 대마디굽에 가까운 굽, 굵은 모래받침의 번법 등에서 강도시대의 고급 청자와는 다른 13세기 말의 특징을 보인다. 그리고 내면 문양의 양상에서 음각이중원권문으로 내면에 상감을 하기 위한 선만이 음각으로 표현하거나 삼중원권문 등이 13세기 후반~14세기의 특징을 가지고 있다.

　기와는 막새류의 경우 드림새의 문양이 귀목문이 출토되었다. 귀목문은 고려시대 중기 이후 건물지 유적에서 주로 나타나는 막새기와류이다. 특히 고려시대 원 및 행궁으로 유명한 파주 혜음원지에서는 대다수의 막새가 귀목문이 출토되었다. 그리고 평기와의 문양은 어골복합문, 복합문, 집선문 등이다. 암키와의 경우 하단에 건장치기가 확인되었다.

　진도 용장산성에서 출토된 청자는 주된 기종이 완, 대접, 접시 등이며, 잔과 잔받침, 장고, 향로, 병, 받침대 등이 제사유적에서 출토되었다. 청자는 유색이 양호하고, 포개구이하지 않았고, 갑발에 개별로 규석 받침하여 제작한 고급청자류와 굽의 형태가 대마디굽에 가까운 특징과 모래받침 번법을 사용한 청자가 다수 확인되었다. 청자는 대체로 제작기법으로 보아 13~14세기에 제작된 유물로 보여진다.

　기와는 명문과 평기와류가 출토되었다. 평기와는 어골문을 기본으로 하면서 어골문과 선문, 어골문과 방곽문 등이 시문된 복합문이 대부분을 차지하고 있다. 또한 신안군 압해도 건물지에서 13~14세기 대의 청자와 출토된 '大匠惠印癸卯三月'銘 명문기와와 문양 및 색조 뿐만 아니라 서체가 동일한 '大匠', '惠', '三月'이 시문된 명문기와도 출토되었다. 이들 기와는 적어도 동일한 가마에서 생산되어 공급된 것으로 판단하고 있다.

제주 항파두리성에서 출토된 청자는 12세기부터 14세기까지 제작된 것들이 주류를 이루고 있으며, 무문청자보다는 13세기에 제작된 것으로 추정되는 상감청자가 주류를 이루고 있다. 기형은 접시와 대접이 다수를 차지하고 있다. 이와 더불어 소량의 중국자기가 출토되었다. 모두가 중국 元代 13~14세기에 제작된 것으로, 청자는 龍泉窯에서, 청백자와 백자는 景德鎭窯에서 제작된 것이다.

기와류는 다수가 어골문계열이다. 어골문은 기와의 등면에 타날된 상황을 보면 상하위에 어골문이 대칭으로 배치되고, 그 중간에는 주로 횡선의 띠를 두르고 내부에 화문, 능형문, 방곽문, 원문, 기하문들이 결합되었다.

이상에서 보면 강도의 성곽과 진도의 용장산성, 제주 항파두리성에서 출토된 유물은 당시의 성곽의 활용시기를 보여주는 청자와 기와를 들 수 있다.

청자는 13~14세기에 제작된 특색을 보이고 있었다. 해도 입보 초기의 청자는 일부 고급 청자로써 문양에서는 상감청자라는 특징과 유색이 양호하고, 포개구이하지 않았고, 갑발에 개별로 규석 받침하여 제작하였다. 이러한 특징은 13세기 말에 이르러 대마디굽에 가까운 굽, 굵은 모래받침의 번법 등이 확인된다. 그리고 제주 항파두리성에서는 13세기 후반~14세기의 특징을 가진 중국자기가 출토되었다.

기와는 귀목문과 귀목문과 연화문이 조합된 막새류와 어골문+복합문이 주류를 이루는 평기와류가 출토되었다.

이러한 강도의 성곽과 진도의 용장산성, 제주 항파두리성에서 출토된 청자와 기와는 이들 성곽의 사용시기를 밝혀 줄 뿐 만 아니라 대몽항쟁기 入保 海島의 근거를 제시할 수 있는 자료이다. 더 나아가 대몽항쟁기 내륙 성곽의 사용시기 또한 밝혀 줄 수 있는 자료이다.

2. 內陸 入保用 城郭

몽골의 1·2차 침략 이후 북계의 방어체계 및 대부분의 주진성이 함락되었다. 이와 더불어 3차 침략부터는 남쪽의 州縣城도 본격적으로 공격을 받게 되었다. 이러한 전쟁의 진행 속에서 내륙에서도 입보용 성곽의 변화가 발생하였다.[258] 내륙의 입보용 성곽은 크게 2가지로 나눌 수 있다. 기존의 州縣城을 수축하여 재사용한 경우[259]와 새로이 험지에 축조된 대규모 입보용 산성이다. 주현성은 3차 전쟁부터 방호별감이 파견되어 지역민이 입보하여 몽골의 공격을 막는데 사용되었다. 그러나 몽골군의 계속되는 공격으로 해당지역 주민이 해도로 입보를 하거나 대규모 입보용 산성으로 들어가면서 사용되지 않은 것으로 판단된다. 따라서 여기에서는 내륙의 입보용 성곽을 여몽전쟁의 양상에 따라 전투기사가 확인되는 성곽을 중심으로 주현성과 입보용 산성으로 구분하여 현황을 기술하겠다. 이를 통해 내륙의 입보용 성곽의 특징과 변천과정을 살펴보고자 한다.

---

258) 대몽항쟁기 내륙의 입보용 성곽은 崔鍾奭에 의해 治所城 위상의 변화를 통해 연구된 바가 있다. 그는 치소성의 위상 변화에 대해 고려의 강화천도 이후 山城海島入保策에 주목하였다. 당시의 치소성은 중앙정부와 지역공동체 모두의 지배거점과 동시에 방어처로서의 위상을 갖고 있었다. 몽골의 침략 이후 치소성 중심의 방어체가 붕괴되었고, 지역 공동체의 자위력이 약화되었음을 강조하였다. 또한 몽골의 공성전 중 회회포의 사용과 포위전으로 인해 기존의 치소성으로는 방어할 수 없음으로 강화천도 및 해도와 산성입보책이 적극적으로 江都정부에 의해 시행한 것으로 보았다. 또한 치소성은 몽골의 침략이 장기화되면서 방어상의 한계로 인해 고려의 입보 방어처는 산성과 해도로 일원화 된 것으로 보았다(崔鍾奭, 2007, 『고려시대 '治所城' 연구』, 서울대학교 박사학위논문; 2008, 「대몽항쟁 원간섭기 山城海島入保策의 시행과 治所城 위상의 변화」, 『震檀學報』105, pp.37~71).
259) 대몽항쟁기에 활용된 州縣城은 최종석의 고려시대 治所城과 일부 절충되는 부분이 있다. 최종석은 북계의 주진성과 5도의 주현성을 모두 포함한 광의적인 용어로 治所城을 사용하였다. 그리고 치소성의 입지조건과 유형을 산성 형태로 비정하였다(崔鍾奭, 2007, 『고려시대 '治所城' 연구』, 서울대학교 박사학위논문). 그러나 필자는 고려시대 치소성에 대한 고고학 성과와 대몽항쟁기의 전투기사를 반영하기 위해서는 주현성이란 용어가 합리적이라 판단된다.

1) 現況

(1) 州縣系城

대몽항쟁기 전투기사가 남아 있고, 위치 비정이 가능한 대표적인 주현성은 광주산성 (광주 남한산성), 용인 처인성, 죽주성(안성 죽주산성), 충주성(충주읍성), 춘주성(춘천 봉의산성), 양주성(양양 양양읍성) 등을 들 수 있다.

① 남한산성

南漢山城[260]은 경기도 광주시, 성남시, 하남시에 걸쳐 남한산에 있는 산성이다. 남한산성의 전반적인 지형은 청량산(497m)과 남한산(480m)을 중심으로 급경사로 된 화강편마암의 융기 준평원으로서, 주봉인 청량산(482.6m)을 중심으로 북쪽의 연주봉 (467.6m), 동쪽으로 남한산의 주봉인 벌봉(522m)과 망월봉(502m), 남쪽으로 한봉 (414m)을 비롯한 몇 개의 봉우리를 연결하여 쌓은 성이다.

남한산성은 임진왜란과 병자호란을 겪으면서 대규모로 수개축을 거쳤다. 이러한 변화 속에서 원성과 외성[261]으로 구분한다. 原城은 하나로 연결된 본성이며, 고려시대에는 통일신라시대의 주장성을 보수하면서 그대로 사용하였던 것으로 추정된다. 원성은 1624년(인조 2)~1626년(인조 4) 사이에 개·증축되었지만 둘레 7,545m로 추정된다.

남한산성의 성문은 山勢와 지형의 영향으로 한쪽으로 치우친 형상을 하고 있다. 따라

---

260) 한국토지공사토지박물관, 2000, 『남한산성 문화유적-지표조사보고서』.
한국토지공사토지박물관, 2001, 『남한산성 발굴조사보고서』.
한국토지공사토지박물관, 2003, 『南漢行宮址 4·5차 발굴조사보고서』.
한국토지공사토지박물관, 2004, 『南漢行宮址 6차 발굴조사보고서』.
이천우, 2006, 「남한산성 축성법에 관한 연구」, 명지대학교 석사학위논문.
중원문화재연구원, 2007, 『남한산성-암문(4)·수구지일대 발굴조사』.

261) 外城은 숙종 12년에 쌓은 봉암성, 숙종 19년에 쌓은 한봉성, 영조 29년에 쌓은 신남성 3가지로 구분된다. 봉암성은 남한산성의 원성에 대해 새로 쌓은 성이란 뜻으로 '신성'이라고도 불렸다. 또한 동쪽에 있어서 東城이라고도 하였다. 봉암성의 여장은 대부분 훼손되었지만, 성벽 몸체는 비교적 잘 남아있는 편이다. 성벽은 약 2~3m의 높이만 남아있다. 숙종 31년에 2개의 鋪樓를 증축했다.

서 그 중간에 암문을 많이 두어 활용했을 것으로 추정된다. 통일신라의 현문식 성문은 사다리를 타고 오르내려야 하는 불편함 때문에 고려시대 성문의 일반적인 양식처럼 개거식 성문으로 개축하거나 흙이나 돌로 등성시설을 만들어 사용하였을 것으로 추정된다.

남한산성은『삼국사기』문무왕 12년(672) 晝長城을 쌓았다는 기록262)과 함께 통일신라에 축성한 성벽과 유구가 발굴조사 결과 확인되었다. 2005년 중원문화재연구원에서 북문과 동장대 사이에 있는 제 4 암문과 수구지 주변에서 지표 아래 4m 깊이에서 주장성의 체성벽으로 추정되는 석축과 배수시설이 확인하였다. 성 바깥쪽의 경사가 급한 곳에는 보축을 쌓아 체성벽을 보강하였으며, 성벽이 능선을 따라 회절하는 부분에는 돌출된 길이가 짧은 치가 확인되었다. 성내에는 창고 등 각종 기와 건물지가 확인되었다. 그중 하나가 길이가 53.5m, 너비가 18m에 달하는 규모였고, 사용된 기와는 한 장의 무게가 20kg에 달하는 대형 기와로 확인되었다. 대형 기와는 絲切하여 잘라낸 점토판 素地를 원통형 와통에 감은 후 단판고판으로 두드려서 성형을 하고, 와통에서 빼낸 후 내면에 찍힌 분할계선을 따라서 4매로 분할한 후 소성하였다. 크기는 다르지만 일반적인 통일신라시대의 기와 제작기법과 다르지 않았다.

그리고 남한산성 행궁지를 조사하는 과정에서 고려시대 건물지 및 온돌유구가 확인되었다. 여기에서는 어골복합문 평기와와 고려청자 병, 접시, 고려백자 발류 등이 출토되었다. 청자 병은 매병 저부로 연판문을 상감하였고, 연판 외면에는 백토로 상감하였다. 암록색을 띠고 있으며, 유약이 맑고 투명하였다. 제작방식으로 보아 부안 유천리에서 제작된 것으로 추정된다.

이외에도 남한산성의 곳곳에서 고려시대의 기와들이 출토되는 것으로 보아 비록 고려시대에 무너진 성벽을 보수하거나 군포와 창고건물을 수축하는 정도의 관리는 지속적으

---

262) 『三國史記』卷7 문무왕 12년(672). "한산에 晝長城을 쌓았는데 둘레가 4,360步"라고 기록되어 있다. 1步는 6尺으로 환산되므로,『三國史記』발간 당시의 宋尺 1尺(약 31cm)으로 보면 둘레는 8,109m에 달한다. 한산은 한강 이남의 광주와 하남 일대를 일컫는 지역이다. 광주와 하남 일대의 고대 산성은 남한산성(7,545m)과 이성산성(1,653m)이 있다. 그 규모에 부합하는 것은 남한산성이 유일하다 남한산성이 신라의 주장성이라는 견해는『世宗實錄』地理志를 비롯한 대부분의 조선시대 자료에 언급되어 있다.

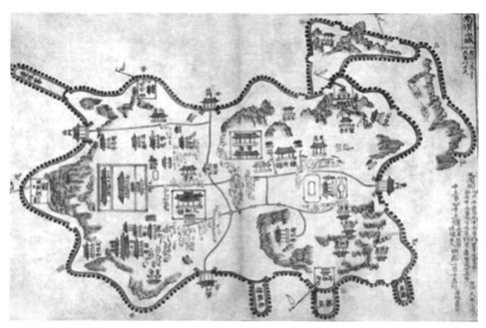

〈도면Ⅳ-15〉南漢山城圖, 『古地圖帖』, 조선 17세기 후반(영남대학교박물관 소장)

〈도면Ⅳ-16, 사진Ⅳ-17〉 남한산성 조선시대 이전 성벽

〈도면Ⅳ-17, 사진Ⅳ-18〉 남한산성 통일신라 대형 건물지

〈사진Ⅳ-19〉 남한산성 행궁터에서 발굴된 고려시대 건물지

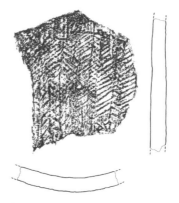

〈도면Ⅳ-18〉 남한산성 행궁터에 출토된
복합어골문 평기와

〈사진Ⅳ-20, 도면Ⅳ-19〉 남한산성 행궁터에서 출토된 청자 잔

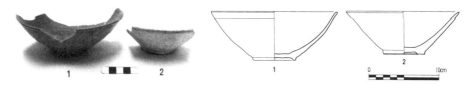

〈사진Ⅳ-21, 도면Ⅳ-20〉 남한산성 행궁터에서 출토된 고려 백자

로 추진되었을 것으로 생각된다.[263]

고려시대 광주부사를 지낸 이세화의 묘지명에 의하면 1231년 몽골군의 1차 침입시 몽골의 대군이 와서 廣州城을 포위하고 몇 달 동안 공격하였으나 함락시키지 못하고 돌아갔으며, 1232년 몽골의 2차 침입시에도 몽골의 주력부대가 광주성을 공격해 왔으나 이세화가 물리쳤다는 내용이 기록되어 있다. 『고려사』에는 공민왕 10년 1361년 홍건적 10만 명이 침입하여 개경을 함락시켜 공민왕이 안동으로 파천하는 상황 속에서 광주에 수레가 머물렀을 때 이곳 아전들과 백성들이 모두 산성으로 올라갔다는 기록이 있다. 광주 지역의 산성을 검토해보면 고려시대 산성의 입지여건을 갖춘 곳은 남한산성 밖에 없다. 따라서 고려시대에 광주지역 군민들이 입보하여 몽골군과 싸우거나 홍건적의 난 때 대피한 성은 통일신라시대에 축성된 주장성이었을 것이다.

② 龍仁 處仁城

처인성[264]은 용인시 남사면 아곡2리 마을입구 해발 70m의 구릉 선단부에 위치하고 있다. 이곳의 북쪽은 '성들'이라고 불리는 전답지대이고, 안쪽으로는 아곡동 마을이 위치한다. 아곡동 마을은 서쪽과 동쪽에 낮은 구릉이 있으며, 북서쪽으로는 험준한 산이 가로막혀 있다. 아곡동 마을의 북서쪽에는 함봉산(해발 306m)에서 화성산(해발 171.4m)에 이르는 산줄기이고, 그 곳에서 낮아진 구릉 중 하나에 처인성이 위치하고 있다. 한편 이 곳은 교통상의 요지에 해당하는데, 용인에서 평택 진위면으로 연결되는 길목과 수원-오산-안성으로 연결되는 교착지에 해당한다.

처인성은 서쪽에서 동쪽으로 낮아지는 경사면을 에워싸고 있으므로 전체적으로 북동벽이 낮아 삼태기 형태에 가깝다. 성벽은 전체적으로 서쪽에서 동쪽으로 층단을 이루며 낮아진 경사면을 둘러싸고 있다. 성벽의 안쪽으로는 서북벽과 동남벽에서 높이가 약간 높고, 서남벽은 낮다. 북동벽의 경우에는 내측으로는 거의 높이가 없다. 성벽은 외측으로 35~45°에 가까운 경사면을 이루고 있기 때문에 성벽의 윤곽은 비교적 뚜렷하다.

---

263) 중원문화재연구원, 2007, 『남한산성-암문(4)·수구지일대 발굴조사』.
264) 충북대 중원문화연구소, 2002, 『龍仁 處仁城-試掘調査 報告書』.

〈사진Ⅳ-22〉 용인 처인성 전경

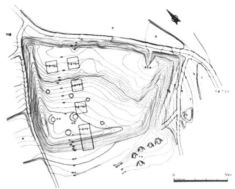

〈도면Ⅳ-21〉 용인 처인성 현황도

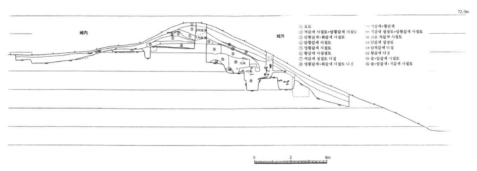

〈도면Ⅳ-22〉 용인 처인성 남문지 동쪽 측벽 토층도

　성의 둘레는 350m로 사다리꼴에 가까운 형태를 하고 있는데, 이는 주변보다 약간 높은 지형을 이용하여 쌓았기 때문이다. 토루는 削土와 版築을 병행하여 만든 것으로 보인다. 성벽의 높이는 475~630cm에 이르는데 지형적으로 서쪽이 동쪽보다 265cm 가량 높아서 성벽도 그에 비례하여 서쪽이 동쪽보다 높다. 성벽의 내부에는 2m 폭의 단이 있다. 문지는 동쪽에만 한 곳 있는데, 폭은 아래쪽 70cm, 위쪽 1,093cm로 많이 무너져 내린 상태이다. 성 내부는 평지이고 동서로 단이 형성되어 서쪽이 50cm 정도 높다.

　유물은 기와류 중에서도 당초문암막새와 수키와의 경우에는 토수기와가 대부분을 차지하며 미구기와는 찾아보기 어려웠다. 평기와의 문양은 대체로 선조문이 우세하고, 격자문과 어골문도 확인되었다. 그리고 隨尾편과 전돌까지 확인되는 것을 보면 이곳에는 관아 내지는 사찰과 같은 권위 있는 건물이 있었을 것으로 추정된다.

토기류는 통일신라시대의 대표적인 토기인 회색이나 회청색 경질이고 臺脚이 얕게 남은 것과, 점열문이 시문된 것, 경부에 음각의 단선파상문이 시문된 대옹편, 주름무늬 작은병, 양각의 돌대와 문상무늬가 시문된 대옹편이 확인되었다. 그리고 고려시대로 편년되는 사각편병과 盤口瓶편도 확인되었다. 한편 자기류도 확인되었는데 고려시대 초기에 속하는 고급 청자류는 적으며, 고려시대 말기와 조선시대 에 유행한 백자편이 대부분을 차지한다. 즉, 토기에 비해 자기는 출현 빈도는 낮기 때문에 처인성은 토기류를 주로 사용하는 생활권을 이루었을 가능성이 높다. 출토된 자기 중 청자는 1점이 있는데, 상감청자이지만 품격이 떨어지며, 백자는 모래 받침으로 구워낸 흔적이 있으므로 처인성에 군창이 유지될 때의 유물로 판단해 볼 수 있다.

철기류를 살펴보면, 開元通寶 한 점과, 철제 바늘, 화살촉, 철제 창, 철제대도 등의 무기류와 따비와 같은 농기구, 솥과 같은 취사용기와 쇠못과 같은 건축자재들이 출토되었다. 이를 통해서 처인성 내부에서는 의식주 생활이 영위되는 한편, 무기를 갖춘 것으로 보아서 농경 방어취락으로서의 성격을 지닌다고 보고되었다. 한편 남문지 바닥에서 나온 목탄의 탄소연대 측정결과 640±60년으로서 1250~1370년의 연대가 확인되었다. 이 시기는 고려시대 후기에 해당하는데, 원의 간섭기에 처인성이 불 태워졌을 가능성을 시사해 준다.

이와 같이 처인성은 순수한 토축 성벽을 가진 소규모의 평지성이지만, 통일신라시대부터 고려시대에 이르도록 거주 공간 혹은 군사적인 시설로 계속 사용되어 왔음을 알 수 있다. 특히 처인성은 대몽항전에서의 승리라는 전쟁사의 측면에서 주목을 받아온 유적인데, 고려시대의 관방 유적 중에서 최초로 철제 무기류가 출토되었다는 점도 의미를 가진다. 또한 통일신라시대의 권위건물에 사용된 암막새가 출토되어 당시 지방관아로서의 의미와 이러한 시설이 고려시대까지 활용되었다는 측면에서도 의미가 있다. 그리고 많은 수의 토기편병이 출토되어 고려시대 部曲의 실체를 밝혀내는 자료를 제공했다는 점에서도 주목되는 유적이다.

〈사진Ⅳ-23, 도면Ⅳ-23〉 용인 처인성 출토 암막새   〈사진Ⅳ-24, 도면Ⅳ-24〉 용인 처인성 출토 어골문 기와

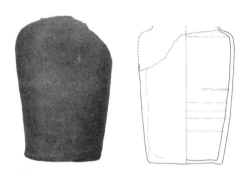

〈사진Ⅳ-25, 도면Ⅳ-25〉 용인 처인성 출토 사면편병

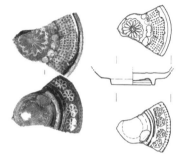

〈사진Ⅳ-26, 도면Ⅳ-26〉 용인 처인성 출토 청자

③ 안성 죽주산성

죽주산성[265]은 안성시 죽산면 매산리 죽주산에 소재하는 산성으로, 내성·중성·외성의 3중구조로 되어 있는 복합식 산성이다. 산성이 소재하는 죽산지역은 예전부터 사방의 교통로가 교차하는 내륙교통의 중심지이다. 성 내의 정상부(해발 250m)에 구축된 테뫼식의 내성과 내성을 둘러싼 중성, 그리고 동북쪽으로 형성되어 있는 골짜기를 능선을 따라 성벽이 감싸고 있는 외성으로 구성되어 있다. 둘레는 내성 1,125m, 중성 1,322m, 외성 602m이다. 성벽의 높이는 내성 2~3.5m, 중성 5~8m, 외성 2~3m 정도이다. 동벽과 남벽 밖의 10여 미터 되는 지점에는 외황시설이 양호한 상태로 남아 있

---

265) 단국대학교 매장문화재연구소, 2002, 『안성 죽주산성 지표 및 발굴조사 보고서』.
　　단국대학교 매장문화재연구소, 2006, 『안성 죽주산성 남벽정비구간 발굴조사 보고서』.

다. 문지는 내성 2개소(남문1·2), 중성 3개소(동문, 서문, 남문), 외성 1개소(북문 및 수구지)이며, 추정 연못지는 2개소이다.

산성에 설비되었던 시설물로는 성문, 치성, 각루, 포대, 우물 등이 남아 있고, 장대지를 비롯한 여러 건물지가 남아 있다. 문터는 중성에 3개소, 외성에 2개소 설치되었으며, 대부분의 문지는 성벽의 중간부에 두었으나 남문은 중앙부가 완만한 경사의 능선지점이라는 것을 감안하여 서벽 가까이에 시설하였고, 서문은 본성을 약 20m 정도 벗어난 지점의 외성에 설치하였다. 성벽의 방향이 회절하는 지점에는 각루를 두었으며, 여러 지점에 치성과 포대를 설치하였다.

산성의 내성에서는 청동기 시대 무문토기와 삼국시대 토기·기와류, 외성에서는 고려~조선시대의 토기·자기·기와류가, 혼재하고 있다. 기와는 '官草'명 평기와, 어골복합

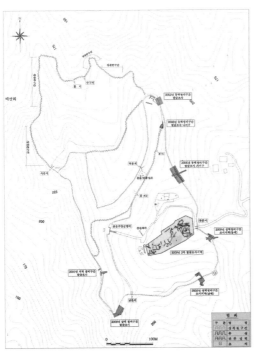

〈도면Ⅳ-27〉 안성 죽주산성 현황도

〈사진Ⅳ-27〉 안성 죽주산성 전경 1·2

문 기와와 고려시대 청자 일부가 출토되었다.

이 산성은 삼국시대에 축조되어 조선시대에 이르기까지 사용된 것으로 알려져 있으며, 특히『고려사』기록에 의하면 1236년 몽골침입 당시 방호별감 송문주가 백성들을 이끌고 이 산성으로 들어가 농성한 바 있으며, 조선시대에는 임진왜란 당시 변이중·황진 장군의 부대가 이 산성에서 싸워 승리하기도 하였다. 이 산성은 고대에 축성되어 중세를 거치면서 거듭 중수, 개축되면서 사용되었으며, 그러한 역사를 문헌의 고증과 채집된 유물을 통하여 확인할 수 있다.

고려시대에는 삼국 및 통일신라시대에 사용되었던 중성 북쪽에 외성을 덧붙여 확장하였다. 외성은 중성과 축성수법이 확연히 차이가 있다. 능선부에 성벽은 2~3m 높이

〈사진Ⅳ-28〉 안성 죽주산성 외성 외벽1 · 2(고려성벽)

〈도면Ⅳ-28〉 안성 죽주산성 외성 성벽 　　　　〈사진Ⅳ-29, 도면Ⅳ-29〉 안성 죽주산성 출토 '官草'명 기와

를 보이며, 할석과 거칠게 치석된 석재로 층을 맞추어 축조되었다. 계곡부에는 장대석과 대형 할석으로 축조한 것으로 보이나, 대부분 무너져 내렸다. 무너진 석재의 양으로 보아 능선보다는 규모가 컸을 것으로 보여진다. 외성은 중성에서 보이는 치석된 성돌로 5~6m 이상 축조된 성벽보다 규모가 작고, 보축성벽도 없다. 다만 입보산성의 축성수법과 같은 양상을 보인다.

④ 춘천 봉의산성

봉의산성266)은 강원도 춘천시 소양로 1가 산1–1번지의 봉의산(해발 300m)에 위치한다. 봉의산 북쪽의 소양강은 산성의 천연적인 해자역할을 하고 있다. 산성의 모양은 충원사 앞의 계곡에서 서쪽으로 뻗어 남동쪽 봉의산 정상을 감싸고 부근 옆 능선을 따라 동쪽으로 길게 튀어 나온 돌출부를 감아 돌며 북쪽을 다시 지나 충원사 앞 계곡에서 마주치는 형태로 자연 지세를 따라 축성되었다.

산성의 총 둘레는 1,284m이며, 현재 자연석을 장방형으로 다듬어 쌓은 길이 19m, 높이 6m의 성벽이 남아있다. 성곽 내 18개소의 건물지가 존재하며 2004년 3개소의 건

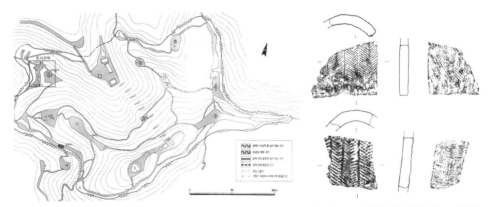

〈도면Ⅳ–30〉 춘천 춘주성(봉의산성) 현황도   〈도면Ⅳ–31〉 춘천 봉의산성 출토 기와류

---

266) 강원고고문화재연구소, 2005, 『春川 鳳義山城 發掘調査 報告書』.

물지를 발굴조사 하였다. 건물지는 고려시대 사용되었던 건물지였으며, 공통적으로 화재로 폐기된 흔적이 확인되었다.

출토유물로는 6세기 후반에 해당하는 신라토기부터 고려시대 청자, 기와류, 각종 철기류, 송나라의 동전인 '元豊通寶(북송 신종 1078~1085)', '元祐通寶(북송 철종 1086~1094)'이 출토되었. 이 중 기와는 무문류와 선문류, 격자류, 어골문과 어골 복합문 문양이 출토되었다. 그리고 '西面', '南面', '北面' 등의 지역을 나타내는 기와가 출토되었다. 그리고 옛 鳳儀寺와 연관되는 '寺'자명 기와가 출토되었다. 청자는 대접, 접시와 같은 飯床器와 잔탁, 병 등이 출토되었다. 그리고 청자의 제작방식은 연판문과 초화문을 음각하거나 당초문과 모란물을 압출양각하였다. 내저면 또는 굽 접지면에 3~4개의 내화토 받침을 하였다. 청자의 생산지는 음성 생리,[267] 대전 구완동,[268] 강진 용운리에서 제작된 것으로 볼 수 있다. 그리고 무기류 중에서 길이 13cm 크기의 철촉이 출토되었다. 비교적 대형의 철촉은 촉신에 4개 혹은 교차되게 2개의 혈구가 있다. 이러한 점으로 弩에서 사용된 것으로 볼 수 있다.

봉의산성과 관련된 대몽항쟁기 기사는 고종 40년(1253) 9월에 몽골군이 춘주성을 포위 공격하여, 성 내에 물이 말라 도륙 당하였다는 것과 이 당시 춘주 출신 박항이 과거에 급제하여 개경에 가 있었으나 부모의 생사와 시신을 확인하지 못하여 성 밑에 시신 300여 명을 장사 지낸 기사를 들 수 있다. 그리고 고종 46년(1259) 3월에는 조휘 일당이 동진군사를 이끌고 춘주로 왔으나, 신의군이 이를 격퇴하였다.

고고학 조사와 문헌기록으로 검토한 결과 봉의산성은 죽주산성과 같이 삼국시대에

---

267) 음성 생리 대접의 형태는 구연이 내만하고, 태토가 드러난 낮은 직립굽이며, 내저면에 원각이 있다. 접시의 형태는 구연이 외반형과 직구형, 전의 형태가 있으며 굽은 낮은 다리굽 또는 평굽이다. 시문된 문양은 연판문을 음각하거나 연당초문, 모란문 등을 압출양각하였다. 조성시기는 11세기 후반에서 12세기 중반으로 보고 있다(충북대학교박물관, 2002, 『음성 생리 청자가마터』).

268) 대전 구완동에서 제작된 청자는 문양을 조성시 외면에 연판문을 음각하거나, 모란 당초문, 당초문을 압출 양각하였다. 조성시기는 11세기 후반에서 12세기 전반이다(해강도자미술관, 2001, 『대전 구완동 유적』).

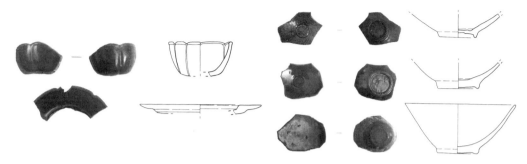

〈사진IV-30, 도면IV-32〉 춘천 봉의산성 출토 청자류 1·2

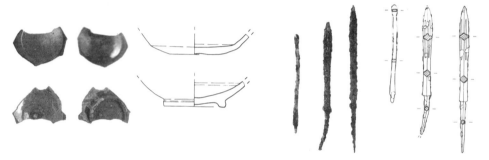

〈사진IV-31, 도면IV-33〉 춘천 봉의산성 출토 청자류 3   〈사진IV-32, 도면IV-34〉 춘천 봉의산성 출토 鏃의
                                                                                    철촉 추정

축성되어 고려시대까지 주현성으로 사용되었으나, 대몽항쟁기 1253년에 몽골군에게 함락되었다. 그 후에 자세한 상황은 알 수 없으나, 춘천 일대에 방어시설이 확충되었던 것으로 생각된다.

⑤ 양양 襄州城

양주성[269]은 강원도 양양군 양양읍에 위치한다. 양주성은 해발 30~40m의 야산과

---

269) 강릉대학교박물관, 1994, 『양양군의 역사와 문화유적』.
　　지현병, 2004, 「양주성의 성격과 특징」, 『양주성 축성 1천 주년 기념을 위한 학술토론회』, 양양

평지를 연결한 외성과 내성으로 구분된다. 그러나 현재 도심지가 확대 되면서 전체 성곽의 현황을 확인하기 어렵다. 다만 외성의 전체 길이는 약 1,513m, 면적은 약 123,524㎡로 추정된다.

양주성 외성은 성벽이 대부분 무너지고 퇴적토에 덮여 잘 드러나 있지 않은 상태로 남·서·북벽과 기단부가 일부 남아 있으며, 대부분 토성으로 보이나 퇴적토를 제거하면 무너진 석축이 일부 확인된다. 현재 남아 있는 성벽의 최고 높이는 북벽에 위치한 城隍祠의 북편으로 약 3m 높이의 토축 부분이고, 가장 낮은 곳은 약 1m 내외로 자연지형을 최대한 이용하여 축성하였다.

석축성벽은 성의 서편 현산 공원부터 추정 西門址까지 약 120m는 석성으로 쌓았는데, 석축 높이는 약 3m 내외이고, 지형은 약 45°(1:1 구배) 높이 약 25~30m의 경사면 위에 山托으로 쌓았다고 하였는데, 상면부가 많이 결실된 상태이나 치석된 돌로 정연하게 쌓았고 기초부분도 잘 남아 있다.

양주성 내성은 북벽의 급사면으로 떨어지는 부분에서 남쪽으로 회절하며, 양양 관내가 사방으로 조망되는 유리한 지역에 위치하고 있다. 성벽은 대부분 토축이고 높이는 4~5m로, 많은 부분이 결실되었으나 남쪽 일부는 높이 약 2m로 토석혼축으로 추정된다.

성벽의 축성방식은 바깥쪽 벽면에 석축하고 중심토루를 잡석과 흙으로 다져 올린 것으로 보인다. 일부 구간에서는 기단부에 소할석으로 수평을 맞춘 다음 대형 할석을 올려놓았다. 대형 할석재 그 사이에 잡석을 채워 넣었다.

출토유물은 지표에서 주름무늬병에서부터 분청사기 편을 포함한 조선시대 유물이 수습되었다. 북문지 일대에 대한 발굴조사에서 체성벽 및 외황 등에서 기와가 출토되었다. 명문기와는 고판에 음각하여 타날한 암키와였다. 명문은 '丁未□□', '□三年癸巳(?)', '田', '金' 등이다. 평기와 문양은 차륜문, 어골문+차륜문, 무문 등이다. 암키와는 어골문, 어골문+연화문, 어골문+차륜문, 어골문+원문, 어골문+방곽문, 어골문+집선문+방곽문 등 어골문계가 주를 이루고 있다. 또한 물고기 문양, 초화문, 차륜문 등의

문화원.
권민석, 2011, 「양양읍성」, 『2011년 중부고고학회 유적조사발표회 자료집』.

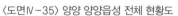

〈도면Ⅳ-35〉 양양 양양읍성 전체 현황도

〈사진Ⅳ-33〉 양양 양양읍성 북벽 일대 및 양양군 시가지

〈사진Ⅳ-34〉 양양 양양읍성 북벽 축조상태

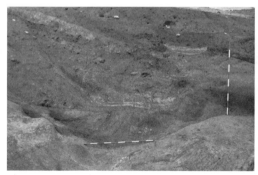

〈사진Ⅳ-35〉 양양 양양읍성 북벽 외황 토적상태

〈사진Ⅳ-36〉 양양 양양읍성 추정 북문지 현황

상형문양도 소량 확인되었다. 소지는 모두 점토판소지였다. 내부에는 마포의 윤철흔과 사절흔 등이 관찰되며, 단부 조정은 대부분 하단부 점토를 길게 깎고 정면하였다. 측면은 안에서 밖으로 와도를 그은 후 분할하였다.

양주성은 『高麗史』 城堡條에 의하면, 목종 10년(1007)에 축조되었다고 한다.[270] 현종 9년에 현령을 두었다가, 고종 8년(1221) 거란유민의 공격을 잘 막아낸 공로로 양주방어사로 승격되었다. 그러나 고종 40년(1253) 몽골군에게 함락된 이후 고종 44년(1257)에는 이 사건으로 인해 德寧監務로 격하되었다. 이후 고려 말 許周가 知襄州事로 있으면서 왜구를 방비하기 위하여 성을 다시 축조하였다고 한다.[271] 조선시대에는 태조 2년(1393)에는 성내에서 불이 난 기록[272]이 있다. 이후 양주성은 조선 태종 13년(1413)에 都護府를 두었고, 문종 1년(1451) 수축한 기록이 있다.[273] 그 이후로는 점차

〈사진Ⅳ-37〉 양양 양양읍성 출토 명문기와 및 어골 복합문 기와

270) 『高麗史』 卷82 志36 兵2 城堡條. '穆宗 … 중략 … 十年城興化鎭蔚珍 又城翼嶺縣三百四十八 間門四.'
271) 『世宗實錄』 卷91 22年 12月 8日(丁丑)條.
272) 『太祖實錄』 卷3 2年 2月 20日(乙未)條. 大風城中多失火江陵道襄州一家失火延燒官舍民家 殆盡.
273) 『文宗實錄』 卷1, 1年 11月 28日(壬戌)條. 江原監司啓前此兵曹移關各官邑城依正統四年 受敎視年豊歉一時俱作造築事已曾行移今年豊稍稔故通川邑城 … 중략 … 襄陽邑城周回 二千七百二十四尺役本府及原州軍人一千四百七十五名 江陵邑城 … (이하 생략).

부분적으로 퇴락하였으나 읍성으로서의 기능은 조선 후기까지 유지되었던 것으로 보인다.

출토 유물과 문헌 기록으로 검토한 결과 양주성은 고려시대 초기부터 주현성으로 이 일대의 치소를 담당했었다. 그 후 1219년 거란유민의 공격을 막아내고, 몽골의 5차 침입 당시 1253년에 몽골군에게 함락되었다. 그 후 고려 말 조선 초기에 왜구를 방비하기 위해 수축과정을 겪었던 것을 알 수 있다.

⑥ 충주 忠州邑城

忠州邑城[274]은 朝鮮後期까지 경영되어온 사다리꼴의 성곽터(해발 89.8m)는 내성이고, 이 읍성 터 서남쪽의 忠州川 南岸 구릉에 해당하는 社稷山(해발 135.5m) 및 동북쪽의 충일중학교의 만리산(해발 136.5m)의 土壘에 고고학 조사 결과 외성으로 밝혀졌다.

외성은 구릉지역에서 평지로 이어지며, 不定形의 抹角長方形이다. 둘레가 약 8km 정도이다. 외성의 잔존하는 城壁 가운데 호암동 구간은 약 380m가 잔존하고 있다. 성벽은 기저부에 내외의 기저부 석렬을 축조한 위에 類似版築으로 중심토루를 조성하였다. 城壁 밖 약 17~18m 지점에서 外隍이 확인되었다. 그리고 여기에서는 統一新羅時代의 것으로 보이는 線條紋의 기와편을 비롯하여 암키와의 등면에 印刻된 '官'字銘 기와편 등이 출토되었다. 永定柱穴을 조사하는 과정에서 12세기경의 것으로 보이는 무문기와편 및 高麗白磁盞 1점 등이 출토되었다. 城壁 基底部에서 출토된 木炭의 絕對年代는 B.P.730±50, A.D.1260년으로 나타났다.

호암동 토성 구조는 성벽 내외에 기저부 석렬을 1~2단으로 조성하였다. 그 위에 거푸집과 기둥을 이용하여 기저암반을 정지하면서 나온 흙을 교대로 다짐하여 쌓아올린 類似版築의 구조로 중심토루를 축조하였다. 이러한 판축구조는 8~9세기경의 목천토성, 청해진 토성 등에서도 사용되었다.

---

274) 충청북도문화재연구원, 2009,『충주 호암동 게이트볼장 및 배드민턴 전용구장 건립부지내 문화유적 발굴조사 약보고서』.
  충청북도문화재연구원, 2011,『충주읍성 학술조사 보고서』.
  노병식, 2010,「새로이 찾은 忠州地域의 城郭」,『韓國城郭學報』제17집.

내성은 朝鮮時代의 忠州邑城으로 지금의 성내동 154번지 일대에 위치한다. 내성은 『世宗實錄』 地理志에 보이는 것은 둘레 약 1,586m의 규모였고, 이후 『新增東國輿地勝覽』 기록 이후 둘레 1,703m의 규모를 유지하다가, 1869년에 크게 개축되면서 둘레 1,225m의 규모로 축소된 것으로 여겨진다. 2006년 필자가 참여했던, 충청대학교 박물관이 조사했던 관아공원 내 관아지 건물터에서도 신라~통일신라로 편년되는 선문류 기와가 출토되었다. 이러한 기와는 충주 남산성에서 출토된 기와류와 유사성을 보이고 있었다.

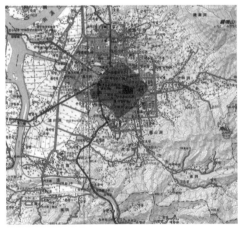

〈도면Ⅳ-36〉 충주 충주읍성 현황도

〈도면Ⅳ-37〉 충주 충주읍성 일제강점기 현황도

〈사진Ⅳ-38〉 충주 충주읍성 외곽 호암동 토루 구조 1·2

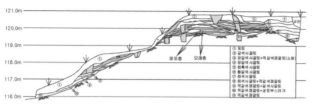

〈도면IV-38〉 충주 충주읍성 외곽 호암동 토루 단면 및 평면

〈사진IV-39〉 충주 호암동 토루 출토 기와   〈사진IV-40〉 충주 만리산 토루 출토 유물

忠州邑城은 당초 내성과 외성으로 이루어져 있던 것으로 보이며, 그 始原은 외성에서 출토되는 유물 및 내성에서 출토되는 新羅 기와편 등을 고려하면 眞興王代 國原城의 設置, 혹은 文武王代의 國原城의 築造와 관련한 것이라고 여겨진다. 이후 高麗 中後期까지 개축을 거듭한 것으로 여겨지며, 朝鮮時代에 들어와 외성이 방치되고, 내성만이 忠州邑城으로 기능하면서 改築되어 온 것으로 여겨진다.

(2) 입보용 산성

입보용 산성은 대몽항쟁기 전투기사를 통해 방호별감이 파견된 성곽을 우선하여 문헌의 기록에 나오는 순서대로 정리하겠다. 그리고 최근에 고고학 조사를 통해 대몽항쟁기의 유물과 성곽의 입지조건 및 규모, 축성방식이 입보용 산성으로 비정되는 성곽에 대해서도 살펴보고자 한다.

① 방호별감이 파견된 입보용 산성

Ⓐ 양근성(양평 함왕성)

양근성[275]은 행정구역상으로 경기도 양평군 옥천면 용천리 산27번지 일대에 속한다. 해발 940m의 백운봉 정상에서 북쪽으로 약 1km 떨어진 여우봉과 북쪽의 855m의 봉우리에서 서쪽의 630m의 7부에서 9부 능선상에 축조되어 있는 紗帽峰 형태의 산성이다. 양근성은 북쪽의 용문산 줄기로 인하여 시계가 막혀 있으나, 여주방면과 양수리 방면의 한강, 상하류지역을 조망할 수 있는 지리적 이점을 지니고 있다.

양근성의 성벽은 해발 865m의 여우봉과 용문산 줄기인 855m의 봉우리에서 서쪽과 남쪽으로 뻗은 능선의 7부에서 9부 능선과 북쪽으로 흐르는 큰 계곡을 막아 축조하였다. 산성의 전체적인 형태는 평면상으로 남북 길이가 350m, 동서길이가 750m로 동서를 장축으로 하는 사다리꼴에 가까운 형태로 서벽의 북쪽이 돌출되어 있다. 단면상으로는 남고북저, 동고서저의 형상을 하고 있다.

산성의 전체 둘레는 2,042m이고 면적은 130,015㎡로 양평군 관내 산성 중 가장 큰 규모이다. 특히 성 아래에는 양근군의 치소가 있었기 때문에 유사시에 쉽게 입보할 수 있는 장점을 가지고 있다.

지표 및 시굴조사에 확인된 성내 시설물로는 문지 1개소, 추정 건물지 3개소, 장대지

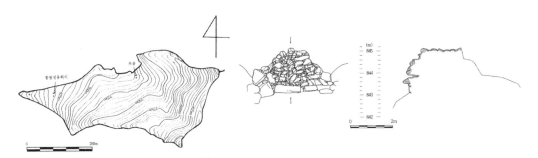

〈도면Ⅳ-39〉 양평 양근성(함왕성) 현황도   〈도면Ⅳ-40〉 양평 양근성 동벽 입면도 및 단면도

---

275) 수원대학교박물관, 1999, 『양평 양근성지 -지표 및 시굴조사 보고서-』.

〈사진Ⅳ-41〉양평 양근성 동벽 외부 상태

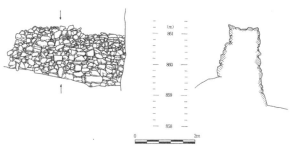

〈도면Ⅳ-41〉양평 양근성 용도 외벽 입면도 및 단면도

〈사진Ⅳ-42〉양평 양근성 용도 내벽 및 전경

2개소, 치성 1개소, 우물지 1개소, 수구지 2개소가 있다.

용도는 동북쪽의 능선을 따라 길이 15m, 외벽높이 3m, 내벽높이 160cm, 상부폭 120cm로 정상부에 있는 암벽사이에 축조되어 있다. 성벽은 능선을 따라 s자형을 그리며 완만한 곡선의 형상을 이루고 있다. 이 같은 현상은 능선의 흐름을 따라 성벽을 축조한데서 기인한 것으로 생각된다. 석벽의 축조에 사용된 석재는 60cm×30~43cm×14cm 크기이다.

용도는 동벽에서 북쪽 끝단의 회절부에 시설되어 있다. 이 회절부는 용문산의 주봉에서 백운봉에 이르는 줄기가 연결되어 있어 방어상의 취약점을 극복하고자 축조한 것으로 추정되며, 남쪽 아래에 위치한 문지를 보호하기 위한 측면도 배제할 수 없다.

ⓑ 原州 海美山城과 鴒原山城, 金頭山城

- 해미산성

해미산성[276]은 강원도 원주시 관설동과 금대리의 경계를 이루는 산 위에 위치하며, 원주와 제천을 오가는 길목에 위치하고 있다.

해미산성은 성내 깊은 계곡 없이 산 능선과 작은 곡부의 상단을 연결하는 성곽으로 테뫼식 산성이다. 해발 629.7m와 627.5m의 봉우리를 산줄기를 따라 축성되었으며 둘레는 1,800m 가량 된다.

성벽은 외벽을 석축하고 안쪽으로는 잡석과 흙을 다져 내탁하였다. 그러나 성벽은 전체적으로 동일한 수법으로 축조된 것은 아니고, 곳에 따라서 남아 있는 양상도 다르다. 또한 능선과 계곡부의 지형적인 차이로 축조수법에서 차이가 있다.

먼저 외벽 면석의 면을 고르게 조정하고 아래에서 위로 오르면서 수평을 맞춰 들여쌓기를 한 부분이 있다. 이 곳은 화강암계통의 석재를 많이 사용하였다. 성벽은 높이가 높

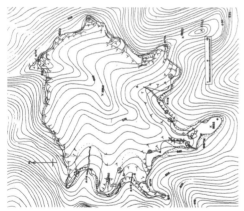

〈도면Ⅳ-42〉 원주 해미산성 현황도

〈사진Ⅳ-43〉 원주 해미산성 동벽

---

276) 충북대 중원문화연구소, 1998, 『原州 鴒原山城·海美山城』.
　　육군사관학교 육군박물관, 2010, 『강원도 원주시·횡성군 군사유적 지표조사 보고서』.

〈사진Ⅳ-44〉 원주 해미산성 북벽

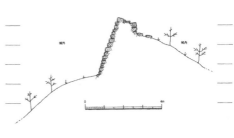

〈도면Ⅳ-43〉 원주 해미산성 북벽 단면도

〈사진Ⅳ-45〉 원주 해미산성 남벽 치성

〈사진Ⅳ-46〉 원주 해미산성 토기편

〈사진Ⅳ-47〉 원주 해미산성 선조문, 어골문 수키와   〈사진Ⅳ-48〉 원주 해미산성 선조문 암키와

지 않은 편이며, 축조방법에서 있어서도 아래에서 위로 오르면서 차츰 석재의 규모가 작아지는 점으로 보아 영월산성의 축조방식보다 앞서는 축조양식으로 보고되었다. 다른 구간은 커다란 할석으로 쌓으면서 석재 사이의 틈에 쐐기돌을 사용하여 축성한 부분이 있다. 이는 고려 후기에서 조선시대에 유행한 것으로 볼 수 있다. 일부 구간을 통해 보더라도 해미산성은 영원산성 축성방식보다 선행하고 그보다 늦은 시기 방식이 존재함으로 여러 차례 수축과 보수가 있었던 것을 알 수 있다.

내부시설로는 4개의 성문, 치성 1, 용도 3, 우물, 수구, 건물지 등이 확인되었다.

수습유물로는 회청색의 경질토기 소량과 선문과 어골문이 시문된 수키와와 선문이 시문된 암키와가 있다. 출토유물의 편년은 통일신라시대부터 고려시대로 여겨진다.

－영원산성

영원산성은 원주시 판부면 금대리 영원사 뒷편의 산능선을 따라 석축된 山城이다. 主峰인 970m를 중심으로 좌우의 능선을 따라 축조한 包谷式 山城으로 그 모양은 남북으로 긴 모양을 이루고 있다. 그리고 치악산 자락의 해발 700~970m에 이르는 지대에 축조하였기 때문에 고저의 격차가 커서 主峰 부근에서는 성내를 한눈에 내려다 볼 수 있다. 또한 향로봉(해발 1,042m)~남대봉(해발 1,191m)으로 이어지는 좌우 능선을 따라 축조하여, 절벽에 가까운 급경사지에 위치하여 접근이 어려운 험지인 반면 성내는 완만한 경사지가 형성되어 있다. 또한 돌이 흔하여 城石을 모으는데도 편리한 곳에 해당한다. 뿐만 아니라 원주 시내와 이 산성으로의 접근로가 되는 원주에서 신림으로 이어지는 도로(현재의 5번 국도)에 대한 관찰이 용이한 곳에 위치하고 있다.

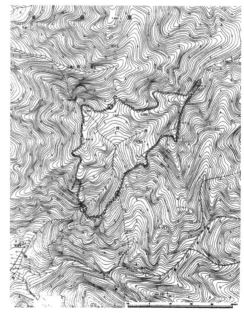

〈도면Ⅳ-44〉 원주 영원산성 현황도

〈도면Ⅳ-45〉 원주 영원산성 남벽 단면도

성벽은 割石을 이용하여 축조하였는데 규모는 동~남쪽 성벽이 약 900m, 북~서쪽 성벽이 1,020m, 水口門 좌우벽이 약 400여 미터, 북쪽의 주봉으로 올려쌓은 부분이 60m로 현재 흔적이 남아있는 성벽길이는 약 2,400m 정도이다. 성벽은 內外夾築, 혹은 내탁식을 혼용하여 쌓았으며, 능선이 回折하는 위치에는 밖으로 내어 축조함으로써 능선의 굴곡에 따라 깊게 돌아나가는 끝 지점이 치성과 같은 기능을 하도록 축조되었다.

성벽의 높이는 3m 이상 되는 곳도 있으나 지형에 따라 높이가 다르며, 높게 쌓은 곳은 안쪽으로 약간 각도를 줄여가며 축조하였다. 영원산성은 지형상 북문지 부근이 가장

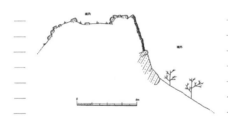

〈도면Ⅳ-46〉 원주 영원산성 남벽 망대 단면도

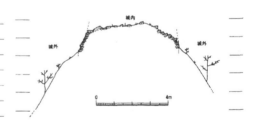

〈도면Ⅳ-47〉 원주 영원산성 동북벽 용도 단면도

〈사진Ⅳ-49〉 원주 영원산성 동남벽 전경

〈사진Ⅳ-50〉 원주 영원산성 동남벽 여장 단면

완만하기 때문에 이를 보완하기 위해 다른 곳보다 성벽을 높이 쌓고 성 밖에는 垓字를 파서 쉽게 오르지 못하도록 한 흔적이 남아 있다. 그리고 여장은 전체 성벽 폭의 1/3정도 (약 70cm)되는 넓이로 平女墻을 축조하였다. 그러나 모든 성벽에 설치한 것은 아니고 城門 주변과 취약한 곳에 주로 설치되었다. 또 동북쪽의 정상부는

〈사진Ⅳ-51〉 원주 영원산성 출토 토기

〈사진Ⅳ-52〉 원주 영원산성 출토 기와류

東·北의 城壁이 만나는 지점에서 약 100여 미터 정도의 甬道가 만들어져 있고, 서남쪽에도 이러한 흔적이 남아 있다.

『新增東國輿地勝覽』에는 영원산성에 1개의 우물과 5개의 샘이 있다고 기록되었으나, 현재는 草木이 우거지고 매몰되어 명확한 흔적이 확인되지는 않지만 북쪽의 건물지 주변에 샘이 흐르고 있는 것이 확인된다.

현재 영원산성에서는 북쪽과 남쪽에서 분명한 門址가 확인되고, 성벽과 성내 여러 지점에서 다량의 와편이 발견된다. 北門址 주변과 가까이 있는 성내의 완만한 곳에는 여러 건물지가 확인되는데 軍倉과 山城寺가 있었던 곳으로 추정된다. 이러한 건물지에서는 주로 회갈색 魚骨紋 瓦片과 회청색 창해파문 계통의 와편이 발견되는데, 이는 대체로 고려·조선시대에 유행하던 양식이다.

-금두산성

금두산성은 원주시 관부면 금대리 산50-2번지에 위치한다. 이 산성은 해발고도 742~1,033m에 축조되었으며, 향로봉에서 금대리 방향 능선 동남향 아래부터 시작된다. 성벽은 산세를 따라 굴곡을 이루며, 여러 개의 작은 계곡을 포함하여 평탄지를 이

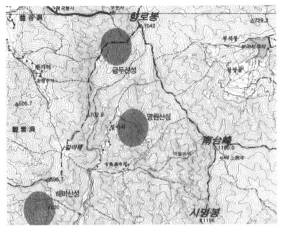

〈도면Ⅳ-48〉 원주 해미·영원·금두산성 배치도   〈도면Ⅳ-49〉 원주 금두산성 현황도

〈사진Ⅳ-53〉 원주 금두산성 동벽   〈사진Ⅳ-54〉 원주 금두산성 용도 성벽

룬다. 산성은 서남 계곡에 2중의 성벽이 축조된 것으로 보아 내성과 외성으로 구분된
다. 외성은 2,900m로 조사됐으나, 동북벽과 서북벽의 용도 300m와 100m를 합하면
3,300m로 보여진다. 내성은 남벽 하단 계곡에 300m 정도 축조되었다.

　성벽의 축조방식은 자연 할석재를 쌓아 올렸고, 암벽과 암반 사이에 부분적으로 석재
로 채워서 쌓아 올렸다. 영원산성과 일부 축성방식이 유사하지만, 성벽이 잔존하는 구
간이 많이 남아 있지 않으며, 확인된 성벽 규모는 영원산성보다 높지 않다. 출토 유물은
소량의 토기편이다.

이상에서 살펴본 해미산성과 영원산성, 금두산성의 축조시기에 대해서 살펴보겠다

이 3개의 산성은 같은 산 능선에 2~3km 떨어져 낮은 곳에서 높은 곳으로 축조되어 있으나 『三國史記』·『三國遺事』를 비롯한 이 시대에 관한 기초 문헌사료에서 축조에 관한 직접적인 기사는 발견되지 않는다. 이후 고려 고종 40년(1253)에 양근성을 함락시킨 몽골군이 윤춘을 이끌고 원주 방호별감 鄭至麟에게 항복할 것을 권유하였으나 이에 응하지 않고 城을 더욱 굳게 지키니 포위를 풀고 돌아갔다는 기사와 고려 忠烈王 17년(1291) 哈丹이 침입해 왔을 때 元冲甲이 雉岳城에서 싸운 바 있다는 기사가 있다.[277]

원주지역 성곽은 조선시대에 와서 『世宗實錄』 地理志에 靈原山石城을 "둘레가 646步이며, 샘이 2개 있는데 사시사철 마르지 않는다. 또 창고 9칸이 있다"[278]라고 하였다.

그러나 16세기 전반에 편찬된 『新增東國輿地勝覽』에서 성곽의 규모와 현황, 조성시기에 대해서 이야기 하고 있다.

> 鴿原城은 치악산의 남쪽 등성마루에 있고, 돌로 쌓았으며, 둘레가 3천 7백 49척이다. 안에 우물 하나, 샘물 다섯이 있으나 지금은 폐쇄하였다. 『三國史』에, "弓裔가 梁吉에게 가 붙으니 양길이 일을 맡기고, 동쪽으로 땅을 침략하게 하였다. 이에 궁예가 치악산의 石南寺에 나와 유숙하고 다니면서 酒泉·奈城鬱島·御珍 등의 고을을 습격하여 다 항복시켰다." 한다. 세상에 전하기를, "이 城은 양길이 의거하던 곳으로서 뒤에 元冲甲이 여기에 웅거하여 거란의 군사를 깨뜨렸다." 한다.

위 기록을 통해 보면 鴿原城은 신라 말에 축성되어 고려 후기까지 사용된 것으로 알 수 있다. 그러나 조선 초기 기록에 확인된 영원성 석성이 해미산성인지 영원산성인지, 혹 금두산성인지에 대해서는 명확히 알 수 없다. 이 기록 이후에는 邑誌類의 기록에서는 「古跡」條에 싣고 있거나 "廢城"되었다고 한다. 원주지역의 이 3개의 산성은 조선 중·후기에 오면서 폐기된 것으로 생각된다.

---

277) 『高麗史』 卷104 列傳 元冲甲.
278) 『世宗實錄』 地理志 江原道 原州牧. 「… 周回六百四十六步 有二泉 四時不渴 又有倉九間」

16세기 이전에 폐성되었던 영원성은 임진왜란 직전에 다시 수축되었다. 임진왜란을 전후하여 城을 수리하고 守城을 위해 僧兵을 두었다는 것을 통해 알 수 있다. 물론 앞서 지적한 바와 같이 城의 정확한 폐철시기는 알 수 없으나 적어도 胡亂을 겪고 난 후 상당한 시기까지는 존속하다가 폐성되면서 군창은 읍내로 이전되었다.

고려시대 기록과 조선 초기의 기록은 해미산성과 영원산성, 금두산성이 2~3km 간격을 두고 배치되었으나, 이에 대한 자세한 내용이 없다. 또한 '靈原山石城', '鷦原城'을 구분하지 않아, 기록의 성곽에 대해서는 발굴조사를 통해 밝혀질 필요가 있다.

출토유물과 문헌기록으로 검토한 결과 해미산성이 유물과 축조방식에서 영원산성과 금두산성보다 선행한다. 영원산성은 고려 이후의 유물이 출토되고, 축성방식이 죽주산성 외성벽과 양근성과 유사하며 용도가 축조된 점으로 미루어 고려 대몽항쟁기에 축조된 것으로 볼 개연성이 크다. 또한 금두산성은 영원산성의 입지조건과 성벽의 축조방식이 유사하나, 이보다 험한 고지와 성곽의 규모가 커지고, 일부 구간에 축성한 점으로 미루어 영원산성 이후에 축성된 것으로 보여진다.

ⓒ 충주 천룡산성

천룡산성[279]은 충주시 노은면과 앙성면의 경계에 위치하는 보련산(764.2m)의 정상에 위치한다. 산성에서는 차령산맥의 지맥과 이어지는 서쪽을 제외한 전 방면에 대한 조망권이 확보된다. 때문에 인접한 노은면과 앙성면 일대는 물론 남한강과 멀리 충주시내까지 한눈에 바라다 보이는 군사 및 교통의 요충지이다.

천룡산성은 자연지형을 최대한 이용하여 축조되었다. 성벽은 석축으로 조성하였으며, 대체로 겹축하였으나 지형에 따라 편축방식을 이용하기도 하였다. 천룡산성의 전체 둘레는 1,801m이며, 면적은 199,569㎡이다.

산성의 성벽 및 내부에서는 서문지와 1개소씩의 동·남·북문지를 비롯하여 2개소의 치성, 1개소의 수구지와 집수지, 2개소의 건물지, 3개소의 평탄지 등이 각각 확인되었다.

서벽을 중심으로 다수의 문지가 확인되는 것으로 보아 성내로의 진출입이 잦았던 곳

---

279) 忠淸大學校 博物館, 2011, 『忠州 寶蓮山城 및 天龍寺址 地表調査 報告書』.

으로 여겨진다. 진출입이 잦았던 만큼 방어적으로 취약하였기에 장대지나 망대지로 여겨지는 평탄지도 다수가 확인되었다. 이 지역에서는 집수지와 함께 건물지도 확인되는 바, 성내에서 주요 생활권역 중 하나로 이용되었음이 추측된다. 한편, 북문지와 동문지는 북동회절부의 끝단에서 서로 마주보고 조성되어 있는데, 전체적으로 비교적 너비가 넓게 조성되어 있으며, 동문지의 경우 'ㄱ'자형의 문지 구조를 이루고 있다. 이러한 유적의 양상은 이 지역이 성내로 진입하는 주요 통로 중 하나였음을 반증하는 증거이다. 서벽은 노은면과, 북동 회절부는 앙성면과 직접적으로 연결되는 등산로가 확인된 바, 과거에도 주로 이 지역을 통해 산성으로의 진출입이 이루어졌던 것으로 파악된다. 유적 전역에 걸쳐서는 다량의 기와를 비롯한 도자기류 등이 수습되었다.

용도는 664.5m 봉우리까지 이어지는 남서치 일대에 축조되었다. 성벽에서 돌출된 길이는 약 190m이다.

성벽의 축조양상은 확인된 2지점의 잔존성벽을 통해 짐작할 수 있다. 북벽은 너비 710cm, 높이 160cm(16~17단)가 잔존하고 있으며, 중간의 115cm 구간은 붕괴되어 뒷채움석만이 일부 확인된다. 기단부는 노출되어 있지 않으며, 체성부는 어느 정도의 열을 맞추었으나 일정하지 않다. 북측과 남측의 잔존부에서는 수직홈이 각각 확인된다. 북측 수직홈은 너비 21~32cm, 깊이 28~37cm이며, 남측 수직홈은 너비 12~23cm, 깊이 18~31cm이다. 양 수직홈 사이의 간격은 약 200cm이다. 성돌은 두께 10cm 내외의 방형석재를 주로 이용하였는데, 다른 구간에 비해 두께가 작은 반면, 너비는 길게 확인되는 점이 특징적이다. 단면상에서 보여지는 성돌의 길이는 약 40cm 내외로 확인되었다.

남벽은 너비 470cm, 높이 120cm(11~12단)가 잔존하고 있다. 기단부는 노출되어 있지 않으며, 체성부는 어느 정도의 열을 맞추었으나 일정하지 않다. 잔존외벽의 중단부에서는 너비 12~23cm, 깊이 18~31cm의 수직홈이 확인된다. 성돌은 두께 10~20cm 내외의 방형 할석재를 이용하였다.

고려시대 기와류 및 도·토기류 등이 수습되었는데, 수습된 유물의 중심연대는 13세기를 전후하는 고려 중기인 것으로 확인되었다. 백자가 수습되어 하안을 조선시대까지 추정해볼 수 있으나, 삼국시대의 유물이 확인되지 않아 상한은 고려를 넘지 못하는 것

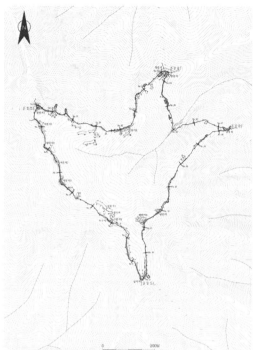

〈도면Ⅳ-50〉 충주 천룡산성 현황도

〈사진Ⅳ-55〉 충주 천룡산성 남동치성 잔존성벽

〈사진Ⅳ-56〉 충주 천룡산성 용도의 기둥 홈 1·2

〈사진Ⅳ-57〉 충주 천룡산성 평기와

〈사진Ⅳ-58〉 충주 천룡산성 출토 청자 및 백자류

으로 여겨진다. 천룡산성 남동쪽 산자락의 절터에서 "天龍", "大天龍寺" 등의 명문기와
가 확인되는 것으로 보아 문헌에서의 천룡산성은 곧 천룡산성을 지칭하는 것으로 추정
된다.

이상에서 살펴 본 결과를 종합하면 천룡산성은 13세기를 전후하여 충주성을 중심으
로 하는 방어체제가 구축되면서 조성된 산성으로 파악된다. 이를 통해 충주의 관방체제
는 물론 나아가 충주의 대몽항쟁사와 관련되어 중요한 자료가 될 것으로 생각된다.

ⓓ 충주 大林山城

대림산성[280]은 충북 충주시 향산동 산 45번지 일대의 해발 최고 487.5m의 대림산

---

280) 상명대학교 박물관, 1997, 『忠州 大林山城 精密地表調査 報告書』.

일원에 위치하고 있다. 대림산은 충주의 鎭山으로 東西로 길게 이어지면서 충주와 계립령 사이에서 중요한 戰略的인 位置를 갖고 있다. 충주시에서 수안보로 가는 국도에 달천강을 내려다 보는 지형에 위치하고 있다.

이 산성은 둘레가 4.906m에 달하는 栲栳峰형태의 대규모 산성으로서 그리고 이 성은 성내의 水量이 풍부하고 내부면적이 비교적 넓으며, 이 산성 위에는 朝鮮時代 後期까지 사용된 '大林山烽燧臺'가 위치하고 있다.

성벽은 대부분 지표상에 토사로 덮여 있으며, 일부분이 석축이 노출된 부분이 있다. 석축으로 된 성벽은 면을 다듬은 할석으로 수평을 이루도록 하여 '品'자형 쌓기를 하였으며, 남벽의 일부분에서는 성벽의 축조상태가 다소 조잡하면서 성벽에 폭과 깊이가 약 15cm 정도로 수직홈이 보이는 곳이 6개소가 있다. 성벽의 높이는 4~6m이다. 이외에 성 내에는 4개의 城門과 暗門 등을 두고 있으며, 자연지형을 따라 축조하여 굴곡을 이루며 특히 방어에 취약한 부분에 10여 곳에서 雉城과 용도 3개소가 확인되었다.

대림산성의 築造時期와 관련해서는 규모가 4km가 넘는 대규모이며, 城內에서는 출토된 유물이 三國時代의 것은 보이지 않고 印花紋土器片, 高杯 뚜껑편 등이 있음을 고려하여 統一新羅 末期의 혼란스런 정치상황 속에서 築城되었을 가능성을 제시하고 있다. 그리고 13세기를 전후한 高麗 靑磁片과 魚骨紋瓦片 등이 많이 발견되고 있어 高麗時代에 對蒙古抗爭의 중심지인 忠州山城일 가능성을 제시하였다.

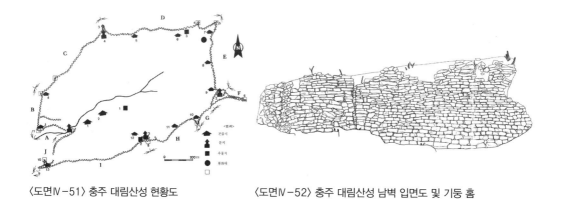

〈도면Ⅳ-51〉 충주 대림산성 현황도 　　　　〈도면Ⅳ-52〉 충주 대림산성 남벽 입면도 및 기둥 홈

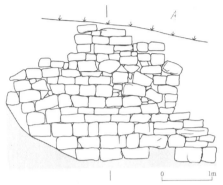

〈도면IV-53〉 충주 대림산성 서벽 입면도

〈사진IV-59〉 충주 대림산성 동벽(성 안에서)

〈사진IV-60〉 충주 대림산성 남벽

〈사진IV-61〉 충주 대림산성 남벽 기둥 홈

〈사진IV-62〉 충주 대림산성 용도에서 본 달천

〈사진IV-63〉 충주 대림산성 수습 상감청자편

ⓔ 堤川 德周山城(일명 월악산성)

덕주산성[281]은 월악산의 최고봉에서 남쪽으로 이어진 해발 960.4m의 봉우리에서 남쪽에 생긴 깊은 골짜기를 에워싼 성벽이 內城 혹은 上城으로, 덕주사 마애불이 있는 상덕주사지가 있는 계곡을 에워싸고 있다.

이 덕주산성 상성은 남향한 계곡을 에워싼 것이며, 가장 높은 계곡을 둘러싼 이것이 곧 제1곽이다. 남쪽에서 북쪽으로 흐르는 동달천이 덕주사가 있는 덕주골의 물을 아우르는 곳을 덕주골 입구라 한다. 덕주골은 동쪽에서 서쪽으로 물이 흐르며, 동쪽의 산 능선에서 서향한 계곡은 크고 작은 5개의 골짜기가 있고, 북에서 남향한 상덕주사지에서 4개의 작은 계곡을 합한 계곡과 만나 서류한다. 이 서향한 계곡의 덕주사가 있는 위치의 서쪽에 東門이 있으며, 이 문지에서 남북으로 이어진 성벽이 제2곽이 된다. 동문의 바깥으로 덕주골 입구에 다시 성벽이 계곡을 가로지르며 이것이 제3곽이다. 즉 덕주골 입구에서 덕주사 마애불까지의 계곡부에 3개의 곽이 있으며, 여기에 송계계곡 전체를 가로막은 남문과 북문에 이어진 성벽이 제4곽으로 구분된다. 이들 성벽은 모두 계곡을 가로질러 축조되었으며, 성벽은 암벽에 닿아 있거나, 암벽 사이까지 메워 쌓고 있다. 따라서 암벽으로 벼랑을 이룬 험한 지형은 천연의 암벽이 성벽의 구실을 하고, 인공적으로 축조된 석축의 성벽은 능선부와 계곡부를 가로지르는 곳에 마련되었다.

a. 내성(상성)-제1곽

월악산의 최고봉에서 남쪽으로 이어진 해발 960.4m의 봉우리에서 남쪽에 생긴 깊은 골짜기를 에워싼 성벽이 內城 혹은 上城으로, 덕주사 마애불이 있는 옛 상덕주사가 있는 계곡을 에워싸고 있다. 이 내성은 남향한 계곡의 가장 높은 부분을 둘러싸고 축조되어 있다.

전체의 지형은 남향하여 마치 삼태기나 箕의 모양을 하고 있으며, 사방이 높고 험준한 산줄기와 천연 암반으로 가로막히고 오직 남쪽으로만 계곡이 형성되어 있는 곳이다. 이러한 지형을 이용하여 계곡의 입구에 문과 水門을 만들고, 가파른 암벽에 이어지도록

---

281) (사)한국성곽학회, 2012, 『덕주산성』.

취약한 곳을 막아 인공의 석축 성벽을 쌓았다. 그러므로 대부분의 성벽은 천연 암벽을 그대로 이용하고, 일부를 인공 축조한 산성이다. 내성의 전체 둘레는 4km에 달하지만 인공의 석축으로 이루어진 부분은 650m 구간에 불과하다.

석축은 수문에서 서측으로 65m이고 수문에서 문지까지 30m, 그리고 문지의 동쪽으로 340m와 암벽 사이의 돌출부에 축조한 150m 등의 부분에 축조되었으며, 성벽은 외측의 높이가 4m 이상으로 안쪽에서 바깥까지 원칙적으로 겹축(夾築)한 상태이며, 楣石을 밖으로 10cm 정도 내밀게 쌓은 후 女墻을 축조하였다. 성의 안쪽을 향하여 경사를 이룬 윗면은 경사를 따라 적당히 계단을 이루고 있다. 이러한 축조 방법은 다른 구역에서의 축조 방법과 동일한 양상이다.

b. 중성–제2곽

동문을 중심으로 남쪽과 북쪽으로 이어진 성벽을 말한다. 앞의 내성(상성)에 대하여 보다 넓은 범위를 에워싸고 있으며, 그 전체적인 윤곽은 내성의 전체와 동쪽의 능선에서 서향하는 덕주골 계곡의 전체를 포괄하고 있는 형상이다.

이 중성의 성벽은 가장 대규모로 남아 있으며, 그 범위는 월광폭포가 있는 가장 큰 계곡을 포용하면서 덕주골 전체를 둘러막은 산 능선으로 막히고, 서쪽의 덕주골 계곡 입구를 막아 거의 전부를 포용하고 있어서 앞의 내성에 대한 外城으로 여겨질 정도이다. 대략의 둘레는 7km가 넘으나, 역시 가파른 산 능선과 천연 암벽이 대부분이고, 인공으로 축조된 부분은 동문에서 남쪽으로 쌓은 부분과 북쪽으로 이어져 축조한 부분의 약 1.5km의 구간이다.

중성의 남쪽 성벽은 산 능선 위의 암반지역에 이르러 작은 望臺의 모양을 만들고 좁게 출입시설을 한 곳에서 끝나고 있으며, 북쪽으로는 가파른 경사를 지나 암벽 위로 연장되어 높은 고지 위의 鞍部까지 막아 특이하게 성벽을 구축하고 있음이 확인되었다. 북쪽으로는 산 능선을 따라 길게 성벽이 이어지고 있는데, 부분적으로 성벽이 붕괴되어 있으나 비교적 원형을 간직한 곳이 많이 보이며, 특히 凸형의 여장이 원래의 모습대로 잘 남아 있어 주목된다.

c. 차단성(하성)–제3곽

중성에서 덕주골을 따라 서쪽으로 내려와 水鏡臺에 이르며, 이곳의 남북으로 축조된

〈사진IV-64, 도면IV-54〉 제천 덕주산성 위치도 및 성벽 현황도

성벽을 말한다. 현재는 남쪽으로는 성벽이 거의 유실되었으나, 수경대에서 북쪽의 가파른 산기슭으로는 석축이 곧장 뻗어 올라간 모습이 남아 있다. 이 성벽은 덕주골의 입구를 초입에서 막는 시설로서, 덕주골 입구를 이중으로 방어하던 일종의 차단시설로 여겨진다. 내성과 중성에 대한 외성의 성격도 있으나, 중성에서 이곳까지의 사이는 충분한 평탄지가 없다. 덕주골 자체로 보면 이 성벽은 下城에 해당된다.

d. 남북 관성(외곽성)-제4곽

앞의 세 성벽이 덕주골에 있으면서 송계계곡에서 이 덕주골로 오르는 적을 막는 시설이라고 한다면, 보다 큰 남북으로의 큰길을 막은 것이 남문과 북문으로 막는 關城이라 할 수 있다. 북문은 송계리 1구의 동창 마을에 있으며, 남문은 덕주골 입구보다 남쪽인 望瀑臺에 있다. 이 두 關門 사이의 거리는 냇물을 따라 난 597번 지방도를 따라 오가며, 직선거리가 3.5km나 된다.

북쪽의 경우는 문의 동서에 있던 성벽이 매우 훼손되어 흔적이 희미하며, 남문의 경우는 성벽이 잘 남아 있다.

남문과 북문으로 가로막은 외곽은 송계계곡 동쪽의 월악산과 서쪽의 말뫼산 (687.3m)으로 둘러싸인 크고 작은 골짜기를 많이 거느리고 있다. 산줄기로 이어진 총 범위의 둘레는 약 18km가 넘는다. 이 범위 안쪽에 현재 한수면 소재지가 있으며, 이 큰

〈사진Ⅳ-65〉 제천 덕주산성 내성 문지

〈사진Ⅳ-66〉 제천 덕주산성 중성 성벽

〈사진Ⅳ-67〉 제천 덕주산성 하성 성벽

〈사진Ⅳ-68〉 제천 덕주산성 4관문 문지

〈사진Ⅳ-69〉 제천 덕주산성 중성 동문 주변 여장

〈사진Ⅳ-70〉 제천 덕주산성 중성 동문 주변 성벽

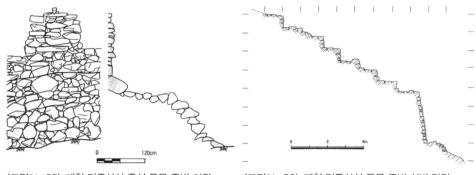

〈도면Ⅳ-55〉 제천 덕주산성 중성 동문 주변 여장   〈도면Ⅳ-56〉 제천 덕주산성 동문 주변 성벽 단면

계곡 안에서 동쪽의 월악산 남쪽 기슭에 가장 깊숙한 골짜기를 이룬 덕주골에 세 겹의 성벽을 마련하고 있다 이 남·북의 관문은 송계계곡을 따라 형성되어 있는 남한강-송계 계곡-하늘재-문경으로의 교통로를 차단하고 있다.

성벽의 구조는 기본적으로 內外夾築의 구조를 보이며, 지형상 험준한 곳은 천연의 암 벽 자체를 성벽으로 삼고 있다. 석재는 모두 성의 주변에서 채취하였으며, 4개의 廓은 각기 築造方式이 조금씩 차이를 보이고 있다. 고려시기와 관련하여서는 1~3곽 성벽이 축조방식에서 유사하다.

Ⓕ 춘천 삼악산성

三岳山城[282)]은 강원도 춘천시 서면 덕두원리에 위치하며, 春川市 중심부로부터 다소 서남쪽으로 떨어져 있다. 이 山城의 북쪽으로는 陸路로서 席破嶺이 놓여있고, 남쪽으로 는 北漢江의 水路가 이어지는 곳에 立地하고 있다. 성곽은 해발 635.8m 일대의 地勢가 매우 險難한 곳에 위치하고 있다.

三岳山城의 構造는 內城과 外城으로 구분된다.

a. 내성

內城의 城壁은 정상부(635.8m)의 봉우리를 잇는 산봉과 능선을 따라 城壁이 축조되

---

282) 충북대학교 중원문화연구소, 2000,『春川 三岳山城』.

〈도면Ⅳ-57〉 춘천 삼악산성 현황도

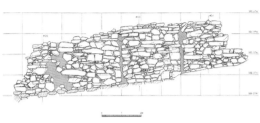

〈도면Ⅳ-58〉 춘천 삼악산성 내성 북벽 기둥 홈 입면도

〈사진Ⅳ-71〉 춘천 삼악산성 내성 북벽 기둥 홈 성벽

〈사진Ⅳ-72〉 춘천 삼악산성 내성 동남벽 용도

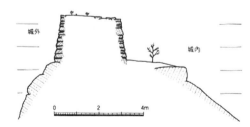

〈도면Ⅳ-59〉 춘천 삼악산성 내성 성벽 단면도

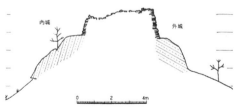

〈도면Ⅳ-60〉 춘천 삼악산성 내성 용도 단면도

어 그 남쪽 사면의 윗부분을 에워싼 것으로 甬道를 포함하여 총 2km이다. 평면형태는 傳統的인 분류에 따르면 紗帽形에 가까운 삼태기 모양이라고 할 수 있다.

內城의 석축은 전 구간을 석축하였으며, 지형에 따라서 內托되거나 암벽을 이용하거나 암벽 위에는 내외겹축하였다. 성벽의 규모는 폭과 높이 3m 정도이며, 지형에 따라 규모의 차이를 보이고 있다.

內城 北壁의 경우 수직홈이 있는 성벽은 基礎部 및 基壇部에 대한 보강 등을 하고 있다. 外面 하단부에 基礎石을 두고, 이 기초석에서 뒷물림하여 성벽을 축조하기도 하였으나, 다른 구간에서는 특별히 기단부를 보강한 흔적은 보이지 않는다. 外城의 경우 내성만큼 기단부를 조성한 곳은 보이지 않는다. 수직 홈의 너비는 15cm 가량으로 간격은 320cm 정도이다.

女牆의 경우 아랫면의 너비를 최대 1.5m, 최소 0.9m로서 3~5자로 하였음을 알 수 있고, 윗면은 2~4자까지의 너비였다고 추측되며, 높이는 2~3자로 되었던 것이라고 할 수 있다.

內城의 門址는 南壁 및 北壁에 있었던 것으로 보이며, 北門址 밖으로는 遮斷石築을 두고, 바로 옆에는 작은 望臺가 함께 하여 마치 甕城의 역할을 할수 있도록 하여 중첩적으로 防禦力을 높이고 있다. 그리고 용도는 북서벽 회절부, 남서벽 회절부, 남벽 2개소 등 4개소 이상에서 확인되었다.

유물은 화문의 압출양각기법 청자편, 백상감 청자편과 어골문 계통의 '南面造' 명문이나, 차륜문, 기하문+어골문 등의 복합문 기와 등 고려시대 유물이 출토되었다.

b. 외성

三岳山城의 外城은 해발 654m의 三岳山 頂上에서 서남쪽의 넓은 谷地를 에워싸게 築城하였으며, 外城의 平面現狀은 거의 正方形에 가까우며, 규모는 약 4.5km의 둘레이다. 둘레가 山峰과 稜線으로 가로막혀 있으면서 남쪽의 계곡부분으로 물이 빠지는 형세로서 전형적인 栲栳峰形이다. 內城에 비하여 상대적으로 水源이 풍부한 편이며, 城內에는 현재 興國寺가 있다.

外城의 성벽은 가파른 경사면에는 성벽을 따라 위쪽 면에 층단식의 계단시설을 하고 있다. 성벽은 성내의 割石 등으로 축조하였다. 성벽의 규모는 높이 3.3~3.8m 정도이다. 그러나 기둥 홈은 확인되지 않는다.

女牆은 城壁 위의 외측에 뚜렷이 구분되며, 垜口의 구분이 없이 연속으로 이어지는 平女牆으로서 외면에 女牆의 基礎인 眉石이 없이 쌓아 올리고 있다. 女牆의 底面 너비는 0.9~1.5m, 높이는 0.9m 정도였다.

전반적으로 內城은 外城보다 정연한 축조를 보이는 부분이 많고, 석축 자체의 수평 맞추기가 보다 정교하며, 城壁 構成의 너비도 보다 넓다. 따라서 城壁 자체만으로 판단하면 外城은 內城보다 뒤에 축조된 형식으로 보인다.

外城의 門址는 西壁 및 北壁에서 잔존모습이 보인다. 이들 門址는 城壁이 통과하는 지역의 가장 낮은 위치하여 접근이 용이한 계곡이나 능선에 위치한다. 문지 좌우부분은 가장 튼튼한 城壁을 구축하고 있다.

〈사진IV-73〉 춘천 삼악산성 외성 북벽

〈도면IV-63〉 춘천 삼악산성 외성 서문지 평면도

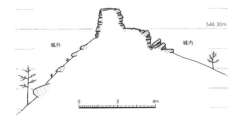

〈도면IV-61〉 춘천 삼악산성 외성 북벽 단면도 1

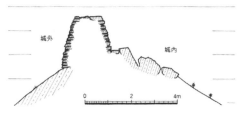

〈도면IV-62〉 춘천 삼악산성 외성 북벽 단면도 2

城門 주변에서 분청사기편과 많은 *淸海波文* 기와편이 보이고 있다. 여기서 출토되는 기와편들은 아마도 城郭의 외형적인 이미지를 중시하여 門樓 등이 설치되었던 것으로 보인다. 문의 규모는 開口部의 폭 등을 고려하면 측면 1칸(30cm×8척) 정도의 建物이 들어설 수 있는 空間이다.

삼악산성은 내성이 대몽항쟁기에 축조된 이후에, 외성이 축조되어 확장된 것으로 보여진다.

ⓒ 속초 권금성

권금성283)은 속초시 설악동에 위치한 설악산의 험준한 봉우리 중 하나인 화채봉의 남쪽에 위치한 해발 440~800m에 내성과 외성이 석축으로 축조된 산성이다. 산성은 남쪽이 높고 북쪽이 낮은 남고북저형으로 높은 지대인 남쪽에는 내성이 낮은 지역인 북쪽에는 외성이 자리한다.

〈도면Ⅳ-64〉 속초 권금성 현황도

내성은 성벽을 자연지형을 최대한 이용하여 능선을 따라 진행되는 구간과 능선의 상면을 잇고 계곡부를 지나는 구간 등 계곡을 포함하고 있다. 성벽은 구간에 따라 석축한 구간과 자연지형을 그대로 이용하여 별도의 성벽을 축조하지 않은 구간으로 나뉘는데 전반적으로 자연지형을 그대로 이용한 구간이 많은 편이다. 석축구간은 모두 겹축으로 확인되며 상면에 垜의 구분이 없는 폭 1~1.3m 정도의 평여장이 조성된 구간도 조사되었다. 성벽의 둘

---

283) 강원문화재연구소, 2007, 『束草 權金城 地表調査 報告書』.

레는 1,329m이며 방위에 따라 각 구간 성벽의 길이는 북벽 296m, 서벽 412m, 남벽 256m, 동벽 365m이다. 시설물로는 건물지, 문지, 수구, 망대지, 내환도 등이 확인된다.

〈도면Ⅳ-65〉 권금성 내성 북벽 잔존성벽

외성은 내성의 서벽에 잇대어 북쪽에 위치하며 설악동을 동서로 가로지르는 쌍천의 남안에서 시작해서 식은골을 둘러싸는 능선을 따라 내성의 서벽에 이른다. 성벽은 식은골을 중심으로 동서 양쪽으로 진행하는 능선의 해발 500m 정도에 형성된 바위로 이루어진 봉우리까지 확인된다. 외성의 전체 추정길이는 4,112m이며, 내외성 공유성벽은 내성의 서벽으로부터 약 450m이다. 평면형태는 울퉁불퉁한 부정형을 띤다. 동서벽에 甬道를 갖추어 방어력을 높였다. 시설물로는 건물지 1개소와 문지 2개소, 망대지 3개소, 내환도 등이 파악된다.

성벽은 내성과 외성의 축조수법이 비슷하다. 내성의 경우 바위 암반의 경사진 상면을 이용하여 일부분은 성돌이 놓일 자리를 평탄하게 조성하기도 하였으나 대부분의 구간은 바위로 이루어진 능선의 경사면을 그대로 이용하여 축조하였다. 성돌은 할석과 판상석을 함께 사용하였다. 내성의 축조수법은 외성과 동일하나 외성에 비해 높이가 낮고 사용한 성돌의 형태와 크기가 더욱더 다양하며 축성수법은 대부분 난층쌓기다. 성벽의 두께는 약 2m 정도되며 성벽이 지나가는 지역의 지형에 따라 약간의 가감이 있다.

권금성에서 가장 특징적인 것은 내성의 북벽과 외성의 동서벽에 성벽 밖으로 길게 연장되는 甬道에 기다란 연장부를 만들어 그 끝부분에 작은 망대를 세운 것이다. 그리고 내성의 북벽에서 확인된 세로방향의 홈은 전 구간에서 1개만 확인되었으나 수직 기둥 홈일 가능성이 매우 높다.[284]

---

284) 江原文化財硏究所, 2007, 『束草 權金城 地表調査 報告書』.

〈사진IV-74〉 속초 권금성 내성 북벽 잔존성벽   〈사진IV-75〉 속초 권금성 내성 북벽 잔존성벽 내벽

〈사진IV-76〉 속초 권금성 외성 남벽   〈사진IV-77〉 속초권금성 외성 서벽

〈사진IV-78, 도면IV-66〉 속초 권금성 출토 기와류

　　수습유물로는 주변의 고려시대 유적인 진전사지, 낙산사 등에서 출토되고 있는 어문기와, 도기 등이 있다.

㉺ 인제 한계산성

한계산성[285]은 강원도 인제군 북면 한계리에 있으며, 설악산의 내설악에 위치하고 있다. 원통에서 한계산성으로 올라가는 골짜기 입구에 있는 옥녀탕에서 동쪽 능선을 따라 약 1km 떨어진 지점에 위치한다. 한계산성은 가장 낮은 곳이 해발 700m, 가장 높은 지역이 1,200m이다. 산성의 한가운데에는 계곡부가 위치하며 성벽은 그 둘레를 감싸고 있다. 산성의 동쪽과 서쪽은 해발 1,000m 이상 되는 산맥이 가로막고 있으며, 북쪽의 뒤로는 해발 1,430m의 안산에서 뻗어내는 험산준령이 병풍처럼 둘러쳐 있다.

한계산성은 상성(내성)과 하성(외성)의 이중구조로 되어 있다. 산골짜기와 양쪽 산의 좁은 능선을 가로막아 그 안의 계곡을 거점으로 하고 산의 가파른 능선을 이용하여 성을 지키고 적의 침입에 대비한 유리한 지형을 가지고 있다. 산성의 규모는 전체 둘레가 6.6km이고, 상성 1.9km, 하성 4.7km이나 전체적으로 자연능선을 그대로 성벽으로 이용하였고, 석축성벽은 상성과 하성 남쪽 성벽의 극히 일부에 불과하다. 내부 시설물은 상성에 동문지, 서문지가 있으며, 하성에는 남문지가 있다. 건물지는 상성에 대궐터라 일컬어지는 지역과 하성에는 3개소가 있다. 기타 내부시설물로써 하성에 천제단이 있다. 성외부 시설물로는 상성과 하성에 망대지가 각각 1개소가 있다.

성벽을 구성하고 있는 돌은 납작한 네모꼴의 화강암, 편마암들을 주위에서 채석하여 다듬은 것으로 성벽의 위쪽으로 올라가면서 크기가 점점 작아진다. 밑에서 높이 2m까지는 거의 수직으로 올라갔으나 그 위부터는 지형에 따라 다르나 약 85° 가량 기울여 축성하였다.

출토유물로는 「寒溪…」라고 시문한 명문와를 비롯하여 어골문격자문, 종선문 등이 수습되었다. 그리고 2011년 지표조사 결과 12~13세기에 제작된 청자류가 출토되었다.

한계산성은 고려사 趙暉 열전에 고종 46년(1259)에 "조휘 일당은 자칭 官人이라 하면

285) 강원대학교박물관, 1986, 『寒溪山城 地表調査 報告書』.
강원대학교박물관, 2012, 『인제 한계산성 학술조사 보고서』.
강원대학교박물관·한국성곽학회, 2012.5, 『인제 한계산성의 역사문화적 가치와 정비·활용방안』, 인제 문화유산 가꾸기 학술심포지움.

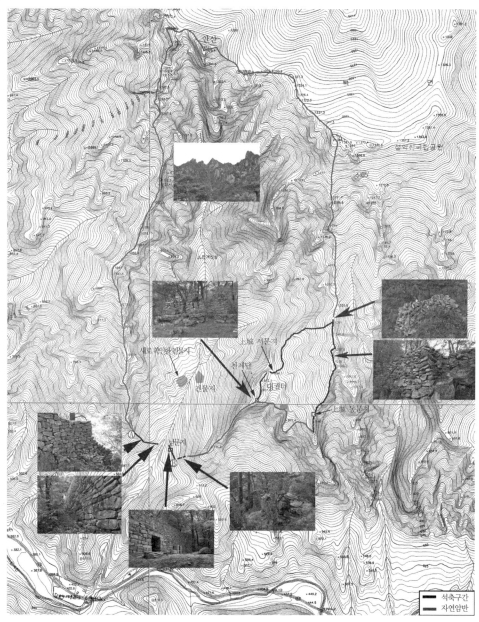

〈도면Ⅳ-67〉 인제 한계산성 현황도 및 구간별 사진

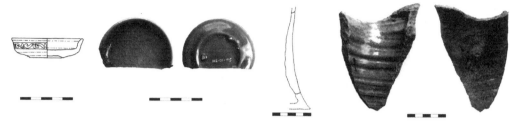

〈사진Ⅳ-79, 도면Ⅳ-68〉 인제 한계산성 출토 청자류 1　　〈사진Ⅳ-80, 도면Ⅳ-69〉 인제 한계산성 출토 청자류 2

서 몽골병을 이끌고 와서 寒溪城을 공격하였으나 防護別監 安洪敏이 夜別抄를 거느리고 나아가 습격하여 모두 섬멸하였다"라는 기사[286]가 확인 되는 것으로 미루어 13세기에 축성되어 방호별감이 파견된 것을 알 수 있다.

　② 입보용 산성의 사례

　Ⓐ 영월 정양산성

　정양산성[287]은 강원도 영월군 영월읍 정양리와 연하리에 걸치는 鷄足山(해발 889.6m) 정상에서 남쪽으로 뻗은 지맥에 축성된 산성으로, 현재는 대개 "王儉城"이라 칭하고 있다. 『世宗實錄』地理志에는 正陽山石城이라고 표기되어 있으며, 둘레 798步이며, 성내에 샘이 하나 있고 倉庫 5間이 있다고 기록되어 있다.[288] 『신증동국여지승람』에는 "石築이며 둘레는 2,314척 높이는 19척"[289]이라 기록되어 있으나 이미 古跡條에 기재되어 있는 점으로 보아 16세기 중반 이전에 이미 폐성되었다.

　이 城은 지리적으로 요충에 자리잡고 있어서, 산성에서 남쪽 밑을 바라보면 남한강의 흐름이 일목요연하게 한 눈에 들어오고 현재의 영월로 진입하는 모든 움직임을 손바닥처럼 볼 수 있는 위치이다. 뿐만 아니라 험준한 고산의 장벽을 피하여 상류 지역에서 하

---

286) 『高麗史』卷130 列傳43 叛逆4 趙暉.

287) 충북대학교 중원문화연구소, 2000, 『寧越 王儉成』.

288) 『世宗實錄』卷153 地理志 江原道 寧越郡.

289) 『新增東國輿地勝覽』江原道 寧越郡 古跡.

류로 진출하는 유일한 통로이다. 이 城의 축조시기는 대체로 삼국시대까지 소급하여 보고 있는데,[290] 口傳되는 바로는 고려시대 거란족의 침입과 연결되고 있는 점으로 보아 고려시대에 다시 수축되었던 것이 조선 초기까지 계속 유지되었던 것으로 생각된다.

西門이 정문으로 보이고, 남문·북문지가 모두 잘 남아 있다. 부분적으로 무너진 곳이 있지만 전체적인 성벽의 잔존 상태는 양호한 편이다. 특히 북문지의 경우는 문지 기반이 높게 설계된 懸門樣式[291]이 완연히 남아있고, 서문지의 경우도 붕괴되었지만 문지 지반이 현재도 다소 높게 되어 있는 점으로 보아 마찬가지로 懸門式이었을 것으로 추정된다.

성벽의 길이는 내성과 외성을 합하여 1,630m 정도인데, 내탁식, 혹은 내외겹축으로 축조되었으며, 납작하고 반듯한 점판암을 적당히 치석하여 장방형으로 매우 정교하게 쌓았다. 외성은 내성의 축조형태와 전혀 다른 축조방식을 보이고 있으며 이는 고려시대 이후에 확장한 것으로 생각된다. 동쪽에서 북문지로 연결되는 성벽은 가장 보존상태가

〈도면Ⅳ-70〉 영월 정양산성, 태화산성 위치도

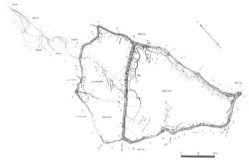

〈도면Ⅳ-71〉 영월 정양산성 현황도

---

290) 盧爀眞·崔鐘模·沈載淵, 1995,「寧越郡의 先史·考古·關防·陶窯址 遺蹟」,『寧越郡의 歷史와 文化遺蹟』, 한림대학교박물관, p.36.

291) 懸門은 성문의 통로부를 성벽 중간부에 만들어 사다리와 같은 시설물을 이용하여 출입하도록 한 것을 말한다.

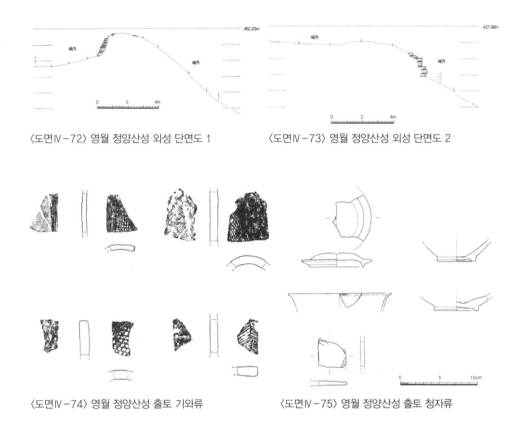

〈도면Ⅳ-72〉 영월 정양산성 외성 단면도 1

〈도면Ⅳ-73〉 영월 정양산성 외성 단면도 2

〈도면Ⅳ-74〉 영월 정양산성 출토 기와류

〈도면Ⅳ-75〉 영월 정양산성 출토 청자류

양호한 곳으로 구간에 따라 높이 10~12m 정도되는 곳도 있다.

이 산성은 현존하는 강원도 지역의 성곽 가운데 성벽이 가장 완전하게 남아 있다. 대부분의 성벽은 처음에 축조한 그대로이며 상단부분이 부분적으로 후대에 補築한 흔적이 발견된다. 특히 서문지 일대의 성벽에는 女墻이 남아 있는데, 축조상태가 다른 성벽과는 명백히 精粗의 차이가 나는 것으로 보아 이 부분은 후대에 다시 쌓은 것이 분명하다. 女墻의 형태는 원주의 영원산성이나 인제의 한계산성과 마찬가지로 垜의 구분이 없는 平女墻으로 되어 있다. 서문지 일대에는 비교적 넓은 평지가 형성되어 있고 이 일대에서 와편과 도기편이 다량으로 발견되는 점으로 보아 건물지가 있었을 것으로 추정된다.

Ⓑ 영월 태화산성

태화산성292)은 강원도 영월읍 팔괴리 태화산(해발 1,028m) 정상에서 약간 북동쪽으로 길게 이어지는 능선을 따라 내려와 주능선 북쪽 사면의 봉우리와 계곡을 따라 축성되었다. 산성에서의 전망은 매우 좋아 왕검성과 멀리 완택산성, 대야리 산성과 온달산성 등이 모두 보인다.

성의 평면 모습은 5각형에 가까운 부정 타원형의 모습이며, 둘레 1.2km 규모이다. 성벽은 자연 지형적 여건상 충분한 방어기능이 가능한 것으로 보이며, 토축과 석축을 병행하여 축조되었다.

석축된 부분은 서북쪽의 해발 909m 일대의 약 50m 정도 확인되었다. 성벽은 부정형 할석재로 쌓아 면을 맞추었다. 성벽의 높이는 2m 정도이며, 별도의 여장 시설은 확인되지 않았다. 다만 일부 기둥 홈 흔적이 확인되었다.

성 내에는 2개의 문지와 2개의 용도, 그리고 수구지가 확인되었다. 용도는 서북쪽 909m의 정상부에 성벽에서 15m, 23m 정도 돌출되어 있으며, 석축으로 조성되었다.

태화산성의 조성된 시기는 출토된 유물이 적어 판단하기는 어려우나, 고산지역과 성벽의 축조방식, 기둥 홈 흔적이 확인되는 점으로 미루어 중세산성의 특징을 갖고 있다고 할 수 있다.

〈도면Ⅳ-76〉 영월 태화산성 현황도

---

292) 충북대학교 중원문화연구소, 2000, 『寧越 王儉成』에 소개되었다.

〈사진Ⅳ-81〉 영월 태화산성 성벽 기둥 홈 1　　　　　〈사진Ⅳ-82〉 영월 태화산성 성벽 기둥 홈 2

ⓒ 상주 상주산성(尙州 今突城 : 백화산성)

尙州山城은 일명 금돌성, 백화산성으로 불린다.[293] 그리고 경상북도 문화재자료 제131호이다. 상주시 모동면 수봉리 산98 일대의 해발 933m 백화산 내에 위치한다.

금돌성은 백화산 정상인 포성봉에서 동쪽으로 뻗은 3개의 능선 중 가운데 계곡을 두고 양편 2개 능선의 정상부와 계곡을 내성과 외성이 에워싸고 있다. 능선단면은 서고동저이고, 동쪽이 계곡으로 열려 있어 전체적으로 'C' 자 모양을 이루고 있다. 특히 지형이 낮은 동쪽의 불리한 조건을 보완하기 위해 내성에서 연장해서 축성된 외성이 동쪽의 능선과 계곡을 이중으로 에워싸도록 했다.

성벽은 백화산에 산재하고 있는 자연할석으로 쌓았다. 내ㆍ외성 포함한 전장이 약 6.2km로 대형의 성곽이다. 성곽의 형태는 지형상의 분류법에 따라 말안장에 가까운 마안봉이다.

내성은 북쪽 해발 756m의 고지에서 서쪽 산봉우리를 따라 맞은편인 남쪽 해발 684m 산봉우리까지 'ㄷ' 자형으로 에워싸는 키 모양의 평면을 이루고 있다. 외성도 내성에서 동쪽 밖으로 연장시켜 계곡과 남북의 산봉우리를 내성과 동일한 모양으로 둘러싸고 있다.

---

293) 경상북도문화재연구원, 2001, 『尙州 金突城 地表調査報告書』.

내성은 외·내성 공유성벽구간과 북쪽·남쪽·서쪽 성벽으로 구성된다. 성벽은 외성과 내성의 북쪽 분기점(해발 756m)에서 서쪽 능선을 따라 맞은편의 남쪽 내성과 외성의 분기점까지 전장 4.23km에 면적은 934.122㎡ 이다. 내성 내 시설은 성벽을 따라 망대 7개소, 성문 2개소, 암문 2개소, 망루 1개소가 확인된다. 금돌성 내 건물지는 대부분 내성 북쪽 성벽이 있는 주능선에서 남쪽 산사면에 5개소가 확인된다. 그리고 외성 내에 1군데, 외성 밖에 2군데가 확인된다. 성안 계곡 주변과 완만한 산사면에는 계단식 석축과 석렬이 다수 확인되고 있다.

　내성의 단면구조는 겹축법과 내탁기법에 의한 편축법이 구분된다. 겹축법은 지형조건에 따라 성벽을 둔 곳도 있고, 없는 구간도 있다. 지면에 노출된 자연암반과 절벽 단애의 구간은 이들이 성벽을 대신하기도 했다. 외성과 내성은 현존 성벽의 축조수법 및 구조로 보아 시기적인 차이는 보이지 않는다.

　외성은 내성과 마찬가지로 겹축법과 내탁기법에 의한 편축법이 지형 조건에 따라 사용되었고, 일부구간은 자연암반이 성벽을 대신하기도 한다. 축조수법은 비교적 완만한 능선 상에는 내탁기법에 의한 편축법이 주로 사용되었고, 계곡을 에워싸는 동쪽 성벽은 지면상에 노출된 암반 위나 암반 사이에 편축법으로 축성되었다. 겹축법은 성첩의 유무로 구분된다. 그리고 외벽면의 경사각은 단경사가 대부분 이지만, 일부 구간에서는 복경사도 확인된다.

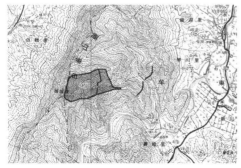

〈도면Ⅳ-77〉 상주 금돌성 현황도

〈사진Ⅳ-83〉 상주 금돌성 내성 남벽 성벽

〈사진Ⅳ-84〉 상주 금돌성 내성 남벽 내벽

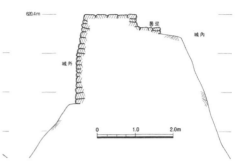

〈도면Ⅳ-78〉 상주 금돌성 내성 남벽 단면도

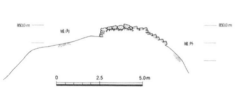

〈도면Ⅳ-79〉 상주 금돌성 내성 북벽 단면도

〈사진Ⅳ-85〉 상주 금돌성 외성 남쪽 용도

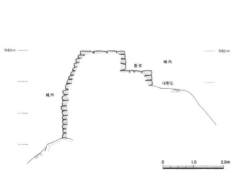

〈도면Ⅳ-80〉 상주 금돌성 외성 북벽 단면도

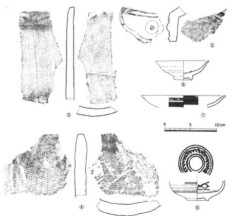

〈도면Ⅳ-81〉 상주 금돌성 출토 기와 및 자기류

외·내성 성벽 잔존 규모는 높이가 1.5~2.0m이고, 상단 폭은 0.9~1.5m, 기저부 폭은 3.0~5.0m가 확인된다. 이들 성벽의 잔존상태는 능선 안부 또는 가파른 산사면, 암반지대 등 성벽에 축성된 지형에 따라 차이가 많다. 동벽과 남벽 회절부에 용도가 설치되었다.

성벽 축조에 사용된 성돌은 주위에서 쉽게 구할 수 있는 산석을 이용하였다. 입면상으로는 외벽에 면 맞춤한 막돌 허튼층쌓기이고, 작은 빈틈 사이에는 잔돌로 틈새를 메웠다. 금돌성에서 수습된 유물은 와편, 도기편, 자기편들이고 모두 건물지 내부와 석축 주변에서 채집되었다. 와편은 건물지 주변에서 채집되었는데, 대체로 고려시대부터 조선시대에 이르는 것들이다. 암막새편인 귀목문은 고려 시대에 가장 널리 성행하였던 종류이고, 범자문 암막새편은 조선시대에 나타나는 것이다. 평기와로는 고려시대에 널리 유행한 어골문편과 조선시대를 대표하는 청해파문 암키와편이 수습되었다. 자기편은 백자 및 분청자기가 대부분인데, 모두 조선시대의 유물이다. 안 대궐터라 불리는 건물지에서는 선문 암키와편과 백자편, 고려시대의 것으로 편년되는 어골문, 선문암키와편이 수습되었다.

금돌성은 축조수법, 구조, 형태 등에서 신라성과는 다소 차이가 있다. 건물지 및 사지에서 수습된 와편 및 청자의 상한 년대 또한 고려시대에 해당한다. 또 와편 중 청해파문이나 백자로 대표되는 조선시대의 유물이 수습되는 것은 조선시대까지 지속적으로 사용되었음을 말한다. 고려시대에 거란 및 몽골의 침입시 산성을 어느 정도 보축하여 몽골군을 격퇴시키고, 입보농성도 하였던 것으로 보이며, 그 후 조선시대에 와서는 산성의 기능은 거의 퇴화하고, 임진왜란이나 병자호란과 같은 전란기에는 입보처의 역할을 하였던 것으로 판단된다.

ⓓ 괴산 彌勒山城

미륵산성[294]은 충북 괴산군 청천면 고성리의 성암 마을에서 남쪽으로 도명골이라 부

---

294) 충북대 호서문화연구소, 1996, 『槐山 彌勒山城 地表調査 報告書』.
   (사)한국성곽학회, 2012, 『미륵산성』.
   (재)충청북도문화재연구원, 2011, 『괴산 미륵사지 서문지 발굴조사 약보고서(2차)』.

르는 긴 계곡을 따라 약 3.5km 정도되는 지점에 위치하고 있다. 이 산성이 위치한 곳은 소백산맥 北麓을 이어진 험준한 산들과 깊은 계곡이 많은 곳이다.

산성은 낙영산의 해발 600m의 북쪽 사면과 도명산 남쪽 사면을 산 능선을 따라 두른 형태로, 산의 험준한 자연지형을 최대한 이용한 고로봉형에 속하는 대형 석축산성이다. 총연장 5.1km(인공성벽은 3,050m)에 달하는 이 산성은 낙영산, 도명산, 쌀개봉으로 이어지는 능선을 연결한 거대한 본성이 있고, 가장 낮은 지형을 이루며 성내의 물 대부분을 배출하는 서쪽 계곡의 문터 좌우의 외측에는 계곡의 양편에 각기 하나씩의 작은 외성을 덧붙여서 축조하였다. 미륵산성은 곳곳에 거대한 암벽지대가 있어서 이러한 구간에는 성벽을 구축하지 않고 그대로 자연지형을 이용하였다.

성벽은 구간의 지형에 따라 내탁식, 혹은 겹축식을 혼용하였다. 堞를 구분짓는 여장은 설치되지 않았고, 단순히 성벽 외측으로부터 폭 1.4m 전후, 높이 1.6m(西城壁의 남쪽 구역) 정도로 쌓아 올려 여장을 대신하였다. 이러한 일종의 평여장을 만들고 안쪽으로는 폭 1.6~1.7m 정도의 內環道를 만들었는데, 능선을 평반면으로 다듬은 곳도 있고 석축을 시공한 흔적을 보이는 곳도 있다.

이 산성의 중요한 건물터 유구는 대개 남향한 경사면을 가진 도명산쪽에 집중되어 있다. 또한 도명산 정상부에서 서북쪽에 위치한 586고지에는 능선위에 목책을 세우기 위한 것으로 보이는 암반을 원형으로 파낸 柱穴이 있다.

이 산성의 체성 구축 방식은 크게 4가지로 나뉜다. 첫째는 단지 石墻만을 축조한 곳, 둘째는 성기를 외측에서 쌓아 올려 內托하고, 윗면이 내면의 높이와 동일한 지점에서 끝난 것,

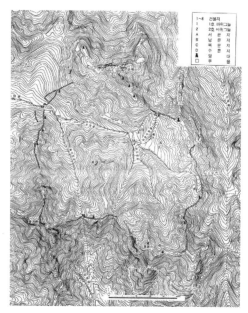

〈도면Ⅳ-82〉 괴산 미륵산성 현황도

〈사진IV-86〉 괴산 미륵산성 동벽

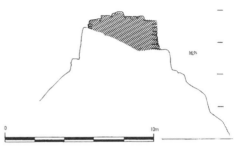

〈도면IV-83〉 괴산 미륵산성 동벽 단면도

〈사진IV-87〉 괴산 미륵산성 서벽

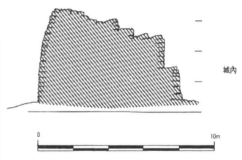

〈도면IV-84〉 괴산 미륵산성 서벽 단면도

〈사진IV-88〉 괴산 미륵산성 서문지 내 집수시설

〈사진IV-89〉 괴산 미륵산성 서문지 내 출토 유물

셋째 城基를 내외에서 보강하여 일정한 높이로 만든 후 안쪽에 단을 두고 외측으로 石墻을 內外夾築한 것이다. 이 가운데 셋째 技法이 이 산성의 가장 전형적인 성벽 구축 방식이다.

또한 성안에서 수습되는 유물로 기와편, 도기편, 자기편 등이 대부분이며 대개 고려시대 이후의 것들이다.

Ⓔ 井邑 笠巖山城

입암산성[295]은 전라남도 장성군 북하면 신성리 일대를 중심으로 위치하고 있다. 입암산(해발 654m)의 산줄기가 북서쪽으로 뻗으면서 형성된 곡부를 부는 깊숙한 분지형 계곡을 이루고 있다. 입암산성은 해발 600m 내외의 능성을 따라 계곡을 포함하고 있으며, 산성의 평면형 태는 북서~남동이 장축방향인 타원형에 가깝다. 성의 규모는 성벽외곽을 기준으로 약 5.18km로 총면적이 1,069,255㎡ 에 달한다.

성벽은 자연석을 이용하여 하부는 큰 돌을 사용하고 상부로 올라가면서 점차적으로 작은 돌을 허튼층 쌓기식으로 높이 2.6~3.5m 내외로 쌓았고, 일부 암반이 있는 곳은 1~2m 내외로도 쌓았으며, 성벽의 안쪽은 편축식으로 축조하였다. 또 일부는 성벽 안쪽에도 흙의 붕괴를 막기 위해 석축을 쌓은 곳도 있는데, 어떤 곳은 계단식으로 쌓은 곳도 있다. 일부 구간에서는 외측면 상부에 넓고 얇은 자연석을 15~20cm 정도 앞으로 내민 미석으로 마감하였고, 그 위로 자연석을 사용하여 높이 1m 내외의 여장을 설치하였음을 알 수 있다. 여장은 그 잔존해 있는 모습으로 보아 약 30×40cm 크기의 총안이 설치되고 총안 상부에는 긴 자연석을 덮개석으로 이용한 것으로 보인다. 이러한 여장은 조선시대에 축조된 것으로 보여진다.

한편 성내 시설물에 대해서는 『입암산성진지』 공해조에 기록되어 있는데, 鎭軒, 居安館, 安國寺가 있고 군량고 7동, 군기고 5동, 기타 소금창고와 간장이나 된장을 보관하는 醬庫가 각각 1개소 있었으며, 「笠巖山城圖」에는 연못 6개소가 표현되어 있다.

문은 남문과 북문 등 2개소가 있었으며, 암문이 3개소, 포루가 4~5개소가 있었던 것

---

295) 전남문화재연구원, 2008, 『장성 입암산성-남문지-』.

으로 보인다. 그러나 「입암산성도」에는 남문과 북문이 있고, 장대는 동장대, 북장대, 서장대와 남장대 4개가 있으며, 망루인지 장대인지 이름이 명시되어 있지 않은 건물이 2개가 있어 문헌에 기록되어 있는 것과는 약간의 차이가 있다.

입암산성의 초축연대는 기록에 나와 있지 않아 알 수 없고, 최초의 기록은 고종 43년(1256) 3월 조에 宋君斐장군이 입암산성을 지켰다는 것으로 대몽항쟁과 관련되어 등장한다. 이후 『朝鮮王朝實錄』 기록에서는 태종대에 고려 말부터 기승을 부리던 왜구에 대한 대비책의 일환으로 읍성과 산성의 축성론이 대두되었고, 입암산성은 남원 교룡산성, 담양 금성산성, 고산현(전라북도 완주군 고산면)의 伊訖音山城, 강진의 수인산성, 나주의 금성산성 등과 함께 수축된 것으로 되어 있다. 연해지역이 안정을 되찾자 세종 16년(1434)을 고비로 여타의 산성과 함께 혁파되었다. 그러나 임진왜란을 겪으면서 선조 26년(1593)에 다시 수축되었고 또한 효종 4년(1654)에는 營舍, 炮樓가 추가로 만들어졌으며 둑을 쌓아 저수시설을 갖추었다는 기록이 『東國輿地志』에 전한다. 1871년에 작성된 『장성부읍지』에 숙종 3년(1677)에 부사 洪錫龜가 95把를 확장하고 포루도 추가로 만들었다는 기록이 남아있다.

입암산성의 초축연대는 알 수 없으나 고려 대몽항쟁기에 활용된 것으로 알려져 있다. 그 이후 고려~조선시대에 걸쳐 여러 차례 수축 혹은 개축되어 사용되어 오다가 19세기 말에 폐성되었다.

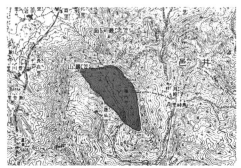

〈도면Ⅳ-85〉 정읍 입암산성 현황도

〈사진Ⅳ-90〉 정읍 입암산성 남문지 통로부 서벽 1
(2006년도 조사)

〈사진Ⅳ-91〉 정읍 입암산성 남문지 통로부 서벽 2
(2006년도 조사)

〈사진Ⅳ-92〉 정읍 입암산성 남문지 출토 자기류
(2006년도 조사)

〈사진Ⅳ-93〉 정읍 입암산성 남문지 주변 어골문 기와 1   〈사진Ⅳ-94〉 정읍 입암산성 남문지 주변 어골문 기와 2

   Ⓕ 담양 금성산성

   금성산성296)은 담양군 용면 산성리 일대에 위치한다. 산성산(603m)을 주봉으로 하여 정면 중앙에서 보면 북동쪽에 시루봉(525.5m), 남서쪽에 노적봉(439.0m), 서쪽에 철마봉(484.4m)을 연결하는 능선으로 이루어져 있다. 산성은 내부의 중앙부가 낮아 풍부한 수원과 넓은 활동공간을 갖는 장점을 가지고 있다. 산성은 사방이 높고, 중앙부가 낮은 지형의 고노봉형으로 東高西低, 北高南低이다. 그리고 산성은 외성과 내성으로 구분된다.

   외성 성벽은 능선정상부와 사면부에 편축이나 겹축으로 축조하였는데 그 길이는

---

296) 兒光建築事務所, 1997, 『金城山城 補修·整備·保存計劃報告書』.
　　湖南文化財硏究院, 2010, 『潭陽 金城山城』.

6,486m이다. 성돌은 산성의 주변에서 흔히 볼 수 있는 자연 암반에서 채취한 수성암 계통의 자연석을 할석한 후 약간의 치석을 가한 것으로 판단된다. 성돌은 기저부에서 위로 갈수록 작은 돌을 쌓아가는 것이 아니라 비교적 비슷한 크기의 돌을 다듬지 않은 것을 사용하고 있다. 축조방법이 정읍 입암산성과 장흥 수인산성과 동일한 것으로 보아 동일시기에 축조한 것으로 판단된다. 성벽 높이는 3m 내외, 기저부 폭 2.5m 내외이지만 계곡부에 위치한 서문의 성벽 높이는 5m를 넘고, 기저부 폭도 5~6m에 달한다.

성벽의 시설물로 女墻·雉·望臺·水口 등이 있다. 여장은 평여장의 형태로서 총안과 타구를 갖추고 있는데 한 타의 길이는 2.8m 내외로 비교적 길다. 이러한 여장은 조선시대에 조성된 것으로 보여진다.

문지는 외성의 면적이 넓고, 성벽의 길이가 길어 동·서·남·북의 4방향에 설치되어 있다. 서문이 금성산성에서 가장 중요한 통로로 판단되며, 규모면에서도 다른 문지보다 크고, 옹성도 확실하다. 동문에는 옹성이 있지만 북문은 급경사지에 설치되어 옹성이 없다. 남문에는 따로 남문을 감싸고 있는 외성이 있어 옹성의 역할을 하고 있다. 대부분 문지에서 문비를 달았을 것으로 추정되는 문둔테나 빗장걸이가 있지

〈사진Ⅳ-95〉 담양 금성산성 전경

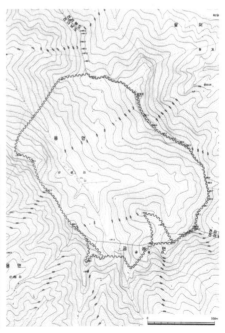

〈도면Ⅳ-86〉 담양 금성산성 현황도

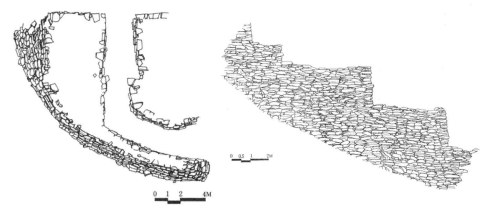

〈도면Ⅳ-87〉 담양 금성산성 외성 동문지 평면도 〈도면Ⅳ-88〉 담양 금성산성 외성 서문지 주변 성벽 입면

만 상부구조는 확실하지 않다.[297]

　내성은 금성산성의 남동쪽에 위치하며 469.9m, 504.3m, 487.7m의 봉우리를 연결하여 축조되었다. 평면형태는 자연곡선형으로 규모는 859m 정도이다.『湖南鎭誌』潭陽府 金城鎭圖(1895)에 의하면 내성에 4대문과 10여 채의 건물이 있었던 것으로 묘사되어 있다. 하지만 문지는 2개만을 확인할 수 있으며, 성벽의 일부분과 함께 복원이 이루어진 상태이다. 출입구의 규모나 상부 초석이 없는 것으로 보아 평거식이나 개거식 성문이었을 것으로 추정된다.[298] 지표조사를 통해 확인된 건물지 4개소는 대부분 평탄한 대지에 해당하며, 주변에 기와편이나 자기편이 산재한 것으로 보아 건물이 있었을 것으로 판단된다. 내성의 조선시대 건물지로는 동헌, 내아, 삼문 화약고, 진리청, 승대장청, 연환고, 창사, 민가가 있었던 것으로 보여진다.

　담양 금성산성은 대몽항쟁기 6차 침입 때에 몽골군과의 직접적인 전투는 없었지만 입암산성에서 몽골군과 고려군의 전투기사로 보아 근거리에 금성산성이 있었을 가능성이

---

297) 全南大學校博物館, 1989,『金城山城-地表調査 報告-』.
298) 兌光建築事務所, 1997, 위의 책.

높다. 또한 몽골의 車羅大軍이 담양에 주둔한 것으로 보아 군사적 중요성을 짐작할 수 있는데 금성산성의 존재는 이를 더욱 보완할 수 있다. 여말 왜구의 침입에 우왕 3년과 4년에 산성의 수축하는 것으로 보아 이 시기에 금성산성이 축조되었을 가능성도 있다. 이를 바탕으로 금성산성은 고려 대몽항쟁기에 축조되어 몽골의 침입에 일정한 역할을 수행하였던 것으로 판단된다.

ⓒ 장흥 수인산성

수인산성[299]은 전남 장흥군과 강진군의 경계에 들어서 있는 해발 561m의 수인산 정상을 비롯하여 주변의 봉우리와 능선을 따라 두르고 계곡을 가로질러 축조한 包谷式 산성이다.

수인산성은 내성과 외성으로 구분된다. 외성 성벽의 둘레는 5,515m이다. 수인산성은 성 안과 바깥 모두 급경사 지형으로 이루어져 있다. 성벽은 급경사를 이루는 능선 정상부 바깥쪽을 성벽의 통과선으로 하고 있다. 성벽은 外面에만 돌을 쌓았는데, 주변의 암괴에서 채취한 조질 화강암을 비롯하여 점판암 등 다듬지 않은 面石을 성돌로 사용하고 있다.

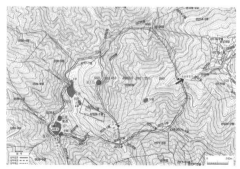

〈도면Ⅳ-89〉 장흥 수인산성 현황도

〈사진Ⅳ-96〉 장흥 수인산성 외성 동문지 전경

299) (재)대한문화유산연구센터, 2009, 『장흥 수인산성 종합학술조사』.

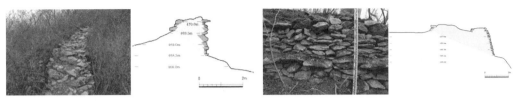

〈사진Ⅳ-97, 도면Ⅳ-90〉 수인산성 북벽 단면도

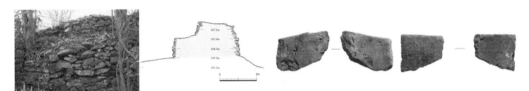

〈사진Ⅳ-98, 도면Ⅳ-91〉 수인산성 서벽 내벽 및 단면도   〈사진Ⅳ-99〉 수인산성 출토 어골문 기와류

　이외의 성곽의 현황은 조선시대에 새롭게 조성되거나 수축이 이뤄져 원 모습을 살펴보기가 어렵다. 수인산성은 성벽(체성)을 비롯하여 성벽 위의 여장, 성문과 문루 및 옹성, 장대, 포루, 수구문, 내부에 관아 및 창고 등 건물지, 식수시설, 봉수 등의 부대시설이 잘 갖추어져 있었다.

　수인산성은 9세기 대에 처음 축조된 이래 9~11세기의 나말여초기, 13세기의 몽골침입기, 1410년(태종 10), 1594년(선조 27), 1870년(고종 7) 등 5차례 정도 수축된 것으로 추정하고 있다. 조선시대의 수개축 사실은 문헌자료가 비교적 잘 남아있어 확인할 수 있다. 이를 통해 수인산성의 대몽항쟁기의 변화를 엿 볼 수 있다. 수인산성은 대몽항쟁기 전남 남해안일대의 據點山城 내지는 입보용 산성으로 기능하였으며, 특히 14세기 후반의 고려 말기에는 장흥, 도강, 탐진, 영암 등 인근 군현민들의 입보처이자 중심산성으로 활용되었음을 확인할 수 있다.

2) 特徵

(1) 立地와 構造

① 州縣城

광주산성(광주 남한산성), 용인 처인성, 죽주성(안성 죽주산성), 충주성(충주 충주읍성), 춘주성(춘천 봉의산성), 양주성(양양 양양읍성)의 입지조건은 平地城(平山城)과 산성으로 나눌 수 있다. 전자는 처인성, 양주성, 충주성(충주읍성)이고, 후자는 광주산성, 죽주산성, 봉의산성이다.

먼저 평지성은 해발 70m의 구릉 선단부에 축조된 처인성, 평지와 구릉을 연결하여 축성한 양주성과 충주읍성으로 세분할 수 있다.

처인성은 앞서 2장에서 평택지역 주현성의 변화에서 엿보듯이 평택 덕목리성과 같은 입지구조와 규모, 축성방식을 보이고 있다. 또한 규모도 350m 정도로 車城縣으로 알려진 평택 비파산성의 1,622m보다 훨씬 작다. 처인성의 성격은 출토유물을 통해 엿볼 수 있다. 출토유물은 통일신라시대부터 고려 전기까지 사용되었던 토기편과 막새 및 기와류가 주로 출토되었다. 막새기와의 출토는 평택 덕목리성과 같이 통일신라시대에 인구의 집중으로 새로운 촌락과 행정 거점이 등장하는 과정에서 축성된 것으로 보인다. 처인성은 기록에 나타나듯이 처인부곡민을 수용한 점으로 미루어 고려시대 행정단위인 縣보다 작은 규모의 행정치소로 사용되었을 가능성도 배제할 수 없다.

양주성은 동계지역에 위치하며, 서쪽으로 1.5km 떨어진 해발 70~80m의 구릉성 산지에 석성산성이 위치하고 있다. 고고학 조사 결과 인근의 석성산성이 먼저 축조되어 이 지역의 군사·행정적 치소로 사용되다가 고려 전기 양주성이 축조되면서 행정치소가 이동한 것으로 보여진다.[300] 양주성은 처음에는 양계의 州鎭城처럼 외부세력 즉 동여진의 해적 침입으로부터 인근 백성을 방어할 목적으로 평지에 축조된 것으로 보여진다. 그러

---

300) 석성산성은 양주성에서 서쪽으로 1.5km 떨어진 해발 70~80m의 구릉성 산지에 축조되었다. 성벽은 치석된 석재로 品자형 쌓기로 축조되었다. 성 내부에서는 기와 건물지 및 통일신라 단각고배와 인화문 토기 편병과 연화문 막새 등이 출토되었다. 성곽은 라말여초기에 운영되다가, 대몽항쟁기 이전에 폐성된 것으로 보고 있다(강원문화재연구소, 2008, 『襄陽 石城山城』).

한 요인으로는 석성산성이 둘레 626m 정도여서 동여진 해적의 침입 시에 많은 백성들을 淸野入保 하기 위해서는 규모가 매우 협소하였다. 양주성은 이 석성산성을 대신하여 평상시에 백성들이 거주와 입보가 가능한 규모로 축성된 것으로 생각된다. 양주성이 백성들을 동여진 해적으로부터 보호하여, 양양 일대의 海邊沃野를 개간하고 농업 산업을 증진시킬 수 있었을 것으로 생각된다. 양주성의 입지구조와 규모는 평택지역의 비파산성과 크게 다르지 않다.

충주읍성은 외성과 내성으로 이루어졌다. 고려 전기 성곽 중 개경과 서경의 성곽구조에 대한 연구는 일부 진행되었으나, 여러 縣을 관할하던 牧과 州의 치소성에 대한 고고학 접근의 연구는 미진한 상태이다. 대몽항쟁기 江都와 진도 용장성, 제주도의 항파두리성은 2중·3중의 성곽구조를 보이고 있다. 이는 고려 전기 개경과 서경의 성곽구조, 청주의 나성 축조와 연관지어 충주읍성도 생각해 볼 여지가 있다.

산성은 죽주산성, 봉의산성과 같이 삼국시대부터 축성되어 고려시대 중심치소의 배후산성으로 사용된 경우와 광주산성과 같이 나당전쟁 중에 축조된 대규모 입보용 산성으로 구분할 수 있다. 죽주산성은 남쪽에 위치한 봉업사지 혹은 동쪽의 일반 도로에서 100~150m 정도 높으며, 걸어서 20분 이내로 성벽에 도달할 정도의 위치에 축조되었다. 춘천 봉의산성 입지조건 역시 죽주산성과 크게 다르지 않았다.

기록에는 죽주성과 춘주성은 몽골군의 포위 공격에 15일 정도 항전하였다. 죽주산성은 성 북쪽에 계곡을 가로질러 외성을 덧붙여 축조하여 3차 침입 당시 몽골군의 공격을 막아냈다. 그러나 봉의산성은 용도를 축조하여 적을 방어하려 하였으나, 5차 침입 당시 몽골군의 포위공격에 먹을 물이 없어 함락 당했다. 같은 입지조건의 성곽에서 수성전 승패의 차이는 용도와 같은 방어시설 보다 입보민을 수용할 수 넓은 공간과 식량 및 수원 확보였던 것으로 생각된다.

남한산성(광주산성)은 당나라와의 전쟁을 대비하기 위해 신라가 쌓은 주장성으로 둘레가 7km가 넘는 대형성곽이다. 입지조건은 높은 지형에 계곡을 둘러싼 고로봉 형태로 장기간의 항전이 가능한 지형이다. 이러한 입지조건으로 인해 조선시대 병자호란과 그 이후에도 지속적으로 입보용 성곽으로 사용되었다.

② 入保用 山城

산성의 입지는 시대에 따라, 산성의 기능에 맞춰 다양하게 변해 왔지만, 산성을 축조함에 있어서는 무엇보다도 식수원의 확보와 방어하는데 유리한 지형선택이 가장 중요한 요인으로 작용한다.[301] 그래야만 넓은 활동공간을 확보하여 많은 수의 주민들을 수용할 수 있을 뿐만 아니라 장기간의 전투에도 대비할 수 있기 때문이다.

우리 조상들은 외적의 침입에 대응하는 과정에서 축적된 오랜 경험을 통해 산성을 쌓는데 유리한 입지조건과 지형을 중요시 하였다. 산성은 단순한 피난처가 아니라 적의 행동을 견제하면서 향촌을 방어할 수 있어야하기 때문에 위치선정에 있어서 지형적, 전술적인 검토가 이루어져야 한다.

정약용은 역대 전란, 특히 임진왜란의 戰訓을 참작하여 民堡 설치에 적합한 4가지 지형을 우선순위에 따라서 栲栳峰, 蒜峰, 紗帽峰, 馬鞍峰을 제시하였다.[302]

　　a. 栲栳峰 : 고로봉은 산으로 둘러싸인 모양이 마치 栲栳란 버들가지로 만든 물건을 담는 그릇처럼 가운데는 평평하고 깊으며, 사방이 벽으로 되어 있어서 바깥에서 안쪽을 들여다보지 못하는 일종의 작은 盆地를 이룬 곳을 말한다.

　　b. 蒜峰 : 산봉은 정상부가 평탄하고 넓으며 사방이 급격한 경사로 이루어진 지형으로, 마늘모양과 같은 뾰족한 산봉우리의 꼭대기 부분을 돌려 성벽을 쌓은 것을 말한다.

---

301) 산성의 입지를 정리하는 용어 중 산정식(테뫼식), 포곡식은 일제강점기 세키노 타다시(關野貞)가 조선고적조사를 진행하면서 사용한 용어와 큰 차이가 없기에 지양할 필요가 있다. 이런 노력은 1970년대 산성 지표조사가 본격화 되면서 鉢圈式은 산정식으로, 包谷式은 包谷式 혹 複合式으로 명칭을 바꾸어 일제강점기의 일본 학자의 용어사용을 극복하려 하였다. 그러나 이러한 시도는 일본 학자의 한국 고대산성 분류법을 인정하고, 의미적으로 큰 차이가 없는 용어를 사용하게 한 것으로 보인다(김호준 · 강형웅 · 강아리, 2008, 「고대산성의 지표조사 방법」, 『야외고고학』 4호).

302) 산성의 입지 조건에 대해서는 조선시대 후기, 1812년 다산 정약용이 그의 저서 『與猶堂全書』 遺補3, 「民堡議 民堡擇地之法」에서 民堡를 설치하기에 적합한 지형을 4가지로 구분하였다. 이 분류 방법은 그 후 1867년 훈련대장으로서 수뢰포의 제작자였던 신관호가 그의 저서 『民堡輯說』에서 그대로 인용하여, 산성을 축조하는데 적당한 지형을 栲栳峰, 蒜峰, 紗帽峰, 馬鞍峰의 4가지로 구분하였다(김호준 · 강형웅 · 강아리, 2008, 위의 글).

c. 紗帽峰 : 사모봉은 사모관대의 형태와 비슷하게 배후에 높은 지세 조건을 갖추어 장대를 설치할 만한 봉우리가 있고, 그 中腹에 대중을 수용할 수 있는 지형을 말한다.

d. 馬鞍峰 : 말안장과 같이 양쪽이 높고 가운데가 잘록하게 낮게 된 지형을 말한다.

먼저 고로봉형은 정약용이 성을 축조하는 입지조건으로 제일 좋다고 하면서 그 예로는 광주 남한산성을 들고 있다. 남한산성의 입지조건은 여러 개의 봉우리를 연결하였고, 그 봉우리 사이의 계곡을 포함하고 있다. 남한산성의 입지조건의 장점은 지형적인 요인으로 성 안에 계곡을 포함하고 있어서, 물을 넉넉하게 확보할 수 있고, 바깥에서는 성안의 시설과 사람들의 움직임을 볼 수 없는 이점이 있다. 그리고 산봉우리에 望臺나 將臺를 만들어 사방 멀리까지 바라보면서 적의 동정을 엿보면서 방어하기에 편리하였다. 또한 산성의 규모가 크기 때문에 많은 사람들이 입보하여 방어할 수 있었다.

남한산성 이외의 고려 대몽항쟁기에 사용된 입보용 산성은 대부분 고로봉형의 입지조건을, 일부에서는 고로봉형(외성)+사모봉형(내성)의 입지조건을 보이고 있었다.

〈표Ⅳ-3〉 고려 대몽항쟁기 내륙 입보용 성곽 현황표

연번	명칭	해발(m)	규모(m)	축성재료	시설물	유물	비고
1	남한산성	414~522	7,545	석축	건물지	청자 및 어골문 평기와	입보산성a
2	처인성	70	350	토축	남문지	통일신라토기, 청자, 당초문암막새기와, 개원통보, 철제창, 솥	주현성
3	죽주산성	250	내: 1,125 중: 1,322 외: 602	석축	외성 북문지 및 수구지	토기, 청자, 어골복합문기와	입보산성a
4	봉의산성	300	1,284	석축	건물지	송대 동전, 명문기와, 청자, 弩철촉	입보산성a
5	양주성	30~40	외:1,513	토석 혼축	북문지	어골복합문기와	주현성
6	충주읍성	89~136	내: 1,586 외: 6,000	토축		내성 선문기와, 외성 고려백자, 선문, 어골문 기와	주현성

연번	명칭	해발(m)	규모(m)	축성재료	시설물	유물	비고
7	양근성	630	2,042	석축	문지 1, 용도 1, 수구 2		입보산성b
8	해미산성	627	1,800	석축	문지 4, 치성 1, 용도 3	선문, 어골문기와	입보산성a
9	영원산성	700~970	2,400	석축	문지 2, 용도 2	어골문기와, 토기편	입보산성b
10	금두산성	742~1033	내: 300 외: 3,300	석축	용도 2	토기편	입보산성b
11	천룡산성	764	1,801	석축	문지 4, 치성 2, 용도 1	'大天龍寺'기와, 청자	입보산성b
12	대림산성	487	4,906	석축	문지 4, 치성 10 용도 3	인화문토기편, 고려청자편, 복합어골문기와	입보산성a
13	덕주산성 : 월악산성	960	내: 4,000 중: 7km 외: 18km	석축	문지		입보산성c
14	삼악산성	635	내: 2,000 외: 4,500	석축	내: 문지 2, 용도 4 외: 문지 2	내: 청자, 어골복합문기와 외: 분청자, 청해파문기와	입보산성 b · c
15	권금성	440~800	내: 1,329 외: 4,112	석축	문지, 망대지, 건물지 내: 용도 1 외: 용도 2	어문기와, 도기	입보산성c
16	한계산성	700~1200	6,600	석축	건물지, 망대지, 천제단	명문기와, 어골격자문기와, 고려청자	입보산성c
17	정양산성	889.6	1,630	석축	문지, 용도	선문기와편, 청자편, 어골복합문 기와	입보산성a
18	태화산성	1,028	1,200	석축	문지 2, 용도 2, 수구지		입보산성b
19	상주산성	933	6,200	석축	문지 4, 망대 7	청자편, 귀목문암막새	입보산성c
20	미륵산성	600	내: 2,007 외: 3,000 5,100	석축	서문지, 집수시설	와편, 도기, 자기편	입보산성c
21	입암산성	654	5,180	석축	조선시대 군기고 및 연못 등	어골문기와, 자기류	입보산성c
22	금성산성	439~525	6,486	석축	문지, 용도	와편, 자기편	입보산성c
23	수인산성	561	5,515	석축	조선시대 관아 및 봉수	어골문기와편	입보산성c

먼저 고로봉형에 축조된 성곽은 높은 봉우리에서 좌우로 뻗어 내려온 능선으로 형성된 계곡을 갖고 있으며, 능성 상단에 성벽을 쌓으면, 계곡 한두 개를 품게 된다. 계곡을 지나는 성벽은 성곽에서 가장 낮은 곳이 되어 수문과 문지가 축조되었다. 그리고 계곡부의 성벽은 우수로부터 보호하기 위해 겹축하여 축조하며, 성벽을 성 안으로 내만하였다. 반대로 성곽의 높은 봉우리 일대는 장대지로 사용되거나, 망대 혹은 용도를 설치하여 성 밖에 망대를 설치하여 침입하는 적을 관측하기에 편리하다.

고로봉(외성)+사모봉형(내성)의 입지조건은 괴산 미륵산성, 제천 월악산성, 춘천의 삼악산성, 속초 권금성, 인제 한계산성, 상주 금돌성, 담양 금성산성, 장흥 수인산성 등이 있다.

(2) 出土遺物

주현성과 입보용 산성에서 출토된 대표적인 유물 중 대몽항쟁기와 관련된 유물은 청자와 기와류이다.

먼저 청자는 주현성의 경우 고려 전기부터 13세기 후반까지의 고려 백자 및 청자가 출토되었다. 그러나 처인성과 같이 규모가 작고, 치소의 단위가 작은 경우에는 조질의 청자가 출토되었고, 그 양도 매우 적었다.

입보용 산성의 경우는 입지 조건이 險山大城으로 옮겨간 경우 청자의 출토량이 매우 적으며, 13세기 후반에서 14세기 초반의 청자가 출토되었다. 이는 대몽항쟁기에 축성된 사실을 보여주며, 그 이후에도 지속적으로 사용되었던 사실을 증명해 준다.

주현성과 입보용 산성의 경우 통일신라시대부터 축조되어 고려시대에도 운영된 성곽에서는 선문과 격자문, 어골문 문양의 기와가 출토되었다. 이 기와들은 중판 및 장판의 타날판으로 타날하였다. 대체적으로 선문과 격자문에서는 중판 타날판의 빈도 수가 높으며, 어골 복합문의 경우는 장판 타날판과 함께 건장치기 흔적이 같이 확인되었다. 즉 타날판이 중판으로부터 장판으로 이행하는 과도기에 해당된다는 사실이다. 중판 타날판의 하한에 대해서는 분명하지 않다. 다만 장판 타날판의 상한에 대해서는 명문기와 중에 참고가 되는 자료가 있다. 즉, 扶餘 扶蘇山城에서 출토된 「會昌七年」명 기와이다.[303] 會昌은 唐 武宗(841.1~846.12)의 연호로, 회창 7년은 847년에 해당되며 적어도 이 시기에는 장판 타날판이 출현되어 있었다고 보여진다. 물론 타날판의 변화가 단절적으로 이루어진 것이 아니라 어느 기간 공존하면서 점차 변화되어 갔다고 보아야 한다. 다만 9세기 전반으로 추정되는 將島 淸海鎭遺蹟에서도 중판 및 장판 평기와가 출토되고 있어[304] 타날판 변화의 과도기에 해당된다고 볼 수 있다. 그리고 음성 망이산성, 안성 죽주산성, 춘천 봉의산성에서 출토된 '官'자명 기와 역시 위와 같은 특징을 보이고 있다. 따라서 9세기 전·중엽에 타날판이 중판으로부터 장판으로 이행하는 과도기의 한 시점이 있다고 판단해도 무방할 것이다.

그리고 대몽항쟁기 입보용 산성에서 모두 다수의 어골문계열 기와가 출토되었다. 어골문은 기와의 등면에 타날된 상황을 보면 상하위에 어골문이 대칭으로 배치되고, 그 중간에는 주로 횡선의 띠를 두르고 내부에 화문, 능형문, 방곽문, 원문, 기하문들이 결합된 것으로 해도의 입보용 성곽과 큰 차이가 없었다.

또한 이러한 문양대를 가진 기와 등에서는 '寺'자명 명문이 간혹 확인되었다. '寺'자명 명문기와가 출토된 산성으로는 안성 죽주산성, 춘천 봉의산성, 충주 천룡산성, 인제 한계산성 등이 있다. 이들 성곽 인근에는 안성 봉업사, 충주 보련사, 인제 한계사 등의 대규모 사찰이 위치하였다. 이러한 사실은 입보용 성곽에서 출토된 기와는 성곽 건물에 사용하기 위해 제작되었을 가능성과 함께 인근의 사찰에서 가져온 것으로 볼 여지가 매우 높다.

이상 살펴보았듯이 대몽항쟁기 성곽에서 출토된 기와를 통해 성곽의 사용연대를 구체적으로 결정하는 일은 어려운 것이 사실이다. 다만 현재 알려져 있는 비교 자료를 통해 대몽항쟁기에 사용되었을 것으로 보여지는 기와는 어골복합문에 장판의 타날판과 건장치기 흔적이 확인되는 사실은 분명하다고 할 수 있다.

---

303) 國立扶餘文化財硏究所, 1999, 『扶蘇山城 發掘中間報告書 Ⅲ』.
304) 國立文化財硏究所, 2001, 『將島 淸海鎭遺蹟 發掘調査報告書 Ⅰ』.

3. 入保用 城郭의 性格

1) 城郭 立地 및 構造 檢討

(1) 海島 入保用 城郭

대몽항쟁기 해도 입보용 성곽으로는 앞서 기술한 강화도의 강화 외성과 중성, 진도의 용장산성, 제주도의 항파두리성을 들 수 있다. 이들 성곽의 공통점은 海島에 입지하며, 都城 계열의 성곽이라는 점이다. 강화도는 강도정부 입장에서 지리적 입지조건을 고려해야 하며, 진도와 제주도는 삼별초 입장에서 지리적 입지조건을 고려해야 할 필요가 있다.

먼저 각 도성 계열의 성곽이 입지한 해도에 대해서 살펴보겠다. 먼저 海島 입지에서 강화도가 지니는 장점은 앞서 살핀 다섯 가지로 집약된다. 첫째 水戰에 취약한 몽골군의 약점을 최대한 이용할 수 있는 섬이라는 점, 둘째 육지에 밀근하면서도 조석간만 차와 潮流 등으로 적의 접근이 용이치 않다는 점, 셋째 개경과의 접근성, 넷째 지방과의 연결 혹은 漕運 등의 편의성, 다섯째 수원확보 및 입보민의 생계 해결할 수 있는 농경지와 간척지가 다수 존재한다는 것이다. 이러한 입지적 장점에 입각하여 고려는 강화도로 천도하여 몽골군의 예봉을 피하고 海島·山城入保策과 더불어 장기적인 항전체제로 이끌고 가면서 기존의 해상교통망을 최대한 활용하여 서해안의 도서와 내륙에 대한 통제권을 확보할 수 있었다.

진도는 삼별초의 최초 거점이었기에 삼별초의 입장에서 진도의 입지의 장점을 정리해 보면 다섯 가지로 집약된다. 첫째 강화도에서 364km 떨어져 있지만, 강화도의 선박을 이용해 남하하기 용이하다는 점, 둘째 해도입보책과 강화도천도 시 고려했던 몽골군의 해상공격이 어려운 해도라는 점, 셋째 개경에서 멀리 떨어져 있어, 토벌군의 편성과 이동을 고려했을 때 진도 입보 초기에 독자적 세력기반을 구축하기 적합하다는 점, 넷째 진도는 남해안에서 서해안으로 연결되는 漕運시스템의 요충지로서 경상도와 전라도에서 거둔 조곡 운반선을 통제할 수 있다는 점, 다섯째 진도는 땅이 기름지고, 농수산물이 풍부하여 삼별초 및 그들을 동조하는 세력이 자급자족이 가능할 수 있는 여건이 조성됐다는 점이다. 특히 진도는 주변 내륙 연안에 최씨 무인정권이 소유한 대규모 농장과 최항이 진도에서 머물렀다는 기록으로 보아, 삼별초가 진도로 남하하기 전에 최씨 정권과 같이 대몽항쟁에 동조하는 세력과 분위기가 조성되었다고 할 수 있다.

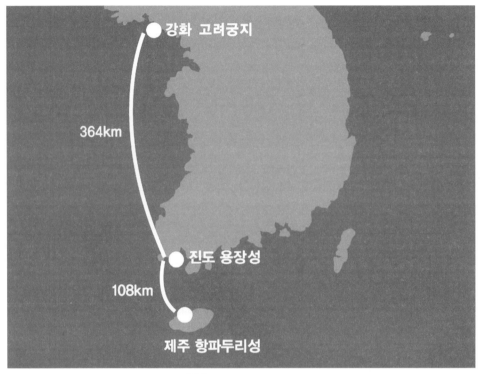

〈도면Ⅳ-92〉 해도 도성계열의 성곽 위치도[305]

그러나 진도의 삼별초는 나주지역 공략에 실패함으로써 진도가 갖는 입지조건의 장점을 제대로 살릴 수 없었다. 진도의 삼별초에게 있어서 나주지역은 내륙의 서남부 영역을 확보하는 것과 동시에 영산강 유역의 조운 시스템을 확보하고, 여몽연합군의 군사적방

305) (사)제주역사문화진흥원, 2012, 『제주 항파두리 항몽 유적 종합정비계획』, p.52에서 전재.

어기지로써 매우 중요하였다. 909년 궁예 휘하의 왕건이 진도를 확보하고, 영산강을 거슬러 올라가 견훤의 방어를 뚫고 나주를 함락했던 것은 진도와 나주가 전략적으로 매우 밀접하게 연관되었던 것을 보여주는 것이다. 진도 삼별초는 나주공략의 실패로 김방경을 비롯한 여몽연합군이 나주를 거점으로 하여 영산강을 따라 진도를 압박하게 됨으로써 군사 전략적 한계를 절감하게 되었다.306) 그래서 차선의 방책으로 제주도 공략에 나서게 되었다.

삼별초 입장에서 제주도가 갖는 입지의 장점은 첫째 진도와 해상으로 108km 떨어져 있어 진도의 배후 거점 해도로 적합한 점, 둘째 제주도는 고려정부의 세력권에서 멀리 떨어져 있어 독자적 세력기반을 구축하는데 용이한 점, 셋째 진도보다 본토에서 멀리 떨어져 있어 여몽연합군이 제주도를 정벌하는데 필요한 수군과 군함 등의 제반여건을 갖추는데 물자와 시간적 여유가 있는 점, 넷째 제주도가 갖는 지정학적 위치로 본토의 남해와 서해 일대의 해상제해권과 일본의 큐슈와 오키나와 등의 교류가 가능하다는 점, 다섯째 우리나라에서 제일 큰 섬으로 입보민의 생계가 가능하다는 점을 들 수 있다.

다음은 도성계열 성곽의 구조에 대해서 살펴보겠다. 중국의 사례와 개경의 성곽구조를 통해 보면 강도의 성곽과 진도 용장성, 제주 항파두리성의 배치 구조를 짐작할 수 있다.

중국의 도성은 단일 성곽·二重·三重의 성곽체제로 이루어졌다. 二重의 경우에는 안쪽을 '子城(牙城·小城)이라 부르고, 바깥쪽을 '羅城(大城)이라고 불렀다. 子城 내에는 황제의 거처와 官衙들이 세워졌고, 羅城 내에는 民家·寺院과 子城 내에 수용하지 못한 관아들이 자리 잡았다. 또한 子城은 羅城의 중앙에 위치하는 경우는 거의 없었고, 북쪽 혹은 남쪽으로 치우친 경우가 많았다. 三重의 경우에는 제일 안쪽의 것을 皇城, 그 다음을 臼城(內城·裏城), 맨 바깥쪽을 新城(外城)이라고 불렀다(宋 開封). 城壁에는 子城·羅城 모두 門이 설치되었다. 羅城의 성문으로는 3~4개 혹은 10여 개에 이르는 경우도 있었는데, 宋 開封의 外城 성문은 16개였다고 한다. 이러한 都城 이외의 縣城·州城 등

---

306) 윤용혁, 2011, 「고려 삼별초의 항전과 진도」, 『13세기 동아시아 세계와 진도 삼별초』, 목포대학교박물관, pp.51~76.

은 보통 단일 성곽으로 이루어졌다.[307]

開京은 宮城-皇城-羅城의 3중 성곽구조이다. 궁성은 본 대궐을 둘러싼 것이다. 그리고 이 궁성을 둘러싸고 있었던 것이 황성이며, 황성을 둘러싼 것이 나성(외성)이었다.

강도와 진도의 용장성, 제주도의 항파두리성은 왕실과 같은 주요 건물지를 보호하기 위해 궁성 혹 내성이 축조되었다. 그 외곽의 외성은 충주읍성의 외성과 같이 구릉이나 산의 정상부를 연결하여 축조하였으며, 내성을 보호하는 기능을 수행하게 하였다. 강도의 외성은 강화도 해안 둘레 112km 중 육지와 인접한 북쪽과 동쪽 해안가를 따라 평지와 능선의 사면에 약 24km에 걸쳐 축조되었다. 제주도의 沿海長城은 대몽항쟁기 삼별초와 관련되어 축조되었고, 기록에 의해 300리 정도로 120km 정도로 추정된다. 그리고 축성된 지역은 해안으로 상륙하는 적을 방어하기 위해 제주도 북부 해안에 걸쳐 축성되었다.

강도의 성곽은 외성-중성-내성의 체재이며, 용장성은 외성과 내성, 항파두리성은 외성과 내성의 체재이다. 강도의 성곽 구조와 제주도 항파두리성의 구조는 제주도 해안변에 축성된 연해장성을 포함한다면 강도의 성곽과 같은 3중 구조로 볼 수 있다. 강도의 성곽이 고려 도성인 개경의 구조와 같다고 본다면, 제주 항파두리성도 강도의 성곽과 같은 구조로 볼 여지도 있다. 다만 개경 나성은 산능선과 평지에 축조되어 외적으로부터 방어를 했으나, 강화 외성과 제주 연해장성은 섬에 위치한 점으로 미루어 해안 방어를 목적으로 두고 있다는 점에서 차이가 있다.

(2) 내륙 입보용 성곽

고려는 1~3차 전쟁까지는 기존의 양계 진성 및 각 도의 주현성을 통한 수성전을 진행하였다. 3차 전쟁 이후 1243년에는 각 도에 산성권농별감 37인을 보내 군사적인 목적으로 방어성곽을 축성한 것으로 보여진다. 4차 전쟁을 대비하여 3차 전쟁까지 몽골군의 공격을 막아내었던 지역에 양근성, 천룡성 등을 축조하였다. 이들 성곽은 험지에 계곡을 포함하였고, 둘레 2~2.4km 정도의 규모의 성곽으로 방호별감이 파견되었다. 그

---

307) 山根幸夫, 李相梀譯, 1994, 「中國의 中世 都市」, 『東洋 都市史 속의 서울』, pp.128~129.

러나 5차 전쟁 당시 동주산성과 춘주성, 양주성이 함락되었고, 양근성과 천룡성 등은 항복하였다. 그러나 원주성은 몽골군에게 항복하지 않았다. 원주 일대에는 입보용 성곽으로 추정되는 성곽이 해미산성, 영원산성, 금두산성 3개소가 인접하여 위치하고 있다. 이 3성은 해미산성→영원산성→금두산성 순으로 해발고도가 높은 입지조건에 규모도 대형화 되었다. 이러한 변화를 통해 대몽항쟁기 입보용 성곽의 변화를 유추 할 수 있었다. 6차 전쟁에서 지금까지 함락되지 않았던 충주성이 도륙되었고, 월악산성으로 충주민이 입보하였다. 충주지역도 원주지역과 동일하게 險山大城으로 변화되어가는 양상을 확인할 수 있었다. 강원도 지역은 주현성에서 고지대의 험지의 입보용 성곽으로 전환되었고, 한계산성과 권금성, 삼악산성 외성의 축성과 같이 고로봉(외성)+사모봉형(내성)의 산성 변화가 진행된 것으로 보여진다. 이러한 험산대성의 입보용 산성은 6차 침입과정에서 축성된 것으로 볼 수 있다.

〈표Ⅳ-4〉 대몽항쟁기 입보용 성곽 규모 일람표

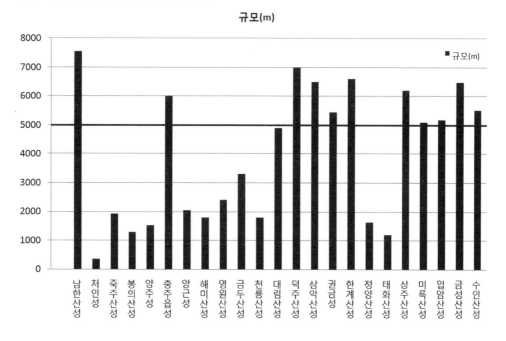

〈표Ⅳ-4〉는 대몽항쟁기 내륙 입보용 성곽 23개소의 규모를 정리해 보았다. 성의 둘레가 제일 작은 것은 용인 처인성으로 둘레가 350m이다. 성의 둘레가 제일 큰 것은 남한산성으로 7,545m이다. 성의 규모별 분포범위는 0.35km~7.5km이다. 이 중 둘레 3km 이상 되는 성곽이 14개소로 절반 이상을 차지하고 있다. 여기에서 주현성 6개소를 제외하고, 입보용 산성 중에서 제일 작은 산성은 영월 태화산성으로 1,028m이며, 큰 산성은 인제 한계산성으로 6,600m이다.

앞서 입보용 산성의 입지조건 중 고로봉(외성)+사모봉형(내성)의 산성들의 규모는 남한산성과 충주읍성 등의 주현성을 제외하면 대략 5~7km로 규모가 큰 산성에 해당된다.

〈표Ⅳ-5〉는 대륙항쟁기 내륙 입보용 성곽 23개소의 축조 해발 높이를 정리해 보았다. 성의 축조 해발 높이가 200m 보다 낮은 성곽은 용인 처인성과 양양의 양주성, 충주읍성 순서이다. 해발 200~400m에 축조된 성곽은 안성 죽주산성, 춘천 봉의산성 순서이다. 해발 400~600m에 축조된 성곽은 충주 대림산성, 남한산성, 담양 금성산성, 장흥 수인산성 순서이다. 해발 600m를 넘는 성곽은 양평 양근성, 원주 해미산성·영원산

〈표Ⅳ-5〉 대몽항쟁기 입보용 성곽 해발 일람표

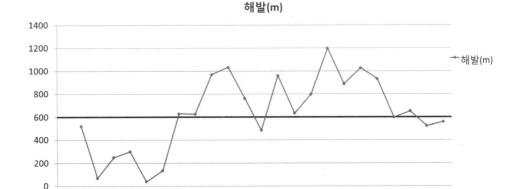

성·금두산성, 충주 천룡산성, 제천 덕주산성, 춘천 삼악산성, 속초 권금성, 인제 한계산성, 영월 정양산성·태화산성, 상주 금돌성, 괴산 미륵산성, 정읍 입암산성 등이다.

6차 침입 과정 속에서 險山大城의 입보용 산성은 전국으로 확대 축조되었다. 그리고 古代 산성에 비해 훨씬 대형화 되고 있으며, 교통로에서 멀리 떨어진 산세가 험한 지형으로 옮겨 가고 있었다. 그리고 입보산성의 축조 및 변화는 여러 군현을 통합하여 입보하는 정책의 변화와 직접 관련이 있으며, 몽골의 공성전을 겪으면서 그에 대응책의 변화와도 관련이 있다. 특히 암석이 많은 산악지대를 선택한 것도 화살과 투석에 필요한 석재 이용이 용이한 점과 몽골 기마병들의 진입이 어렵고, 투석기 등의 공성용무기를 운반하기 어려운 자연적 이점을 선택했을 것이다. 이 점은 이전의 북방 유목민족과 겪어왔던 우리의 대응책이었다.

〈표Ⅳ-6〉은 대륙항쟁기 내륙 입보용 성곽 23개소의 규모와 축조 해발 높이를 정리해 보았다. 〈표Ⅳ-6〉을 보면 제천 덕주산성, 춘천 삼악산성, 속초 권금성, 인제 한계산성, 상주 금돌성, 괴산 미륵산성, 정읍 입암산성, 담양 금성산성, 장흥 수인산성 등이 둘레

〈표 Ⅳ-6〉 대몽항쟁기 입보용 성곽 규모 및 해발 일람표

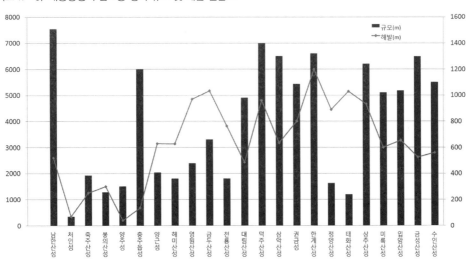

가 대체로 5~7km 정도로 큰 규모이며, 해발고가 600m 이상 높은 곳에 축조되었다. 앞서 고로봉(외성)+사모봉형(내성)의 입지조건을 가진 입보용 산성 등이 여기에 해당된다. 앞서 대몽항쟁기 입보용 성곽의 입지조건 분석과 〈표Ⅳ-4~6〉의 성곽 규모와 축조 해발 높이를 검토한 결과, 6차 침입기의 險山大城의 입보용 산성의 특징은 고로봉(외성)+사모봉형(내성)의 입지조건을 가지고 있으며, 둘레가 대체로 5~7km 정도로 큰 규모이며, 해발고가 600m 이상 높은 곳에 축조되었다. 그리고 분포양상을 보았을 때 전국으로 확대되어 축조되었음을 알 수 있다.

입보용 산성이 13세기 중반 이후를 지나면서 높고 험준하며 산속 깊숙한 곳에 위치하게 된 것은 몽골군이 잔인성과도 관련이 있다. 삼국시대의 전쟁은 점령지를 즉각 지배체제 내에 편입하는 것이었다. 때문에 전투행위와 결부되지 않은 상태에서 양민의 학살이나 납치 등 인명을 손상하는 잔혹한 행위는 상대적으로 많지 않았다. 그러나 고려시대 異民族의 外侵으로 빚어진 전쟁은 기존의 양상과는 전혀 달랐다. 몽골을 비롯해 합단, 왜구 등의 이민족 침략은 영토쟁탈전이 아니라 약탈성이 강해지고 많은 人命의 死傷과 납치가 수반되었다. 결국 이러한 전쟁의 양상 속에서 인명 보전을 위하여 입보용 산성은 매우 험준하고 궁벽한 곳에 구축되게 하였다. 몽골의 계속적인 침입에 군사력이 압도적으로 불리한 고려는 全面戰보다는 장기전으로 끌고 가면서 상대의 허실을 틈타 공격을 감행하는 이른바 遊擊戰을 구사할 수밖에 없었다. 따라서 장기간 전쟁을 수행하기 위한 인적, 물적 자원을 보존할 대책이 반드시 필요하였던 것이다. 고려 고종, 충렬왕대에 나타나는 여러 차례의 山城, 海島로의 입보 조치는 入保民을 통한 長期戰 수행을 주요 목적으로 하는 것이었다.

몽골의 6차 침략 과정에서 險山大城의 입보용 산성이 축조보급되는 것은 몇 가지 의미를 지니고 있다. 우선 방어처가 군현 중심지의 성에서 입보용 산성으로 변화한 점을 읽을 수 있다. 그리고 방어처 선택이 국가 주도로 이루어지고 있었음을 의미하였다.

방어처의 선택이 국가 주도에도 불구하고, 몽골과의 기나긴 전쟁은 전국적으로 지역공동체들의 방어전에 사실상 의존하였다. 대몽항쟁기 지방민들은 중앙에서 파견된 방호별감 등과 함께 그 지역을 방어하였으나, 일부는 지방 향리층에 의해 지휘되어 유격전을 벌이고 있다. 곧 지역공동체 자위력을 근간으로 한 지역방어는 대몽항쟁기에도 여전히 존속된 셈이다. 하지만 전쟁 수행과정에서 중앙정부의 역할은 과거에 비해 강화된 반면 장기간의 전쟁을 치루면서 지역사회는 피폐해지면서, 지역공동체의 자위력이 약화·소진되어 갔을 것임은 어렵지 않게 짐작되는 바이다.

險山大城의 입보용 산성은 대몽항쟁기가 끝난 다음에도 충렬왕 19년(1290) 합단의 침입 시 재정비되어 입보방어처로 그 기능이 부활되었다. 대몽항쟁기 과정에서 몽골군의 공격을 막아낸 지역과 그렇지 않은 지역의 입보용 산성은 합단의 공격에 승패가 똑같이 재현되었다. 먼저 합단의 침입시 함락당한 입보용 성곽은 양평 양근성을 대표적으로 들 수 있다. 이 성은 1253년 몽골의 5차 침입 시 윤춘이 항복하였던 곳이었다. 이와 반대로 끝까지 대항했던 원주, 충주, 연기 등에서는 합단의 공격을 막아 내고 있다. 특히 원주 치악성 전투에서는 방호별감과 원충갑 등이 원주 지역의 여러 성들과 협력하여 합단의 예봉을 막고, 원주지역의 입보민들을 보호하였다.

고려 우왕대에 이르러서는 왜구가 내륙으로 깊숙이 침입함에 따라 주민들을 산성으로 입보시킬 필요가 생기었다. 대몽항쟁기 강도정부의 입보정책과 같이 험준한 산성에 여러 고을의 백성들이 피난하여 들어가는 양상이었다. 이에 따라 우왕 3년(1377)에 이르러서는 각도의 요충지에 防護를 두거나 邑 사이의 교통로를 지키는 곳을 설치하여, 流民을 막고 농사에 힘쓰게 하면서, 한편으로는 沿海州郡의 산성을 수축하게 하였다. 왜구에 대비한 1차적인 산성의 수축령은 처음 연해주군의 산성에 대한 것이었으나, 그해 7월에는 다시 諸道의 수령으로 하여금 농한기에 산성을 수축케 하였다. 이러한 조치는 왜구가 금강을 따라 임천·부여·석성 등지로 침범하고, 동해안 일대와 경상도 내륙 및 죽령 이북의 충청도 단양과 영춘까지 침범하기 때문에 내륙 지역의 주민들을 산성으로 입보시켜야 했던 것이다. 고려 말에 이르면 북방 이민족의 침입 때마다 입보하였던 산성들이 이 시기에 이르러서는 왜구에 대한 입보처로 변화되었음을 알 수 있다. 그 후 왜구가 점차 극복되면서, 연해지역 평지에 읍성을 수축하여 주민들을 보호할 수 있게 되었다. 이러한 연해지역 읍성 축조는 산성과 공존하는 조선시대로 접어들게 되었다.

조선 초기에는 왜구 방비를 위해 수군의 증강과 병선의 배치, 鎭戍의 증설 등의 조치와 함께 연해 읍성 및 산성의 정비를 병행하였다. 산성 입보처에 대해서는 조선 태종 10

년에도 계속 국가차원의 관리가 이어지고 있었다.308) 조선 전기에 이르러 해안 지역의 읍성 및 진보의 구축으로 입보산성의 기능은 축소되었다. 또한 15세기에 이르러서는 입지조건과 수원 확보 문제와 성안이 협소하여 인적·물적 자원을 수용할 수 없는 곳, 혹 주변의 인적·물적 자원이 적은 지역의 산성은 革弊되었다. 기록으로 남은 대몽항쟁기 입보용 성곽 중 대표적인 것이 상주산성(일명 상주 금돌성, 백화산성)을 들 수 있다. 그러나 유사시에 대비한 군창은 대부분 읍성에 들어간 반면에 만약을 대비하여 산성에 군창을 겨우 유지하고 있었다.

조선은 조선 전기의 읍성 위주 방어체계를 유지해오다가 임진왜란과 병자호란을 겪으면서 산성의 중요성이 다시 부각되었다. 이때 대몽항쟁기 중에서 몽골군의 공격을 막아냈던 입보용 산성들도 국토 방어시설로 재정비되었다. 그러나 산성 운영을 집중화 하면서 대규모의 산성만 남게 되었다. 그 사례를 살펴보면 먼저 남한산성은 수도방어를 위해 대대적인 수축과 정비가 이뤄졌다. 또한 제천 덕주산성(월악산성)은 조령관문을 지키기 위한 조령산성으로 탈바꿈하게 되었다. 전라도 지역은 입암산성과 담양 금성산성 등이 전주 위봉산성·남고산성, 남원 교룡산성, 무주 赤裳산성과 함께 조선 후기까지 관리 운영되었다.309)

이렇게 조선 후기 입보용 산성이 중요하게 부각된 것은 도성 방어체계에 대한 관방론의 변화와 관련이 있다. 고려시대 開京은 宮城-皇城-羅城의 3중 성곽구조였고, 대몽항쟁기 도성 계열의 江都의 성곽, 진도 용장산성, 제주 항파두리성도 복곽구조였다. 조선시대 후기의 도성 방어체계는 고려와 같이 도성의 重郭化가 아니라 重郭化된 산성으로 위성 방어체계를 구축하고, 침입하는 외부세력(북방민족과 남쪽의 왜구)에 따라 戰亂을 重郭化된 산성으로 피하는 것이었다.310)

---

308) 태종 10년(1410) 2월 29일 慶尙道·全羅道 여러 고을의 山城을 수축하였는데, 昌寧縣의 火王山, 淸道郡의 烏惠山, 感陰縣의 黃石山, 善州의 金烏山, 昌原府의 廉山, 雞林府의 夫山, 南原府의 蛟龍, 潭陽府의 金山, 井邑縣의 笠巖山, 高山縣의 伊訖音山, 道康縣의 修因山, 羅州의 錦城山城이다.

309) 차용걸, 2004, 「조선후기 관방시설의 변화와 금정산성」, 『금정산성과 금정진』, pp.9~54.

310) 라경준, 2011, 앞의 글.

대몽항쟁기 입보용 산성은 고로봉(외성)+사모봉형(내성) 입지조건과 險山大城化 된 것은 몽골군의 5차 침입 이후의 공격방식에 대응하기 위하여 장기간의 농성을 할 수 있는 수원 및 입보민의 수용공간 확보 등을 고려한 것이었다. 이러한 대몽항쟁기 입보용 산성의 입지구조는 조선시대 후기 관방론에 입각하여 재사용되고 있음을 알 수 있다.

2) 城郭 築城方式

(1) 해도 입보용 성곽 −土築城壁 중심으로

고려 개성의 황성과 강화 중성, 제주 항파두리 외성은 토축성벽[311]으로 알려져 있다. 그 중 고고학 조사가 이뤄진 것은 강화 중성과 제주 항파두리 외성이다.

일반적으로 토축성벽의 구조는 기저부, 중심토루+기저부 석렬,[312] 외피토루, 기타 시설물 등으로 구분할 수 있다.

강화 중성은 기저암반을 정지한 후 그 위에 점질토를 피복하여 기저부를 조성하였다. 그리고 중심토루를 조성하기 위해 판축용 틀을 설치하였다. 여기에서 확인된 판축용 틀은 기저부 석렬 위로 4m 간격마다 초석을 놓아 영정주를 세운 후, 너비 20cm 내외의 횡판목과 종판목을 결구하여 틀을 구성한 후, 다시 바깥쪽으로 중간기둥과 보조기둥을 연결하여 판축틀을 고정하였다. 확인된 판축용 틀의 1개 작업공간은 길이 4m, 너비 4.5m이다. 그리고 중심토루를 조성한 후에 내·외피토루를 덧붙였다. 그리고 내외

---

311) 진도의 용장산성은 석축과 토축으로 조성된 성곽이다. 현재 고고학 조사가 된 부분은 석축성벽으로 규모나 축조방식이 내륙의 입보용성곽의 성벽과 유사함을 보이고 있다. 이는 용장성이 비록 도성에 준하게 축성되었다 하더라도 해도에 위치하고 있으며, 지형이 산악지형이기 때문에 성벽의 축성방식도 주변 지형과 방어전술에 입각하여 축조했을 가능성이 있다.

312) 고용규는 기저부 석렬은 판축한 성벽의 하중을 분산시키는 역할과 함께 판축토성이 기저부 내·외벽에 설치한 석재를 지칭하는 용어로 부르고 있다. 기저부 석렬과는 혼돈의 여지가 있으나, 기단석축이라는 용어는 석축성벽에도 혼용되기 때문에 토축성벽에는 적당하지 않다는 견해와 고려시대 판축토성에서는 기저부 석렬이 조성되었기에 '판축토성의 기저부 내·외벽 양단에 놓인 석재열'이란 의미로 사용해야 된다는 견해를 제시하고 있다(高龍圭, 2001, 「남한지역 판축토성의 연구」, 목포대학교 석사학위논문). 그의 견해는 강화도 고려 중성과 항파두리 외성 성벽에서 확인되고 있다.

피 토루가 끝나는 지점에 와적층을 조성하였다. 마지막으로 성벽 내·외부에 내·외황을 조성하였다.

〈사진Ⅳ-100〉 강화 중성 중심토루 조성과 관련한 유구의 흔적313)

〈도면Ⅳ-93〉은 강화 중성 축조과정을 모식화 한 것이다. ①은 성벽이 축조된 위치에 기저암반면을 정지 한 후, 그 상면에 점질토로 기저부를 조성하고 기저부 석렬을 배치한 상태를 보여준다. ②는 기저부 석렬 상면에 판축틀을 설치하고, 기저부 석렬 중에 설치한 초석 위로 영정주를 세워 판축틀(거푸집)을 보강한 상태를 보여준다. ③은 중심토루를 판축하는 과정으로 판축틀의 영정주를 보조하는 기둥과 종장목과 횡장목을 설치하여

---

313) (재)중원문화재연구원, 2009, 「인화~강화 도로건설공사 구간내 J구간 문화재발굴조사 2차 지도위원회 자료집」, p.24에서 전재하였다.

판축틀이 토압에 벌어지는 모습을 보여준다. ④는 중심토루를 조성한 후에 내외면에 보조토루를 덧붙인 후 외피토루를 조성한 모습을 보여준다.

① 암반 면 정지 후 기저부 및 석렬 축조

② 중심토루 판축틀(거푸집) 설치

③ 중심토루 판축 과정

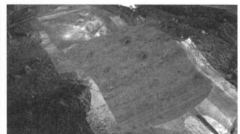
④ 중심토루 내외면 보조토루 조성 후

〈도면Ⅳ-93〉 강화 중성 축성과정 모식도[314]

제주 항파두리 외성은 성 내측에서 외측으로 생토층까지 제토하여 'ㄴ'자상의 기저부 정지하여 기저부 석렬과 그 석렬 내부에 적석을 깔아서 배치하였다. 토성의 성벽은 대부분 판축에 의해 축조되었고, 판축에 사용된 흙은 일반적으로 주변의 흙을 이용하였으며 안오름 정상의 화산쇄설물이 이용되기도 하였다. 기저부 석렬의 외곽부분으로 영정주흔과 목주흔이 뚜렷하게 확인되며, 중심판축토루의 측면에서는 종판목흔이 확인된다. 영정주간의 간격은 대략 360cm이고 목주흔의 간격은 140cm의 등간격 배치를 보인다.

314) (재)중원문화재연구원, 2011, 『강화 옥림리 유적』에서 부분 전재하였다. 그리고 이 모식도에 대해서는 필자가 소속된 본 연구원의 김병희·조인규 선생님의 자문을 구하였다.

성벽 기저부 석렬에 인접한 내외곽으로 와적층이 확인되며, 와적층 상부에는 점토와 풍화층을 번갈아 쌓아 내외피토루를 완성하였다. 토성 내부의 내측수로에 해당하는 호상의 배수로가 확인되었다.

강화 중성과 항파두리 외성의 기저부는 모두 기저암반 층 상면에 토축성벽의 기저부는 암반면에 점질토를 다져올려 기저부를 조성하였다. 기저부의 폭은 토성벽의 하단과 대부분 일치한다. 기저부를 조성하는 목적은 첫째는 암반 면을 따라 흐르는 우수가 성벽 기저부에 침투하는 것을 방지하기 위함으로 여겨진다. 둘째는 중심토루와 기저부 상면에 안정되게 축조될 수 있도록 그 하중을 받아 주면서 중심토루와의 접착력을 높이기 위함도 있다.

중심토루는 토축성벽의 중심부에 조성되어 있으며, 판축형태로 축조되었다. 版築의 형식에는 크게 두 가지가 있다고 한다. 하나는 柱穴이나 基壇石築이 없이 모래처럼 입자가 가는 흙과 굵은 흙을 번갈아 펴서 쌓으면서 다진 형식(일명 類似版築이라 부름), 다른 하나는 주혈과 기저부 석렬이 확인되며 기둥을 이용하여 판자를 고정시킨 뒤 일정한 간격마다 흙을 한 켜 한 켜 펴서 절구공과 같은 도구로 다진 형식이 있다.[315]

앞서 2개의 토축성벽은 중심토루를 조성하기 위해서는 목주(영정주)를 세우고, 횡장목과 종장목을 설치하여 판자를 고정시켜 판축틀(거푸집)을 짰던 것으로 보여진다.[316] 그러한 흔적은 기저부 석렬 상면에서 확인되고 있다. 기저부 석렬의 기능은 토성의 통과

---

315) 나동욱은 토성의 기단부에 대체로 2~3단의 석축이 보이고 있는 점으로 '基壇石築型 版築土城'이라 이름 붙였다. 그는 후자의 경우 흙을 교대로 얇게 펴서 판처럼 다진다는 점에서 같은 版築이지만 夾板의 흔적이나 주혈, 기단석열 등의 요소가 확인되므로 구별의 필요성이 제기된다고 하였다. 그리고 그는 경남지역에서는 기단석축형 판축토성은 6세기에서 9세기 전후에 축조되었을 것으로 보고 있다(羅東旭, 1996, 「慶南地域의 土城 硏究 -基壇石築型 版築土城을 中心으로」, 『博物館硏究論集』5, p.22).

316) 영정주와 판축구간의 간격은 축성시기 및 변화를 알 수 있는 자료들이다. 최맹식은 목천토성 등이 판축구간이 몽촌토성, 공산성보다 길어지고 있음을 주목하였다. 이는 백제시대의 판축토성 축조방법과 차이가 있다는 점을 지적하였다. 즉 그는 삼국시대에서 고려로 갈수록 영정주 간격이 넓어지고 있음을 제시하고 있다(최맹식, 1996, 「百濟 版築工法에 관한 硏究」, 『碩晤尹容鎭教授停年退任紀念論叢』).

지점을 의미하거나 혹은 토성의 판축성벽토의 유실방지를 위한 것으로 보는 것이 일반적인 견해이다. 그러나 평택지역의 비파산성, 덕목리성의 경우를 보면 모든 중심토루의 판축토가 기저부 석렬 상면까지만 확인된다. 그리고 영정주를 세웠던 흔적도 기저부 석렬 외면에서만 관찰된다. 김해 고읍성의 경우 영정주 흔적은 기저부 석렬 상단 혹은 그 내부에서 관찰되고 있다. 판축토도 영정주를 세웠던 자리까지만 조성되어 있다. 이러한 점으로 미루어 봤을 때 기저부 석렬은 영정주를 고정시켜 세우고, 판자와 같은 거푸집을 올려놓기 위한 시설일 가능성도 있다.[317]

　외피토루는 중심토루와 기저부를 덮고 있는 층이다. 그 용도는 우수의 침투를 막아 성벽의 견고성을 높이는데 있다고 할 수 있다. 그렇기 때문에 보수의 흔적이 많이 확인된다. 외피토루의 양 끝단 성벽의 외부와 내부에 와적층이 확인되곤 한다.

　와적층이 확인된 성곽은 강화 고려중성, 제주 항파두리 외성 이외에도 평택 비파산성, 천안 목천토성과 김해 고읍성을 들 수 있다. 우선 목천토성은 성벽 外皮에 와적을 하고 점토로 다져서 쌓았다. 비파산성은 성벽 기저부 석렬 외부로 와적층을 형성하였기에 목천토성과는 와적층 조성 위치가 다르다. 김해 고읍성의 경우가 비파산성과 동일한 위치에 형성되어 있었다. 김해 고읍성의 와적층의 성격에 대해서는 ① 토성상부에 토사 유실을 방지하기 위해 시설되었던 기와들이 토성이 붕괴되면서 퇴적되었을 가능성과 ② 우천 등에 의한 토성의 기단의 유실을 방지할 목적으로 기단을 비롯한 기저부를 보강하기 위한 시설일 가능성이 있다. 상기한 두 가지 가설 중 ①로 인해 형성되었다고 보기에는 와적부의 단면퇴적 경사도가 완만하여 가능성이 낮을 것으로 보고 있다. ②는 와적부가 기단 위에 구축된 보강토를 완전히 덮지 못하는 부분이 있지만 마치 보강토를 피복하는 것과 같이 형성되어있고, 후대에 유실되어 하부로 퇴적된 듯한 토층양상을 보이고 있다. 그래서 ②의 가설이 설득력이 있다고 보고 있다.[318] 와적층에서 출토되는 기와는

---

317) 이를 판축성벽의 멈추개 역할이라고 할 수도 있다. 그러나 중심토루 부분을 판축 하기위한 거푸집 시설로 보는 것이 합리적이라고 생각한다. 판축성벽의 멈추개 역할이란 기능은 엄밀히 따진다면 중심토루 기단부를 견고하게 하는 기능으로 바꾸어야 한다.

318) 심종훈·이나경, 2007, 「金海 古邑城 築城과 時期」, 『한국성곽학보』 11, p.16. 주19)

초축과 동시에 조성되었는지 분명하지 않다. 대체로 내벽과 외벽이 각각 종류가 다른 기와로 시설되었는데 이것이 시기적인 차이인지 동시대 다른 지역의 기와를 사용한 것인지 판단하기 어려운 점도 있다.

토축성벽 내·외부에는 우수의 처리와 방어시설을 염두로 둔 내황(혹은 內側溝)과 외황이 설치되어 있다. 특히 외황은 낮은 구릉지역에서 축조된 경우에 확인되는 경우가 많다. 아마도 토성을 쌓기 위해서는 토사를 해자에서 얻는 것이 경제적이며, 축성기간을 단축시킬 수 있다. 더불어 해자는 성을 공격하는 주체에게는 장애물이 된다. 성벽 밖에 해자를 조성하는 것은 재료의 조달과 방어의 이로운 점을 살릴 수 있는 축조방법이라고 할 수 있다.

판축에 사용된 토사는 주변에서 쉽게 구할 수 있는 것으로 확인되었다. 강화 중성의 판축토 분석결과에서 중성이 위치한 주변 호상편마암을 사용하였다. 그리고 항파두리 외성에서도 주변 화산토를 판축하여 중심토루를 조성하였다. 그러한 예를 찾아보면 평택 용성리성, 농성 등은 해자를 파며 나온 토사가 중심토루에 사용되었다. 평택 무성산성은 산지에 축조되었기에 점토보다는 자갈과 석재를 혼합하여 중심토루를 조성하였다.

강화 중성과 제주 항파두리의 토축성벽 축조방식의 공통점은 다음과 같다. 첫째 기저부 정지방법과 양단 기저부 석렬을 조성하고, 종판목과 횡판목을 세워 칸 단위의 판축방법에 의한 축성법이 공통점이다. 둘째 영정주의 간격과 목주흔의 간격이 동일하게 확인된다는 점. 셋째 중심토루를 완성하고 성내외측에 와적층을 조성하여 내외피토루를 배치하는 방식도 동일함. 넷째 성 내측에 내측수로를 조성하는 것도 유사한 방식으로 확인되었다.

강화 중성과 제주 항파두리 외성 축조방식 중 판축틀을 짜서 구간별 축조한 점과 강화 중성의 경우 횡판목 간격이 4~4.5m로 넓어진 것은 삼국시대 이래로 축조된 토성 축성 방식 중 가장 발달된 토목공학적 기술력을 보여준다. 또한 이러한 축조방식은 고려 말 조선 초까지 유지되었다. 그러나 대몽항쟁기에 축조된 토성의 축성방식은 후대에 이르면서 쇠락하였고, 고려 말 조선 초의 읍성에서는 석축벽 안쪽에 보강하는 내탁형식으로 변해갔다. 특히 개성의 내성 축조와 태조~태종시에 축조된 한양읍성의 토축성벽은 대몽항쟁기에 축조된 토성의 축조방식을 이어온 것으로 생각된다.

　(2) 內陸 入保用 城郭 −石築城壁 중심으로

　① 성벽

　대몽항쟁기 입보용 산성의 성벽은 주요 능선을 따라 이어지며, 岩壁으로 이루어진 부분의 상당부분은 地勢의 險峻함을 그대로 이용하여 人工의 石築을 하지 않은 특징을 보이고 있다. 그리고 안쪽으로 通路 모양의 段을 이루고 있고, 능선 밖으로 낮아지는 지점에 石築하였다. 대체적으로 능선을 따라 이어지는 성벽은 直線으로 단조롭게 이어지나, 능선에서 이어지는 계곡부는 보다 안쪽으로 들어서 彎曲하게 城壁을 축조하여 방어에 유리한 구조를 보이고 있다. 성벽 부재는 성 주변에서 채취하기 쉬운 암석을 거칠게 가공하거나, 할석을 재사용하였다. 성벽의 높이는 능선부의 경우 대체로 2m 정도이지만, 충주 대림산성, 원주 해미산성 등 고려 이전에 축성된 산성은 4~6m의 높이를 보이고 있다. 계곡부는 그 원형이 잘 남아 있는 인제 한계산성의 경우는 6m를 넘고 있다.

　입보용 산성 중 성벽의 특징은 크게 3가지 유형으로 구분할 수 있다.

　첫째, 단지 石墻만을 축조한 것으로서 성벽의 너비가 좁고 內外夾築으로 된 것이 특징이다. 축조되는 지형은 높은 지형의 급한 산사면과 鞍部를 지나는 곳에서 확인된다. 그리고 성벽의 아래는 안팎으로 암반 혹은 암벽을 이루고 있는 곳에서 확인된다. 양평 양근성, 원주 해미산성, 충주 대림산성 용도, 괴산 미륵산성, 춘천 삼악산성 내성 및 외성, 속초 권금성 내성, 장흥 수인산성에서 확인된다. 그리고 해도 입보용 성곽인 진도 용장성 등에서 확인되었다.

　둘째, 부정형 할석재 등을 성 안의 높이만큼 쌓아 올려 內托한 것이다. 혹은 암반으로 이뤄진 절벽에는 암석 사이에 부정형 할석재를 채우고 있다. 이러한 성벽은 대부분의 입보용 산성에서 확인되었다.

　셋째, 둘째의 경우와 같이 內外夾築한 후에 석축부 안쪽에 段을 두고 있다. 안쪽의 段은 2~3단을 이루거나, 계단의 형태을 만든 것도 괴산 미륵산성에서 확인되었다. 이러한 형식은 상주 금돌성, 춘천 삼악산성 외성, 원주 해미 · 영원산성, 장흥 수인산성에서 확인되었다.

이러한 축조방식은 임진왜란 이전에 축성된 조선 전기 읍성의 석축성벽에서도 확인되었다. 그러한 성곽으로는 고장 무장읍성·강진 병영성·광주읍성·나주읍성이다. 이들 성벽의 특징은 성벽은 석축성벽이라고 하나 내외겹축이 아니고, 바깥 면만 돌로 쌓고, 안쪽으로는 계단식으로 쌓아 성벽의 상면이 좁은 형태를 취하고 있다. 다만 대몽항쟁기 입보용 산성과 조선 전기 읍성 성벽의 차이점은 읍성 성벽에 기단석을 설치하고 그 위에 대형 면석을 올려놓았다. 그리고 면석을 위로 갈수록 작은 석재를 사용하고 있다는 점에서 차이를 보이고 있었다.

대몽항쟁기 입보용 산성 성벽의 특징 중 하나는 성벽에 수직 기둥 홈이 확인된다는 점이다. 석축성벽 수직의 홈의 경우 삼국시대 성곽에서는 흔한 사례는 아니나 평양의 대성산성에 이러한 기둥 홈이 있는 것으로 보고된 바 있고,[319] 남한지역에서는 대전 월평동 유적과 연천 호로고루와 당포성에서 확인되었다. 대전 월평동 유적의 성벽은 일본의 기노죠 서북각루에서 확인되는 기둥 홈과 같이 성벽을 축조하기 위한 목주를 설치한 흔적으로 보이며,[320] 연천 호로고루와 당포성의 기둥 홈 하단부에는 확돌이 배치되어 있어 방어시설의 설치와 관련되었을 가능성이 크다는 것을 말해준다고 하겠다.[321]

앞서 소개한 대몽항쟁기 입보용 성곽에서 기둥 홈이 확인되는 성곽은 춘천 삼악산성 내성, 원주 영원산성, 영월 태화산성, 속초 권금성, 충주의 대림산성·천룡산성 등이 있다. 이외에 충청도 지역에는 보은의 호점산성, 제천 와룡산성, 단양 독락산성에서 확인되며, 경상도 지역에는 문경 호점산성, 봉화 청량산성에서 확인되고, 강원도 지역에서는 강릉 삼한성·금강산성 등에서도 확인된 바 있다고 한다.[322]

기둥 홈의 기능은 보은 호점산성의 경우를 통해 밝혀졌다. 호점산성은 내벽, 혹은 외벽의 어느 한쪽에만 기둥 홈이 있는 경우와 양측에 모두 사용한 것이 모두 나타나고 있

319) 이형구·조유전·윤세영·차용걸, 1996, 『高句麗의 考古文物』, 한국정신문화연구원, p.407.
320) 조순흠, 2007, 「한국 중세의 기둥 홈을 가진 석축산성 성벽에 대한 연구」, 충북대학교 석사학위 논문.
321) 유재춘, 2006, 「중부내륙지역 중세 산성의 성격과 특징」, 『한반도 중부내륙 옛 산성군 UNESCO 세계문화유산 등재 추진 세미나 발표집』.
322) 조순흠, 2007, 위의 글.

다. 이 호점산성의 기둥 홈은 석축을 하기 전에 양쪽에 일정한 간격으로 기둥을 세운 후 석축의 성벽을 쌓고 기둥을 제거하여 작은 할석으로 수직 홈을 메웠다고 보고되었다. 또한 이러한 성벽은 상단을 둥글게 수렴시키거나 수직의 성벽을 그대로 유지하였는데, 흙으로 판축할 경우 사용하는 거푸집 방식을 석축에 그대로 적용한 것이라고 보고 있다.[323] 삼악산성의 경우는 이를 수직으로 성벽을 쌓기 위해 시설한 거푸집 흔적으로 보고 있는데,[324] 이것이 여러 면에서 볼 때 타당한 것으로 생각된다. 경사진 산 능선에서 붕괴를 방지하며 시급히 석벽을 축조하기 위해서는 아무래도 버팀 구실을 할 거푸집이 필요하였을 것이다.

최근 이와 관련된 연구에서 국가적 차원에서 축조되거나 수축된 것으로 알려진 산성이나 읍성에서는 기둥 홈이 확인된 예가 없으므로 기둥 홈을 가진 석축산성은 국가적 차원에서 조성된 것이 아니며, 궁예의 세력권인 충북·강원·경북 지역에서만 한정적으로 나타나고 있어 라말여초에 축성된 것으로 보는 견해가 있다.[325]

그러나 대몽항쟁기에 축조된 험산대성의 입보용 산성인 권금성과 5차 침입기에 지명이 확인된 충주 천룡산성, 고려 전기 석축성벽 위에 개축된 성벽에서 기둥 홈이 확인되는 충주 대림산성, 이외에도 주변 성곽과 함께 대몽항쟁기와 관련된 원주 영원산성, 영월 태화산성의 경우를 통해 보면, 기둥 홈이 있는 산성은 대몽항쟁기에 더욱 사용된 것으로 볼 수 있다. 그리고 이들 성곽은 방호별감 등이 파견된 기록이 있어, 실제 성벽 축조는 지방민과 군인들이 했겠지만 국가가 파견된 지휘관에 의해 축성된 것으로 봐야 할 것이다.

② 문지

입보용 산성의 문지는 산성으로 접근하기 쉬운 지역에 축조되었다. 주로 낮은 계곡과 능성 상단면에 축조되었다. 이와는 반대로 고대의 산성의 문지, 특히 신라의 현문은 능선과 곡부의 중간지점에 위치하고 있다.

---

323) 충북대학교 중원문화연구소, 1998,『報恩 昧谷山城 地表調査 報告書』, pp.113~114.
324) 충북대 중원문화연구소, 2000,『春川 三岳山城』, p.249.
325) 조순흠, 2007, 위의 글.

우선 계곡부에 설치된 문지는 대체로 규모가 크며, 이 지역은 城壁이 통과하는 지역의 가장 낮은 위치로서 접근이 용이하다. 문지는 계곡부로 내만하여 축조하였고, 인제 한계산성 남문지에서 확인된 바 있다. 혹은 괴산 미륵산성 서문지의 경우에는 성문 양측 능선에 작은 규모의 外城을 대칭으로 쌓았다.

능선부에는 외연을 따라 도는 성벽 안팎의 공간이 갑자기 낮아지는 鞍部 지형에 만들어 지기도 한다. 안쪽에 위치한 內甕城 構造를 보이는 경우(괴산 미륵산성 남문지), 'ㄱ'자 형태의 평면구조는 충주 천룡산성 동문지, 바깥으로 경사가 심한 곳에 만든 현문의 양식이 변화된 한 예는 충주 천룡산성 북문지와 괴산 미륵산성 북문지에서 그 형태를 찾아 볼 수 있다. 문의 방어력을 향상시킨 것은 바깥에 별도의 甕城을 축조한 경우는 장흥 수인산성에서 확인된 바 있다.

성문의 구조는 圓柱座가 흔적만 있으며, 문설주 홈이 이들과 멀리 떨어져 있다. 이러한 石材의 軸受穴·柱座·門의 문설주 홈·장주 홈 등은 전통적인 三國時代 이래의 성문을 만드는 전통을 이어 받았으나, 상당히 퇴화된 구조임을 알 수 있다. 開口部나 門口部의 구성은 고려시대 산성의 다른 예들과 같은 유형으로서 全羅南道 장흥의 笠巖山城南門의 구조와 비슷하며, 여기에 사용된 礎石도 비슷하다. 진도 용장산성의 문지 조사를 비롯해 문지 주변에서 기와가 출토되는 양이 많은 것으로 미루어 門樓가 있었던 것으로 보인다.

대몽항쟁기 입보용 산성의 문 구조에 대해서 고고학 조사를 통해 면밀하게 밝혀진 사례가 드물다. 다만 기록을 통해 당시의 문을 짐작할 수 있을 뿐이다. 이 시기의 성문으로는 고종 24년(1237) 귀주성에서 활약했던 김경손이 전라도지휘사로 나주의 초적 이연년을 평정할 때의 기록을 통해 나주성 문의 구조를 엿볼 수 있는 부분이 있다.[326] 그

---

326) 『高麗史』卷103 열전16 김경손전. "時草賊李延年兄弟嘯聚原栗潭陽諸郡無賴之徒擊下海陽等
州縣. 聞慶孫入羅州圍州城賊徒甚盛慶孫登城門望之曰: "賊雖衆皆芒屩屩村民耳." 卽募得可爲
別抄者三十餘人. 集父老泣且謂曰: "爾州御鄕不可隨他郡降賊." 父老皆伏地泣. 慶孫督出戰
左右曰: "今日之事兵少賊多請待州郡兵至乃戰." 慶孫怒叱之於街頭祭錦城山神手奠二爵曰:
"戰勝畢獻." 欲張蓋而出左右進曰: "如此恐爲賊所識." 慶孫又叱退之. 遂開門出懸門未下召
守門者將斬之卽下懸門. 延年戒其徒曰: "指揮使乃龜州成功大將人望甚重吾當生擒以爲都統

내용은 김경손이 별초 30명을 선발하여 錦城山神에게 제사 드린 후 직위를 표시하는 일산을 들고 출전하기 위해 문을 열고 나가는데 懸門이 속히 내리지 않았으므로 수문장을 불러 죽이려 하니 현문을 곧 내렸다. 라는 기사이다. 이 기사를 통해 나주성의 문은 개폐를 하는 문과 수직으로 들어 올려 내리는 현문으로 구성 된 2중 구조임을 알 수 있다.327) 그러나 대몽항쟁기의 이러한 2중문 구조는『武經總要』에서 확인할 수밖에 없다.

성문 밖에서 침입하는 적을 공격하기 위한 시설로는 고구려 敵臺를 들 수 있다. 적대시설은 성문 양 쪽은 한 쪽에 설치한 치성을 말한다. 입보용 산성은 原州의 海美山城은 남문지 서쪽으로 雉城構造가 있으며, 이와 인접한 鵠原山城의 北門址 바로 옆에서는 雉城이 남아있어 주목된다. 그리고 春川의 三岳山城 內城, 괴산 미륵산성 서문의 경우 北門址 밖으로는 遮斷石築을 두고, 바로 옆에는 작은 望臺가 함께 하여 마치 甕城의 역할을 할 수 있도록 하여 重疊的으로 防禦力을 높이고 있다. 그리고 外城의 문지 좌우부분은 가장 튼튼한 城壁을 구축하고 있다. 이처럼 城門의 양쪽 혹은 한쪽으로 人工의 曲城·雉城·敵臺·甕城·門墩·外城·遮斷石築 등의 부속시설을 배치하는 것은 궁극적으로 戰術的 필요로 성곽의 防禦力을 높이기 위한 것이라고 할 수 있으며, 古代의 城郭이나 中世 이후의 城郭에서 공통적으로 나타나고 있다. 다만 立地 및 地形에 따라 구조적인 양상이나 규모의 차이가 있음을 알 수 있다.

③ 望臺

망대는 입보용 산성 城壁이 산의 능선을 따라 단조롭게 이어지는 구간의 주요 突出된

勿射." 又恐爲流矢所中皆不用弓矢以短兵戰兵始交. 延年恃其勇直前將執慶孫馬轡以出. 慶孫拔劍督戰別抄皆殊死戰斬延年乘勝逐之賊徒大潰一方復定."

327) 김경손이 문을 열고 나가는데 수문장에게 현문을 내리지 않은 것에 대해 이를 참하려 한 것은 懸門을 문 앞의 해자에 걸친 조교를 표현했을 개연성도 있다. 그러나 懸門을 단어 그대로 해석 한다면, 김경손이 출전 했을 때 죽어서는 되돌아오지 않겠다는 굳은 의지의 표현으로 볼 필요가 있다. 김경손은 懸門을 닫아 김경손과 결사대 30인에게는 퇴로를 없애 버림으로써 배수진을 치고 죽음을 각오하고 싸우려는 의도와 결사대가 실패했을 시 적들이 나주성으로 진입하는 것을 막기 위한 배려도 있었을 것이다. 따라서 기록의 현문은 해자에 설치된 조교보다 수직으로 여닫는 문으로 보는게 바람직하다.

곳곳의 岩壁 및 봉우리의 공간에는 망대가 축조되었다. 즉 고루봉형 입지의 산성에서는 정상부와 주능선에서 뻗어 내려간 가지능선이 만나는 곳에 망대가 설치되었다. 그러나 인제 한계산성의 경우에는 성으로 올라오는 초입에 망대를 설치한 경우도 있다. 망대는 성벽 주변의 조망이 양호하여 人工的으로 階段狀으로 쌓거나 혹은 自然的인 地形에 성벽을 덧대어 쌓은 특징적인 모습을 하고 있다. 대체적으로 望臺는 윗면을 평탄하게 만들어 方形 내지 長方形의 구획을 두기도 하였다.

망대는 중부내륙지역의 입보용 산성 가운데 원주 영원산성, 춘천 삼악산성 내성, 제천 臥龍山城, 상주 금돌산성 등에서 확인되는 望臺는 城壁이 외부로 돌출되거나 城壁이 回曲하는 부분에 城壁의 延長部를 만들고 施設하였다.

중부내륙지역의 中世山城에서 보면 古代의 山城에서 보이는 雉城이나 曲城 등의 시설은 변화된 望臺의 모습을 보이고 있다. 여기에 자연지형을 이용한 큰 구조물로 넓이가 넓어지거나, 자연지형을 이용한 작은 규모의 曲城이 유행하고, 城郭에 길게 이어지는 甬道 등이 발달하여 望臺로 이용되고 있다. 이는 中世에 이르러서 戰術的 變化와 함께 望臺가 새로운 양상을 보이는 것으로 여겨진다.

④ 甬道

甬道는 규모가 작은 古代城郭에서 보이지 않는 것으로서 대몽항쟁기 입보용 산성이 험산으로 올라가면서 성벽과 직교하는 능선 지형에 길게 연장하여 축조한 석축성벽이다. 그리고 중세 성곽에서의 확인되는 특징 중 하나이기도 하다. 甬道는 춘천의 삼악산성 內城, 원주의 영원산성, 충주의 대림산성, 제천의 와룡산성, 상주 금돌산성 외성, 영월의 태화산성, 동해 두타산성, 속초 권금성 등의 입보용 山城에서 주로 확인되고 있다.

그리고 이들 山城에서 보이는 甬道는 각각의 성곽에서 보면 주요 접근로 혹은 통행로를 바라보는 곳에 위치하고 있어 攻擊的인 효과를 위한 것이기 보다는 望臺로서의 역할을 강조하고 있으며, 대부분 끝부분에 약간의 평탄대지를 조성하여 望臺로 이용하고 있다. 속초 권금성 외성의 2개의 용도 끝에는 망대가 설치되었다.

이러한 甬道는 성내 면적의 확대뿐만 아니라 방어 기능을 높이기 위한 시설이 성벽 바깥으로 연장되는 현상으로 봐야 한다. 성벽의 회절부에서 밖으로 천험의 지형을 이룬 능선 끝 마루까지 甬道[Chauss'ee Fortifi'e]처럼 성벽을 달아내어 그 끝에 망대, 혹은 포루

등을 설치하는 방향으로 발전하였다.

조선은 병자호란 이후 광주 남한산성에는 5개의 옹성을 설치하였다. 이 옹성들은 용도와 같은 입지조건을 보이며, 특히 성을 방어하기 위한 유리한 지점에 포대를 설치하였다. 남한산성의 옹성은 치성과는 달리 모두 체성과 직접적인 연결됨이 없이 체성벽의 기저부를 옹성의 상단으로 하여 축조하였고, 암문을 통하여 연결되도록 하였는데, 옹성의 말단부에 포루를 설치하였다는 특징이 있다. 또한 이 옹성들은 연주봉 옹성을 제외하고 다른 옹성은 원성(체성) 축조 시에 쌓은 것이 아니라 병자호란 이후에 적의 화포공격에 대응할 목적으로 축조되었다. 이상과 같이 남한산성에 축조된 옹성은 그 이후 수원 화성에서 보완되어 실전에 맞도록 설치되었다.

용도는 대몽항쟁기에는 적의 침입을 감시하기 위한 기능과 더불어 그 끝에 망대를 설치하였지만, 화포무기가 성곽 공방전의 승패를 좌우한 병자호란 이후에는 남한산성 옹성 포루와 같이 그 기능이 변해 갔음을 알 수 있다.

⑤ 기타 부속시설

산성에서 장기간 입보 농성하기 위해서는 가장 중요한 것으로는 식음료를 들 수 있다. 입보용 산성은 고로봉형 입지조건으로 큰 계곡을 끼고 있는 것어 식수를 얻기 용이하였다. 식수의 부족은 곧 성의 함락과 직결되는 사항으로 몽골의 5차 침략기 춘주성(춘천 봉의산성) 전투 기사를 통해 알 수 있다.

곡식을 저장할 수 있는 창고시설은 영월 정양산성에서 고려시대 창고 건물지가 출토되었다. 그리고 성이 함락될 위급한 상황에 창고를 불태워 자결했다는 기사와 조선시대 관에서 관리하던 창고가 존재하는 기록을 통해 보면 창고시설은 필히 존재 했을 것으로 보여진다.

이외에 신앙시설을 들 수 있다. 대몽항쟁기에 고려 백성들은 몽골군의 잔인한 살인과 약탈을 피해 입보용 산성으로 들어갔을 것이다. 백성들을 이 곳으로 올라가게 한 것은 당시의 지배체제 상에서 江都정부에서 파견한 방호별감과 그 지방 향리층의 지휘로 가능했다고 단정하기 어렵다. 대몽항쟁기 기간 동안 몽골군은 저항한 성곽에 대해서는 병사와 주민을 상대로 대량 학살(chilling effect)을 자행하였다. 그러한 예로는 1차 침입기의 평주성, 5차 침입기의 양산성, 동주산성, 춘주성, 6차 침입기의 충주읍성 등을 들 수 있으며, 기록에 없는 내용을 더한다면 이보다 더 많은 사례가 있었을 것이다.

국가 및 지방행정체제 속에서 입보용 성곽으로 올라간 백성들에게 구원에 대한 희망을 채워줄 수 있는 것은 종교에 대한 신앙심이었다고 생각된다. 이와 관련된 연구는 江都정부의 불교적 제의와 대장경 축조를 통한 몽골 침략을 막으려 했던 연구는 많으나, 인제 한계산성과 한계사, 충주 천룡산성과 천룡사, 괴산 미륵산성과 공림사, 제천 월악산성의 미륵사 등과 같이 입보용 성곽과 관련된 사찰과의 연관성을 규명해 낸 것은 드물다.

또한 몽골의 충주성 공략 당시에 월악신사의 영험함으로 몽골병이 철병했다는 기사를 통해 보면, 입보용 성곽 내에는 토속신앙과 관련된 제의시설이 존재했을 것으로 생각된다. 인제 한계산성의 경우는 후대에 조성된 것으로 보여지는 산천단 시설이 있다. 따라서 입보용 산성이 축조된 산은 입보민들에게 민간신앙으로 하늘에 제사를 지내거나, 혹 산신 또는 성황신을 모시는 신성한 지역으로 볼 수 있다.

대몽항쟁기 주현성에서 입보용 산성 등 내륙 입보용 성곽의 성격을 입지와 축성방식으로 구분하면 9가지로 정리할 수 있다.

① 몽골의 1~5차 침입기에 사용된 입보용 산성은 고로봉형 입지로 계곡을 한 개 이상 포함하여 수원이 풍부한 곳을 선택하였다. 입지의 선정은 국가 주도로 장기간 농성을 할 수 있는 수원 및 입보민의 수용 공간 확보 등을 고려했던 것으로 생각된다.

② 6차 침입기에는 고로봉(외성)+사모봉형(내성)의 입지조건을 가진 입보용 산성이 등장했다. 이들 산성은 險山大城으로 정리할 수 있듯이, 해발고도가 600m 이상 높은 곳에 위치하며 성벽의 둘레가 대체로 5~7km 정도였다.

③ 입보용 산성의 성벽은 능선부에는 주변의 자연석 및 할석으로 2~3m 높이로 앞면을 맞추어 쌓아 올렸다. 그리고 험준한 지대에는 지연지형을 이용하여 성벽을 높게 축조하지 않았다.

④ 內外夾築한 성벽 안쪽에 段을 2~3단 정도 조성하거나, 계단의 형태로 되어 있는데, 조선 전기 읍성 석축성벽에서도 이러한 축조방식이 확인되었다.

⑤ 대몽항쟁기에 사용되거나 방호별감이 파견된 입보용 산성의 성벽에서 기둥 홈이 대부분 확인되었다.

⑥ 산성으로 접근성이 양호한 곡부지역은 성벽의 규모를 크게 하였고, 문지를 설치하였다. 문지에는 문루가 조성되었고, 다양한 고대산성의 문지 방어시설이 복합적으로 설치되었다.

⑦ 산의 정상부 혹은 성벽의 회절부에 망대와 용도를 지형에 맞게 축조하여 적의 침입을 관찰하고 통제하였다. 용도는 화포무기가 성곽 공방전의 승패를 좌우한 병자호란 이후에는 남한산성 옹성 포루와 같이 그 기능이 변해 갔다.

⑧ 입보용 산성은 江都정부의 입보책으로 백성들이 입보되었으나, 산성이 축조된 산은 입보민들에게 민간신앙으로 하늘에 제사를 지내거나, 혹 산신 또는 성황신을 모시는 신성한 지역이었다.

⑨ 험산대성의 입보용 산성은 대몽항쟁기 이후 합단의 침입과 왜구의 침입에도 입보용 산성으로 사용되었으나, 조선 초기에는 입보에 부적합한 산성은 혁폐되고, 만약을 대비한 군창을 유지하고 있었다. 그 후 임진왜란과 병자호란이 끝난 뒤에는 도성 방어체계에 의해 먼저 수도방어를 위해 남한산성이 대대적인 수축과 정비가 이뤄졌다. 또한 제천 덕주산성(월악산성)은 조령관문을 지키기 위한 조령산성으로 탈바꿈하게 되었고, 전라도 지역의 정읍 입암산성과 담양 금성산성 등은 전라도 지역의 중요한 거점방어시설로 관리되어왔다.

3) 城郭 戰鬪樣相의 變化

대몽항쟁기 성곽 공방전 양상을 검토하기 위해 앞서 고려 묘청의 난 당시 고려 정부군과 서경 반란군과의 서경성 전투 전개과정을 살펴보았다. 고려 정부군을 이끈 김부식이 서경성을 공격하기 위해 선택한 것은 포위 공격이었다. 김부식은 1년 여 간의 공성전을 통해 서경성을 함락시켰다.

그 후 대몽항쟁기의 몽골군이 취한 고려성곽에 대한 공격전술은 기습전과 포위공격을 위주로 진행되었다. 6차례의 걸친 전쟁 양상은 몽골군의 공성술에 대한 고려의 대응전술로 서로 밀고 밀리는 양상을 띠게 되었다. 1차와 2차 전쟁 당시 몽골군은 기습공격으로 많은 수의 북계의 여러 성을 함락시켰지만, 3차 전쟁을 대비한 江都정부는 산성방호별감의 파견과 입보책을 실시하였고, 몽골 척후병에 대한 유격전을 통한 기습공격의 대비와 포위 공격에 대한 대비가 이뤄졌다. 5차 전쟁부터 몽골군은 附蒙 세력과 침공 개시 시기와 체류기간을 변경하여 전쟁을 유리하게 이끌어 갔다. 6차 전쟁을 겪으면서 江都정부는 주요지점에 대한 해도 및 산성 입보처를 물색하여 험지에 大城 즉 입보용 산성을 축조하여 몽골군의 새로운 전술에 대응하였다. 그러나 각 성곽마다 공격하는 측과 방어하는 측에 대한 자세한 기록이 없어 그 전투 양상을 세밀하게 파악하기는 어렵다.

따라서 당시의 兵書를 통해 묘청의 난 당시 서경성 공방전에서 검토하지 못했던 대몽항쟁기 성곽 공방전에 대해서 접근해 볼 필요가 있다. 여기에서는 11세기 송나라에서 편찬되어, 그 내용이 중국 및 조선까지 계속적으로 소개되어온 『武經總要』의 공성술과 수성술 내용을 통해 대몽항쟁기 성곽 공방전의 변화 양상을 검토해 보고자 한다.328)

(1) 攻城術

고대 병서에서 兵法은 적국과 병사를 온전히 하는 것이 가장 좋은 방법이라 하였다. 적이 항복하지 않을 경우에서야 비로소 車櫓를 정비하고 器械를 준비하여 성 밖에 흙을 쌓아올려 성을 만드는 것도 3개월 이후에는 그만두라고 권하고 있다. 이는 수성하는 사람을 상하게 하는 것을 염려해서이니, 이러한 이유로 성을 공격하는 것을 가장 안 좋은 방법이라 하였다. 그러나 반드시 성곽을 공격해야 할 경우 상대가 강한지 약한지를 살피고, 아군의 수가 많은지 적은지를 헤아려야 하고, 혹은 공격하되 포위하지 않거나 혹은 포위하되 공격하지 않는다는 원칙을 갖고 있다.

『武經總要』의 공성술에는 성을 공격할 때 성곽을 기습공격과 장기간 포위공격으로 구분하였다. 『손자병법』을 인용하여, "아군이 10배면 적군을 포위하고, 5배면 적군을 공격한다"라고 하였다. 즉 기습공격과 포위공격을 위해서는 병력의 차이를 중요시 하고 있음을 알 수 있다.

---

328) 『武經總要』의 내용을 인용한 공성법과 수성법 원문은 부록 2에 실려 있다.

a-1. 기습공격은 수성군과 공성군의 병력이 비슷하거나, 성 밖에 강한 구원병력이 있어 앞뒤로의 우환이 염려될 경우에 선택한다.

a-2. 장기간 포위공격은 아군이 강하고 상대가 약하며 성 밖에 구원 병력이 없어서, 상대를 제어할 힘이 충분한 경우에 선택한다.

a-1의 기습공격 이유에 대해서는 공성군 병력이 적으면 오래 포위할 수 없으니, 아군의 많고 적음을 헤아려야 하기 때문이다. 서경성 공방전에서 김부식이 여러 장수와의 논의 끝에 포위 공격을 선택한 것도 이와 같은 것을 고려했던 것으로 볼 수 있다. 김부식은 1차 공방전 당시 서경 이북으로 진군하여 반란군에 동조하는 세력을 굴복시킨 이후에 2차 공방전에서 장기간의 포위 공격을 감행 할 수 있었다.

몽골군은 1차 전쟁 초기에 북계의 여러 성곽에 대해서 다방면으로 기습공격을 가해 함락을 시켰다. 그 후 고려 중앙군을 안북부에서 섬멸한 이후부터 함락되지 않았던 귀주성과 자주성에 대해서 장기간의 포위 공격을 감행했다. 그러나 3차 전쟁부터 몽골군은 江都정부가 산성방호별감을 파견하고, 몽골군의 침공을 국경선에서부터 첩보하여 대응준비를 함으로써 기습공격의 효과를 보지 못하게 되었다. 특히 침공하는 지방마다 척후기병이 고려 군관민에 의해 유격전 방식으로 피해를 입음으로써 기습공격 전술에 타격을 입게 되었다. 5차 전쟁 이후부터 몽골군은 침공시기를 파종시기 혹은 추수 이전으로 앞당김으로써 江都정부의 대응책을 무력화 시켰다.

a-2의 장기간 포위공격 이유에 대해서는 성 주위를 둘러싸고 압박해서 상대가 쓰러지기를 기다려야 하기 때문이다. 그리고 선행 조건으로 반드시 먼저 염탐병을 보내서 수성군의 상황을 파악하여야 한다고 한다. 수성군이 군량은 많은데 사람이 적다면 포위하지 말고 공격하며, 군량은 적은데 사람이 많다면 포위하고 공격할지 말지를 결정하여야 하기 때문이다. 서경성 공방전에서 김부식은 여러 차례 사신을 서경성 안으로 보내 회유와 염탐을 했고, 기습공격과 장기간 포위공격을 결정하는데 도움을 받았던 것으로 보여진다.

몽골군은 1차 전쟁 당시 항복한 함신진 防守將軍 조숙창과 포로로 잡힌 서창현의 郎將 文大 등을 이용하여 북계 여러 제성에 항복을 회유하도록 하였다. 조숙창과 문대는 북계 일대의 최고무관이었기에 여러 성의 방비 태세를 알고 있었다. 몽골군은 이들을 통해 고려 성곽의 수비태세를 첩보한 후 공성방식을 결정하였고, 동시에 수성하려는 고려군의 사기를 떨어뜨리는데 사용하였다. 그러나 몽골군은 귀주성 1차 전투 당시 몽골군을 공격하다 사로잡힌 渭州副使 朴文昌으로 하여금 박서에게 항복을 권유하였으나, 박서는 그를 베어 버렸다. 박서의 결정은 고려군의 사기를 진작시킴과 동시에 몽골군이 귀주성에 대한 정보를 확보하지 못하게 하기 위함도 있었던 것이다.

　　장기간 포위공격을 위한 세부적인 사항을 순서대로 정리하면 다음과 같다.

　　　　b-1. 보급로를 끊고 歸路를 지켜 수성군이 외부와 통신할 수 없게 할 것.
　　　　b-2. 主地를 얻은 다음에 공격에 임할 것.
　　　　b-3. 성과 300보 밖 거리가 되게 포위 할 것.
　　　　b-4. 공성에 필요한 기구를 갖춘 다음에 공격할 것.
　　　　b-5. 성의 한 방면을 공격하고자 한다면 4면을 흔들어서 적이 어느 쪽을 방비해야할지 모르게 할 것.

　　b-1~5의 사항은 김부식이 서경성 공방전에 사용했던 공성순서와 방식이 매우 흡사하다. 마치 김부식이 『武經總要』와 같은 병서를 습득하여 병서에 나온 그대로 공성전을 진행했다고 말할 수 있을 정도이다.[329] b-3의 경우는 300보를 선정한 이유는 화살이 도달하지 않고, 적의 거짓술책이 통하지 않으며, 적이 성을 나와 포위를 뚫고자 하여도 기세가 이미 꺾이게 된다고 한다. 기록에는 몽골군이 1219년 강동성 전투와 5차 전쟁 당시 춘주성 전투에서 성 밖으로 300보에 참호와 목책을 설치하여 적의 도주와 공격을 방비하였다. 이 거리는 당시 투석기와 弩의 사거리 밖에 해당된다고 할 수 있다. b-4의 경우 1~6차 전쟁에서 공성무기의 큰 변화는 없었던 것으로 보여진다. 1차 전쟁의 귀주

---

329) 김부식은 1145년에 발간한 『三國史記』의 고구려와 수와 당나라의 성곽 공방전에서 사용되었던 공성방식을 서경성 공방전에도 적용한 점은 그가 그 당시의 병서를 알고 있었고, 삼국시대의 공성전 양상에 대한 지식을 갖추고 있었다고 생각된다.

성 전투와 3차 전쟁의 죽주성 전투, 5차 전쟁의 양산성·춘주성·충주성 전투, 6차 전쟁의 입암산성 전투에서도 回回砲와 같은 강력한 공성무기는 등장하지 않았다. 5차 전쟁의 양산성 전투의 경우 몽골군은 포차로 성문을 포격하고 사다리를 타고 성벽 위로 진입하여 성 안으로 불화살을 날리고 있다. 즉 대몽항쟁기 당시 공성무기 특히 투석기에 대한 변화는 확인되지 않았다.

병서에는 이러한 공성술로 성이 함락당하면 공성군이 지켜야 할 軍禮에 대해서 기술하고 있다.

> c. 무덤을 무너뜨리지 않으며, 노인·어린이·부녀를 죽이지 않으며, 민가를 불사르지 않으며, 우물과 부뚜막을 더럽히지 않으며, 神祠와 佛像을 훼손시키지 않는 것은 적을 분노하게 만드는 것을 염려해서이다. 성을 함락시킨 북소리가 끊이지 않게 하고, 포로가 흩어지지 않게 하며, 포로는 어느 정도의 시간을 제한하되 시간이 되면 북을 三通330)을 치면 군인은 곧 군영에 돌아가게 한다. 만약 부녀자를 사로잡은 경우 3일이 지나면 군영에 머무르게 하지 않는다. 이것이 軍禮이다.

몽골군은 이러한 軍禮를 지키지 않은 것으로 잘 알려져 있다. 몽골군은 정복과정에서 저항하다 함락당한 성곽에 대해서는 무차별적인 살인과 파괴행위를 일삼았다. 이것은 실용적인 몇 가지 목적에서 비롯되었다. 첫째는 정복한 지역에 남아 있는 적대 세력이 몽골군의 후방을 공격하지 못하도록 만드는 것이고, 둘째는 반항하지 못하도록 하는 것이었다. 몽골군이 완강하게 저항하던 지역을 점령한 후에 대량학살(chilling effect)을 한다는 소문이 널리 퍼지자 겁을 먹고 항복하는 지역과 도시가 많아지게 된다. 대량학살은 반항에 대한 응징이었지만, 결과적으로 보면 반란이나 대항에 대한 억지력으로 작용했다. 그러나 이러한 점은 생산적인 노동력의 확보를 전쟁의 목표로 생각한 농경민족으로는 이해하기 힘든 요소였다. 5차 전쟁 당시 춘주성 전투에서 몽골군은 춘주성 내의 모

---

330) 三通은 군대의 북소리를 뜻한다. 『衛公兵法』 部伍營陳에 "日出과 日沒 때에 1천 번씩 북을 울리는데, 3백 33번 치는 것을 1通이라 한다" 하였다.

든 민간인들에 대하여 대량 학살을 자행한 것은 아니었다. 『高麗史』106 朴恒 열전에서 그는 母가 춘주성에서 포로가 되어 燕京에 잡혀가자 이를 두 번이나 가서 구하려고 했으나 실패했다는 것과 춘주성 아래 시체 속에서 부모로 의심되는 시신만 300여 명을 장사지냈다는 것을 보면, 춘주성이 함락된 후 박항의 어머니와 같은 포로를 제외한 나머지에 대한 살육이 이뤄진 것을 알 수 있다. 또한 양근성과 천룡산성, 원주 치악성을 공격하기에 필요한 병사와 기술자 및 주민을 따로 포로로 잡아갔을 가능성도 있다.

이러한 점을 통해 보면 몽골군은 성곽이 함락되면 기존의 전쟁에서 요구되었던 혹은 通常化되었던 軍禮는 지키지 않은 것으로 보여진다. 다만 몽골군은 유목 부족들 간의 전쟁에서 승자가 패자에게 자행되었던 양상을 그대로 적용했고, 이 것을 경험해 보지 못

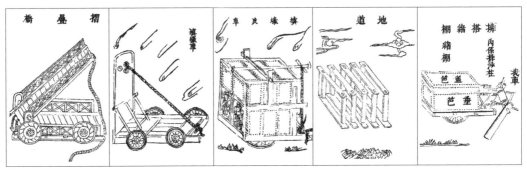

〈도면Ⅳ-94〉『武經總要』卷10의 해자 도하 및 땅굴 굴착용 공성기구

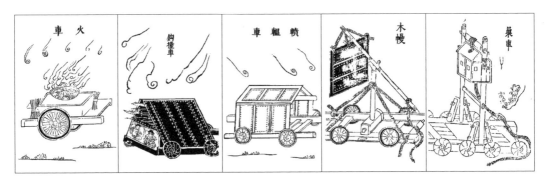

〈도면Ⅳ-95〉『武經總要』卷10의 성문 공격·방어 및 조망용 공성기구

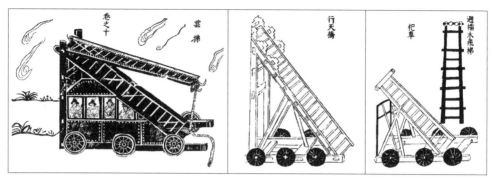

〈도면Ⅳ-96〉『武經總要』卷10의 운제 및 등성용 공성기구

했던 피정복국가의 입장에서는 납득할 수 없는 蠻行이라 여겼을 것이다.

위의 내용을 정리해 보면 몽골군은 1차에서 6차 전쟁까지 공성술 양상과 공성무기의 변화는 없었다. 그리고 성을 함락시킨 후의 蠻行은 계속적으로 자행되었다. 다만 江都 정부의 대응에 따라 5차 전쟁부터 침공시기와 체류기간을 변화시켰다. 이에 대해서는 수성술에서 살펴보도록 하겠다.

(2) 守城術

고려 전기 북계 방어체제는 요새화된 산성을 중심으로 편성되었고, 방어전술 역시 성을 근거로 하였다. 그 근간은 淸野入保였다. 이것은 내침하는 적의 군세가 아군보다 우위에 있을 경우, 나가서 싸우는 것을 피하고 험한 지형을 이용하여 성을 굳게 지키며 지구전을 펴는 것이다.

淸野入保는 우리 민족이 성을 쌓고, 북방민족 및 중국의 통일국가와 대항해 온 전략으로 고구려의 답부에 의해 정의 된 바 있다.

    d. 한나라 군대가 고구려를 침공하자 이에 대한 대응책을 논의하는 과정에서 답부가 청야전술에 대해서 청야전술을 요약해 이야기 하였다. "성 밖에 해자를 파고 성벽을 높게 쌓아, 성 밖의 들판에 곡식과 사람 하나 없이 비워 놓고 기다리면, 대군은 얼마 지나지 않아, 굶주림과 피곤으로 인하여 되돌아갈 것입니다. 이 때에 되돌아가는 적군을 강한 군사로써 육박하

면 물리칠 수 있다." 답부의 의견이 받아 들여져 고구려는 성문을 닫고 굳게 지키었다. 한나라는 공격하였으나 뜻을 이루지 못하고, 굶주림과 피곤함으로 군대를 이끌고 돌아갔다. 이때 수천의 기병으로 坐原에서 한나라 군대를 대파하였다(『三國史記』 고구려본기 4, 신대왕 8년과 열전 5 명림답부전).

고구려의 청야입보 전략은 고려로 이어졌다. 고려군의 기본 방어전략은 북방 양계에 주둔한 州鎭에서 수성전을 펼쳐 적의 남진을 지연시키는 동안, 중앙에서는 대규모 중앙군을 파견해 본격적으로 반격을 가하는 형태였다. 고려의 전략은 거란과의 전쟁에서 증명된 바 있다. 고려는 거란군이 회군할 때마다 공세적으로 거란의 기동을 방해하면서 집요한 타격을 가했다. 고려군은 익숙한 지형의 이점을 적극 이용해 거란군의 움직임에 따라 기동성 있게 전투력을 운용했고, 거란군의 후미에서 반복되는 집중 공격을 통해 적에게 연속적인 패배를 안겨 주었다. 후퇴하는 적에 대해서는 집요한 추적을 펼쳤고, 이에 지친 적에게 공격을 가하여 손실을 입혔다. 이러한 전술에는 내륙에 들어온 적에 대해서 인적·물적·심리적 피해를 줌으로써 재차 침입에 대한 대비도 있었던 것으로 판단된다.

고려는 대몽항쟁기 초기에 거란과의 전쟁에서 큰 효과를 보았던 청야입보 전략을 사용하였다. 이는 몽골군을 고려 영토로 끌어 들인 후 고려 중앙군으로 타격을 주려는 의도였다. 그러나 고려의 계획은 함신진 방수장군 조숙창의 항복과 몽골군이 북계 여러 성이 몽골군의 기습공격에 의한 함락되었고, 안북부에서 중앙군이 대패함으로써 실패하였다. 고려는 심지어 항복을 받고 돌아가는 몽골군을 타격하지도 못했다. 물론 당시 세계 최강의 몽골군을 상대하기에는 벅찬 것은 사실이었다. 그러나 고려군은 대몽항쟁기 1차 전쟁 당시 귀주성과 자주성 전투, 3차 전쟁의 죽주성 전투와 5차 전쟁의 충주성, 입암산성 전투, 6차 전쟁의 충주산성, 상주산성 전투에서 승리하였다. 이러한 고려의 승리에 바탕이 되었던 수성전에 대해서 살펴보겠다.

고려군의 수성준비 과정 즉 淸野入保에 대해서 『武經總要』내용을 통해 자세하게 살펴보겠다.

e-1. 성 밖 오백보 안에 있는 모든 나무를 자르고, 다리를 다 끊고, 묵은 풀을 불태워 버리고, 집의 煙井을 철거하고, 샘이 있으면 모두 독약을 넣는다.

e-2. 백성들은 모두 성 안으로 이사하게 하고, 나무, 돌, 벽돌, 기와, 건초, 건량미는 백성의 집기류와 함께 저장한다. 미처 이사하지 못한 것은 불태운다.

e-1은 淸野와 관련된 세부사항이며, e-2는 入保의 내용과 그 과정에서 청야에 대한 내용도 포함하고 있다. 대몽항쟁기 당시 기록에는 이러한 내용은 없지만, 고려군이 몽골군의 공격 첩보를 숙지했다면 성곽 주변에 대해서 淸野入保를 실시했을 것이다. 그러나 청야입보는 대몽항쟁기 1차 전쟁 당시 북진의 여러 성에서는 실시되지 못했던 것으로 보여진다. 靜州 분도장군이었던 김경손은 몽골군의 기습공격을 결사대로 막아 승리하였으나, 몽골대군이 온다는 소식에 성 안의 백성들이 한 명도 빠짐없이 도망가 버렸다. 이러한 몽골군의 기습공격은 수성하는 측에서 장기간의 포위공격을 대비할 수 있는 시간적 여유를 주지 않았다. 이렇듯 수성전에 있어서 청야입보는 장기간의 포위공격을 준비하는 데 필요한 요소임이 틀림없다. 대몽항쟁기 1~6차 전쟁을 통해 보면 몽골군의 공성전술은 고려의 방어준비가 완료된 성곽을 단기간에 공취할 수 없다는 한계를 보여줬다고 할 수 있다.

『武經總要』에서도 수성하는 자는 항상 적의 기습공격을 대비해야 하며, 포위공격을 당하더라도 이에 대한 대비와 지략으로 물리쳐야 함을 강조하고 있다. 병서에서 말하기를 수성의 원칙은 수성하는 자가 적의 침공을 항상 대비해야 하며, 적이 공격할 곳을 알지 못하게 하여야 한다고 한다. 그러므로 수성을 잘하는 자는 적이 예상 공격지점을 찾지 못하게 하여야 한다고 전한다. 또 수성하는 자는 성벽을 높게 하고, 해자를 깊게 파고, 병사를 훈련시키고, 군량미를 풍족하게 한다. 그뿐만 아니라, 지휘관은 반드시 지략을 주도면밀하게 짜고, 그 계략을 수없이 변하게 하여야 한다고 한다.

수성을 성공하게 하는 다섯 가지는 첫째 성과 해자를 수리한 경우, 둘째 수성 기계를 갖추는 경우, 셋째 사람이 적은데 곡식이 많은 경우, 넷째 상하의 사람이 서로 친한 경우, 다섯째 형벌이 엄격하고 상이 무거운 경우가 있다. 즉 수성법의 주요 핵심은 성곽의 입지조건 및 방어시설 정비, 수비군과 수성무기, 군량미와 군수물자의 비축, 지휘관의 통솔력과 지략으로 나눌 수 있다.

이러한 병서의 내용과 같이 몽골군의 장기간의 포위공격을 방어해 낸 박서의 귀주성 전투과정에서 확인된 수성책과 병서에서의 수성책을 비교하여 살펴보겠다.

〈표Ⅳ-7〉 귀주성 공방전과 『武經總要』의 수성책

구분	몽골군의 공격	고려군의 방어	『武經總要』의 수성책
①	몽골 대군이 귀주성 도달	김경손과 결사대가 남문으로 나가 격퇴함	적이 처음 이르러서 진영이 정비되지 않을 때 정예기병으로 급습함
②	귀주성을 몇 겹으로 포위 밤낮으로 서남북의 문을 공격	고려군이 돌격하여 격퇴함	적이 성을 공격하고 처음에 쉬고 있을 때, 포위한 지 오래되어 나태하게 되면 정예기병으로 급습함
③	박문창으로 항복 회유	박서가 박문창을 베어버림	적의 使者는 主將만 담당하게 한다.
④	정예 3백 기로 북문 공격	박서가 이를 방어	정병이 성문에 돌진하면, 방어군은 거짓으로 문을 열어서 길에 말이 빠지는 함정, 機橋를 설치, 복병으로 급하게 하여 빠뜨리게 한다. 공격군이 약 100~200인이 넘으면 중문을 내리고 판목을 꽂아서 그 앞길을 무너뜨리고 퇴로를 차단한다.
⑤	몽골 군사가 수레에 초목을 쌓고 남문으로 진격	김경손이 포차로 쇳물을 녹여 부어 초목을 불 태움	쇠고리와 나무창으로 뚫고 불기름을 마구 붓는다. 火床을 떨어뜨리고 竹爐에 철을 녹여 적에게 뿌림
⑥	樓車와 木床에 쇠가죽으로 싸고 군사를 숨겨 성 밑에 地道 굴착함	성에 구멍을 내 쇳물을 부어 루차, 이엉을 불태워 목상을 소각, 터널을 무너뜨림	⑤의 내용과 地聽으로 地道를 탐색후, 우물을 뚫어서 터널에 수공 혹 화공. 잡다한 병장기(철당 혹 현석)를 떨어뜨려 터널을 무너뜨림
⑦	15대의 大砲車로 성 남쪽 공격	김경손 포탄의 위협에도 자리를 고수함. 성벽 위에 대를 쌓고 포차로 돌을 날려 물리침	적이 포석을 날리면 布幔을 설치하거나, 새끼줄을 엮어 화살과 돌을 막음
⑧	사람기름(人油)을 섶에 적셔 불을 질러 공격	진흙을 물에 개어 鎭火	축축한 모래를 아래로 던져 그것을 끄되, 절대로 물로 하지 말아야 한다. 물이 더하면 기름불이 더욱 거세게 된다.
⑨	수레에 풀을 싣고 불을 놓아 門樓 공격	樓에 저장한 물을 뿌려 消火	水袋, 水帶를 만들어서 적에게 던져 물을 댄다.
⑩	성랑 파괴 후 공격	州人이 무너진 성곽 수축, 쇠고리 줄로 얽어놓아 방비. 성벽을 넘어온 적과 항전하여 크게 물리침	天羅와 虎落이라는 쇠사슬 울타리로 방어[331] 석회를 날려서 적들의 눈을 어둡게 하거나 해를 입히고, 樓棚을 허공에 걸쳐놓고 널판지 안에 짧은 병장기를 여기저기 나오게 하였다가 성에 올라오는 자들을 찌르게 한다.

구분	몽골군의 공격	고려군의 방어	『武經總要』의 수성책
⑪	포차 30대를 줄지어 대 놓고 성랑 50칸을 격파 큰 포차로 공격	출격하여 크게 이김 박서가 포차로 돌을 날려 방어	①과 ②, ⑦으로 대응
⑫	살례탑이 池義深, 姜遇昌을 보내어 희안공 侹의 편지를 주어 항복 권유	박서가 굳게 지키고 항복하지 않음	③의 대응
⑬	雲梯를 만들어 성을 공격	大于浦로써 운제와 사다리를 깨뜨림	적의 운제가 성에 걸쳐 있으면 撞車로 방어하고, 적의 木驢가 없으면 絞車에 鐵撞와 연미거를 써서 무너뜨린다.

고려군은 몽골군의 공성전이 시작되기 전 청야입보 이외에도 다음과 같은 준비를 진행했을 것으로 생각된다. 먼저 성안의 군사와 백성들에 대한 조직 편성 및 역할 분담, 명령 및 통신체계의 통일화를 완비했을 것이다. 다음으로 화공이 미칠만한 곳에는 진흙을 바르는 등의 준비와 망루와 성벽의 여장을 세우고 해자를 정비하였을 것이다. 수성무기인 弩車·砲架·絞車를 적재적소에 배치하고, 뇌목과 뇌석, 단병기 등은 성벽 위에 쌓아 두었을 것이다. 그리고 성벽, 성문, 치성 및 弩臺 위에서 수성무기의 사거리를 판단하여 성 밖에 표식을 하여 몽골군의 접근거리와 공성무기에 따라 대응할 수 있도록 준비했을 것이다.

귀주성의 고려군은 몽골군이 도달하자 김경손과 결사대는 성 밖으로 나가서 격퇴하였다. 병서에서는 적이 처음 이르러서 진영이 정비되지 않을 때 정예기병으로 급습하라는 내용을 그대로 고수한 것으로 생각된다. 몽골군의 ②의 공격에 귀주성의 고려군은 수성을 고수하다가 적의 느슨해진 틈을 타서 기습 공격한 것으로 생각된다. 그리고 몽골군

---

331) '천라'는 원래 대나무나 나뭇가지로 거칠게 엮어서 멧돼지나 사슴 같은 짐승이 들어오지 못하게 둘러친 울타리로 鹿垣이라고도 부른다. 전쟁에 응용하여 펼쳐서 걸어 놓은 쇠 그물로 적의 무기나 침입을 막는 장치이다. '호락'은 원래 범을 막는 담이라는 뜻인데, 보통 대나무나 밧줄로 만든 울타리이지만, 전쟁 시에는 쇠사슬을 연결해서 만들었다고 한다. 뒤에 武落이라고도 부른다. 모두 방어를 위한 장치다(태공망·황석공 지음, 유동환 옮김, 2012, 『육도·삼략』, 홍익출판사, p.153, 주)17).

이 ③과 같이 사로잡힌 渭州副使 朴文昌으로 하여금 박서에게 항복을 권유하는 것은 귀주성을 방어하는 군인과 백성들에게 항전의 의지를 깨뜨리기 위한 조치로 보이며, 이에 박서는 과감하게 박문창을 죽여버렸다.

몽골군의 ④ 공격에 기록에는 박서가 방어하였다고 간략하게 기록되었다. 현재 귀주성 구조에 대해 알려진 바가 없어 병서의 대응방식이 가능했는지는 알 수가 없다. 다만 몽골군 기병 3백기로 공격했다고 한다면 기습적으로 투창과 화살 혹 火箭으로 공격했을 것이다. 그리고 성문을 파괴하여 성안으로 진입했을 가능성도 있다. 만약에 병서대로 박서가 대응했다면 戰史에 길이 남을 승전 중에 하나였을 것이다. 몽골군의 북문지에 대한 기습공격이 실패하자, 희생을 감수하더라도 성벽과 문지에 접근하여 남문을 공격한 것으로 생각된다.

몽골군의 ⑤·⑦·⑪ 공격에 고려군은 포차의 사거리와 탄환(녹인 철과 돌)을 조절하여 방어하였다. 그리고 기록에는 확인되지 않지만 몽골군이 만약 해자를 메우고 있으면 화살과 火鷂·火球 등을 날려서, 병사와 蒭槁橋械 등을 불태웠을 것이다. 적이 성벽에 붙어서 올라오려 하면 그 곳을 따라서 효차에 뇌목과 뇌석을 달아 떨어뜨려 공격하고, 횃불을 날려서 攻器를 불태우고, 火床과 竹爐에 철을 녹여 적에게 뿌리고, 석회석 가루를 날려서 적들의 눈을 어둡게 하거나 해를 입힌 후 창과 돌을 던져 공격했을 것이다.

⑩ 공격에 대한 고려군 방어 내용은 당 태종이 고구려의 요동성과 안시성을 포차로 공격했을 때, 고구려군이 밧줄과 목책으로 임시적인 방어시설을 구축했다는 내용과 재료상의 차이만 있을 뿐 크게 다르지 않았다.

⑬ 공격은 삼국시대 및 서경성 공방전에서 확인된 바 있다. 이에 귀주성 고려군은 대우포로 운제를 파괴하여 방어하고 있다. 이 大于浦는 운제와 사다리를 방어하는 수성무기로 큰 날이 달린 병기라고 기록되어 있다. 대우포는 몽골군이 귀주성 전투 이전에 경험하지 못했던 수성무기로 보이며, 이에 『武經總要』에서는 확인할 수 없었던 것으로 볼 수 있다. 다만 『武備志』권114의 衝木의 도면과 일치한 부분이 있다. 이 충목은 懸石과 같이 絞車에 매달아 적이 성벽에 접근하는 것을 방어하는 기구이다. 충목은 直用과 橫用이 있는데 나무 끝에 쇠로된 큰 날이 달린 칼이 부착되었다. 귀주성 공방전에 등장하는 '大于浦'는 이 충목에 해당된다고 생각된다(〈도면Ⅲ-9〉 絞車와 (추정)大于浦, 〈도면Ⅳ

-102〉 참조).

　그리고 송나라 이전 중국의 병서와 귀주성의 방어 내용에 대한 수성방식이 크게 다르지 않았다. 〈표Ⅳ-7〉에서 보듯이 11세기 송나라가 성곽 공방전에 적용했던 兵書와 고려군의 대응과 큰 차이가 없음을 알 수 있다. 또한 묘청의 난 당시 서경성 공방전에서 서경 반란군이 고려 정부군에게 구사했던 수성방식과 크게 다르지 않았다. 다만 박서는 몽골군들에게 포위당하였지만 성 밖으로 나가서 공격하였고, 혹 자주 출병하여 적의 군사를 피로하게 하였으며, 적들이 싸움을 걸어와도 출병하지 않고 자리를 지켰으며, 혹 적들이 도망갔다 하여도 수성군이 습격당할 것을 대비하여 추격하지 않고 있다. 그리고 몽골군의 다양한 성곽 공격에도 적절하게 대응하고 있다는 사실이다. 이러한 사실들을 정리해 보면 귀주성의 박서는 삼국시대의 전황을 숙지하고 있으며, 중국의 병서를 읽고 그 내용을 알고 있었다고 할 수 있다. 그렇기 때문에 귀주성 공방전에서 4차에 걸친 몽골군의 공격을 『武經總要』의 내용과 큰 차이 없이 막아낸 것으로 볼 수 있다.

　2차 전쟁의 처인성 전투는 몽골군의 원수 살례탑을 사살하는 커다란 성과를 올렸다. 당시 기록에는 고종 19년(1232) 12월에 김윤후가 살례탑을 사살한 공로로 국가에서 상장군의 벼슬을 주었으나, 공을 다른 사람에게 돌리며, "한창 싸울 때에 나는 활과 화살이 없었는데, 어찌 감히 함부로 과분한 상을 받겠습니까" 하고, 굳이 사양하고 받지 않았다고 한다. 이와 같이 처인성 전투에 대한 기록이 상세하지 않아 전황의 내용을 알 수 없다.

　처인성으로 비정된 용인 처인성의 유적 현황은 입지조건이 평지구릉성이며, 규모가 350m로 작은 토축성으로 처인부곡민이 입보하였던 곳이다. 인근에서 성곽 공방전이 진행되고 있던 광주산성에 비해 입지조건과 규모가 매우 불리하였다. 이러한 처인성에서 몽골군의 총사령관이 사살되었다는 것은 믿기 힘든 戰果이다. 이로 인해 처인성의 위치 비정에 대한 다양한 견해가 제기될 여지도 있다. 그러나 兵書를 통해 보면 다음과 같은 내용이 있어 처인성 전투에 대해 추론할 여지가 있다.

　　f-1. 수성의 방법은 적이 와서 성을 위협하여도 조용히 기다리면서 나가서 항거하지 않는 것이며, 화살과 돌이 날아오는 것을 기다렸다가 전술로 적을 격파하는 것이다. 만일 主將(賊

將)이 스스로 가까이 오면 그 편리함을 헤아려서 强弩와 화살을 쏘거나 돌을 날리는 등의 공격을 일제히 하여, 그를 쓰러트려 죽이면, 적군의 기세가 꺾여 틀림없이 달아날 것이다.

위의 내용을 통해 보면, 처인성은 몽골군이 처인성을 공격하는데도 숨죽여 조용히 기다리고 있다가, 살례탑이 성으로 접근하자 기습적으로 강노와 화살, 석환 등으로 공격했던 것으로 생각된다. 그렇기 때문에 김윤후가 공적에 대해 말한 내용에 꾸밈이 없다면 살례탑을 공격하여 사살한 공로는 처인성에서 항전하였던 처인부곡민이었을 것이다.

3차 전쟁 당시 죽주성에서 확인된 몽골군의 공성술은 1차 전쟁의 귀주성 전투와 큰 차이를 보이지 않는다. 몽골군이 서하와 금나라, 송나라의 성곽을 공격했던 전술과 귀주성 전투의 공성전과도 큰 차이를 보이지 않았다. 이를 간파한 江都정부는 3-2차 전쟁을 대비하여 고종 23년(1236) 6월 각 도에 산성방호별감을 파견하였다. 그 결과 죽주성 전투와 같이 몽골군의 공격을 적절하게 방어하고 있다. 이러한 배경에는 江都정부가 1차와 2차 전쟁을 겪으면서 몽골군의 공성술을 파악하고, 이를 대처할 수 있는 수성방식이 논의 되어 정리되어 대응책이 마련됐다고 생각된다.

그러나 5차 전쟁은 1~4차 전쟁의 양상과 다르게 전개되었다. 먼저 몽골군은 북계와 동계의 양 국경으로 고려를 침공해 왔고, 그리고 서북면으로 진입한 적의 주력군이 중부 내륙지대를 종단해 내려왔다. 부몽세력을 이용하여 향도로 삼아 저항하는 성에 항복을 유도하거나 식량 확보에 이용하고 있다. 그리고 추수기간에 침공하여 몽골군의 포위 공격을 대비하려는 고려군에게 식량확보를 어렵게 하였다. 5차 전쟁 당시 고려는 양산성과 동주성, 양근성, 천룡산성, 춘주성, 양주성이 함락당했다. 이로 인해 몽골의 침공을 1차 저지하려 했던 한강 이북의 방어선이 붕괴된 것으로 보여진다. 즉 남경과 춘주를 잇는 춘주도의 방어선이 붕괴되어 그 이남의 명교도가 방어선으로 대체되는 것이다.

고려는 6차 전쟁부터 5차 전쟁까지 몽골군에게 함락되지 않았던 충주를 비롯한 하삼도 일대가 몽골군의 침입을 받게 되었다. 이로 인해 6차 침입부터 충주의 방어는 몽골군의 침략시기(파종시기와 추수 이전)와 체류기간의 다변화(대략 8월에 침공하여 겨울에 철수에서 1년 이상 체류함)로 인해 몽골군의 기습공격에 대비해야 하며, 이전 전쟁의 충주읍성 및 대림산성의 협력하는 수성전술로는 극복하기 어려웠다. 고종 40년(1254) 1

월 각 도에 산성과 해도의 피난할 곳을 찾을 수밖에 없었던 배경도 이에 기인한 것으로 생각된다.

『武經總要』의 수성법에는 수성하는데 5가지 성공의 경우에 더하여 물의 쓰임이 풍족하거나 험한 땅이 가까이 있는 형세를 겸비하면 방어하는데 여유가 있다고 한다. 그리고 병법에 이르기를 이러한 성은 공격할 수 없다고 한다. 5차 전쟁 이후 동쪽으로부터 속초

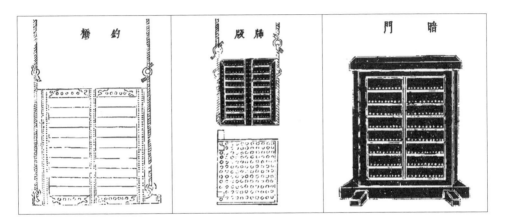

〈도면Ⅳ-97〉『武經總要』卷12의 성문 방어 기구 1(조교, 重門(懸門)판, 암문)

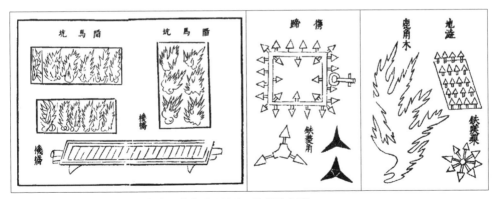

〈도면Ⅳ-98〉『武經總要』卷12의 성문 방어 기구 2(기교 및 철질려 등)

의 권금성, 인제의 한계성, 춘천의 삼악산성, 원주의 금두산성, 영월의 태화산성, 제천의 월악산성, 상주의 금돌성 등이 축조되었고, 하삼도 일대의 고산험지에 담양 금성산성, 장흥 수인산성 등이 축조되었던 것으로 볼 수 있다. 따라서 江都정부가 험산대성의 입보용 산성을 축조하게 된 배경은 5차 전쟁 이후 몽골군 공격전술의 변화(침공시기 및 체류기간의 변화)에 대응한 조치로 판단된다.

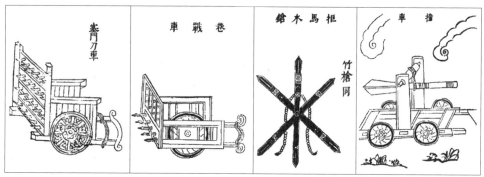

〈도면Ⅳ-99〉『武經總要』卷12의 성문 및 성벽 방어기구

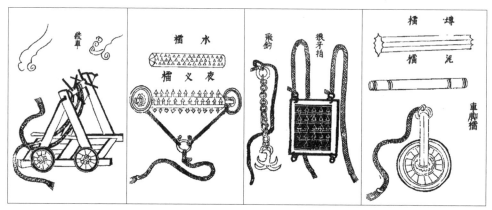

〈도면Ⅳ-100〉『武經總要』卷12의 성벽 방어기구(絞車 및 각종 楯)

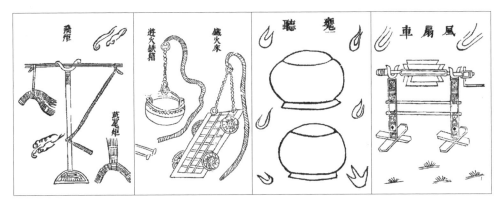

〈도면Ⅳ-101〉『武經總要』卷12의 성벽 방어시설 및 땅굴 감시 및 방어기구

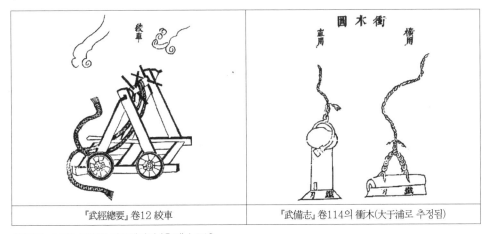

| 『武經總要』卷12 絞車 | 『武備志』卷114의 衝木(大于浦로 추정됨) |

〈도면Ⅳ-102〉 귀주성 전투에서의 (추정)大于浦

V. 결론

본 논고는 고려 대몽항쟁기 성곽의 변화에 대해서 주목하였다. 대상은 고려와 몽골간의 성곽 공방전이 기록된 성곽과 고고학 조사를 통해 당시에 축성된 것으로 밝혀진 성곽을 바탕으로 하였다. 이를 통해 고려 대몽항쟁기의 사료적 빈곤을 보완하고, 險山大城의 입보용 산성의 출현이 한국 성곽사에서 어떤 영향을 끼쳤는지 밝히고자 하였다.

제 2장에서 대몽항쟁기 이전 고려 성곽과 성곽 攻防戰에 대해 살펴보았다. 1절에서는 고려의 북방진출과 축조배경을 4시기로 나누어 설명하였다. 첫째 고려 성립기 太祖代의 청천강을 중심으로 興郊道와 雲中道 지역의 축성시기, 둘째 定宗과 光宗代의 興化道·雲中道·朔方道 확보를 통한 북방진출과 관련한 축성시기, 셋째 景宗·成宗·穆宗·顯宗代 거란과의 3차례 전쟁과 거란과의 관계 속에서 양계 지역 일대의 방어시설 재배치와 관련한 축성시기, 넷째 앞선 3시기의 축성을 바탕으로 고려장성의 축성과 변경획정 및 예종 2년(1107)의 여진 정벌을 통한 동북면의 영토 확장과 관련한 축성시기로 나누었고, 이 당시 북방진출의 방향과 주진성의 축성은 驛路를 따라 이루어졌음을 확인하였다. 2절에서는 都城인 開京城의 현황에 대해서 살펴보았고, 고려가 거란 및 여진과의 대립 속에서 千里長城이 축성되는 과정과 각 鎭城의 현황도 살펴보았다. 그리고 고려시대 평택지역 성곽의 축성 과정과 行政治所의 변화를 통해 고려 전기 州縣城의 현황도 살펴보았다. 3절에서는 대몽항쟁기 이전의 성곽 공방전 양상을 살펴보기 위해 妙淸의 亂 당

시 西京城 공방전을 검토하였다. 그리고 서경성 공방전을 통해 사용된 당시 守城武器를 北宋(11세기)에서 발간된 兵書인 『武經總要』를 통해 분석하여 弩와 砲(投石機)에 대해서 정리하였다.

제 3장에서는 1절에서 고려와 몽골의 1~6차례의 전쟁 배경과 과정을 정리하였다. 그리고 2절에서 이를 바탕으로 대몽항쟁기 6차례의 전쟁 속에서 성곽 공방전 전투기사 등을 통해 몽골군의 공성전술과 이에 대응하는 고려의 수성전술을 분석 하였다.

먼저 몽골군의 攻城戰術에 대해서 살펴보았다. 몽골의 일반적인 공성전술은 1230년대 北宋이 몽골에 파견한 군사전문가가 정탐한 내용인 趙珙의 『蒙韃備錄』, 彭大雅·徐霆의 『黑韃事略』을 통해 확인하였다. 이를 통해 몽골군이 고려 성곽을 공격했던 전술은 기습전과 포위전이었음을 알 수 있었다.

고려는 11~12세기 동북아시아의 거란·여진과의 전쟁에 승리하였다. 승리의 요인은 삼국시대부터 이어온 淸野入保에 입각한 守城戰術이었다. 그 작전은 북계의 여러 성들은 堅壁固守로 적을 지치게 하여, 되돌아가는 적군에 대해서는 중앙군을 편성하여 물리치는 것이다. 그리고 1차에서 6차까지의 전투기사를 통해 몽골군과 고려군의 성곽 공방전 양상을 검토한 결과, 공성과 수성방식 및 무기의 변화는 찾아 볼 수 없었다. 즉 100여 년 전(12세기) 고려 서경성 성곽 공방전에 사용된 무기와 전술이 대몽항쟁기에서도 재현되었음을 알 수 있었다. 그러나 몽골은 西夏, 金, 宋의 도시성곽을 공격하는 과정에서 성곽을 공격하는 전술과 무기를 體得해 있었고, 세계 최강의 군사조직을 갖춰 있었다. 또한 몽골군은 1차 전쟁 이후에 회군 시에도 저항하는 성에 대한 항복을 받아내었고, 몽골의 군사부대를 잔류하는 등 고려군의 반격의 여지를 남겨 놓지 않았다. 1차 전쟁에서 고려는 몽골군의 기습전과 포위전으로 고려 北界의 여러 성곽이 함락 되었지만, 龜州城과 慈州城전투에서 승리하였다. 그러나 고려는 安北府 전투에서 중앙군이 대패한 이후로 6차 전쟁까지 중앙군을 편성하지 않았다. 이로 인해 삼국시대부터 이어온 淸野入保에 입각한 守城戰術에서 퇴각하는 敵軍을 공격할 수 없게 되었다.

3절에서 몽골의 계속되는 침공과정 속에서 江都政府의 해도 및 산성 입보책 시행과 방호별감의 파견, 주현성에서 험지고산의 대형 입보용 산성이 축조되는 배경에 대해서 살펴보았다. 1차 전쟁 이후 고려 정부는 강화도로 遷都하여 몽골에 대한 항전을 이어 나갔다. 고려 江都정부는 백성들을 海島와 내륙의 山城으로 入保하는 정책으로 몽골군의 침입에 대비하였다. 1~3차 전쟁까지는 기존의 兩界(北界·東界) 鎭城 및 각 道의 州縣城을 통한 수성전을 진행하였고, 3차 전쟁시에 山城防護別監을 파견하여 몽골군의 공격을 효과적으로 막아냈다. 3차 전쟁 이후 1243년에는 각 도에 산성권농별감 37인을 보내 군사적인 목적으로 성곽을 수축하여 5차 전쟁을 준비한 것을 생각된다.

그러나 5차 전쟁부터 몽골군은 附蒙세력과 함께 침략시기를 앞당겨 추수 이전에 침공하였다. 그리고 6차 전쟁에서는 침략시기를 파종시기와 추수 이전 등 다양하게 하였고, 체류기간을 이전 전쟁과 달리 1년을 넘게 지속하여 고려의 전국토를 유린하였다. 이로 인해 지금까지 함락되지 않았던 忠州城이 도륙되었고, 충주지역도 원주지역과 동일하게 험한 고지의 대형 성곽으로 변화되어가는 양상을 확인할 수 있었다. 강원도 지역은 5차 전쟁을 겪고 난 이후로 州縣城에서 險山大城의 입보용 산성으로 전환되었고, 한계산성과 권금성, 삼악산성 외성 등도 이때 축성된 것으로 생각된다. 이러한 險山大城의 入保用 山城은 6차 침입과정에서 충청도·전라도·경상도에도 축성된 것으로 볼 수 있다.

제 4장에서는 1절과 2절에서 고려가 몽골과의 전쟁을 40여 년간 지속할 수 있게 하였던 입보용 성곽을 海島에 축성된 江都 및 도성계열의 성곽(진도 용장성, 제주 항파두리성)과 내륙지역에 축성된 입보용 성곽으로 나누어 살펴보았다. 그리고 각 성곽은 입지조건과 구조, 출토유물을 통해 검토하였다. 그리고 3절에서 대몽항쟁기 입보용 성곽의 성격을 해도와 내륙의 입보용 성곽으로 나누어 입지조건 및 특징에 대하여 전반적으로 파악하였다. 그리고 축성방식의 특징에 대해서도 살펴보았다. 마지막으로 대몽항쟁기 성곽 공방전에 대해서 몽골의 공성술과 고려의 수성술을 『武經總要』의 兵書 내용과 비교하여, 5차 전쟁 이후로 입보용 성곽이 州縣城에서 險山大城의 入保用 山城으로 변화되는 과정도 검토해 보았다.

1절에서는 海島의 입보성곽은 강도의 성곽과 진도의 용장산성, 제주 항파두리성으로 도성계열의 성곽들이었다. 강도의 성곽은 외성-중성-내성의 체재이며, 진도 용장성은 외성과 내성, 제주 항파두리성은 외성과 내성의 체재이다. 제주도 항파두리성의 구조는 제주도 해안변에 축성된 연해장성을 포함한다면 강도의 성곽과 같은 3중 구조로 볼 수 있다. 다만 개경 나성은 산능선과 평지에 축조되어 외적으로부터 도성을 방어 했으나, 강화 외성과 제주 연해장성은 섬에 위치한 점으로 미루어 해안 방어를 목적으로 두고 있다는 점에서 차이가 있다.

해도 입보용 성곽에서 출토된 유물은 당시 성곽의 활용시기를 보여주는 청자와 기와를 대표적으로 들 수 있다.

청자는 13~14세기에 제작된 특색을 보이고 있었다. 해도 입보 당시의 청자는 문양에서는 일부 고급 상감청자라는 특징과 유색이 양호하고, 포개구이하지 않았고, 갑발에 개별로 규석 받침하여 제작하였다. 이러한 특징은 13세기 말에 이르러 대마디굽에 가까운 굽, 굵은 모래받침의 번법 등이 확인된다. 그리고 제주 항파두리성에서는 13세기 후반~14세기의 특징을 가진 중국자기가 출토되었다.

기와는 귀목문과 귀목문과 연화문이 조합된 막새류와 어골문+복합문이 주류를 이루는 평기와류가 출토되었다.

내륙의 입보용 성곽은 주현성과 입보용 산성으로 구분하였다. 먼저 대몽항쟁기 전투기사가 남아 있고, 위치 비정이 가능한 대표적인 주현성은 광주산성(광주 남한산성), 용인 처인성, 죽주성(안성 죽주산성), 충주성(충주 충주읍성), 춘주성(춘천 봉의산성), 양주성(양양 양양읍성)을 살펴보았다.

입지조건으로 이들을 구분하면, 平地城(平山城)과 산성으로 나눌 수 있다. 전자는 처인성, 양주성, 충주성(충주읍성)이고, 후자는 광주산성, 죽주산성, 봉의산성이다.

먼저 평지성은 해발 70m의 구릉 선단부에 축조된 처인성, 평지와 구릉을 연결하여 축성한 양주성과 충주읍성으로 세분할 수 있었다.

우리 조상들은 외적의 침입에 대응하는 과정에서 축적된 오랜 경험을 통해 산성을 쌓는데 유리한 입지조건과 지형을 중요시 하였다. 산성은 단순한 피난처가 아니라 적의 행동을 견제하면서 향촌을 방어할 수 있어야하기 때문에 위치선정에 있어서 지형적, 전술적인 검토가 이루어져야 한다. 산성의 입지는 시대에 따라, 산성의 기능에 맞춰 다양하게 변해 왔지만, 산성을 축조함에 있어서는 무엇보다도 식수원의 확보와 방어하는데 유리한 지형선택이 가장 중요한 요인으로 작용한다. 그래야만 넓은 활동공간을 확보하여 많은 수의 주민들을 수용할 수 있을 뿐만 아니라 장기간의 전투에도 대비할 수 있기 때문이다. 정약용은 역대 전란, 특히 임진왜란의 戰訓을 참작하여 民堡 설치에 적합한 4가지 지형을 우선순위에 따라서 栲栳峰, 蒜峰, 紗帽峰, 馬鞍峰을 제시하였다.

고려 대몽항쟁기에 사용된 입보용 산성은 대부분 고로봉형의 입지조건을, 일부에서는 고로봉형(외성)+사모봉형(내성)의 입지조건을 보이고 있었다.

먼저 고로봉형에 축조된 성곽은 높은 봉우리에서 좌우로 뻗어 내려온 능선으로 형성된 계곡을 갖고 있으며, 능성 상단에 성벽을 쌓으면, 계곡 한두 개를 품게 된다. 계곡을 지나는 성벽은 성곽에서 가장 낮은 곳이 되어 수문과 문지가 축조되었다. 그리고 계곡부의 성벽은 우수로부터 보호하기 위해 겹축하여 축조하며, 성벽을 성 안으로 내만하였다. 반대로 성곽의 높은 봉우리 일대는 장대지로 사용되거나, 망대 혹은 용도를 설치하여 성 밖에 망대를 설치하여 침입하는 적을 관측하기에 편리하게 하였다.

고로봉(외성)+사모봉형(내성)의 입지조건은 괴산 미륵산성, 제천 월악산성, 춘천의 삼악산성, 속초 권금성, 인제 한계산성, 상주 금돌성, 담양 금성산성, 장흥 수인산성 등이 있다.

주현성과 입보용 산성에서 출토된 대표적인 유물은 청자와 기와류이다.

먼저 청자는 주현성의 경우 고려 전기부터 13세기 후반까지의 고려 백자 및 청자가 출토되었다. 그러나 처인성과 같이 규모가 작고, 치소의 단위가 작은 경우에는 조질의 청자가 출토되었고, 그 양도 매우 적었다. 그리고 대몽항쟁기 입보용 산성에서 모두 다수의 어골문계열 기와가 출토되었다. 어골문은 기와의 등면에 타날된 상황을 보면 상하위에 어골문이 대칭으로 배치되고, 그 중간에는 주로 횡선의 띠를 두르고 내부에 화문, 능형문, 방곽문, 원문, 기하문들이 결합된 것으로 해도의 입보용 성곽과 큰 차이가 없었다. 어골복합문에 장판의 타날판과 건장치기 흔적이 확인되는 사실은 분명하다고 할 수 있다.

해도 입보용 성곽의 입지 조건은 강화도와 진도, 제주도의 海島 지리적 입지조건과 결부되었다. 이들 해도들이 지니는 공통적인 장점은 다섯 가지로 집약된다. 첫째 水戰

에 취약한 몽골군의 약점을 최대한 이용할 수 있는 섬이라는 점, 둘째 육지에 핍근하면서도 조석간만 차와 潮流 등으로 적의 접근이 용이치 않다는 점, 셋째 강도의 경우는 개경과의 접근성, 진도와 제주도는 삼별초의 입장에서 개경과 멀리 떨어져 있다는 점, 셋째 지방과의 연결 혹은 漕運 등의 편의성, 다섯째 수원확보 및 입보민의 생계 해결할 수 있는 농경지와 간척지가 다수 존재한다는 것이다. 이러한 입지적 장점에 입각하여 고려는 강화도로 천도하여 몽골군의 예봉을 피하고 海島·山城入保策과 더불어 장기적인 항전체제로 이끌고 가면서 기존의 해상교통망을 최대한 활용하여 서해안의 도서와 내륙에 대한 통제권을 확보할 수 있었다. 또한 삼별초 역시 여몽연합군의 토벌을 막을 수 있는 입지 선정으로 진도와 제주도를 선택하였다.

　해도 입보용 성곽의 성벽 축성방식은 고고학 조사가 이뤄진 강화 중성과 제주 항파두리 외성에 대해서 검토하였다. 강화 중성과 제주 항파두리 외성 축조방식 중 판축틀을 짜서 구간별 축조한 점과 강화 중성의 경우 횡판목 간격이 4~4.5m로 넓어진 것은 삼국시대 이래로 축조된 토성 축성 방식 중 가장 발달된 토목공학적 기술력을 보여준다. 또한 이러한 축조방식은 고려 말 조선 초까지 유지되었다. 그러나 대몽항쟁기에 축조된 토성의 축성방식은 후대에 이르면서 쇠락하였고, 읍성의 석축벽 안쪽에 보강하는 내탁형식으로 변해갔다.

　내륙의 입보용 성곽은 주현성에서 5차 침입 이후 6차 침입 과정 속에서 險山大城의 입보용 산성이 전국으로 확대 축조되었다. 그리고 古代 산성에 비해 훨씬 대형화 되고 있으며, 교통로에서 멀리 떨어진 산세가 험한 지형으로 옮겨 가고 있었다. 그리고 입보산성의 축조 및 변화는 여러 군현을 통합하여 입보하는 정책의 변화와 직접 관련이 있으며, 몽골의 공성전을 겪으면서 그에 대응책의 변화와도 관련이 있다. 특히 암석이 많은 산악지대를 선택한 것도 화살과 투석에 필요한 석재 이용이 용이한 점과 몽골 기마병들의 진입이 어렵고, 투석기 등의 공성용무기를 운반하기 어려운 자연적 이점을 선택했을 것이다. 이 점은 이전의 북방 유목민족과 겪어왔던 우리의 대응책이었다.

　대몽항쟁기 주현성에서 입보용 산성 등 내륙 입보용 성곽의 성격을 입지와 축성방식으로 구분하면 9가지로 정리할 수 있다.

① 몽골의 1~5차 침입기에 사용된 입보용 산성은 고로봉형 입지로 계곡을 한 개 이상 포함하여 수원이 풍부한 곳을 선택하였다. 입지의 선정은 국가 주도로 장기간 농성을 할 수 있는 수원 및 입보민의 수용 공간 확보 등을 고려했던 것으로 생각된다.

② 6차 침입기에는 고로봉(외성)+사모봉형(내성)의 입지조건을 가진 입보용 산성이 등장했다. 이들 산성은 險山大城으로 정리할 수 있듯이, 해발고가 600m 이상 높은 곳에 위치하며 성벽의 둘레가 대체로 5~7km 정도였다.

③ 입보용 산성의 성벽은 능선부에는 주변의 자연석 및 할석으로 2~3m 높이로 앞면을 맞추어 쌓아 올렸다. 그리고 험준한 지대에는 지연지형을 이용하여 성벽을 높게 축조하지 않았다.

④ 內外夾築한 성벽 안쪽에 段을 2~3단 정도 조성하거나, 계단의 형태로 되어 있는데, 조선 전기 읍성 석축성벽에서도 이러한 축조방식이 확인되었다.

⑤ 대몽항쟁기에 사용되거나 방호별감이 파견된 입보용 산성의 성벽에서 기둥 홈이 대부분 확인되었다.

⑥ 산성으로 접근성이 양호한 곡부지역은 성벽의 규모를 크게 하였고, 문지를 설치하였다. 문지에는 문루가 조성되었고, 다양한 고대산성의 문지 방어시설이 복합적으로 설치되었다.

⑦ 산의 정상부 혹은 성벽의 회절부에 망대와 용도를 지형에 맞게 축조하여 적의 침입을 관찰하고 통제하였다. 용도는 화포무기가 성곽 공방전의 승패를 좌우한 병자호란 이후에는 남한산성 옹성 포루와 같이 그 기능이 변해 갔다.

⑧ 입보용 산성은 江都정부의 입보책으로 백성들이 입보되었으나, 산성이 축조된 산은 입보민들에게 민간신앙으로 하늘에 제사를 지내거나, 혹 산신 또는 성황신을 모시는 신성한 지역이었다.

⑨ 험산대성의 입보용 산성은 대몽항쟁기 이후 합단의 침입과 왜구의 침입에도 입보용 산성으로 사용되었으나, 조선 초기에는 입보에 부적합한 산성은 혁폐되고, 만약을 대비한 군창을 유지하고 있었다. 그 후 임진왜란과 병자호란이 끝난 뒤에는 도성 방어체계에 의해 먼저 남한산성이 수도방어를 위해 대대적인 수축과 정비가 이뤄졌다. 또한 제

천 덕주산성(월악산성)은 조령관문을 지키기 위한 조령산성으로 탈바꿈하게 되었고, 전라도 지역의 정읍 입암산성과 담양 금성산성 등은 전라도 지역의 중요한 거점방어시설로 관리되어왔다.

마지막으로 대몽항쟁기 성곽 공방전의 양상을 『武經總要』의 攻城과 守城法을 통해 비교해 보았다. 몽골군은 1차에서 6차 전쟁까지 공성법과 공성무기의 변화는 없었다. 그리고 성을 함락시킨 후의 蠻行은 계속적으로 자행되었다. 이에 대한 고려군의 수성법은 11세기 송나라가 성곽 공방전에 적용했던 兵書와 묘청의 난 당시 서경성 공방전에서 서경 반란군이 고려 정부군에게 구사했던 수성방식과 크게 다르지 않았다. 고려는 몽골군의 공성방식을 간파하고 3차 침입 과정에 산성방호별감을 전국으로 파견하여 몽골군의 공격을 성공적으로 방어해 냈다. 그러나 고려군의 수성방식을 타개하기 위해 몽골군은 5차 전쟁부터 부몽세력을 동반하여 침공시기를 추수 전으로 변화시켰다. 이러한 몽골군의 전술 변화는 고려군의 방어체계를 무너뜨렸다. 이후 계속된 몽골군의 6차 침입시에는 침공시기를 파종시기와 추수 전으로 다양하게 변화를 주었고, 고려에 체류하는 기간도 종전과 다르게 1년 여 넘게 머물렀다. 이러한 몽골군 공격전술의 변화는 주현성을 비롯한 입보용 산성으로 대항하기에는 역부족으로 보였다. 이에 江都정부는 5차 전쟁이 끝난 이후에 해도와 산성에 대한 새로운 입보처를 찾게 되었고, 6차 전쟁 중에 여러 성에 방호별감을 파견하였다.

대몽항쟁기 6차 전쟁부터 고로봉(외성)+사모봉형(내성)의 입지조건을 가진 입보용 산성이 등장했다. 이들 산성은 괴산 미륵산성, 제천 월악산성, 춘천의 삼악산성, 속초 권금성, 인제 한계산성, 상주 금돌성, 담양 금성산성, 장흥 수인산성 등이 있다. 이러한 입보용 산성들은 險山大城으로 정리할 수 있듯이, 해발고가 600m 이상 높은 곳에 축조되었고, 둘레가 대체로 5~7km 정도였다. 그리고 이들 산성은 기존의 주현성을 대신하여 대몽항쟁을 계속적으로 이끌어 나갔다.

성곽에 대한 연구는 역사학으로 종합되지만, 그 실체에 대해서는 군사 전략과 전술적 측면에서 지리학과 군사학적 활용문제, 축성과 관련하여 토목학·건축학 등의 기술적 속성 문제, 유물의 편년과 변화의 속성을 파악할 수 있는 고고학적 방법론 등 다양한 방향에서 진행되어야 한다.

이 연구는 고려 대몽항쟁기 入保用 城郭의 築城과 入保에 대해서 고려시대 문헌기록 뿐만 아니라 그 당시 성곽에 대한 고고학 조사성과 및 축성 기술적 속성, 고려와 몽골의 성곽 공방전 양상을 『蒙韃備錄』, 『黑韃事略』, 『武經總要』, 『武備志』 등의 기행문과 병서 등을 통해 생생하게 접근하였다. 그리고 이를 바탕으로 대몽항쟁기 입보용 성곽의 변화과정을 도출해 냈다. 그러나 고려 대몽항쟁기 입보용 성곽이 합단 및 홍건적, 왜구 침입에 어떻게 활용되었는가에 대한 접근은 부족하였다. 이러한 문제들을 좀 더 관심을 갖고 하나씩 풀어나간다면, 대몽항쟁기 입보용 성곽이 고려 말 조선 초기까지의 전반적인 전개과정이 분명하게 드러날 것으로 생각된다.

참고문헌

1. 史料

『高麗史』, 『高麗史節要』, 『元高麗紀事』, 『元史』, 『新元史』, 『三國史記』, 『三國遺事』, 『東文選』, 『東國李相國集』, 『高麗圖經』, 『朝鮮王朝實錄』, 『輿地圖書』, 『新增東國輿地勝覽』, 『蒙韃備錄』, 『黑韃事略』, 『武經總要』, 『武備志』, 『遼史』, 『續修增補 江都誌』

2. 單行本

강경숙, 2012, 『한국도자사』, 예경.

강원대학교박물관·한국성곽학회, 2012.5, 『인제 한계산성의 역사문화적 가치와 정비·활용방안』.

江華郡 郡史編纂委員會, 2003, 『新編 江華史』 上.

경기문화재단, 2005, 『화성성역의궤-국역증보판』 상.

高裕燮, 1945, 『松都古蹟』, 悅話堂.

高裕燮, 2007, 『松都의 古蹟』, 悅話堂.

국립문화재연구소, 2011, 『韓國考古學專門事典 -城郭·烽燧篇-』.

김창현, 2011, 『고려 개경의 편제와 궁궐』, 경인문화사.

라츠네프스키, 김호동 역, 2005, 『칭기스칸』, 지식산업사.

라시드 앗 딘, 김호동 역, 2005, 『칭기스칸기』, 사계절.

라시드 앗 딘, 김호동 역, 2005, 『부족지』, 사계절.

마르코폴로, 김호동 역, 2012, 『동방견문록』, 사계절.

목포대학교박물관, 2011, 『13세기 동아시아 세계와 진도 삼별초』.

민승기, 2005, 『조선의 무기와 갑옷』, 가람기획

文化財管理局, 1977, 『文化遺蹟叢覽』 上(서울 : 1977), 江原道 原城郡.

박원길·김기선·최형원, 2006, 『몽골비사의 종합적 연구』, 민속원.

徐榮一, 1999, 『신라육상교통로연구』, 학연문화사.

沈奉謹, 1995, 『韓國南海沿岸城址의 考古學的 研究』, 學研文化社.

沈正輔, 1995, 『韓國 邑城의 研究 -忠南地方을 中心으로-』, 學研文化社.

스테판 다나카, 2004, 『일본 동양학의 구조』, 문학과 지성사.

시노마 고이치, 신동기 옮김, 2002, 『무기와 방어구 -중국편』, 들녘.

어니스트 볼크먼, 석기용 옮김, 2003, 『전쟁과 과학, 그 야합의 역사』, 이마고.

安周燮, 2003, 『고려 거란 전쟁』, 경인문화사.

柳在城, 1988, 『對蒙抗爭史』, 國防部戰史編纂委員會.

유재춘, 2003, 『韓國 中世築城史 研究』, 경인문화사.

尹龍爀, 1991, 『高麗對蒙抗爭史研究』, 一志社.

尹龍爀, 2011, 『여몽전쟁과 강화도성 연구』, 혜안.

이기백, 1996, 『고려병제사연구』, 일조각.

이기백·김용선, 2011, 『『고려사』병지 역주』, 일조각.

카를 폰 클라우제비츠, 류제승 옮김, 2002, 『전쟁론』, 책세상.

태공망·황석공 지음, 유동환 옮김, 2012, 『육도·삼략』, 홍익출판사.

티모시 메이, 신우철 옮김, 2011, 『칭기즈칸의 세계화 전략 몽골병법』, KOREA.COM.

3. 調査報告書

강릉대학교 박물관, 1994, 『양양군의 역사와 문화유적』.

강원고고문화재연구소, 2005, 『春川 鳳義山城 發掘調査 報告書』.

강원고고문화재연구소, 2007, 『束草 權金城 地表調査 報告書』.

강원대학교박물관, 1986, 『寒溪山城 地表調査 報告書』.

강원대학교박물관, 2012, 『인제 한계산성 학술조사 보고서』.

江原文化財研究所, 2003, 『文化遺蹟分布地圖 -襄陽郡-』.

江原文化財研究所, 2007, 『束草 權金城 地表調査報告書』.

강릉대학교박물관, 1994, 『양양군의 역사와 문화유적』.

겨레문화유산연구원, 2011, 『강화 조선 궁전지Ⅱ』.

京畿道博物館, 1999, 『平澤의 關防遺蹟(Ⅰ)』.

경상북도문화재연구원, 2001, 『尙州 金突城 地表調査報告書』.

國立文化財研究所, 2001, 『將島 淸海鎭遺蹟 發掘調査報告書Ⅰ』.

國立文化財研究所, 2003, 『江華碩陵』.

國立文化財研究所, 2007, 『江華 高麗王陵 -嘉陵·坤陵·陵內里 石室墳』.

國立扶餘文化財研究所, 1999, 『扶蘇山城 發掘中間報告書 Ⅲ』.

단국대학교매장문화재연구소, 2002, 『안성 죽주산성 지표 및 발굴조사 보고서』.

단국대학교매장문화재연구소, 2003, 『평택 농성 지표 및 발굴조사보고서』.

단국대학교매장문화재연구소, 2004, 『평택 서부 관방산성 시·발굴조사 보고서』.

단국대학교매장문화재연구소, 2006, 『안성 망이산성 3차 발굴조사 보고서』.

단국대학교매장문화재연구소, 2006, 『파주 혜음원지 발굴조사보고서』-1차~4차-.

단국대학교매장문화재연구소, 2006, 『안성 죽주산성 남벽정비구간 발굴조사 보고서』.

단국대학교 중앙박물관, 1999, 『망이산성 2차 발굴조사보고서』.

(재)대한문화유산연구센터, 2009, 『장흥 수인산성 종합학술조사』.

목포대학교박물관, 2006, 『진도 용장산성』.

목포대학교박물관, 2009, 『진도 용장산성 발굴조사 간략보고서』.

목포대학교박물관, 2010, 『진도 용장산성 내 문화재 시·발굴조사 지도위원회 회의자료』.

목포대학교박물관, 2011, 『13세기 동아시아 세계와 진도 삼별초』, 2010 국제학술대회.

불교문화재연구소, 2009, 『제주 항파두리 항몽유적지 토성복원구간 발(시굴)조사 약보고서』.

상명대학교박물관, 1997, 『忠州 大林山城 精密地表調査 報告書』.

수원대학교박물관, 1999, 『양평 양근성지 −지표 및 시굴조사 보고서−』.

육군사관학교 육군박물관, 2000, 『강화도의 국방유적』.

육군사관학교 육군박물관, 2010, 『강원도 원주시 · 횡성군 군사유적 지표조사 보고서』.

인하대학교박물관, 2011, 『강화 중성유적 : 강화군 창리~신정간 도로 확 · 포장공사구간내 문화유
　　　적 발굴조사 보고서』.

全南大學校博物館, 1989, 『金城山城 −地表調査 報告−』.

제주고고학연구소, 2011, 「제주 항파두리 토성 단면조사 간략보고서」.

제주고고학연구소, 2011, 「사적 396호 제주 항파두리 항몽유적지 문화재 시굴조사(2차) 간략보
　　　고서」.

제주고고학연구소, 2012, 「제주 항파두리 항몽 유적 토성 발굴조사 간략보고서」.

제주도, 1998, 『제주 항파두리 항몽유적지』.

제주문화예술재단, 2002, 『제주 항파두리항몽유적지 학술조사 및 종합 기본정비계획』.

제주문화예술재단, 2003, 「제주 항몽유적지 항파두리토성 보수정비에 따른 토성단면 확인조사 보
　　　고서」.

제주문화예술재단, 2004, 「제주 항몽유적지 항파두성토성 보수정비에 따른 토성단면 확인조사 보
　　　고서」.

제주문화유산연구원, 2010, 「제주항파두리 항몽유적지 토성복원구간(내) 문화재 분포조사보고서」.

제주문화유산연구원, 2011, 「제주 항파두리 항몽유적지 문화재 시굴조사 간략보고서」.

(사)제주역사문화진흥원, 2012, 『제주 항파두리 항몽 유적 종합정비계획』.

중원문화재연구원, 2007, 『남한산성 −암문(4) · 수구지일대 발굴조사』.

중원문화재연구원, 2011, 『강화 옥림리 유적』.

충북대학교박물관, 2002, 『음성 생리 청자가마터』.

충북대학교 중원문화연구소, 1998, 『報恩 昧谷山城 地表調査 報告書』.

충북대학교 중원문화연구소, 1998, 『原州 鴿原山城 · 海美山城』.

충북대학교 중원문화연구소, 2000, 『寧越 王儉成』.

충북대학교 중원문화연구소, 2000, 『春川 三岳山城』.

충북대학교 중원문화연구소, 2000, 『堤川 城山城·臥龍山城·吾峙烽燧 地表調査報告書』.

충북대학교 중원문화연구소, 2002, 『望夷山城 –충북구간 지표조사 보고서』.

충북대학교 중원문화연구소, 2002, 『龍仁 處仁城–試掘調査 報告書』.

충북대학교 호서문화연구소, 1996, 『槐山 彌勒山城 地表調査 報告書』.

忠淸大學校 博物館, 2011, 『忠州 寶蓮山城 및 天龍寺址 地表調査 報告書』.

忠淸大學校 博物館, 2011, 『중원 미륵리사지 종합정비기본계획』.

(재)충청북도문화재연구원, 2011, 『忠州邑城 學術調査報告書』.

(재)충청북도문화재연구원, 2011, 『괴산 미륵사지 서문지 발굴조사 약보고서(2차)』.

兄光建築事務所, 1997, 『金城山城 補修·整備·保存計劃報告書』.

(사)한국성곽학회, 2012, 『덕주산성』.

(사)한국성곽학회, 2012, 『미륵산성』.

한국토지공사토지박물관, 2000, 『남한산성 문화유적 –지표조사보고서』.

한국토지공사토지박물관, 2001, 『남한산성 발굴조사보고서』.

한국토지공사토지박물관, 2003, 『南漢行宮址 4·5차 발굴조사보고서』.

한국토지공사토지박물관, 2004, 『南漢行宮址 6차 발굴조사보고서』.

한림대학교박물관, 1995, 『寧越郡의 歷史와 文化遺蹟』.

한림대학교박물관, 2003, 『강화고려궁지(외규장각지)』.

한울문화재연구원, 2010, 『강화 비지정 문화재 학술조사 보고서』, 강화군 문화예술과.

해강도자미술관, 2001, 『대전 구완동 유적』.

湖南文化財硏究院, 2010, 『潭陽 金城山城』.

4. 硏究論文

姜性文, 1983, 「高麗初期의 北界開拓에 대한 硏究」, 『白山學報』 27.

姜在光, 2008, 「對蒙戰爭期 崔氏政權의 海島入保策과 戰略海島」, 『軍事』 66.

高柄翊, 1969, 「蒙古.高麗의 兄弟盟約의 性格」, 『白山學報』 6.

高柄翊, 1977, 「高麗와 元과의 關係」, 『東洋學』 7.

고용규, 2011, 「珍島 龍藏山城의 構造와 築造時期」, 『13세기 동아시아 세계와 진도 삼별초』, 목포
        대학교박물관.

권민석, 2011, 「양양읍성」, 『2011년 중부고고학회 유적조사발표회 자료집』.

김명철, 1989, 「고려성의 돌성벽 축조 형식」, 『조선고고연구』, 과학백과사전출판사.

김명철, 1991, 「고려토성의 축조 형식과 방법」, 『조선고고연구』, 과학백과사전출판사.

김명철, 1992, 「고려시기 성의 위치와 년대에 대한 고증」, 『조선고고연구』, 과학백과사전출판사.

金容燮, 1963, 「日帝 官學者들의 한국사관」, 『사상계』.

金容燮, 1966, 「日本·韓國에 있어서의 韓國史敍述」, 『歷史學報』 31.

김정현, 2011, 「高麗時代 嶺東地域의 海防遺蹟 硏究」, 『江原文化史硏究』 제15집.

김진형, 2010, 『嶺東地方 高麗 城郭 硏究』, 檀國大學校 碩士學位論文.

김진형, 2011, 「영동지방 고려시대 방어체계」, 『年報』 창간호, 강원고고문화연구원.

金昌賢, 1999, 「고려 開京의 궁궐」, 『史學硏究』 57.

金昌賢, 2001, 「고려 서경의 성곽과 궁궐」, 『역사와 현실』 41.

金昌賢, 2005, 「고려 개경과 강도의 도성 비교 고찰」, 『한국사연구』 127.

金虎俊, 2007, 「京畿道 平澤地域의 土城 築造方式 硏究」, 『文化史學』 27호.

金虎俊, 2010, 「관방유적 조사방법론 −산성 성벽 중심으로−」, 중부고고학회 워크샵 발표자료집.

김호준·강형웅·강아리, 2008, 「고대산성의 지표조사 방법」, 『야외고고학』 4호.

김호준·박용상, 2008, 「안성 죽주산성 집수시설 연구」, 『한국성곽학보』 13집.

羅東旭, 1996, 「慶南地域의 土城 硏究−基壇石築型 版築土城을 中心으로」, 『博物館硏究論集』 5.

노병식, 2009, 「고려 괴산 미륵산성의 구조와 성격」, 『한국성곽학회연구총서』 16.

노병식, 2010, 「새로이 찾은 忠州地域의 城郭」, 『韓國城郭學報』 제17집.

朴龍雲, 1996, 「開京 定都와 시설」, 『고려시대 開京 연구』, 一志社.

박종진, 1999, 「고려시기 개경사 연구동향」, 『역사와 현실』 34호.

박종진, 2008, 「고려시기 '주현 속현 단위' 설정 배경에 대한 시론 −'청주목 지역'의 지리적 특징 의
        분석−」, 『한국중세사연구』 25.

朴興秀, 1994, 「도량형제도」, 『한국사』 24, 국사편찬위원회.

백종오, 2002, 「京畿地域 高麗城郭 硏究」, 『史學志』 35.

山根幸夫, 李相梶 譯, 1994, 「中國의 中世 都市」, 『東洋 都市史 속의 서울』.

申安湜, 2000, 「고려전기의 축성(築城)과 개경의 황성」, 『역사와 현실』 38.

申安湜, 2004, 「高麗前期의 北方政策과 城郭體制」, 『歷史敎育』 89.

申安湜, 2005, 「高麗前期의 兩界制와 '邊境'」, 『한국중세사연구』 18.

申安湜, 2008, 「고려시대 兩界의 성곽과 그 특징」, 『軍事』 66.

申濚植, 1992, 「新羅의 發展과 漢江」, 『韓國史研究』 77.

申玄雨, 1961, 「妙淸의 亂에 對한 研究」, 『綠友研究論集』 3.

신호철, 1998, 「哈丹賊의 侵入과 元冲甲의 鵠原城(雉岳城) 勝捷」, 『原州 鵠原山城 · 海美山城』, 충북대학교 중원문화재연구소.

심종훈 · 이나경, 2007, 「金海 古邑城 築城과 時期」, 『한국성곽학회연구총서』 11.

심호성, 2009, 「몽골軍의 對外遠征과 피정복민 활용: 피정복민의 軍士 동원 사례를 중심으로」, 『서울大 東洋史學科 論集』 33.

오강석, 2007, 「강원지역 입보용산성의 현황과 특징」, 『강원지역의 역사고고학』, 강원고고학회 추계학술대회.

柳在春, 1995, 「『世宗實錄』地理志 城郭記錄에 대한 檢討」, 『史學研究』 제50집, 韓國史學會.

柳在春, 1996, 「朝鮮前期 城郭 研究 —『新增東國輿地勝覽』의 기록을 중심으로—」, 『軍史』 33호, 國防軍史研究所.

柳在春, 1999, 「4-17世紀初 韓日兩國 平地治所城 發達에 관한 比較研究 —城郭의 治所 · 軍 機能의 分離와 統合을 中心으로—」, 『史學研究』 제57집, 韓國史學會.

柳在春, 1999, 「韓日 兩國의 山城에 대한 比較研究 —14~17세기경을 중심으로—」, 『韓日關係史研究』 第11輯, 韓日關係史學會.

柳在春, 2000, 「麗末鮮初 東界地域의 變化와 治所城의 移轉 · 改築에 대하여」, 『朝鮮時代史學報』 15.

柳在春, 2002, 「중세산성의 특징적 유형과 변천」, 『江原史學』 17 · 18합집.

柳在春, 2006, 「중부내륙지역 중세 산성의 성격과 특징」, 『한반도 중부내륙 옛 산성군 UNESCO 세계문화유산 등재 추진 세미나 발표집』.

柳在春, 2009, 「강원지역의 고려시대 지역 거점 산성에 대한 연구」, 『한국성곽학회연구총서』 16.

윤경진, 2010, 「고려 태조-광종대 북방 개척과 州鎭 설치 : 『高麗史』 地理志 北界 州鎭연혁의 분석과 補正」, 『奎章閣』 37.

尹武炳, 1953, 「高麗北界地理考(上)」, 『歷史學報』 4.

尹武炳, 1953, 「高麗北界地理考(下)」, 『歷史學報』 5.

尹武炳, 1992, 「百濟山城의 新類型」, 『百濟考古學研究』, 學研文化社.

尹龍爀, 1977, 「崔氏武人政權의 對蒙抗戰姿勢」, 『史叢』 21 · 22.

尹龍爀, 1980, 「蒙古의 2차 侵寇와 處仁城 勝捷 -특히 廣州民과 處仁部曲民의 抗戰에 주목하여-」, 『韓國史研究』 29.

尹龍爀, 1982, 「고려의 海島入保策과 蒙古의 戰略變化 -麗蒙戰爭 전개의 一樣相-」, 『歷史教育』 32.

尹龍爀, 1986, 「高麗 對蒙抗爭期의 民亂에 대하여」, 『史叢』 30.

尹龍爀, 1989, 「몽골의 慶尙道 침입과 1254년 尙州山城의 승첩 -高麗 對蒙抗戰의 지역별 검토(2)-」, 『震檀學報』 68.

尹龍爀, 1991, 「몽골의 침략에 대한 고려 지방민의 항전 -1254년 鎭州(鎭川)民과 忠州 多仁鐵所民의 경우-」, 『國史館論叢』 24.

尹龍爀, 1996, 「충주민의 대몽항전과 몇 가지 관련문제」, 『예성문화』 16 · 17.

尹龍爀, 1997, 「한국의 여몽관계 사적」, 『김현길교수 정년기념 향토사학 논총』.

이강근, 1991, 「고려 궁궐」, 『한국의 궁궐』 (빛깔있는 책들 107), 대원사.

이근화, 1987, 「高麗前期의 北方築城」, 『湖西史學』 15.

李基白, 1960, 「高麗軍人考」, 『震檀學報』 21.

李基白, 1977, 「高麗의 北進政策과 鎭城」, 『東洋學』 7.

이익주, 1996, 「고려 대몽항쟁기 강화론의 연구」, 『역사학보』 151.

李仁在, 2000, 「1291년 카단(哈丹)의 치악성 침입과 원충갑의 항전」, 『韓國思想과 文化』 7.

李在範, 1999, 「麗遼戰爭과 高麗의 防禦體系」, 『韓國軍事史研究』 3, 국방군사연구소.

李貞信, 1996, 「고려의 대외관계와 묘청의 난」, 『史叢』 45.

이춘근, 2006, 「중부내륙 옛 산성군의 세계문화유산 등재 방법」, 『한반도 중부내륙 옛 산성군 UNESCO 세계문화유산 등재 추진 세미나 발표집』.

전룡철, 1980, 「고려의 수도 개성성에 대한 연구(1)」, 『력사과학』 2.

전룡철, 1980, 「고려의 수도 개성성에 대한 연구(2)」, 『력사과학』 3.

정요근, 2001, 「高麗前期 驛制의 整備와 22驛道」, 『韓國史論』 45.

정찬영, 1989, 「만월대유적에 대하여(1)」, 『조선고고연구』.

지현병, 2004, 「양주성의 성격과 특징」, 『양주성 축성 1천주년 기념을 위한 학술토론회』, 양양문화원.

周采赫, 1974, 「高麗內地의 達魯花赤 置廢에 관한 小考」, 『淸大史林』 1.

車勇杰, 1975, 「韓國城郭의 史的 考察」, 『忠南大學校 大學院 論文集』 5, 忠南大 大學院.

車勇杰, 1981, 「朝鮮前期 關防施設 整備過程」, 『韓國史論』 7, 國史編纂委員會.

車勇杰, 1981, 「朝鮮後期 關防施設의 變化過程」, 『韓國史論』 9 國史編纂委員會.

車勇杰, 1984, 「高麗末 倭寇對策으로서의 鎭戍와 築城」, 『史學研究』 38, 한국사학회.

車勇杰, 1993, 「충주지역의 항몽과 그 위치」, 『대몽항쟁 승전비 건립을 위한 학술세미나』.

車勇杰, 2004, 「조선후기 관방시설의 변화와 금정산성」, 『금정산성과 금정진』.

최규성, 2000, 「忠州山城 比定問題 檢討」, 『藥城文化』 제19·20호.

최맹식, 1996, 「百濟 版築工法에 관한 研究」, 『碩晤尹容鎭敎授停年退任紀念論叢』.

崔鍾奭, 2006, 「고려 전기 築城의 특징과 治所城의 형성」, 『震檀學報』 102.

崔鍾奭, 2008, 「대몽항쟁 원간섭기 山城海島入保策의 시행과 治所城 위상의 변화」, 『震檀學報』 105.

최희림, 1986, 「천리장성의 축성상 특징과 그 군사적 거점인 진성에 대하여(1)」, 『력사과학』 1986-3, 사회과학원 력사연구소.

최희림, 1986, 「천리장성의 축성상 특징과 그 군사적 거점인 진성에 대하여(2)」, 『력사 과학』 1986-4, 사회과학원 력사연구소.

허인욱, 2010, 「高麗 德宗~靖宗代 契丹과의 鴨綠江城橋城壘問題」, 『역사학 연구』 38집.

5. 學位論文

姜玉葉, 1997, 『高麗 前期 西京勢力의 研究』, 이화여자대학교 박사학위논문.

高龍圭, 2001, 「南韓地域 版築土城의 研究」, 목포대학교 석사학위논문.

강재광, 2007, 『蒙古侵入에 대한 崔氏政權의 外交的 對應』, 서강대학교 박사학위논문.

김정현, 2011, 「高麗時代 嶺東地域의 海防遺蹟 研究」, 강원대학교 석사학위논문.

김호준, 2002, 「抱川 半月山城의 時代別 活用 研究 -三國 및 統一新羅時代를 中心으로-」, 단국대학교 석사학위논문.

라경준, 2012, 『조선 숙종대 관방시설 연구』, 단국대학교 박사학위논문.

박성현, 2010, 『新羅의 據點城 축조와 지방 제도의 정비과정』, 서울대학교 박사학위논문.

송용덕, 2003, 「高麗前期 國境地帶의 州鎭城編制」, 서울대학교 석사학위논문.

安周燮, 2001, 『高麗－契丹 戰爭史 硏究』, 명지대학교 박사학위논문.

유재춘, 1998, 『朝鮮前期 江原地域의 城郭 硏究』, 江原大學校 博士學位論文.

윤경진, 2000, 『고려 군현제의 구조와 운영』, 서울대학교 박사학위논문.

李島相, 2001, 『日本의 韓國 侵略論理와 植民主義史學』, 단국대학교 박사학위논문.

이일갑, 2007, 『경남지역 연해읍성에 대한 연구』, 동아대학교 박사학위논문.

이천우, 2006, 「남한산성 축성법에 관한 연구」, 명지대학교 석사학위논문.

장남원, 2002, 『고려중기 청자 연구』, 이화여자대학교 박사학위논문.

張志連, 1999, 「麗末鮮初 遷都論議와 漢陽 및 開京의 都城計劃」, 서울대학교 석사학위논문.

정요근, 2008, 『高麗～朝鮮初의 驛路網과 驛制 硏究』, 서울대학교 박사학위논문.

조순흠, 2007, 「한국 중세의 기둥 홈을 가진 석축산성 성벽에 대한 연구」, 충북대학교 석사학위논문.

차용걸, 1988, 『高麗末·朝鮮前期 對倭 關防史 硏究』, 충남대학교 박사학위논문.

崔鍾奭, 2007, 『고려시대 治所城 연구』, 서울대학교 박사학위논문.

許仁旭, 2012, 『高麗·契丹의 압록강 지역 영토분쟁 연구』, 고려대학교 박사학위논문.

현남주, 2003, 「京畿 中西部地域 中世地域 硏究」, 아주대학교 석사학위논문.

6. 외국논문

箭內亘, 1918, 「蒙古の高麗經略」, 『滿鮮地理歷史研究報告』 4.

池內宏, 1924, 「蒙古の高麗征伐」, 『滿鮮地理歷史研究報告』 10.

細野涉, 1998, 「高麗時代の開城 －羅城城門の比定を中心とする復元試案－」, 『朝鮮學報』 166.

前間恭作, 1963, 「開京宮殿簿」, 『朝鮮學報』 26.

타키자와 노리오키, 2003, 「稻葉 岩吉와 滿鮮史"」, 『한일관계사연구』 19.

William E. Henthorn, 1963, *Korea, the Mongol Invasions*, E. J. Brill, Leiden.

부록 1. 山城·邑城入保 抗戰 사례*

전쟁	戰鬪地名	年代	戰鬪內容 / 結果
1차	鐵州	1231. 8 高宗 18년	撒禮塔의 大軍을 맞아 15일간 항쟁했으나 鐵州城이 도륙됨
	龜州	1231. 9~12	蒙軍이 4회에 걸쳐 百計로 대규모 공격을 감행했으나 朴犀가 智略과 臨機應變으로 격퇴시킴
	西京城	1231. 9	몽골 선봉대가 포위 공격했으나 攻城을 포기함
	龍州	1231. 9	撒禮塔의 大軍을 맞아 20여 일 항쟁하다 謂州副使 魏珝가 항복함
	宣州	1231. 9	撒禮塔의 本陣이 宣州를 공격하여 함락함
	郭州	1231. 9	撒禮塔의 本陣이 郭州를 공격하여 함락함
	安北城	1231. 10	高麗軍이 守城하다가 大集成의 出戰강요로 撒禮塔 本陣과 싸워 크게 패배함
	慈州城	1231. 11	龜州城을 공격하던 蒙古軍이 慈州城을 공격했으나 崔椿命이 蒙軍을 패퇴시킨 다음, 정부의 항복지시에도 불응함
	廣州山城	1231. 12	몽골 先鋒隊의 포위 공격에도 城을 固守하며 賊을 격퇴시킴
	忠州城	1231. 12	몽골 先鋒隊가 忠州城 공격하니 忠州官員과 兩班別抄는 도주하고, 奴軍雜類別抄가 싸워 승리함

* 윤용혁의 연구성과를 바탕으로 정리하였다(尹龍爀, 1991, 『高麗對蒙抗爭史硏究』, 一志社).

전쟁	戰鬪地名	年代	戰鬪內容 / 結果
2차	八公城	1232. 9 高宗 19년	撒禮塔의 先鋒隊가 公山城을 공격하여 符仁寺와 隣近을 약탈하고 放火함(初彫大邊經 소실)
	漢陽山城	1232. 10	撒禮塔의 本陣이 漢陽山城을 攻陷시킴
	廣州山城	1232. 11~12	撒禮塔 本陣의 포위 공격하니 廣州民이 撒禮塔軍을 물리침
	處仁城	1232. 12	撒禮塔 本陣의 포위 공격을 격퇴하고 處仁部曲民이 撒禮塔을 射殺함
3(1)차	安北府	1235. 閏7 高宗 22년	唐古의 主力軍이 安北都護府 공격
	龍岡城	1235. 8	唐古軍이 龍岡城을 포위공격하여 城이 함락되고 守令이 납치됨
	咸從城	1235. 8	唐古軍이 咸從城을 포위 공격하여 城이 함락되고 守令이 납치됨
	三登城	1235. 8	唐古軍이 三登城을 포위공격하여 城이 함락되고 守令이 납치됨
	慈州城	1235. 7~8	唐古의 主力軍이 포위공격하여 慈州가 함락됨 慈州城은 방어해 냄
	龍津鎭	1235. 9	蒙古·東眞軍이 龍津鎭을 공격하여 함락시킴
	鎭溟城	1235. 9	蒙古·東眞軍이 鎭溟城을 공격하여 함락시킴
	鳳州	1235. 9~10	唐古軍이 鳳州를 포위 공격하여 함락시킴
	海州	1235. 9~10	唐古軍이 海州를 포위 공격하여 함락시킴
	九月山城	1235. 9~10	唐古軍이 九月山城을 포위 공격하여 함락시킴
	洞州城	1235. 10	唐古의 主力軍에 항전했으나 洞州城이 함락됨
3(2)차	慈州城	1236. 7~8 高宗 23년	唐古 主力軍의 공격에 맞서 慈州城이 항전 끝에 함락됨
	溫水城	1236. 9.3	溫水城을 포위한 蒙兵을 요격하여 2백여 명을 사살함
	竹州城	1236. 9.8	몽골군과 15일간 치열한 攻防戰 끝에 격퇴함
	大興	1236. 12.20	몽골군의 포위 공격에 守城한 후 賊을 쳐서 대파함
	淸州山城	1237 高宗 24년	唐古軍이 淸州山城을 공격하니 李世華가 蒙兵을 물리침
3(3)차	慶州	1238. 10~11 高宗 25년	唐古의 主力軍이 慶州를 노략하고 黃龍寺九層木塔과 金堂 등이 소실됨
	昌州	1240 宗 27년	唐古軍이 철수하지 않고 昌州를 약탈함
	朔州	1240	唐古軍이 철수하지 않고 朔州를 약탈함

전쟁	戰鬪地名	年代	戰鬪內容 / 結果
4차	東州山城	1249. 9. 1 高宗 36년	東眞軍이 東州 境內에 침입하니 江都朝廷이 別抄兵을 보내 방어함
	高城	1249. 9. 23	東眞軍이 高城을 침공하니 指諭 朴天府가 別抄兵을 이끌고 東眞軍을 격파함
	杆城	1249. 9. 23	東眞軍이 杆城을 침공하니 指諭 朴天府가 別抄兵을 이끌고 東眞軍을 격파함
	高州	1250. 8. 6 高宗 37년	狄兵(蒙兵)이 高州의 古城을 공격함
	和州	1250. 8. 6	狄兵(蒙兵)이 和州의 古城을 공격함
5차	登州	1253. 2 高宗 40년	東眞 騎兵 3백이 登州城공격
	椋山城	1253. 8. 12	蒙軍이 椋山城을 공격하여 城이 함락되고 防護別監 權世候 등 4,700명 도륙
	廣州	1253. 8	也古의 先鋒隊가 廣州에 침입하여 民家를 불태움
	東州山城	1253. 8. 27	也古軍이 東州山城을 함락시킴 / 防護別監 白敦明이 百姓과의 불화로패배
	春州城	1253. 9. 20 高宗 40년	按察使 朴天器가 也古軍에게 15일간 抗戰하였으나 힘이 다하여 城이 함락
	登州城	1253. 9월말 高宗 40년	東北面兵馬使가 皇弟 松柱의 군대를 잘 방어해 냄
	金壤城	1253. 10. 1	皇弟 松柱의 蒙兵이 金壤城을 공격함
	楊根城	1253. 10. 4 高宗 40년	也古軍이 楊根城을 공격하자 防護別監 尹椿이 항복함
	原州城	1253. 10월初	防護別監 鄭至麟이 也古軍의 공격을 잘 방어해 냄
	天龍山城	1253. 10. 9	也古軍이 天龍城을 공격하자 防護別監 趙邦彦이 항복함
	忠州城	1253. 10~12	防護別監 金允候가 也古軍을 70여 일간 방어해냄 也古 5차 침입 종식
	襄州	1253. 10	皇弟 松柱의 蒙兵이 襄州 權金城을 함락시킴
	平州城外	1253. 11	校尉 張子邦이 喬桐別抄軍을 이끌고 平州城外에 나가 蒙古 屯長 20명 등 다수를 殺傷시킴
6(1)차	槐州城外	1254. 8 高宗 41년	散員 張子邦이 別抄를 이끌고 槐州城 밖의 蒙兵 斥候騎를 격파함
	鎭州	1254. 8	鎭州 鄕吏 林衍이 蒙兵을 邀擊하여 크게 승리함

전쟁	戰鬪地名	年代	戰鬪內容 / 結果
	多仁鐵所	1254. 9	多仁鐵所民이 蒙兵의 침공을 격파함 多仁鐵所가 翼安縣으로 승격됨
	忠州山城	1254. 9	忠州山城 軍民이 車羅大軍의 공격을 방어해 냄
	尙州山城	1254. 10	僧侶 洪之와 軍民이 車羅大軍의 공격을 방어해 냄 蒙古 제4官人 射殺함
6(2)차	笠岩山城	1256. 3 高宗 43년	將軍 宋君斐가 蒙兵을 大破하고 指揮官 4명을 생포함
	月嶽山城	1256. 4	忠州民이 月嶽山城에서 蒙兵 격퇴
6(3)차	東州	1257. 閏4 高宗 44년	東眞軍 先鋒隊가 東州 경내를 侵寇함
	登州	1257. 5.14	東眞騎兵 3천이 登州 安邊都護府를 공격함
	泰州	1257. 5	車羅大軍이 泰州를 공격하여 州가 함락되고 副使 崔濟가 戰死함
	稷山 新昌	1257. 6	瑞山人 隊正 鄭仁卿 등이 稷山·新昌에 주둔한 蒙軍을 夜間에 기습하여 격파함
	瑞州 入保戰	1257. 6	富城(瑞山) 縣尉 金周鼎이 山城入保를 통해 蒙賊에 抗戰함
	安城	1257. 6	蒙軍 先鋒隊長 甫波大가 安城을 함락시킴

부록 2.『武經總要』의 攻城法과 守城法

1. 前集卷十

• 攻城法(但賊躲避於城用此法攻之 附器具圖)

用兵之法, 全國爲上, 破國次之;全卒爲上, 破卒次之. 此謂用謀以降敵, 必不得已, 始修車櫓, 具器械, 三月而後成;踴踊土距闉, 又三月而後已. 恐傷人之甚也, 故曰攻城爲下. 然攻亦有道, 必在乎審彼之强弱, 量我之衆寡, 或攻而不圍, 或圍而不攻. 知此之道, 則能勝矣.

攻之者, 大要攻其所必守與其所必救, 故城有宜急而取之者, 有宜緩而克之者. 若彼我勢均, 外有强援, 慮腹背之患者, 須急攻之, 以速其利. 如我强彼弱, 外無寇援, 力足以制者, 當羈縻守之, 以待其弊. 是謂不以兵攻, 以計困之, 令其自拔, 令其自毀.

若城堅兵衆, 欲留我師, 外援且至, 則表里受敵, 援之未足爲利, 不拔足以挫威, 若是而將有不勝其忿而蟻附之, 士卒被傷, 城終不拔者, 乃攻之災. 此所謂不審彼之强弱者也.

法曰:十則圍之, 五則攻之. 兵少則不可久圍, 環而斗之, 離而合之, 此所謂量我之衆寡者也. 又城有所必攻者,有所不攻者, 故兵向城, 必先使諜者求知城中之糧數, 計人爲費, 糧多而人少, 則攻而勿圍;糧少而人多, 則圍而勿攻也. 此所謂或攻或圍者.

凡欲攻城, 備攻具, 然後行之;得主地, 然後臨之. 趨其所邑, 謂攻其軍主之所在;絶其所恃, 謂斷其糧道而守其歸路, 使外交不得相救也. 圍兵必去城三百步外, 則弓矢不及, 奸僞不通, 賊出突圍, 勢力已困;欲攻其一面, 則四面撓之, 使敵不知所備. 此兵謀也.

不發撅墳墓, 不殺老幼婦女, 不焚廬舍, 不汙井竈, 不毀神祠佛像, 恐怒敵也. 破城鼓聲未絶, 不許散俘虜, □俘虜須限以時. 及時, 擊鼓三通 軍人便須歸營. 若捉獲婦女者, 三日外不許留置在營, 此軍禮也.

得賊城堡, 非有要害可恃者, 不分兵鎭守. 得賊城近境者, 則固守以積糧儲薪蒭中備之物, 此所以免轉輸之勞也. 今采歷代攻城之器, 可施設者, 圖形於左, 以備用.

2. 前集卷十二

• 守城(並器具圖附)

兵法曰: "守城之道, 無恃其不來, 恃吾有以待之; 無恃其不攻, 恃吾有所不可攻." 故善守者, 敵不知所攻, 非獨爲城高池深, 卒强糧足而已, 必在乎智慮周密, 計謀百變, 或彼不來攻而我守, 或彼不挑戰而我擊, 或多方以謀彼師, 或屢出以疲彼師, 或彼求斗而我不出, 或彼欲去而懼我襲. 若此者, 皆古人所以坐而役使敵國之道也.

此雖得禦攻之計, 然又要先審可守之利害. 凡守城之道有五敗: 一曰壯大 · 寡小 · 弱衆, 二曰城大而人少, 三曰糧寡而人衆, 四曰蓄貨積於外, 五曰豪强不用命. 加之外水高而城內低, 土脈疏而池隍淺, 守具未足, 薪水不供, 雖有高城, 宜棄勿守. 亦有五全: 一曰城隍修, 二曰器械具, 三曰人少而粟多, 四曰上下相親, 五曰刑嚴賞重. 加之得太山之下, 廣川之上, 高不近旱而水用足, 下不近水而溝防省, 因天時, 就地利, 土堅水流, 險阻可恃, 兼此刑勢, 守則有餘. 故兵法曰: "城有不可攻."

又曰: "善守者藏於九地之下." 皆謂此也. 凡守之道, 敵來逼城, 靜默而待, 無輒出拒, 候其矢石可及, 則以術破之. 若遇主將自臨, 度其便利, 以强弩叢射, 飛石並擊, 斃之, 則軍聲阻喪, 其勢必遁. 若得敵人稱降及和, 切勿弛備, 當益加守禦, 防其詐我. 若敵攻已久, 不拔而去, 此爲疲師, 可躡而襲之, 必破, 此又寄之明哲, 見利而行, 不可羈以常檢也.

古法曰: 三里之城, 萬家守之, 足矣. 今若遇敵逼近, 人力不暇者, 卽且取容一軍人馬, 如築於閑時, 須稍寬闊, 作四門, 二開二閉. 門外築甕城, 城外鑿壕, 去大城約三十步, 上施釣橋. 壕之內岸築羊馬城, 去大城約十步. 凡城上皆有女牆, 每十步及馬面, 皆上設敵棚 · 敵團 · 敵

樓. 甕城(敵團城角也)有戰棚, 棚樓之上有曰露屋. 城門重門·閘版·鑿扇, 城之外四面有弩台. 自敵棚至城門, 常設兵守, 以觀候敵人. 圖形於左.

守城之法, 凡寇賊將至, 於城外五百步內悉伐木斷橋, 焚棄宿草, 撤屋堙井, 有水泉, 皆投毒藥. 木石磚瓦荄芻麩糧畜牧與居民什器, 盡徙入城內. 徙不逮者, 焚之. 主將閱視守禦器械, 各令牢具. 又預穿井無數, 惟井無近城. 又備糧·布帛·芻草·蘆葦·茅荻·石灰·沙土·鐵炭·松樺·蒿艾·膏油·麻皮氈·荊棘·篋籬·釜鑊·盆·甕桶·罌·木·石·磚·竹·鍬·?·鑵·斧·錐·鑿·梯索之類.

凡委(於爲切)積(子智切)及樓棚·門扇·門棧, 但火攻可及之處, 悉皆氈覆泥塗. 棚樓下隨處積櫺木櫺石槍斧及他短兵, 外立弩車炮架(弩車炮架, 形制具次城門). 棚樓, 女牆上加篋籬, 竹笆, 城中立望樓. 籍民中壯男爲一軍, 以充防人; 壯女爲一軍, 以隷雜役; 老弱爲一軍, 以供飲飼, 放牧, 樵采. 三軍無得相過. 主將延問軍中奇謀·勇力·機捷·趺弛·精伎·辨口之士, 如雞鳴狗盜之類, 無不加禮, 以備防用.

城上每將各立一典掌呼索百用, 先作小旗數十枚, 有呼索, 即大書物名, 貼旗於上, 擧以示城下. 仍預撿校備用之物, 各爲部分, 使吏主當謹伺, 見降旗則應逆. 城上城下百步, 給雜役三五十人, 掌負挈所須索物, 仍各授一官督領. 衢巷通夜張燈燭, 察奸人出入, 與軍士之私相過從者. 量城上一步, 置一甲士, 十步增五人, 防非時抽易. 五步有五長, 十步有十長, 百步有將.

別令虞候領戰隊, 作雌雄契, 特以巡城, 所至, 與守隊勘同, 乃過(符形制符契門). 若賊勢外振, 士心內貳, 則或轉左隊以爲右, 易前軍以置後, 或一日數易, 或數日不移; 又間使人持僞契巡行, 以驗試將士. 每將各設四表, 賊來近, 則擧一表; 賊至城, 則擧二表; 賊登城, 則擧三表; 賊攀女牆, 則擧四表; 夜則加燭於表上, 虞候戰隊視擧表處急緩, 如賊已向城, 乘城, 將士皆援. 立牌以自障城及弩台上, 並度視遠近, 施放矢石·火球·火鷂·鞭箭. 賊在城下, 則拋飛鉤; 賊若塡壕, 則爲火藥, 鞭箭以射, 焚其芻槁橋械; 賊傅城欲上, 則隨其處下櫺木櫺石以擊之, 隨飛炬以燒其攻器, 下火床及以竹爐熔鐵灑灼敵人, 颺石灰糠麩眯害其目, 樓棚踏空版內雜出短兵, 下刺登者.

若登者漸多, 則禦以狼牙鐵拍; 手漸攀城, 則以連枷棒擊之(連枷之制具兵器門), 剉手斧斷之; 賊以衝車等進, 則穿以鐵環木釬, 放猛火油; 賊雲梯倚城, 則引文竿推撞車; 賊木驢空(音孔)城, 則用絞車, 鐵撞, 燕尾炬壞之; 賊飛炮石, 則張布幔繩過其; 賊爲地道來攻, 則爲地聽, 候其來方, 穿井邀之, 霹靂火球雜兵等害之; 賊附高穴城, 則縋遊火箱灼之; 賊築土堙傍城欲上,

則穿地道至埋下, 引取其土, 賊埋自壞(凡火地道所用器械, 與攻城窠子所用器同, 其名件制度具在攻城器械圖).

或城內薄城頹堙, 相對盛兵抵禦;賊以火攻城, 則以城上應救火之具, 有托叉·火鉤·火鐮·柳灑子·柳罐·鐵貓手·啣筒, 尋常之所預備者(形制具攻城器械圖中);若攻具猛至, 則爲水袋·水帶以投沃之, 應相樓器械雖已塗覆, 亦頻擧麻搭潤護

;若賊爲火車燒城門, 則下濕沙滅之, 切勿以水, 水加則油焰愈熾;賊若縱煙向城, 則列甕罌, 以醋漿水各實五分, 人覆面於上, 其煙不能犯鼻目;賊夜圍城, 則每五十步以一犬系城下, 置食其前, 城上聞犬吠, 則縋火下照, 擧表加備, 又於城半腹, 每十步系一燈籠, 又束蘆葦爲梢, 插以松明, 樺皮, 可用照城上城下(城下以索縋之). 賊或攻推女牆者, 則以木女代之;或攻壞城門, 則以刁車塞之.

凡賊諸攻不利, 必引水灌城, 我則甕塞諸門, 察視城穴之處, 悉加傅築;城內促圍, 望外水高下, 別築闊橋牆, 外取土, 可深一丈. 兵隊備城如故. 周視地勢, 有可泄水處, 十數步開一井, 井內各相通, 以泄流之. 若水已入城, 則於新築牆外, 作船二十只, 選勇士, 每船三十人, 質其父母妻子, 各授弓弩短兵鍬钁, 遣暝夜從門銜枚並出, 決賊堤偃, 破賊營寨. 所選之士須預習水戰. 度力不足, 則加船以進;或賊已覺, 則城上鼓噪爲助.

凡賊有勇悍之卒, 必使來突我城門. 我當僞爲不知, 開門以待, 於道路設陷馬坑, 機橋, 於重牆曲巷內出奇伏兵掩擊, 逼陷之, 或約其過一二百人, 即下重門插板, 使其前敗後絶.

凡城內器械已備, 守禦已得, 當出奇用詐, 以戰代守, 以擊解圍, 先爲暗門, 或因賊初至, 營陣未整, 或暮夜乘賊不覺, 或賊攻城初息, 或賊圍久已怠, 潛出精騎, 銜枚擊之. 擊敗下不遠襲, 或我兵已出, 賊未出, 賊突門而入, 則自城上向里連下巨石擊壓, 以斷其入.

凡城中日給百用至於水漿, 皆有限量, 令民灶爲天井, 高突防火, 仍預下令:凡失火者斬!杜奸人也. 或城內有火發, 只令本防官吏領丁徒赴救, 仍急報主將, 主將遣左右親信人促往.

凡城中失火, 及非常警動, 主將命擊鼓五通. 城上下吏卒, 聞鼓不得輒離職掌;民不得奔走街巷.

凡賊至城外, 禁城中不得妄擧高物, 如竿表之類, 及吹擊樂器, 恐賊內應.

凡城中有使至門者, 徑遵詣主將, 俾校民吏不得輒見. 如得城中飛書, 不得輒讀, 持逆本營, 對衆封送主將.

凡有曉星氣術數人, 悉收隷官府, 不得與他人竊語, 及禁論說怪異以惑衆者.

凡號令一出, 主將並副將以下不得專異指揮, 餘依行軍約束修件.